BIMSpace

智慧建造系列

Revit 2020

建筑机电与深化设计

王磊磊　编著

机械工业出版社
CHINA MACHINE PRESS

本书基于 Revit 2020、鸿业机电 2020 及鸿业建筑性能分析平台的建筑机电设计功能与行业应用进行编写。全书由浅入深、循序渐进地介绍了这些工具的基本操作及命令的使用，并配合大量的实例，使用户能更好地巩固所学知识。书中详细地介绍了 Revit 2020 与鸿业机电 2020 强大的建模功能及专业知识，使读者能够综合利用这些软件方便、快捷地绘制工程图样。

本书是面向实际应用的 BIM 图书，不仅可以作为高校、职业技术院校建筑和土木等专业的初、中级培训教程，还可以作为广大从事 BIM 工作的工程技术人员的参考书。

图书在版编目（CIP）数据

Revit 2020 建筑机电与深化设计/王磊磊编著．—北京：机械工业出版社，2021.3

（BIMSpace 智慧建造系列）

ISBN 978-7-111-67307-1

Ⅰ.①R… Ⅱ.①王… Ⅲ.①建筑工程-机电设备-计算机辅助设计-应用软件 Ⅳ.①TU85-39

中国版本图书馆 CIP 数据核字（2021）第 015041 号

机械工业出版社（北京市百万庄大街 22 号 邮政编码 100037）

策划编辑：丁 伦 责任编辑：丁 伦

责任校对：徐红语 责任印制：张 博

三河市宏达印刷有限公司印刷

2021 年 4 月第 1 版第 1 次印刷

185mm×260mm · 16 印张 · 396 千字

0001—1500 册

标准书号：ISBN 978-7-111-67307-1

定价：89.90 元（附赠海量资源，含视频教学）

电话服务	网络服务
客服电话：010-88361066	机 工 官 网：www.cmpbook.com
010-88379833	机 工 官 博：weibo.com/cmp1952
010-68326294	金 书 网：www.golden-book.com
封底无防伪标均为盗版	机工教育服务网：www.cmpedu.com

Preface 前言

Autodesk 公司的 Revit 是一款三维参数化建筑设计软件，是有效创建建筑信息模型（Building Information Modeling，BIM）的设计工具。

Revit 2020 在原有版本的基础上，添加了全新功能，并对相应工具的功能进行了完善，使该版软件可以帮助设计者更加方便、快捷地完成设计任务。

鸿业机电 2020 是国内著名的大型 BIM 软件开发公司（鸿业科技）推出的建筑机电专业设计软件，主要应用在建筑给排水、暖通及电气等专业的设计平台。目前，鸿业机电软件可支持主流的 Revit 2019 和 2020 版本。

本书内容

本书基于 Revit 2020、鸿业机电 2020 及鸿业建筑性能分析平台的建筑机电设计功能与行业应用进行编写。全书共 8 章，主要内容如下。

第 1 章主要介绍 Revit MEP 2020 的界面环境与相关功能，并对鸿业机电 2020 软件平台及其专业设计工具进行介绍。

第 2 章充分利用鸿业 BIMSpace 2020 及 Revit 2020 的建筑、结构设计等功能，完成某联排别墅项目设计，让读者可以掌握 Revit 和 BIMSpace 相关设计插件的高级建模方法，从而快速提升软件技能。

第 3 章运用鸿业科技的“鸿业建筑性能分析平台”对建筑空间进行高效的建筑能耗分析，以便为建筑暖通设计提供最优解决方案。

“族”不仅仅是一个模型，族中包含了参数集和相关的图形表示的图元组合。第 4 章主要介绍 Revit 的 MEP 族应用，包括 MEP 族的模型创建和族的创建。

第 5 章详细介绍了鸿业机电软件暖通专业设计模块在行业中的实战应用，以一座建筑的中央空调系统为例，使读者了解并掌握通风系统、空调系统和采暖系统的建模流程与技巧。

给排水工程是现代化城市建设中必要的市政基础工程，它从水源取水，由水厂净化处理后，经管道输配水系统送往用户的配水龙头、消火栓等用水设备。第 6 章详细介绍了鸿业机电软件的给排水专业设计模块在行业中的实战应用。

建筑电气设计在建筑中起到了很重要的作用，内容包括强电系统设计和弱电系统设计。第 7 章重点介绍了鸿业机电设计软件电气专业设计模块的功能及实战应用案例。

在第 8 章中，通过 Revit 和鸿业机电软件工程图设计功能的完美结合，进行建筑给排水、暖通及电气等相关专业施工图的设计。

本书特色

本书详细介绍了 Revit 与鸿业机电强大的建模功能及其专业知识，使读者能够综合利用这些软件方便快捷地绘制工程图样，主要特色如下。

- 采用由浅入深的内容展示流程，从软件界面开始介绍，然后讲解软件的基本操作和模块操作，最后对行业应用进行讲解。
- 侧重于实战，全部内容对应线上的视频课堂，以及线下的机构培训，对读者进行“面对面”“手把手”的教学辅导。
- 内容涵盖建筑暖通设计、给排水设计和电气设计等专业知识。
- 以实战案例解析的形式，从软件功能的操作到专业设计的难点进行一一展示。
- 众多技巧点拨和提示，帮助读者快速提升软件操作技能。
- 资料包中包含所有案例的素材与结果模型文件，以及大量教学视频。

本书是面向实际应用的 BIM 图书，不仅可以作为高校、职业技术院校建筑和土木等专业的初、中级培训教程，还可以为广大从事 BIM 工作的工程技术人员、软件爱好者和学生提供强大的软件技术和职业技能知识。本书由淄博职业学院王磊磊独立编写，共约 40 万字。此外，全书参与案例测试和素材整理的专家审核团队还涉及了建筑设计工程师、大学教授等人员，力求为广大 BIM 爱好者、学生、工厂员工展示了强大的软件技和职业技能知识。

感谢您选择了本书，希望我们的努力对您的工作和学习能有所帮助，也希望您能够把对本书的意见和建议告诉我们（可扫描封底二维码，关注并加入我们的读者俱乐部）。

编　者

Contents 目录

第3章 建筑性能分析

第4章 MEP 族的创建与应用

第5章 建筑暖通设计

第1章 Revit MEP 机电设计入门

本章导读

本章是进入建筑机电设计专业学习的“敲门砖”。学习之前，我们首先要明白什么是MEP，MEP是Mechanical，Electrical & Plumbing，即机械、电气和管道这三个专业的英文缩写，也是建筑行业所称的“水电风”专业。基于Revit的MEP设计包括给排水系统设计、暖通系统设计和电气系统设计，统称为MEP机电设计。

本章主要介绍关于Revit软件和鸿业机电设计软件在MEP机电设计应用中的基础入门知识。

案例展现

案例图	描述
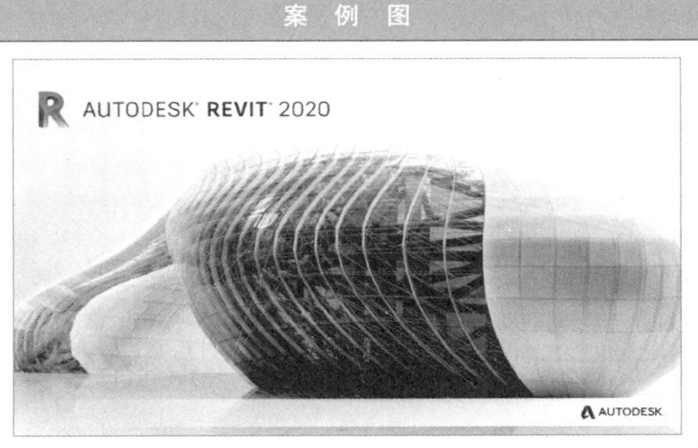	Autodesk Revit 2020是一款三维建筑信息建模软件，适用于建筑设计、MEP工程、结构工程和施工领域
	鸿业BIMSpace（也称“鸿业乐建”）是国内著名的大型BIM软件开发公司（鸿业科技）推出的三维协同设计软件。该软件从2011年开始开发，2012年推出HYBIM 2.0版，2013年推出HYBIM 3.0版，是国内最早基于Revit的BIM解决方案软件之一

1.1 Revit MEP 2020 概述

Revit MEP 是 Revit 软件中一个面向建筑设备及管道工程的智能机电设计模块，能按工程师的思维方式工作。

使用 Revit 技术和建筑信息模型（BIM），可以最大限度地减少建筑设备专业设计团队，以及与建筑师和结构工程师之间的协调错误。此外，它还能为工程师提供更佳的决策参考和建筑性能分析，促进可持续性设计。在使用过程中，任何一处设计的变更，Revit MEP 都可在整个设计和文档集中自动更新所有相关内容。

1.1.1 MEP 的设计优势

Revit MEP 有以下设计优势。

1. 按照工程师的思维模式进行工作，开展智能设计

Revit MEP 软件是借助对真实世界进行准确建模的软件，以实现智能、直观的设计流程。Revit MEP 采用整体设计理念，从整座建筑物的角度来处理信息，将给排水、暖通、电气系统与建筑模型关联起来。借助它，工程师可以优化建筑设备及管道系统的设计，进行更好的建筑性能分析，充分发挥 BIM 的竞争优势。同时，建筑师利用 Revit 和其他工程师协同，还可即时获得来自建筑信息模型的设计反馈，实现数据驱动设计所带来的巨大优势，轻松跟踪项目的范围、明细表和预算。

2. 借助参数化变更管理，提高协调一致

利用 Revit MEP 软件完成建筑信息模型，最大限度地提高基于 Revit 的建筑工程设计和制图效率。通过实时的可视化功能，改善客户沟通并更快做出决策。

3. 改善沟通，提升业绩

创建逼真的建筑设备及管道系统的三维模型，改善与客户的设计意图沟通。通过使用建筑信息模型，自动交换工程设计数据，及早发现错误，避免错误进入现场并造成代价高昂的现场设计返工。借助全面的建筑设备及管道工程解决方案，最大限度地简化应用软件管理。

1.1.2 MEP 主要功能与设计内容

1. 暖通设计准则

使用设计参数和显示图例来创建着色平面图，直观地沟通设计意图，不用解读复杂的电子表格及明细表。使用着色平面图可以加速设计评审，并将用户的设计准则呈现给客户审核和确认。色彩填充与模型中的参数值相关联，因此当设计变更时，平面图可自动更新。创建任意数量的示意图，并在项目周期内轻松维护这些示意图。

2. 暖通风道及管道系统建模

暖通功能提供了针对管网及布管的三维建模功能，用于创建供暖通风系统。即使是初次使用的用户，也能借助直观的布局设计工具轻松、高效地创建三维模型。在任何一处视图中做出修改时，所有的模型视图及图纸都能自动协调变更，因此始终能够提供准确一致的设计及文档。

3. 电力照明和电路

通过使用电路追踪负载、连接设备的数量及电路长度，最大限度地减少电气设计错误。

定义导线类型、电压范围、配电系统及需求系数，有助于确保设计中电路连接的正确性，防止过载及错配电压问题。此外，还可以充分利用电路分析工具，快速计算总负载并生成报告，获得精确的文档。

4. 给排水系统建模

借助 Revit MEP，可以为管道系统布局创建全面的三维参数化模型。借助智能的布局工具，可轻松、快捷地创建三维模型。在设计时，只需定义坡度并进行管道布局，该软件即会自动布置所有的升高和降低，并计算管底高程。

5. Revit 参数化构件

参数化构件是 Revit MEP 中所有元素的基础，为设计思考和创意构建提供了一个开放的图形式系统，同时让用户能以逐步细化的方式来表达设计意图。参数化构件可用于最错综复杂的建筑设备及管道系统的装配。最重要的是，不用任何编程语言或代码。

6. 双向关联性

所有 Revit MEP 模型信息都存储在一个位置，参数化技术能够自动管理所有变更。因此，任一信息变更都可以同时有效地更新到整个模型。

7. 建筑性能分析

借助建筑性能分析工具，可以充分发挥建筑信息模型的效能，为决策制定提供更好的支持。建筑性能分析能够为可持续性设计提供显著助益，为改善建筑性能提供支持。通过 Revit MEP 和 IES Virtual Environment 集成，还可执行冷热负载分析、LEED 日光分析和热能分析等多种分析。

8. 导入/导出数据（gbXML）到第三方分析软件

Revit MEP 支持用户将建筑模型导入到 gbXML（绿色建筑扩展性标志语言），用于进行能源与负载分析。分析结束后，可重新导回数据，并将结果存入模型。如果要进行其他分析和计算，可将相同信息导出到电子表格，以便与不使用 Revit MEP 软件的团队成员进行共享。

9. 发布到 DWF

Revit MEP 软件可将用户的设计发布为 DWF 文件，便于利用 AutodeskDesign Review 轻松查看。创建三维 DWF 文件，包含完整的工程数据，便于更好地沟通设计意图。使用 DWF 技术，团队成员还可以进行审阅，并添加红线批注，使 DWF 标准成为高效、快速分发和共享数据的有效方法。

1.1.3　Revit MEP 的基本概念

Revit MEP 中用来标识对象的大多数术语都是业界通用的标准术语，多数工程师都很熟悉。但是，还有一些术语对 Revit MEP 来讲是唯一的，了解这些基本概念对了解 MEP 模块非常重要。

1. 项目

在 Revit MEP 中，项目是单个设计信息数据库 - 建筑信息模型。项目文件包含了建筑的所有设计信息（从几何图形到构造数据）。这些信息包括用于设计模型的构件、项目视图和设计图纸。通过使用单个项目文件，Revit MEP 令用户不仅可以轻松地修改设计，还可以使修改反映在所有关联区域（平面视图、立面视图、剖面视图、明细表等）中。

2. 标高

标高是无限水平平面，用作屋顶、楼板和顶棚等以层为主体的图元的参照。标高大多用于定义建筑内的垂直高度或楼层。用户可为每个已知楼层或建筑的其他必需参照（如第二层、墙顶或基础底端）创建标高。要放置标高，必须处于剖面或立面视图中，图 1-1 为某别墅建筑的北立面图。

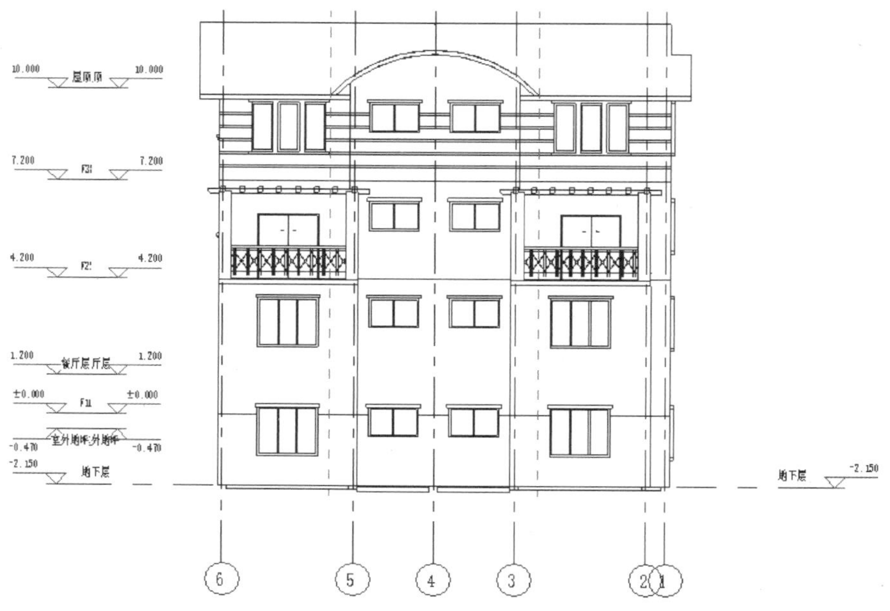

图 1-1　某别墅建筑的北立面图

3. 图元

在创建项目时，可以向设计中添加 Revit MEP 参数化建筑图元。Revit MEP 按照类别、族和类型对图元进行分类，如图 1-2 所示。

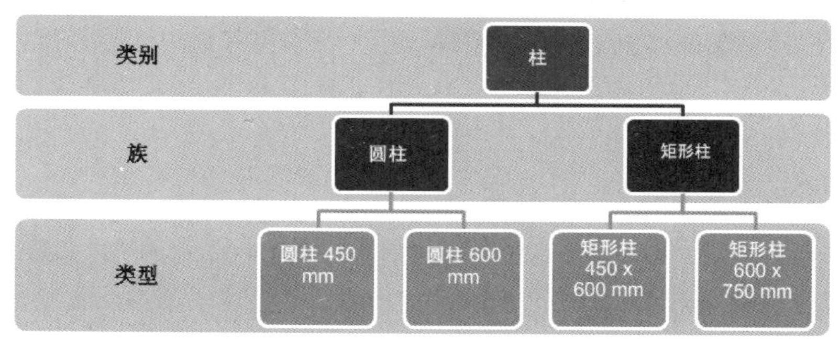

图 1-2　MEP 图元的分类

4. 类别

类别是一组用于对建筑设计进行建模或记录的图元。例如，模型图元类别包括墙和梁；注释图元类别包括标记和文字注释。

5. 族

族是某一类别中图元的类。族根据参数（属性）集的共用、使用上的相同和图形表示的相似来对图元进行分组。一个族中不同图元的部分或全部属性可能有不同的值，但是属性的设置（其名称与含义）是相同的。例如，可以将桁架视为一个族，虽然构成该族的腹杆支座可能会有不同的尺寸和材质。

有三种族，分别为可载入族、系统族和内建族。

- 可载入族可以载入到项目中，且根据族样板创建。可以确定族的属性设置和族的图形化表示方法。
- 系统族包括楼板、尺寸标注、屋顶和标高。它们不能作为单个文件载入或创建。Revit MEP 预定义了系统族的属性设置及图形表示。用户可以在项目内使用预定义类型生成属于此族的新类型。例如，墙的行为在系统中已经被预定义。但用户可使用不同组合创建其他类型的墙。系统族可以在项目之间传递。
- 内建族用于定义在项目的上下文中创建的自定义图元。如果用户的项目需要不希望重用的独特几何图形，或者需要的几何图形必须与其他项目几何图形保持众多关系，请创建内建图元。由于内建图元在项目中的使用受到限制，因此每个内建族都只包含一种类型。用户可以在项目中创建多个内建族，并且可以将同一内建图元的多个副本放置在项目中。与系统和标准构件族不同，用户不能通过复制内建族类型来创建多种类型。

6. 类型

每一个族都可以拥有多个类型。类型可以是族的特定尺寸，例如 30“X42”或 A0 标题栏；类型也可以是样式，例如尺寸标注的默认对齐样式或默认角度样式。

7. 实例

实例是放置在项目中的实际项（单个图元），它们在建筑（模型实例）或图纸（注释实例）中都有特定的位置。

1.2 Revit MEP 2020 介绍

Autodesk Revit 2020 是一款三维建筑信息模型建模软件，适用于建筑设计、MEP 工程、结构工程和施工领域。

当一幢大楼完成打桩基础（包含钢筋）、立柱（包含钢筋）、架梁（包含钢筋）、浇筑水泥板（包含钢筋）、浇筑结构楼梯等框架结构的建造（此阶段称为结构设计），接下来就是砌砖、抹灰浆、贴外墙内墙瓷砖、铺地砖、吊顶、建造楼梯（非框架结构楼梯）、室内软装布置、室外场地布置等施工建造作业（此阶段称为建筑设计），最后阶段是进行强电安装、排气系统、供暖设备、供水系统等设备的安装与调试。这就是整个建筑地产项目的完整建造流程。

那么，Revit 软件又是怎样进行正向建模的呢？Revit 软件是由 Revit architecture（建筑）、Revit structure（结构）、Revit MEP（设备）三款软件组合成一个操作平台的综合建模软件。

Revit MEP 模块是为建筑与结构设计完成后进行建筑机电设计而准备的，可进行系统设计、设备安装与调试。

1.2.1 Revit MEP 2020 设计环境

Revit MEP 的优势之一在于使用方便，特别是其有条理的用户界面。我们在使用过程中，可以对 Revit MEP 窗口进行调整以使界面导航轻松简单。工具栏按钮提供了标签，便于用户在使用过程中理解各个按钮的功能。

Revit 2020 界面包括主页界面和工作界面。

1. 主页界面

启动 Revit 2020 会打开图 1-3 所示的主页界面。Revit 2020 的主页界面延续了 Revit 以往的【模型】和【族】的创建入口功能。

主页界面的左侧区域中包括【模型】和【族】两个选项组，各区域的使用功能不同，下面我们来熟悉这两个选项组的基本功能。

在右侧区域的【模型】列表和【族】列表中，用户可以选择 Revit 提供的项目文件或族文件，进入到工作界面中进行模型学习和功能操作。

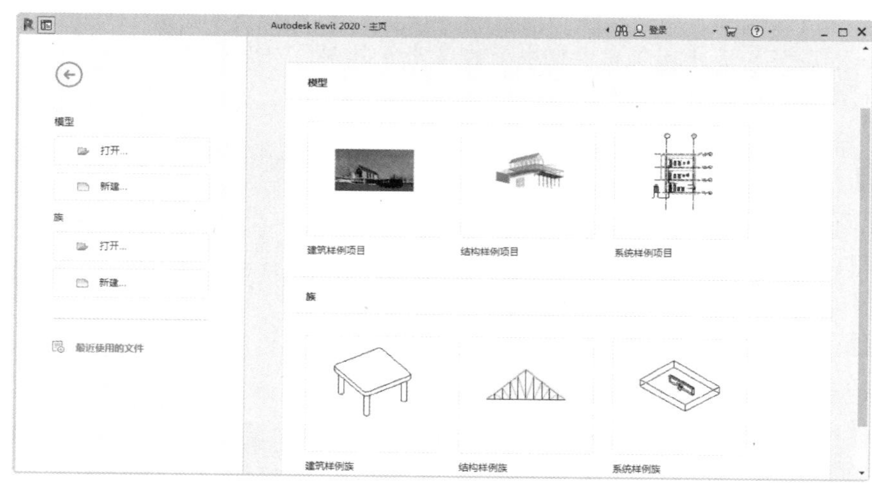

图 1-3 Revit 2020 主页界面

(1)【模型】组

“模型”就是指建筑工程项目中的模型，要建立完整的建筑工程项目，就要开启新的项目文件或者打开已有的项目文件进行编辑。

【模型】组中包含了 Revit 打开或创建项目文件，以及选择 Revit 提供的样板文件并打开进入工作界面的入口工具。模型样板为新项目提供了起点，包括视图样板、已载入的族、已定义的设置（如单位、填充样式、线样式、线宽、视图比例等）和几何图形（如果需要）。

单击【新建】按钮，弹出【新建项目】对话框，如图 1-4 所示。

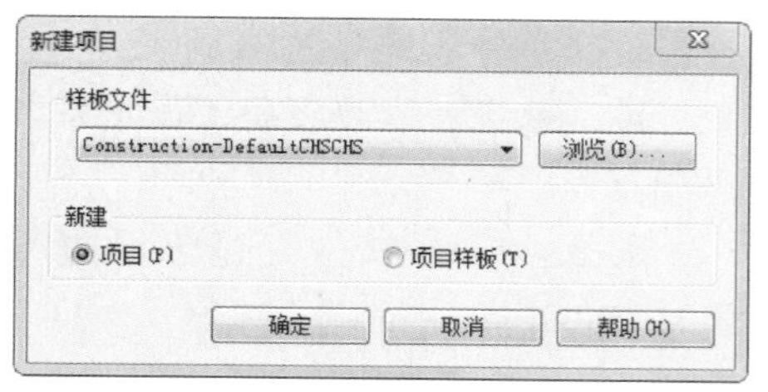

图 1-4 【新建项目】对话框

在对话框的【样板文件】列表中提供了若干样板，用于不同的规程和建筑项目类型，如图 1-5 所示。

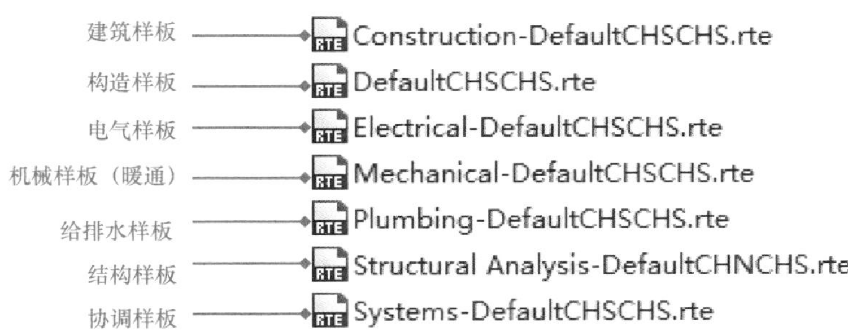

图 1-5　Revit 模型样板

> **提示**　初次安装 Revit 软件并打开主页界面后，【样板文件】下拉列表中并没有电气、给排水和暖通样板等选项，需要单击【浏览】按钮，从样板库中打开。

所谓模型样板之间的差别，其实是设计行业需求不同决定的，同时也会体现在【项目浏览器】中的视图内容不同。建筑样板和构造样板的视图内容是一样的，也就是说这两种模型样板都可以进行建筑模型设计，出图的种类也是最多的，图 1-6 为建筑样板与构造（构造设计包括零件设计和部件设计）样板的视图内容。

电气样板、机械样板、给排水样板和结构样板等视图内容如图 1-7 所示。

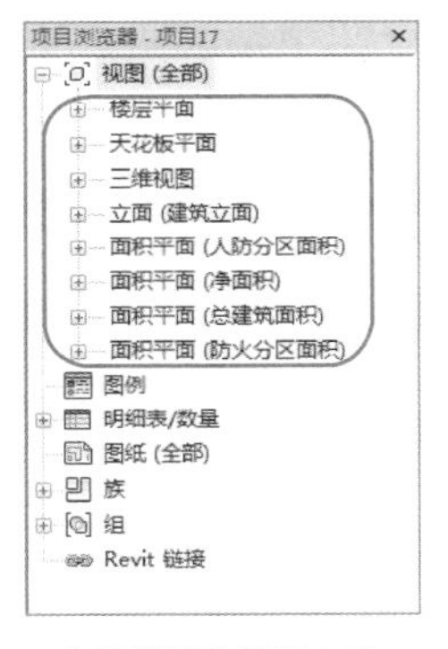

建筑样板的视图内容

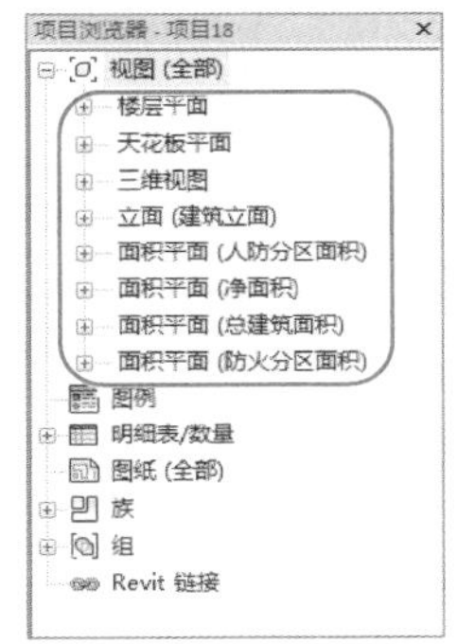

构造样板的视图内容

图 1-6　建筑样板与构造样板的视图内容比较

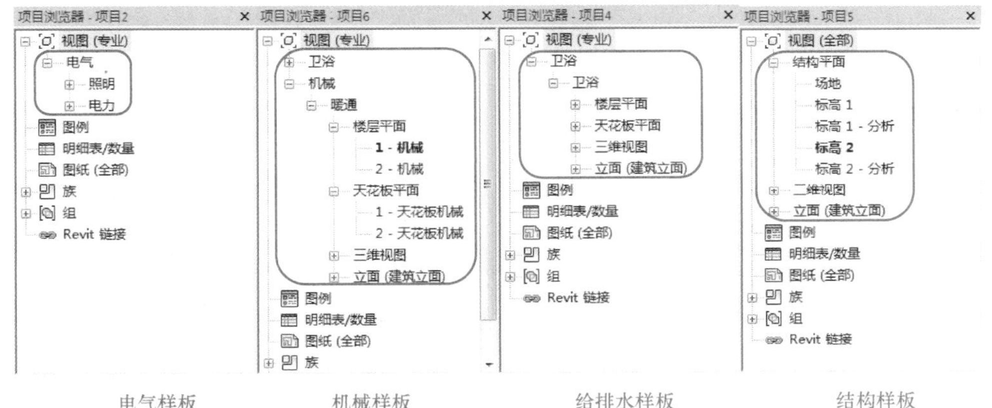

电气样板　机械样板　给排水样板　结构样板

图 1-7　其他模型样板的视图内容

技术要点	在本章的源文件夹中，提供了鸿业 BIMSpace 的 4 种专业样板文件，这些专业的样板文件更符合国内用户的使用习惯。4 种专业样板文件包括建筑、电气、给排水和暖通等专业样板，用法是将这 4 种样板文件复制并粘贴到 Revit 2020 样板文件安装路径中 C:\ProgramData\Autodesk\RVT 2020\Templates\China。

（2）【族】组

族是一个包含通用属性（称作参数）集和相关图形表示的图元组，常见的有家具、电器产品、预制板、预制梁等。

在【族】组中包括【打开】和【新建】两个引导功能。单击【新建】按钮，弹出【新族-选择样板文件】对话框。通过此对话框选择合适的族样板文件，可以进入到族设计环境中进行族的设计。

2. Revit MEP 2020 工作界面

Revit MEP 2020 工作界面沿袭了 Revit 2014 版本以来的界面风格。在欢迎界面的【模型】组中选择一个电气样板、机械样板或给排水样板，进入到 Revit 2020，然后切换到【系统】选项卡，图 1-8 为打开一个建筑项目后的工作界面。

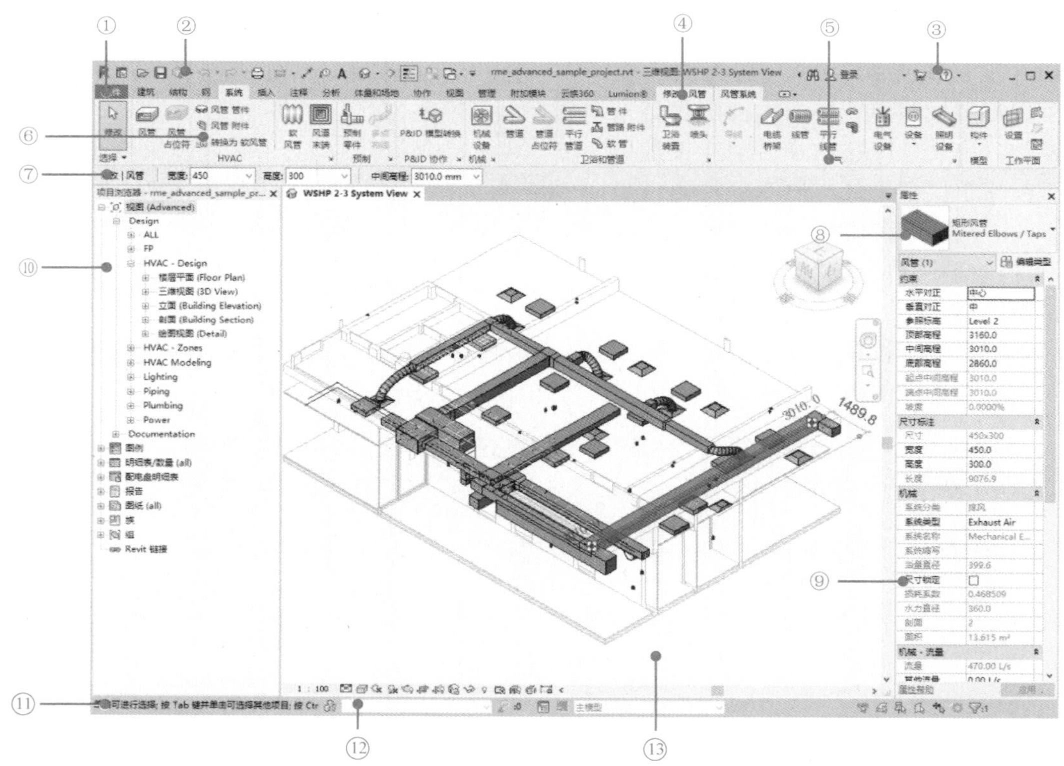

图 1-8　Revit MEP 2020 工作界面

①应用程序菜单　②快速访问工具栏　③信息中心　④上下文选项卡　⑤面板　⑥功能区　⑦选项栏　⑧类型选择器　⑨【属性】选项板　⑩项目浏览器　⑪状态栏　⑫视图控制栏　⑬绘图区

1.2.2　Revit MEP 设计功能及建模概念

Revit 是一款专业三维参数化建筑 BIM 设计软件，是有效创建建筑信息模型（BIM），以及各种建筑设计、施工文档的设计工具。用于进行建筑信息建模的 Revit 平台是一个设计和记录系统，它支持建筑项目所需的设计、图纸和明细表，可提供所需的有关项目设计、范围、数量和阶段等信息，如图 1-9 所示。

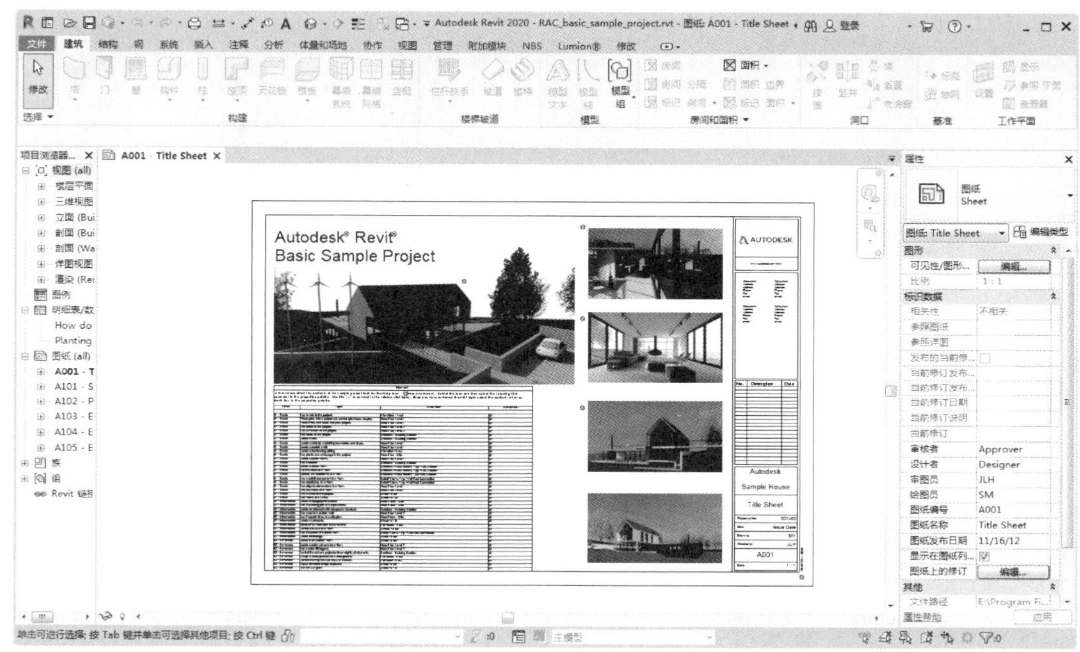

图 1-9　Revit 的建筑信息模型

在 Revit MEP 模型中，所有的图纸、二维视图、三维视图以及明细表都是同一个基本建筑模型数据库的信息表现形式。在图纸视图和明细表视图中操作时，Revit MEP 将收集有关建筑项目的信息，并在项目的其他所有表现形式中协调该信息。

1. Revit MEP 的参数化设计

“参数化”是指模型所有图元之间的关系，可实现 Revit MEP 提供的协调和变更管理功能。

这些关系可以由软件自动创建，也可以由设计者在项目开发期间创建。

在数学和机械 CAD 中，定义这些关系的数字或特性称为参数，因此该软件的运行是参数化的。该功能为 Revit MEP 提供了基本的协调能力和生产率优势。无论何时在项目中的任何位置进行修改，Revit MEP 都能在整个项目内协调该修改。

下面为这些图元关系的示例。

- 门轴一侧门外框到垂直隔墙的距离固定，如果移动了该隔墙，门与隔墙的这种关系仍保持不变。
- 钢筋会贯穿某个给定立面等间距放置，如果修改了立面的长度，这种等距关系仍保持不变。

- 楼板或屋顶的边与外墙有关，因此当移动外墙时，楼板或屋顶仍保持与墙之间的连接。

2. 参数化建模系统中的图元行为

在项目中，Revit MEP 使用 3 种类型的图元，如图 1-10 所示。

- 模型图元表示建筑的实际三维几何图形，它们显示在模型的相关视图中，例如结构墙、楼板、坡道和屋顶等。
- 基准图元可帮助定义项目上下文，轴网、标高和参照平面等都是基准图元。
- 视图专有图元只显示在放置这些图元的视图中。视图专有图元可帮助用户对模型进行描述或归档，尺寸标注、标记和二维详图构件等都是视图专有图元。

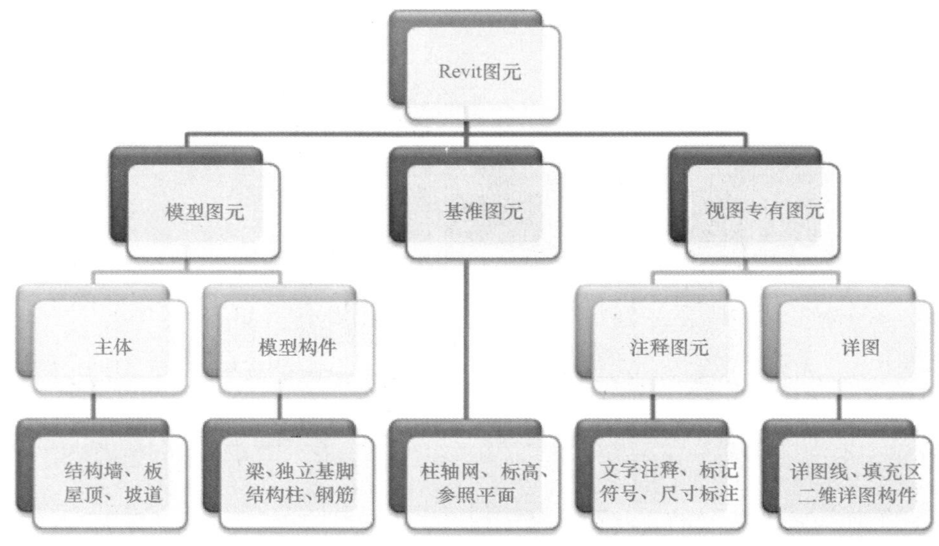

图 1-10　Revit MEP 使用 3 种类型的图元

模型图元有主体和模型构件两种类型。

- 主体（或主体图元）通常在构造场地在位构建，例如结构墙和屋顶。
- 模型构件是建筑模型中其他所有类型的图元，例如梁、结构柱和三维钢筋等。

视图专有图元有注释图元和详图两种类型。

- 注释图元是对模型进行归档并在图纸上保持比例的二维构件，例如尺寸标注、标记和注释记号等。
- 详图是在特定视图中提供有关建筑模型详细信息的二维项，包括详图线、填充区域和二维详图构件等。

这些实现内容为设计者提供了设计的灵活性。Revit MEP 图元设计可以由用户直接创建和修改，不用进行编程。在 Revit MEP 中绘图时，可以定义新的参数化图元。

在 Revit MEP 中，图元通常根据其在建筑中的上下文来确定自己的行为。上下文是由构件的绘制方式，以及该构件与其他构件之间建立的约束关系确定的。通常，要建立这些关系，不用执行任何操作，因为执行的设计操作和绘制方式已隐含了这些关系。在其他情况下，可以显式控制这些关系，例如通过锁定尺寸标注或对齐两面墙。

1.3 鸿业 BIMSpace 的建筑和机电设计平台

鸿业 BIMSpace（也称“鸿业乐建”）是国内著名的大型 BIM 软件开发公司（鸿业科技）推出的三维协同设计软件平台。该软件从 2011 年开始开发，2012 年推出 HYBIM 2.0 版，2013 年推出 HYBIM 3.0 版。HYBIM 运行平台为 Autodesk Revit，目前支持 Autodesk Revit 2014 ~ Autodesk Revit 2020 版本，是国内最早基于 Revit 的 BIM 解决方案软件之一。

1.3.1 鸿业 BIM 系列软件发展阶段

本节将对鸿业 BIM 系列软件的发展阶段进行介绍。

1）2008 年 ~ 2009 年，鸿业科技参加了 Autodesk Revit 应用和开发培训，并参加了多场 Autodesk 的 BIM 会议，对 Revit 软件和 BIM 概念有很深的了解。

2）2010 年，鸿业科技和欧特克公司合作，推出 Revit MEP 软件和鸿业负荷计算软件数据交互的 Revit MEP 鸿业负荷计算接口软件。该软件运行在 Revit MEP 2012 环境下，支持 Revit MEP 32 位和 64 位版本，语言环境为中文版和英文版。该软件在 2011 年欧特克大中华年会上推广，并在 Revit 用户中被广泛使用。

3）2011 年，负荷计算接口升级，可支持 Revit MEP 2012 版本，同时开始在 Revit 上做建模和 MEP 协同建模设计分析软件。

4）2012 年 11 月，鸿业科技推出 HYBIM 解决方案，包括 HYMEP for Revit 2.0 和 HYArch for Revit 2.0 软件。软件可同时支持 Revit 2012 和 Revit 2013 版本，是国内最早推出的 BIM 类协同建模设计分析软件，也是最早支持 Revit 2013 的设计软件。

5）2013 年 5 月，鸿业科技推出 HYBIM 解决方案 3.0 版本，包括 HYMEP for Revit 3.0 和 HYArch for Revit 3.0，软件以 Revit 2013 为主要平台，同时可支持 Revit 2014。重点改进管道连接处理、管道坡度处理、材料表和出图的功能，大大提升设计效率。

6）2014 年 11 月，鸿业科技推出 BIMSpace 软件，其中包括建筑、暖通、给排水、电气及相应的族库。该软件整合了原 BIM 系列软件的相关功能，使用模块化的方式，在一个软件中可以实现各专业的协同设计。此后，鸿业 BIM 系列软件稳定发展，此处不再赘述。

1.3.2 BIMSpace 2020 模块组成

BIMSpace 是鸿业科技为了提高设计阶段效率与质量的 BIM 一站式解决方案。

BIMSpace 是针对建筑设计行业、基于 Revit 平台的二次开发软件。BIMSpace 共分为两个部分，一部分是族库管理、资源管理、文件管理，更多地考虑了项目的创建和分类，包括对项目文件的备份、归档；而另一部分包括乐建、给排水、暖通、电气、机电深化和装饰，这一系列软件的开发无一不体现设计工作过程中质量、效率、协同、增值的理念。

1. 云族 360

云族 360 是一款免费的海量族库应用软件，用户可以到鸿业科技官网（http://bim.hongye.com.cn/）的“下载试用”页面获取免费应用下载。

云族 360 包括常见的建筑专业族、电气专业族、给排水专业族、暖通专业族及其他专业族等。族的下载主要有两种方式，一是到云族 360 官网（http://www.yunzu360.com/

Index. aspx）下载学习，如图 1-11 所示；二是安装云族 360 插件 2.0 版本后，在 Revit 2020 或 Revit 2019 中开启族的下载，如图 1-12 所示。

图 1-11　在云族 360 官网下载族

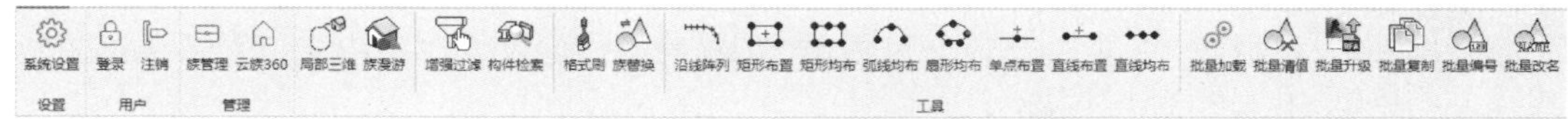

图 1-12　在 Revit 中使用族

技术要点

云族 360 客户端 2.0 版本目前仅支持 2015/2016/2017 版本，要想在 2020 或 2019 版本上使用，可以进行如下设置。

- ☑ 在安装包文件夹中运行 HYEZuClient2. 0. exe，安装云族客户端 2.0。
- ☑ 创建 C:\ProgramData\Hongye\EzuClient\bin\2020 文件夹，将 HYLIB. EZu. dll 和 HYRevitAPI. EZu. dll 两个文件复制到此文件夹。
- ☑ 把文件 HongYe. EZu. Client. addin 复制到 C:\ProgramData\Autodesk\Revit\Addins\2020 文件夹下。

2. 建筑设计

鸿业乐建 2020 软件沿用二维设计习惯以及本地化的 BIM 建筑设计平台，以软件内嵌的现行规范、图集以及大型企业标准，紧紧围绕设计院的工作流程，强化设计工作，提高设计效率，解决模图一体化难题。

鸿业乐建软件为设计人员提供了快速建模的绘图工具，减少了原有操作层级的数量，集所需参数为一个界面，如快速创建多跑楼梯、一键生成电梯等功能。另外，鸿业乐建软件内嵌了符合本地化规范条例的设计规则，保证模型的合规性，如防火分区规范校验、疏散宽度、疏散距离检测等功能，减少了设计人员烦琐的检测及校对工作量。考虑专业内及专业间协同工作，如提资开洞、洞口查看、洞口标注、洞口删除等功能，为用户提供协同平台。新增了标准化管理的相关功能，如模型对比、提资对比，满足企业的标准化管理，图 1-13 为鸿业乐建 2020 的工作界面。

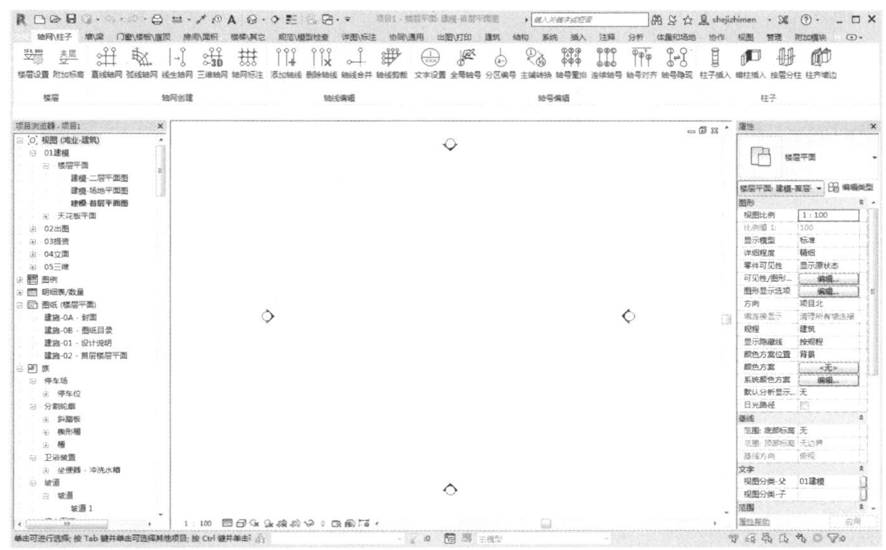

图 1-13　鸿业乐建 2020 软件界面

3. 给排水、暖通、电气设计

鸿业机电 2020/2019 软件设计主要是应用在建筑给排水、暖通及电气等专业的设计领域。目前，鸿业机电软件可支持最高版本为 Revit 2019～2020，图 1-14 为鸿业机电 2020 软件的启动界面。

图 1-14　鸿业机电 2020 软件的启动界面

- 给排水设计：是鸿业公司结合设计师的实际功能需求，总结多年给排水软件开发经验，推出的一款全新的智慧化软件。该软件涵盖了给水、排水、热水、消火栓和喷淋系统的绝大部分功能。从管线设计到管线连接、调整再到水力计算，从消火栓智慧化布置、快速连接再到保护范围检查，从自喷系统的批量布置到自动连接再到四喷头校验，都提供了相应的一站式解决方案。
- 暖通设计：致力于在 BIM 正向设计上为暖通工程师解决实际问题，软件中包含了风系统、水系统、采暖系统及地暖四大模块。
- 电气设计：符合电气《BIM 建筑电气常用构件参数》图集的要求，同时考虑专业设计人员的设计习惯，将二维与三维设计习惯相结合，学习成本大幅度降低。软件结合绿建要求，比如自动布灯将计算与布灯合二为一，同时兼顾目标值与现行值的要求。温感、烟感根据规范自动布置火灾探测器，并生成保护范围预览，是否能涵盖住保护区域一眼可知。电气专业可以将水暖设备图例快速切换，可一键解决电气设计师面对众多水暖设备协同应用的出图问题。

图 1-15 为鸿业机电 2020 软件的工作界面。

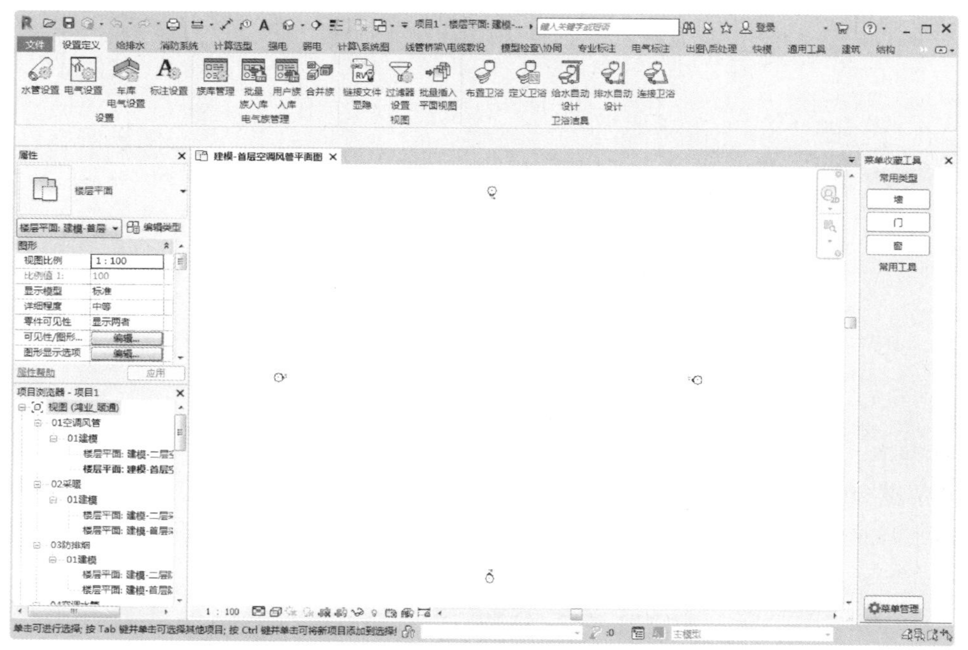

图 1-15　鸿业机电 2020 软件的工作界面

4. 机电深化

机电深化是设计师进行 BIM 设计的一项重要工作，是模型从简到精细的一个重要过程，也是设计与施工对接的重要环节。鸿业机电深化软件提供了简洁快速的解决方案，可实现各专业管线的快速对齐、自动连接及避让调整；实现各专业管线按加工长度进行分段，并对管段进行编号；支持提取剖面布置支吊架的操作，并可选择多种支架及吊架形式，还可对支吊架进行批量编号和型材统计；实现机电设计师的一键式开洞提资，视图中添加套管及标注，土建设计师读取提资文件后可开洞并对洞口进行查看、对洞口进行标注及批量删除；可在视图中统计或导出各专业的设备材料表，显著提高机电深化的工作效率和质量，图 1-16 为机电深化 2020 软件的工作界面。

5. 装饰设计

全新的吊顶布置功能，完全用实际施工的做法来布置生成 BIM 模型。软件支持实际施工中最常用的两种吊顶做法。预设了市场上所有常见的国标和非标主材。为摆脱以往图纸做法和实际施工做法脱节的普遍现象，软件归纳总结了实际做法的主要规律，使我们布置的吊顶龙骨系统完全符合实际施工的水准。此外，优化了壁纸铺设，利用铺砖功能迅速地铺设墙地砖或石材、花砖、波打线、地面垫层等。装饰软件还提供了诸多算量功能，提供了方便的文字编辑、标注、排图、出图、批量打印等一系列 BIMSpace 通用工具，方便用户使用。

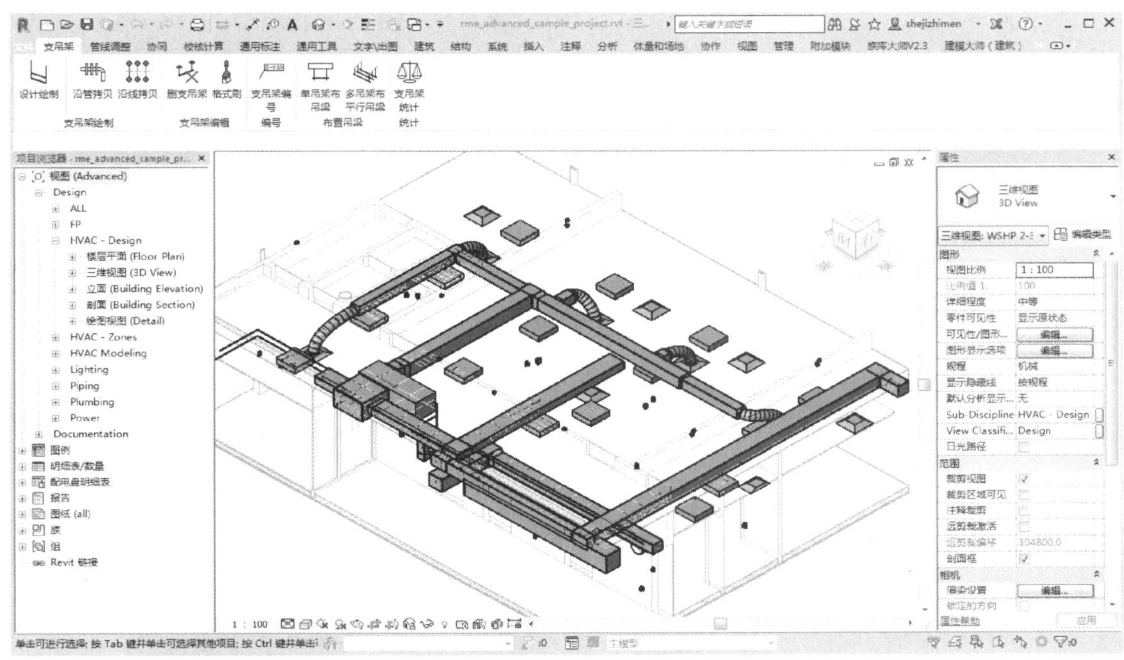

图 1-16　机电深化 2020 软件的工作界面

图 1-17 为鸿业装饰设计软件（Revit）2018 的工作界面。

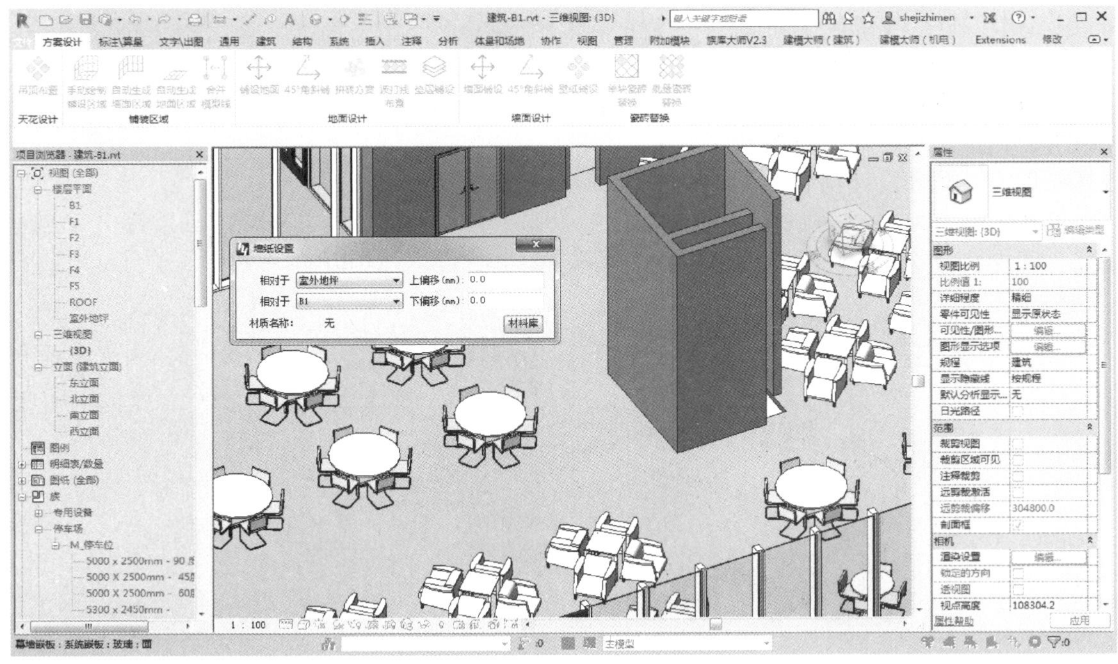

图 1-17　鸿业装饰设计软件（Revit）2018 的工作界面

6. 鸿业装配式建筑

鸿业装配式是针对装配式混凝土结构、基于 Revit 平台的二次开发软件考虑从 Revit 模型到预制件深化设计及统计的全流程设计软件。鸿业装配式建筑设计软件集成了国内装配式规范、图集和相关标准，能够快速实现预制构件拆分、编号、钢筋布置、预埋件布置、深化出图（含材料表）及项目预制率统计等，形成了一系列符合设计流程、提高设计质量和效率、解放装配式设计师的功能体系，如图 1-18 所示。

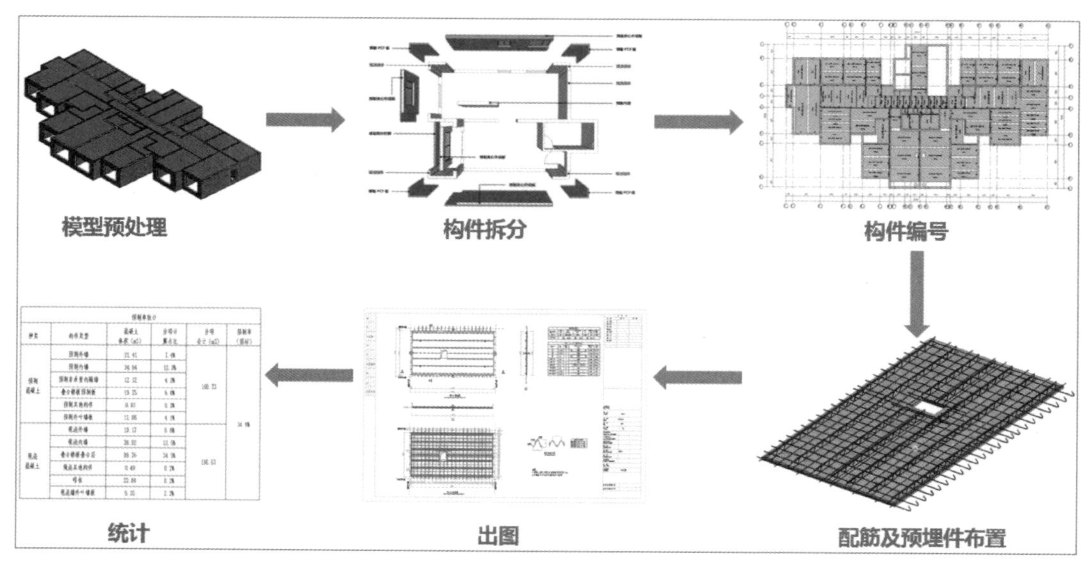

图 1-18　装配式建筑设计流程

7. 鸿业铝模 BIM 软件

随着铝模板行业的迅速发展，鸿业公司倾心打造基于 BIM 主流平台 Revit 的“铝巨人”，支持协同工作模式，提供铝模设计行业“快速模型深化、无缝体系对接、汇聚设计理念、高效智能配模、精准设计校验、便捷成果输出”的一体化解决方案。

鸿业铝模 BIM 软件 2019 具有多编码体系管理、智能配模、设计校验和成果输出等四大功能，图 1-19 为铝模布置完成效果图。

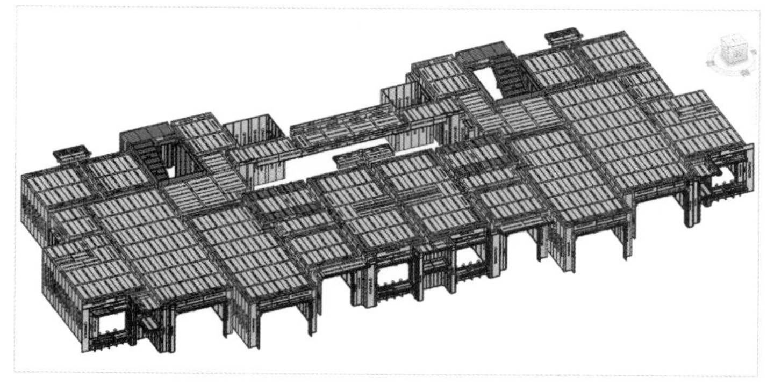

图 1-19　铝模设计效果图

8. 蜘蛛侠——机电安装 BIM 软件

“蜘蛛侠”是鸿业科技隆重推出智能高效的 MEP 软件，专为机电安装行业提供 BIM 应用解决方案。“蜘蛛侠”也是目前国内久负盛名的机电设计软件。

“蜘蛛侠”是一款针对机电深化设计的产品，基于 Revit 平台进行二次开发，包含建模和管综调整、校核计算、标注出图及安装算量等部分，旨在帮助用户快速、准确地完成机电安装深化工作，切实保证施工企业少返工、省材料、节工期、增效益。

“蜘蛛侠”目前免费试用，用户可进入 http：//www. zzxbim. com. cn/官网下载，适合的 Revit 版本为 Autodesk Revit 2016 ~ 2019 的中英文版（64 位）。图 1-20 为“蜘蛛侠”安装成功后在桌面双击启动的界面。

图 1-20　“蜘蛛侠”——机电安装 BIM 软件 2019 的启动界面

1.3.3　BIMSpace 2020 软件下载

BIMSpace 2020 为建筑设计师提供专业的从施工、设计到装配式建筑的整套解决方案。要使用 BIMSpace，可在鸿业科技官网（http：//bim. hongye. com. cn/index/xiazai. html）下载进行试用。BIMSpace 2020 为 4 个软件模块的集合，如图 1-21 所示。因为 BIMSpace 2020 中新增了部分功能，可以快速建立模型，建议在建筑、机电深化、机电等模块方面安装 BIMSpace 2020 来使用。BIMSpace 2020 既可以在 Revit 2020 使用，也可以 Revit 2019 中使用。

HYAC2020（铝膜）.exe
HYArch2020（建筑）.exe
HYRME2020（机电）.exe
Magic-PC2020（装配式建筑）.exe

图 1-21　鸿业建筑软件

> **提示**
>
> 本章源文件夹中提供了 BIMSpace 2020 安装的链接地址。本书所介绍的机电、机电深化及建筑方面的模块，将以 BIMSpace 2020 版本进行介绍。当然，如果您安装的 Revit 软件为 2019 以下的版本，建议安装 BIMSpace 2019（适用于 Revit 2014 ~ 2019）。

软件模块需要全部进行安装。安装完成后，在计算机桌面上双击鸿业乐建 2020 图标，会自动启动 Revit 2020 软件和鸿业乐建 2020 软件模块，在主页界面中可以选择适合用户安装的 Revit 版本（Revit 2020 或 Revit 2019），如图 1-22 所示。

图 1-22　在鸿业乐建软件欢迎界面中选择 Revit 版本

鸿业乐建软件的功能在 Revit 2020 功能区的前面几个选项卡中，如图 1-23 所示。

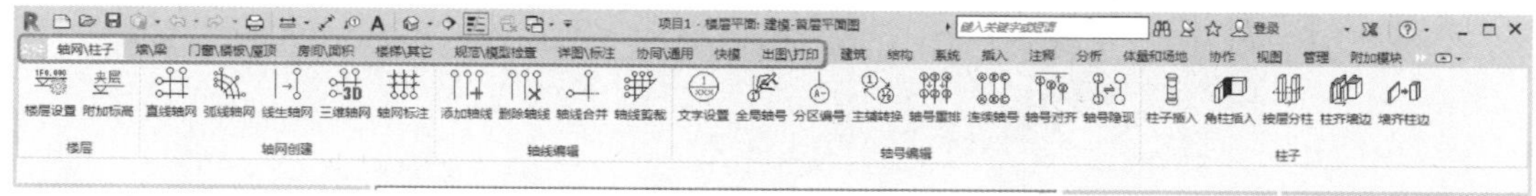

图 1-23　鸿业乐建的功能选项卡

第 2 章

Revit 应用于建筑设计

本章导读

在本章中，将充分利用 Revit 2020 和鸿业 BIMSpace 2020 的建筑、结构设计等功能，完成某别墅项目设计，让读者掌握 Revit 和相关设计插件软件的高级建模方法，从而快速提升软件应用技能。

案例展现

案　例　图	描　　述
	本例 5#楼为三层联排别墅，楼层层高：半地下室层高为 2900mm，一层层高为 3700mm，二层、三层层高为 3000mm。本例项目为浅基础形式，包括独立基础和条形基础
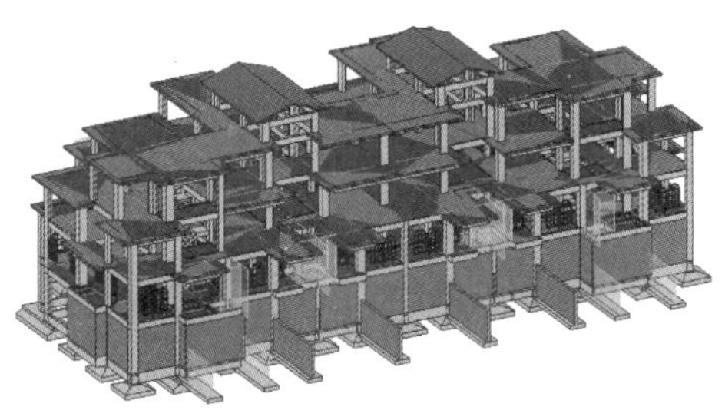	第一层为标高 1（±0，000）的结构设计。第一层的结构中其实有 2 层，有剪力墙的区域标高要高于没有剪力墙的区域，高度相差 300mm。 一层至二层之间的结构柱已经浇筑完成，下面在柱顶放置二层的结构梁。同样，也是先建立一般的结构，另一半镜像获得。第二层的结构梁比第一层的结构梁仅仅是多了地基以外的阳台结构梁

2.1 鸿业 BIMSpace 2020 简介

鸿业公司作为国内 BIM 正向设计的引领者，一直走在正向设计的前言。BIMSpace 作为鸿业在 BIM 正向设计领域的一款集快速建模、优化设计、高效出图和建筑水暖电四大专业于一身的辅助设计软件，大大地提升了设计师的设计和建模效率。在近一年的时间里，鸿业通过与国内数百位资深设计师的深入合作，在 BIMSpace 2019 的基础上，针对地上标准化、地下智能化以及交付标准化做了相关工作，并且加入了鸿业云协同设计管理的内容，最终形成了智能设计加智慧管理的整体设计解决方案——BIMSpace 2020。

1. 标准化

通过 BIMSpace 2020 可实现项目地上部分按模块、户型、单元的标准化进行封装设计。软件可以对大量的标准化内容进行管理、分发及拼接处理，真正实现手动设计转向搭积木设计，使缩短设计周期变得可能。

导入标准库后，在【库管理】对话框中选择相应的户型，单击【应用】按钮，即可应用到户型拼接的户型库里。选择模块库分类，有卫生间模块、厨卫模块、核心筒模块、商业模块和其他模块，如图 2-1 所示。

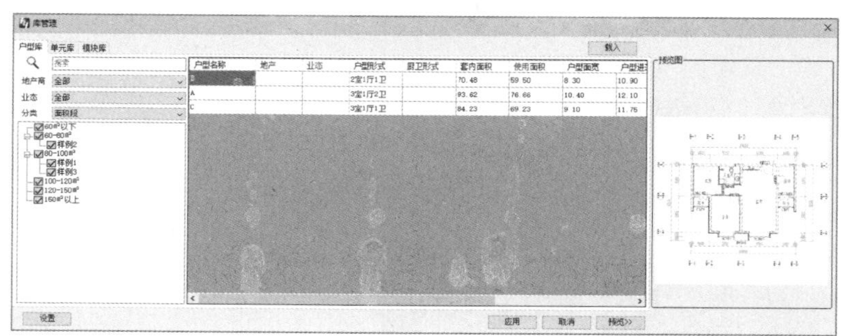

图 2-1 标准库管理

户型分发功能可将自己设置好的户型分发给其他单位。编辑设置好的户型后，分发给其他的单位，如图 2-2 所示。

户型拼接功能方便在对户型设置的时候可以快速进行绘制并放置到图面上，避免了重复操作，如图 2-3 所示。

图 2-2 户型分发

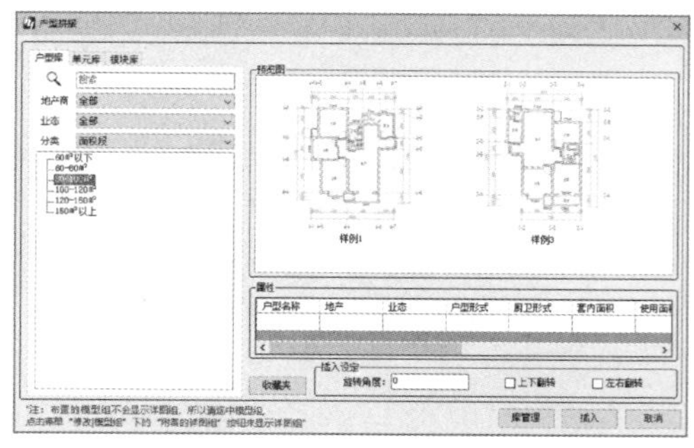

图 2-3 户型拼接

2. 成果交互

通过对模型数据的分析处理，软件实现了建筑一键平面图、立面图、楼梯/电梯详图、机电风系统、水系统、多联机系统的智能标准化标注解决方案。为满足报审、交付、存档等多种需求，软件可将 BIM 模型转换成可归档的二维图纸，如图 2-4 所示。

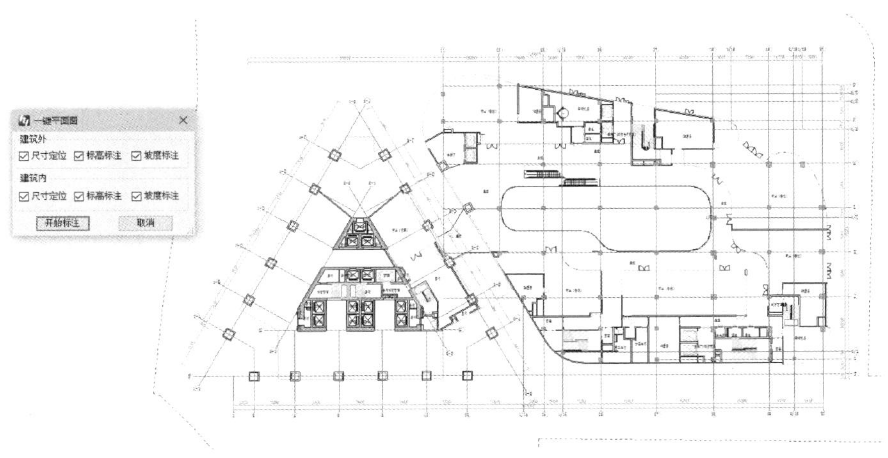

图 2-4　一键平面图与智能标注

3. 智能化

通过对地库非标模型的分析处理，软件按照国家规范及设计经验，将大量烦琐、重复的工作自动实现，如自动布车位、自动布置喷淋、自动布灯、烟感点位自动布置等，从而实现一系列智能化整体解决方案，如图 2-5 所示。

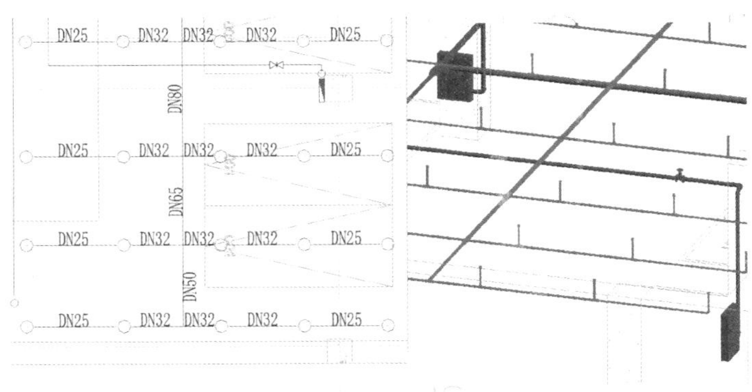

图 2-5　自动布置喷淋

2.2　建筑设计项目简介

中润 · 滟澜山项目地块位于合肥市庐江县世纪大道以北、黄山路以西、移湖路以东，地形平坦。本例建筑设计为中润 · 滟澜山项目地块的 5#楼，总建筑面积为 2169. 56m^2，其中半地下室面积为 688. 52m^2；结构类型为异形柱框架结构；设计使用年限分类为 3 类、设计使用年限为 50 年。

图 2-6 为中润 · 滟澜山项目的总体规划效果鸟瞰图，图 2-7 为小区内部的部分实景图展示。整个 5#楼子项目的建筑项目设计包括建筑结构设计和建筑室内外装修设计。

图 2-6 中润 · 滟澜山项目鸟瞰图

图 2-7 中润 · 滟澜山项目实景图

2.3 建筑结构设计部分

本例 5#楼为三层联排别墅，其中半地下室楼层层高为 2900mm（如无特殊说明，后续章节中数字的单位均为 mm），一层的层高为 3700mm，二层、三层的层高为 3000mm。建筑结构设计部分包括地下层基础（桩基、独立基础、基础梁和防渗墙）设计、地上一层至三层结构设计、结构屋顶及结构楼梯设计等内容。

2.3.1 地下层基础设计

本例别墅项目的基础形式为浅基础形式，包括独立基础和条形基础。独立基础主要承重建筑框架部分，条形基础则分承重基础和挡土墙基础（挡土墙基础为本例主要的基础形式）。

1. 柱下独立基础设计

独立基础分阶梯形、坡形和杯形三种，本例独立基础采用坡形。本例的独立基础形式为钢筋混凝土柱下独立基础。对于独立基础，由于结构柱较多，且尺寸不一致，为了节约时间，总体上放置两种规格尺寸的独立基础。

01 启动 Revit 2020，在欢迎界面的【项目】选项组中选择【结构样板】选项，新建一个结构样板文件并进入到 Revit 中。

02 首先要建立的是整个建筑的结构标高。在项目浏览器的【立面】项目节点下选择一个建筑立面，进入到立面视图中。然后创建出本例别墅的建筑结构标高，如图 2-8 所示。

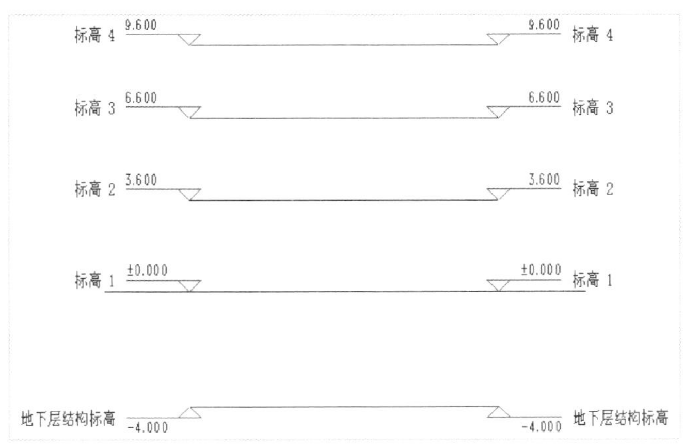

图 2-8　创建建筑结构标高

> **提示**　在创建标高和轴网时，用户可用 AutoCAD 软件打开本例源文件夹中的“结施图 . dwg”来参考建模。

03 在项目浏览器【结构平面】下选择【地下层结构标高】作为当前轴网的绘制平面。所绘制的轴网用于确定地下层基础顶部的结构柱和结构梁的放置位置。

04 在功能区【结构】选项卡的【基准】组中，单击【轴网】按钮，然后绘制图 2-9 所示的轴网。

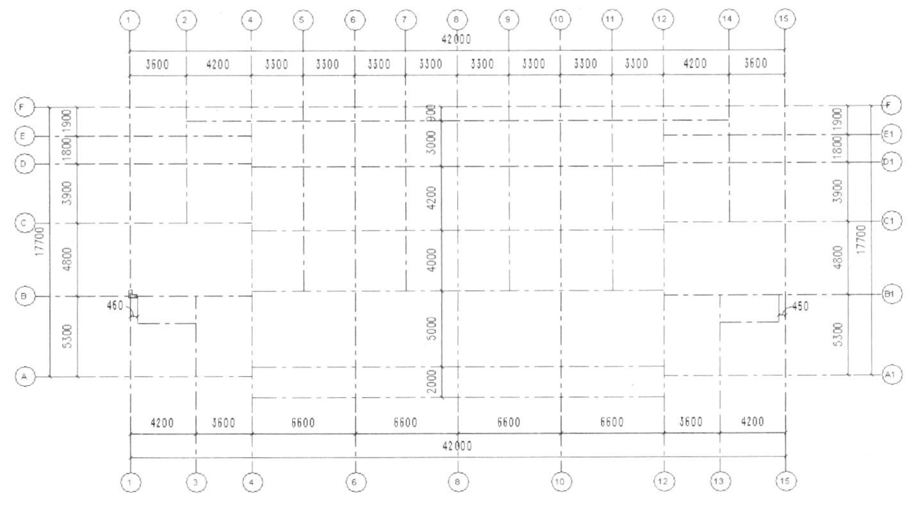

图 2-9　在标高 1 绘制轴网

提示	左右水平轴线编号本应是相同的，只不过在绘制轴线时是分开建立的，由于轴线编号不能重复，所以右侧的轴线编号暂用 A1、B1 等替代 A、B 等编号。

05 地下层的框架结构柱类型共 10 种，其截面编号分别为 KZ1a、KZa、KZ1 ~ KZ8，截面形状包括 L 形、T 形、十字形和矩形 4 种。首先插入 L 形的 KZ1a 框架柱族。

06 切换到【标高 1】结构平面视图上。在【结构】选项卡下【结构】面板中单击【柱】按钮，然后在弹出的【修改 | 放置结构柱】上下文选项卡中单击【载入族】按钮，从 Revit 的族库文件夹中找到“混凝土柱 – L 形 . rfa”族文件，单击【打开】按钮，打开族文件，如图 2-10 所示。

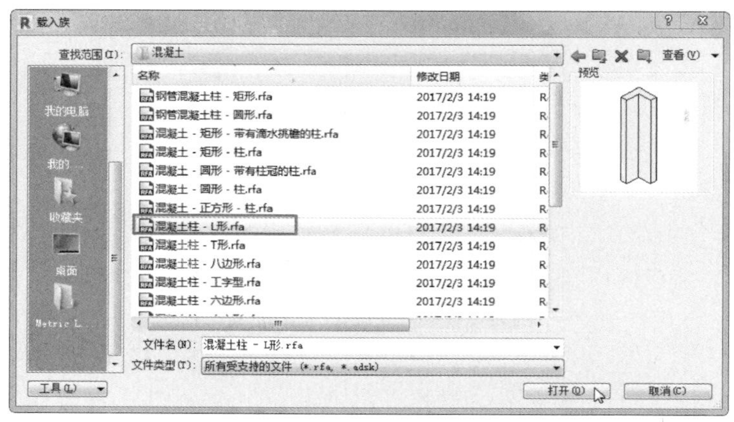

图 2-10 打开混凝土柱的族文件

07 随后依次插入 L 形的 KZ1 结构柱族到轴网中，插入时在选项栏选择【深度】和【地下层结构标高】选项，如图 2-11 所示。插入后单击属性面板中的【编辑类型】按钮，修改结构柱尺寸。

提示	在放置不同角度的相同结构柱时，需要按下键盘上的回车键来调整族的方向。

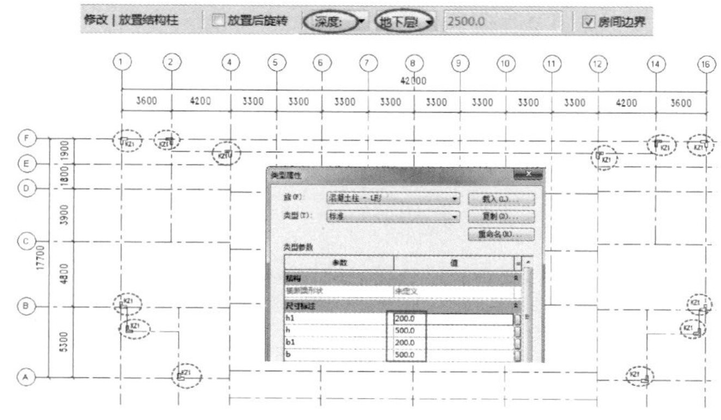

图 2-11 插入 L 形的 KZ1 结构柱族

08 再次插入 KZ2 结构柱族，KZ2 与 KZ1 同是 L 形，但尺寸不同，如图 2-12 所示。

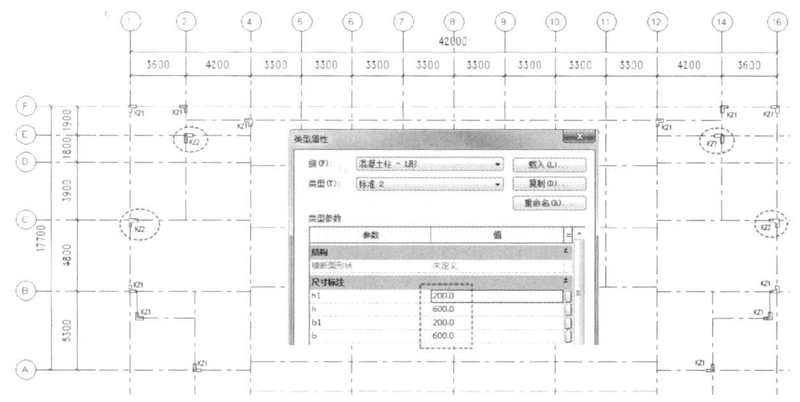

图 2-12　插入 KZ2 结构柱

09 由于是联排别墅，以 8 轴线为中心线，呈左右对称。所以后面插入结构柱时可以先插入一半，另一半镜像获得。同理，加载 KZ3 结构柱族，KZ3 的形状是 T 形，尺寸跟 Revit 族库中的 T 形结构柱族相同，如图 2-13 所示。

10 KZ4 结构柱的形状是十字形，其尺寸与族库中的十字结构柱族也是相同的，如图 2-14 所示。

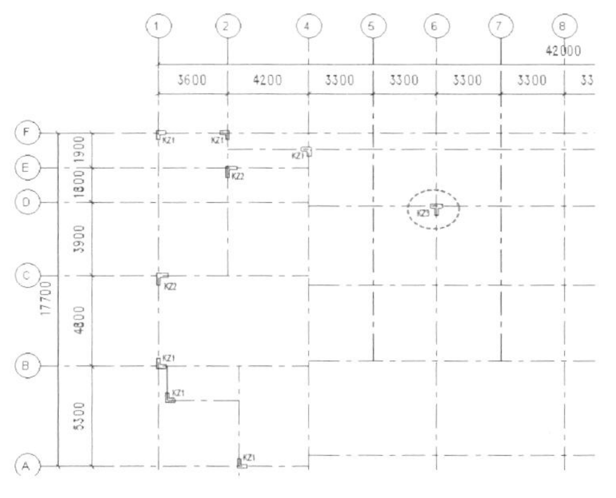

图 2-13　插入 KZ3 结构柱

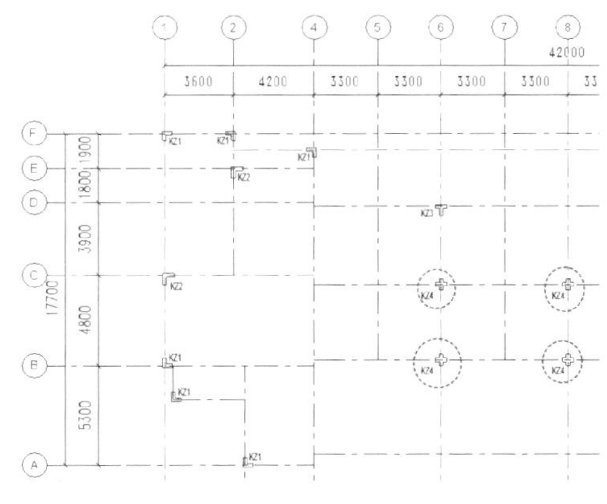

图 2-14　插入 KZ16 结构柱

11 接下来的 KZ5 ~ KZ8 结构柱以及 KZa 结构柱均为矩形结构柱。由于插入的结构柱数量较多，而且还要移动位置，所以此处不再一一演示，读者可以参考操作视频或者结构施工图来操作，布置完成的基础结构柱如图 2-15 所示。

提示　KZ5 结构柱的尺寸为 300mm × 400mm，KZ6 结构柱的尺寸为 300mm × 500mm，KZ7 结构柱的尺寸为 300mm × 700mm，KZ8 结构柱的尺寸为 400mm × 800mm，KZa 结构柱的尺寸为 400mm × 600mm。

12 在【结构】选项卡的【基础】面板中单击【独立】按钮，然后从族库中载入【结构】|【基础】路径下的“独立基础 – 坡形截面 . rfa”族文件，如图 2-16 所示。

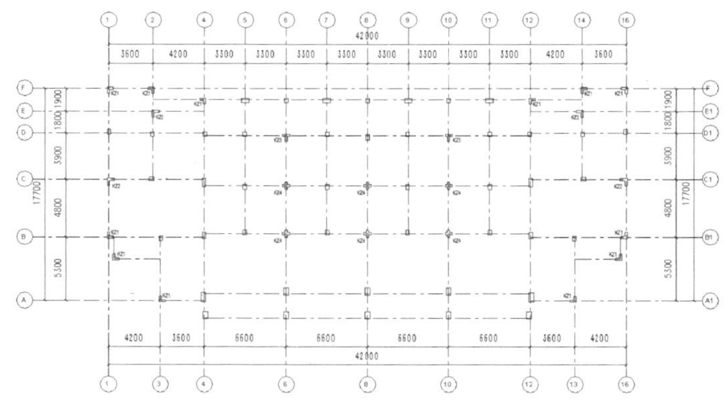

图 2-15　布置完成的基础结构柱

图 2-16　载入独立基础族

13　接下来编辑独立基础的类型参数，并布置在图 2-17 所示的结构柱位置上，其中点与结构柱中点重合。

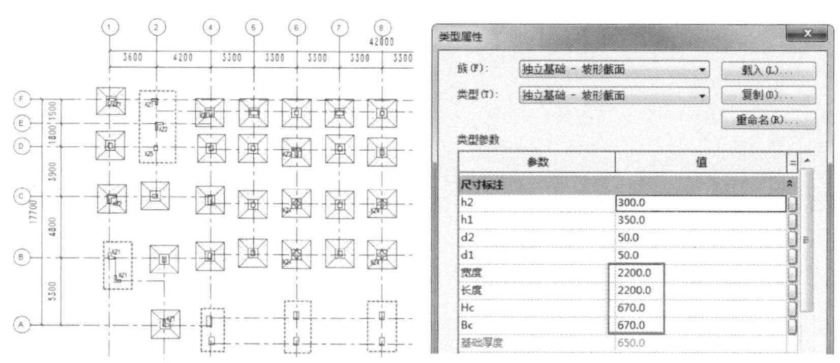

图 2-17　布置独立基础

14　没有放置独立基础的结构柱（上图中矩形框内），是由于距离太近，避免相互干扰，改为放置条形基础。由于 Revit 族库中没有合适的条形基础族，所以我们提供鸿业云族 360 的族库插件给大家使用，用户可以在鸿业云族 360 客户端下载适用的条形基础族，如图 2-18 所示。

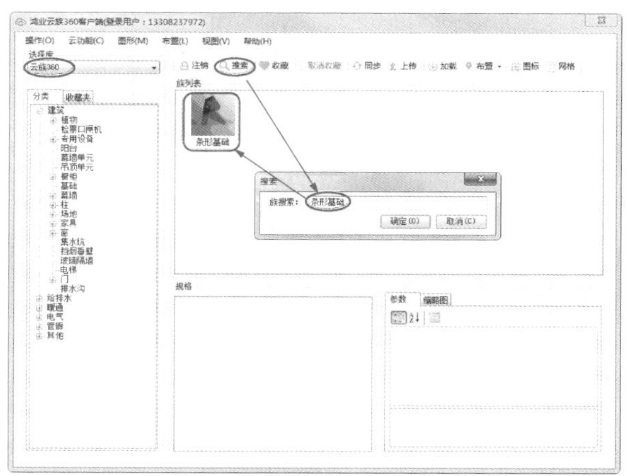

图 2-18　下载合适的条形基础族

15　随后编辑条形基础属性尺寸，并放置在距离较近的结构柱位置上，如图 2-19 所示。加载的条形基础会自动保存在项目浏览器【族】|【结构基础】节点下。放置须按回车键调整放置方向。

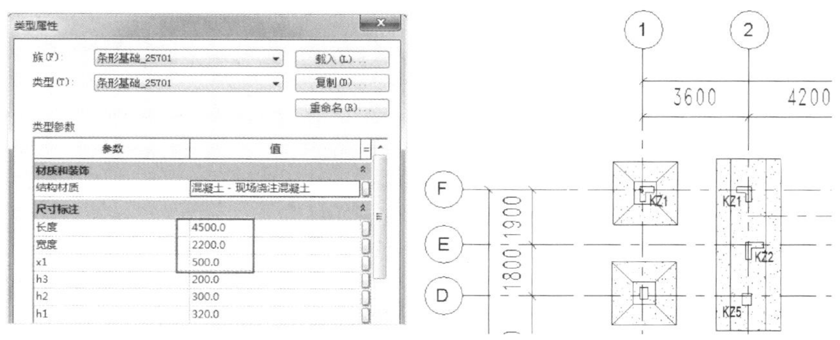

图 2-19　放置加载的条形基础

提示

放置后会偶遇警告弹出，如图 2-20 所示。该警告表示当前视图平面不可见，有可能创建在其他结构平面上，我们可以显示不同结构平面，找到放置的条形基础，然后更改其标高为“地下层结构标高”即可。

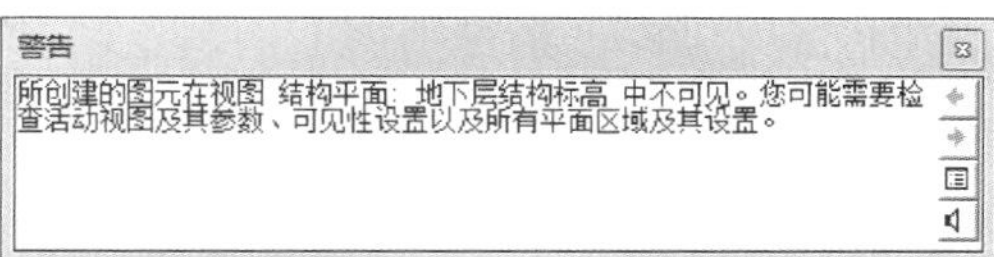

图 2-20　警告提示

16　同理，从项目浏览器中直接拖动“条形基础_ 25701”族到视图中进行放置，完成其余相邻且距离较近的结构柱上的条形基础，最终结果如图 2-21 所示。

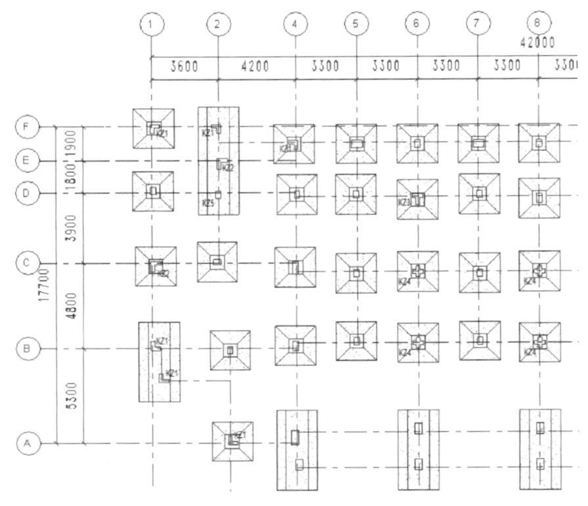

图 2-21　完全其他条形基础的放置

17　选择所有的基础，然后进行镜像，得到另一半的基础，如图 2-22 所示。

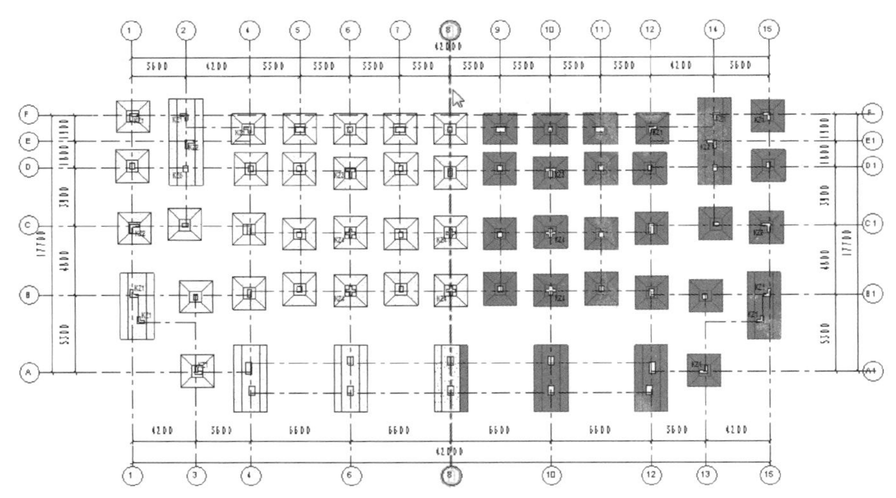

图 2-22　镜像基础

2. 挡土墙基础（条形基础）设计

挡土墙基础主要起挡土和防雨水渗漏作用。本例挡土墙基础是绕整个主体建筑一周建立的，基础形式为钢筋混凝土墙下条形基础。

01　切换视图到“地下层结构标高”视图平面。

02　在【快模】选项卡中单击【链接 CAD】按钮，将本例源文件夹中的“结施——基础平面布置图 .dwg”图纸链接到当前项目中。

03　在【快模】选项卡中单击【主体快模】按钮，弹出【主体快模】对话框。单击【请选择墙边线】按钮，然后在链接的 CAD 图纸中拾取挡土墙的墙边线，如图 2-23 所示。

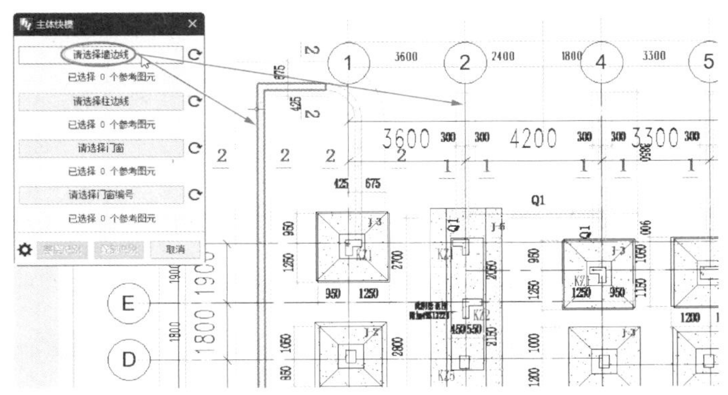

图 2-23　拾取墙边线

04　按 Esc 键结束选取，返回到【主体快模】对话框并单击【整层识别】按钮，随后在【主体快模】对话框中显示提取的墙信息，在【用途】列表中选择【结构墙】，最后单击【转换】按钮，如图 2-24 所示。

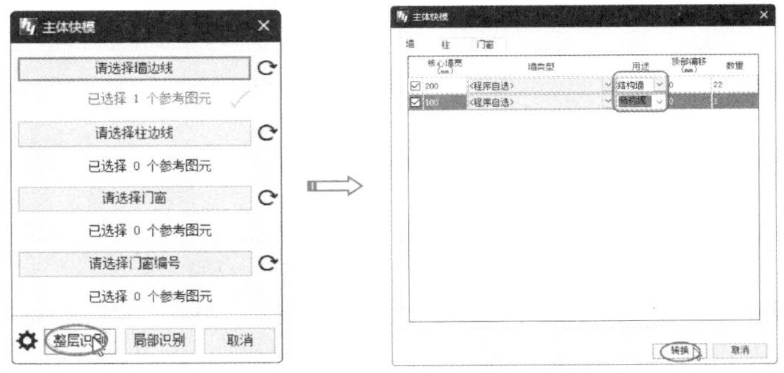

图 2-24　整层识别后设置墙参数

05　随后系统自动创建结构墙。从结果看（切换到三维视图），有几条墙边线没有被识别出来，如图 2-25 所示。

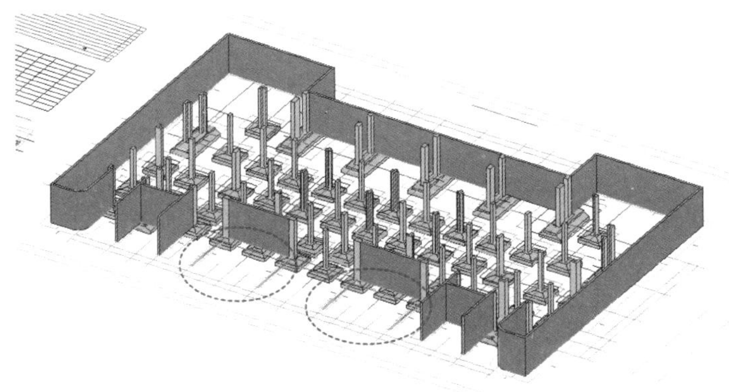

图 2-25　自动识别并创建的结构墙体

06 需要重新绘制墙体，首先在【结构】选项卡中单击【墙：结构】按钮，补充绘制 4 条结构墙，如图 2-26 所示。

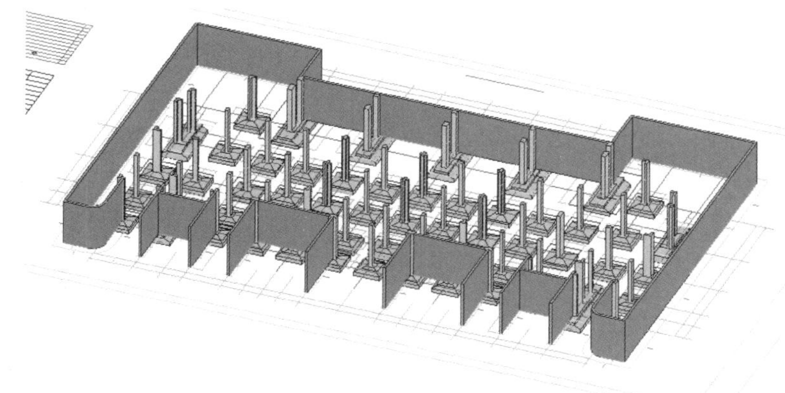

图 2-26　补充绘制 4 条墙体

07 选中图 2-27 所示的结构墙体，在【属性】面板中修改其顶部偏移值为 –1620。

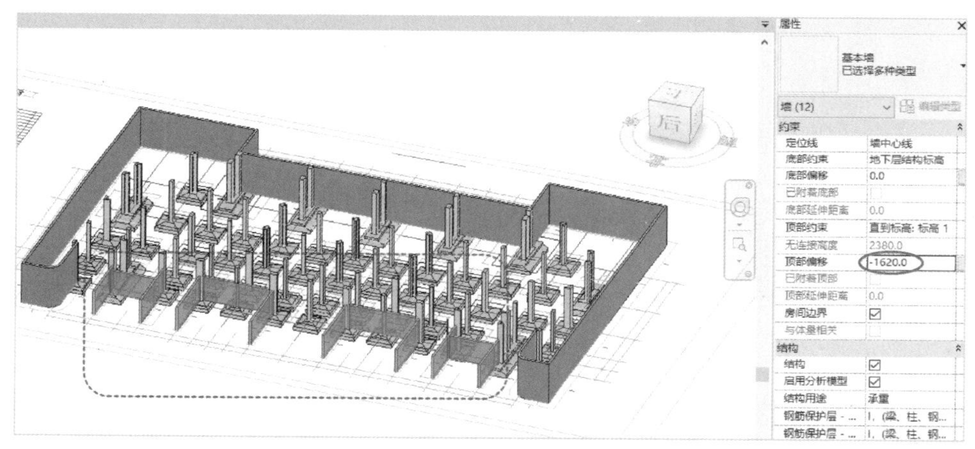

图 2-27　修改墙体顶部偏移

08 切换到“地下层结构标高”视图平面。在【结构】选项卡的【基础】面板中单击【墙】按钮，在【属性】面板中单击【编辑类型】按钮 编辑类型，弹出【类型属性】对话框。复制类型并重命名为“挡土墙基础 – 700 × 200 × 300”，接着设置坡脚长度和跟部长度参数，单击【确定】按钮关闭【类型属性】对话框，如图 2-28 所示。

09 对于相反一侧的条形基础，则可复制新类型并重命名为“挡土墙基础 – 200 × 700 × 300”，参数设置如图 2-29 所示。

10 接着在视图平面中依次选取结构墙体来创建条形基础，在创建条形基础过程中，若发现条形基础与图纸不符，可以选择相反一侧的新条形基础来更改，直至完全符合图纸为止，最终结果如图 2-30 所示。

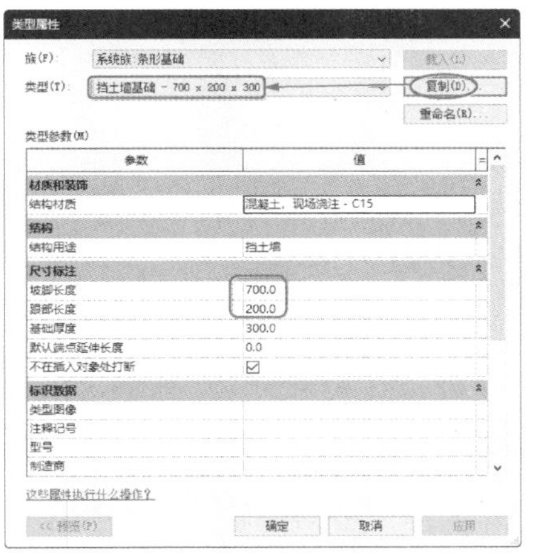

图 2-28　复制新类型并设置参数

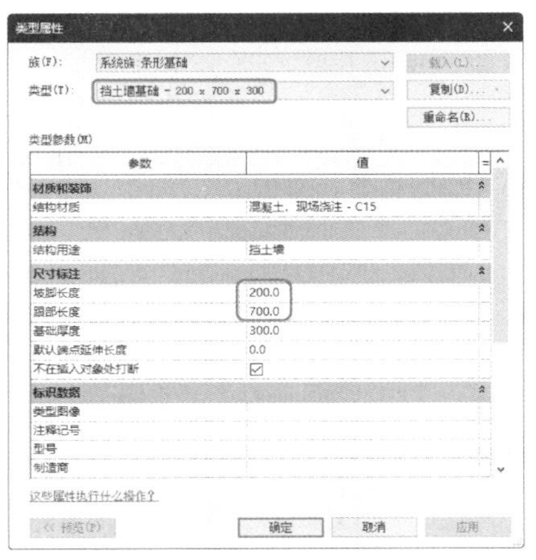

图 2-29　相反一侧的条形基础类型设置

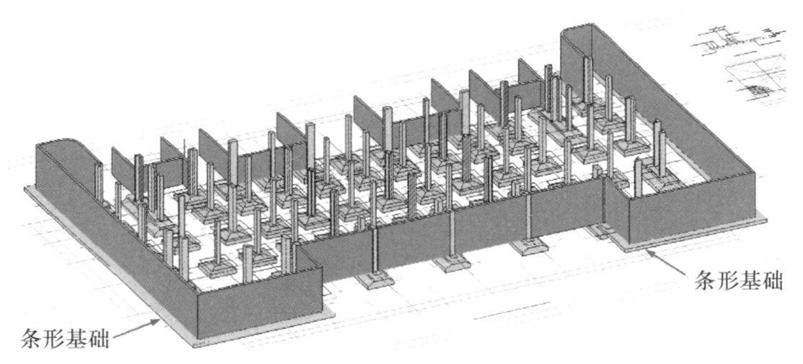

图 2-30　创建完成的条形基础

11　同理，创建类型属性并命名为“挡土墙基础 − 200 × 200 × 300”的条形基础，如图 2-31 所示。

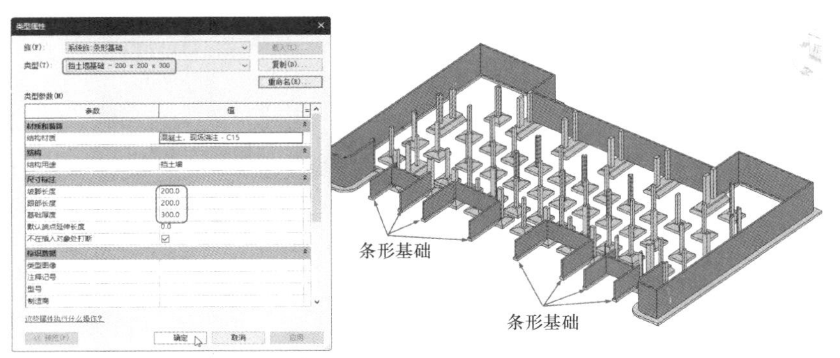

图 2-31　创建条形基础

2.3.2　地下层结构设计

地下层的结构设计内容包括结构梁、结构楼板和结构墙。在进行地下层结构设计时，可将挡土墙基础部分暂时隐藏。

1. 地下层结构梁和板设计

01 基础创建后，还要建立结构梁将基础连接在一起，结构梁的参数为 200mm × 600mm。在【结构】选项卡下单击【梁】按钮，先选择系统中 300mm × 600mm 的“混凝土-矩形梁”，在地下层结构标高平面中创建结构梁，创建后修改参数，如图 2-32 所示。

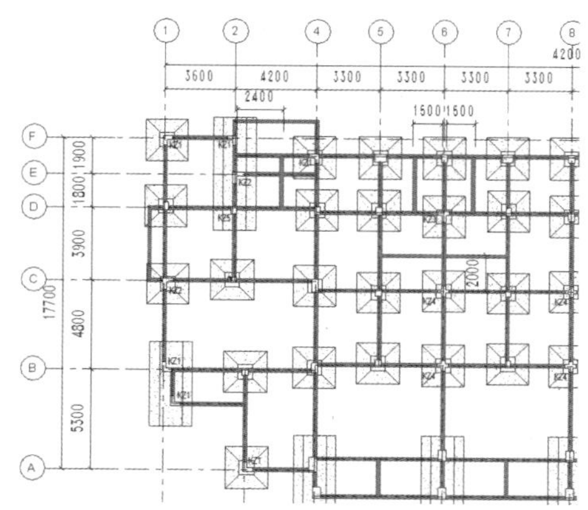

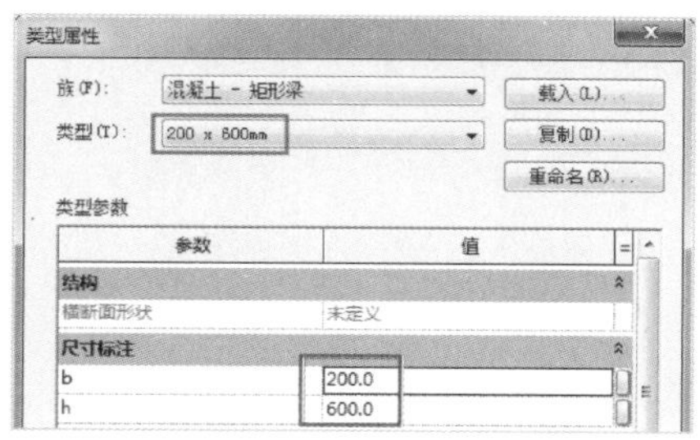

图 2-32 创建结构梁

提示	创建梁时，最好是创建柱与柱之间一段梁，不要从左到右贯穿所有结构柱，那样会影响到后期做结构分析时的结果。

02 选择创建的结构梁，然后修改起点和终点标高的偏移量均为 600mm，如图 2-33 所示。

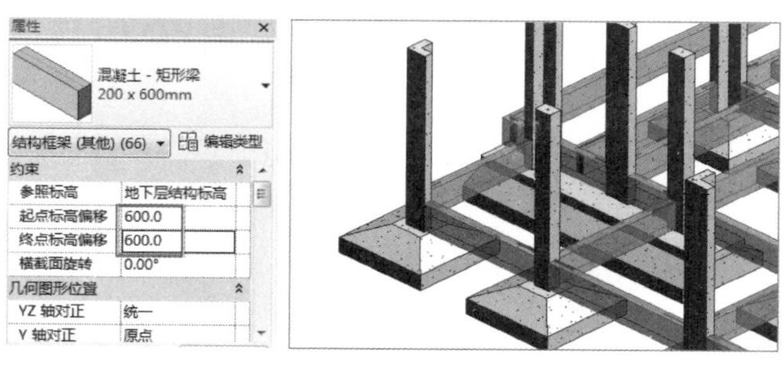

图 2-33 修改结构梁的标高

03 地下层部分区域用来做车库、储物间及其他辅助房间等，需要创建结构基础楼板。在【结构】选项卡的【基础】面板中单击【板】|【结构基础：楼板】按钮 结构基础:楼板，然后创建结构基础楼板，如图 2-34 所示。

提示	承重较大的房间需要创建结构楼板，比如地下停车库。没有结构楼板的房间均为填土，如杂物间、储物间等承载不是很大的房间，无须全部都创建结构楼板，这是基于成本控制角度出发而考量的。

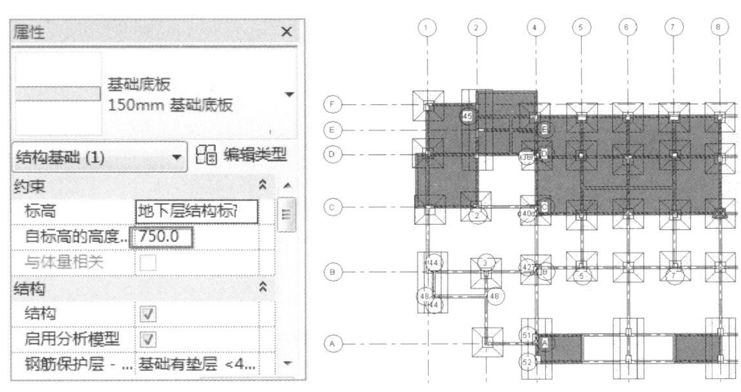

图 2-34　创建结构基础楼板

04　接下来对结构梁和结构基础楼板进行镜像，完成地下层的结构梁、结构基础设计，结果如图 2-35 所示。

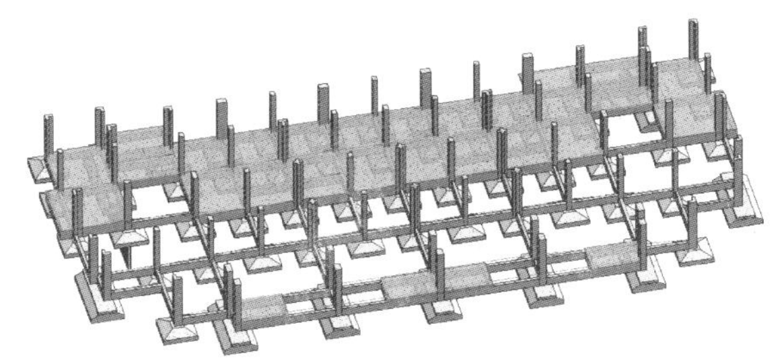

图 2-35　地下层结构设计的完成效果

2. 地下层结构墙设计

地下层有结构基础楼板的用作车库和辅助用房的部分区域，要创建剪力墙。结构墙体的厚度与结构梁保持一致为 200mm。

01　单击【墙：结构】按钮，创建图 2-36 所示的结构墙体。

注意：墙体不要穿过结构柱，要一段一段地创建。

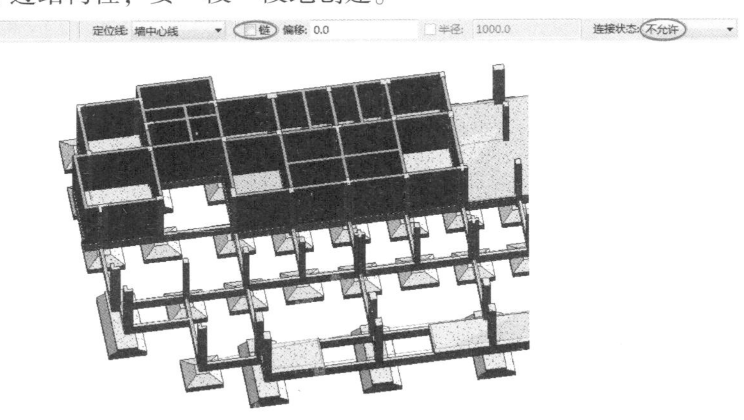

图 2-36　创建结构墙体

02 对建立的结构墙体进行镜像，完成了地下层的结构设计，如图 2-37 所示。

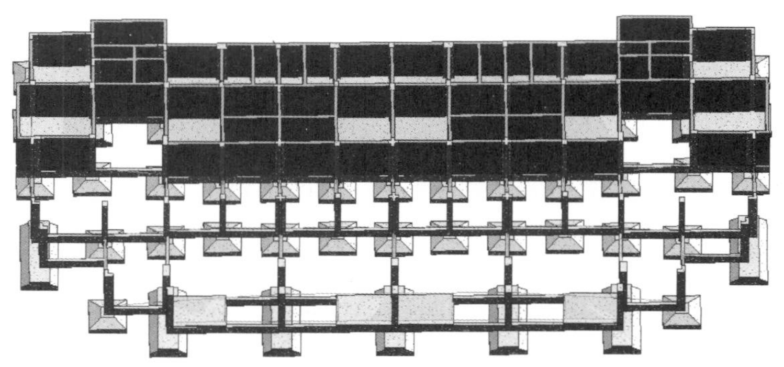

图 2-37 地下层的结构设计效果图

2.3.3 地上楼层结构设计

第一层为标高 1（±0，000）的结构设计。第一层的结构中其实有 2 层，有剪力墙的区域标高要高于没有剪力墙的区域，高度相差 300mm。

第二层和第三层中的结构主体比较简单，只是阳台处需要设计建筑反口。

一层至二层之间的结构柱已经浇筑完成，下面在柱顶放置二层的结构梁。同样，也是先建立一般的结构，另一半镜像获得。第二层的结构梁比第一层的结构梁仅仅多了地基以外的阳台结构梁。

1. 创建一层楼板、结构柱与结构梁

01 创建整体的结构梁，在地下层结构中已经完成了部分剪力墙的创建，有剪力墙的结构梁尺寸为 200mm × 450mm 且在标高 1 之上，没有剪力墙的结构梁尺寸统一为 200mm × 450mm 且在标高 1 之下。

02 创建标高 1 之上的结构梁（仅创建 8 轴线一侧的），如图 2-38 所示。

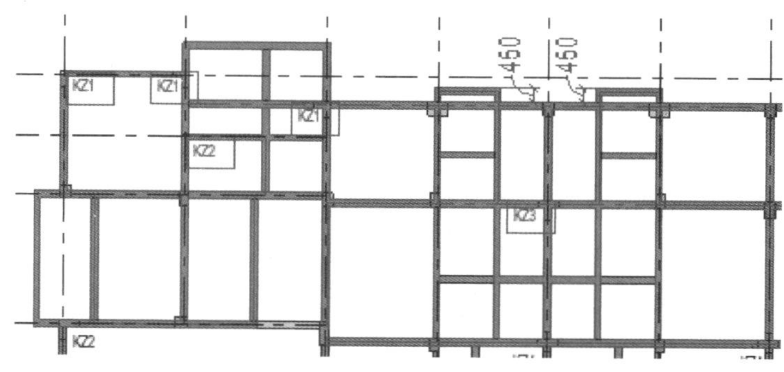

图 2-38 创建标高 1 之上的结构梁

03 创建标高 1 之下的结构梁，如图 2-39 所示。将标高 1 上、下所有结构梁镜像至 8 轴线的另一侧。

04 创建标高较低的区域结构楼板（楼板顶部标高为 ±0. 000mm，无梁楼板厚度一般为 150mm）。

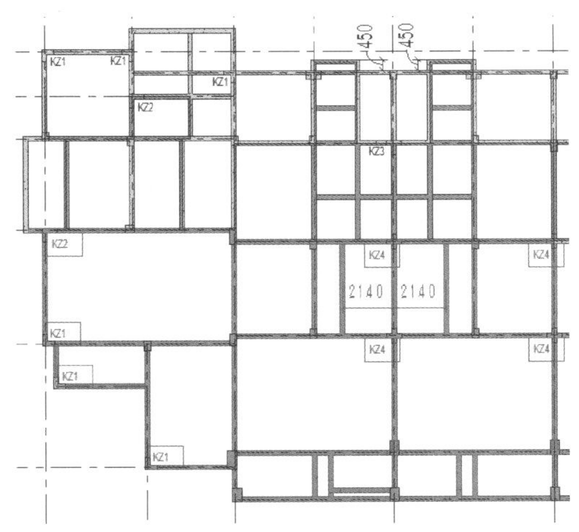

图 2-39　创建标高 1 之下的结构梁

05　切换结构平面视图为“标高 1”，在【结构】选项卡下【结构】面板中单击【楼板：结构】按钮，然后选择“楼板：现场浇筑混凝土 225mm”类型并创建结构楼板，如图 2-40 所示。

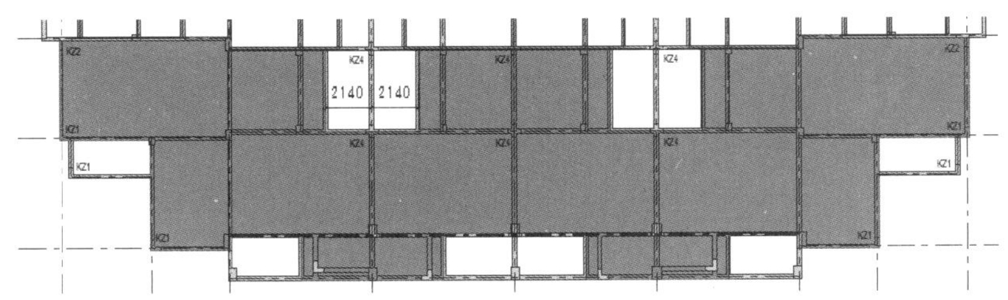

图 2-40　创建标高 ±0.000mm 的现浇楼板

06　在【属性】面板中单击【编辑类型】按钮 编辑类型，然后修改其结构参数，如图 2-41 所示。最后设置标高为“标高 1”。

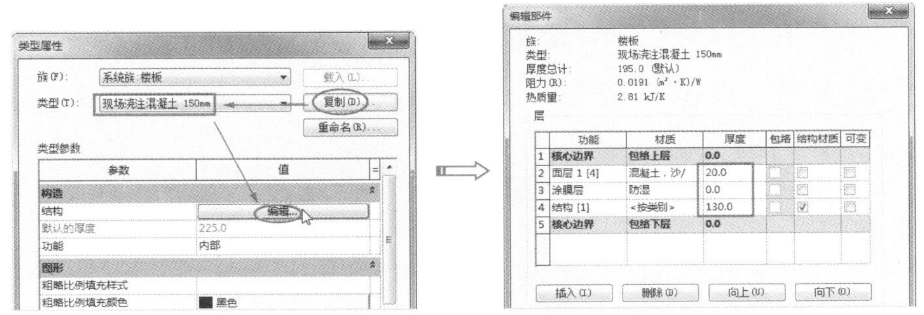

图 2-41　修改结构楼板的结构参数

07　同理，再创建两处结构楼板。标高比上步骤创建的楼板标高低 50mm，如图 2-42 所示。这两处为阳台位置，所以比室内要低至少 50mm，否则会翻水到室内。

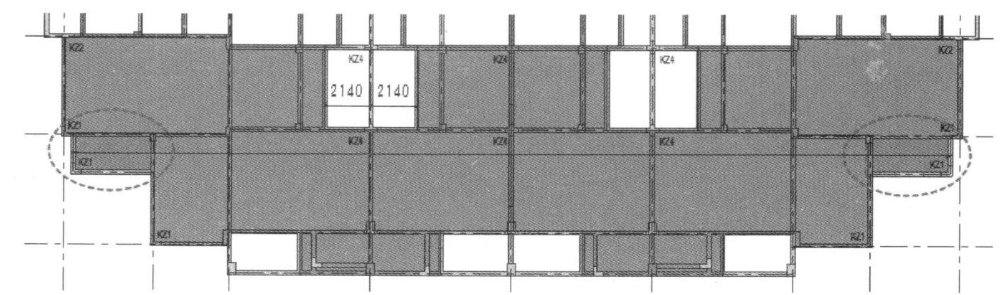

图 2-42　创建低于“标高 1”50mm 的结构楼板

08　创建顶部标高为 450mm 的结构楼板，如图 2-43 所示。

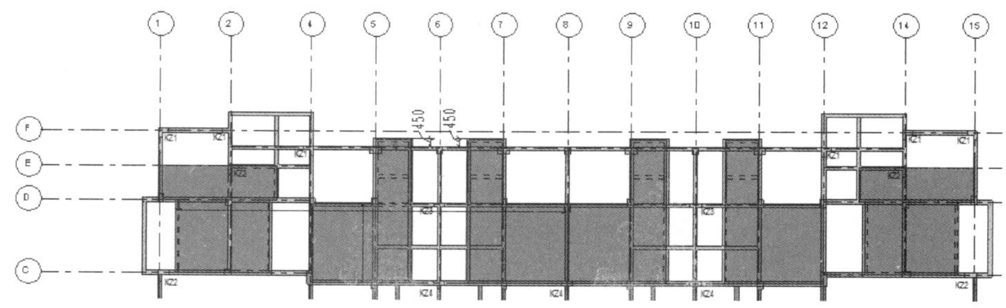

图 2-43　创建标高为 450mm 的结构楼板

09　创建标高为 400mm 的结构楼板，这些楼板的房间要么是阳台，要么是卫生间或厨房，如图 2-44 所示。创建完成的一层结构楼板如图 2-45 所示。

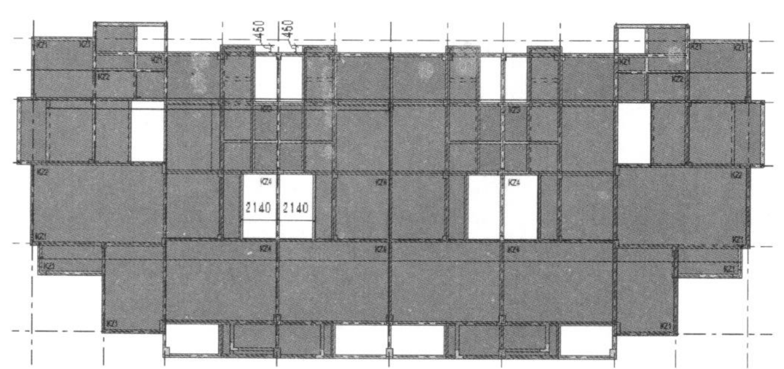

图 2-44　创建楼板

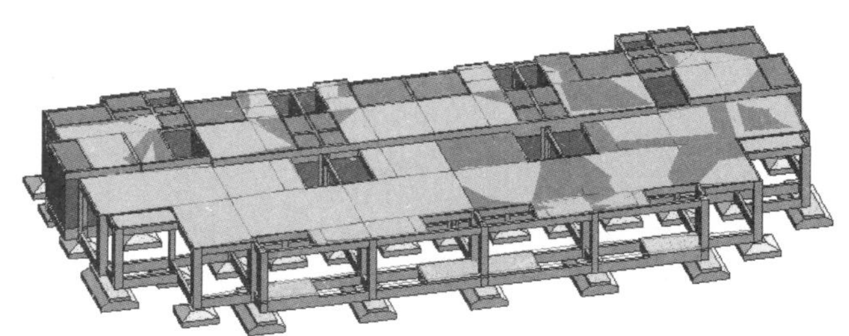

图 2-45　创建完成的一层结构楼板

10 第一层的结构柱主体与地下层相同，我们先把所有的结构柱直接修改其顶部标高为“标高 2”即可，如图 2-46 所示。

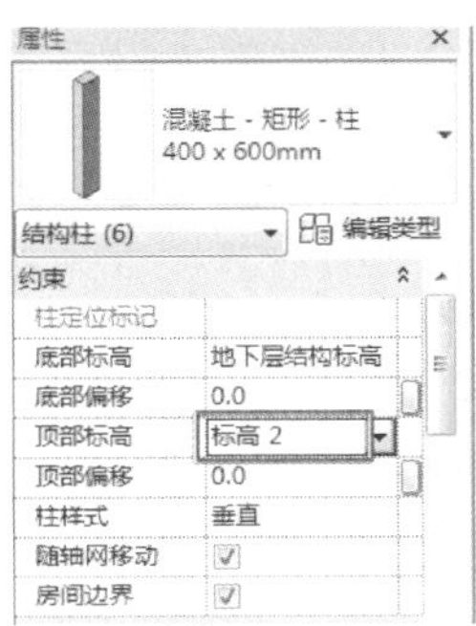

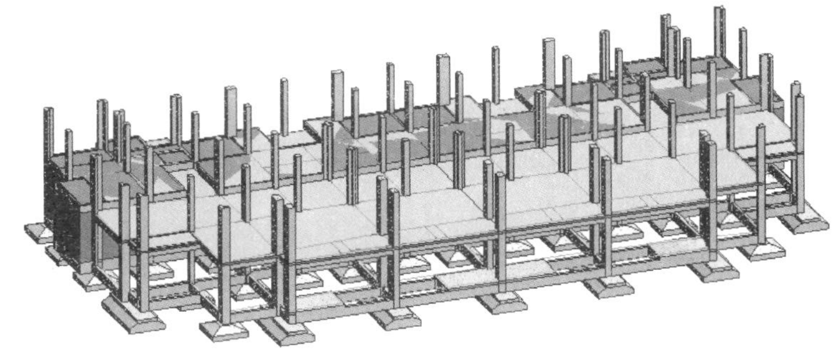

图 2-46　更改结构柱的顶部标高

11 将第一层中没有的结构柱或规格不同的结构柱全部选中，重新修改其顶部标高为“标高 1”，如图 2-47 所示。

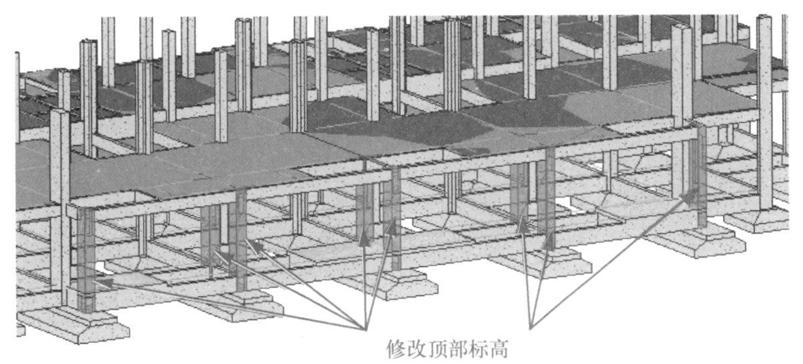

图 2-47　修改不同的结构柱标高

12 依次插入 KZ3（T 形）、KZ5、LZ1（L 形为 500mm × 500mm）3 种结构柱，底部标高为“标高 1”、顶部标高为“标高 2”，如图 2-48 所示。

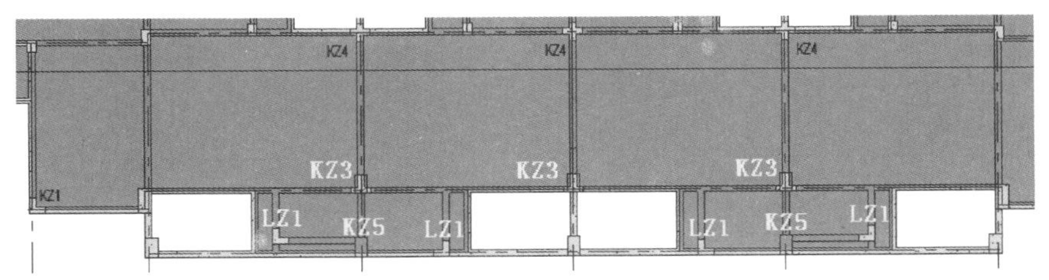

图 2-48　插入新的结构柱

13 至此，第一层结构设计完成。

2. 创建二层结构梁、结构柱及结构楼板

01 切换到【标高 2】结构平面视图，利用【结构】选项卡下【结构】面板中的【梁】工具建立与一层主体结构梁相同的部分，如图 2-49 所示。

02 建立与第一层不同的结构梁，如图 2-50 所示。

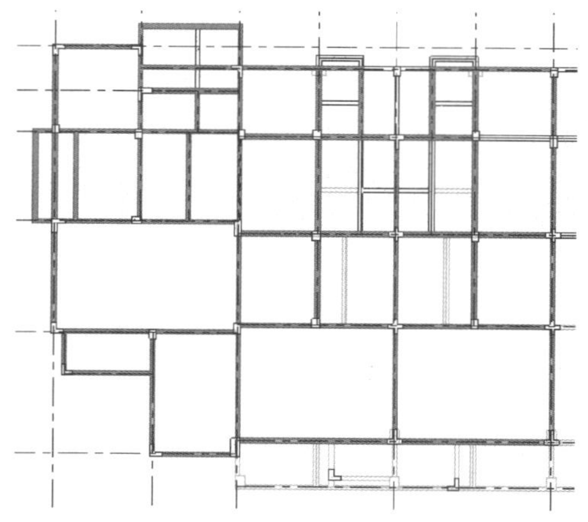
图 2-49 建立与第一层相同的结构梁

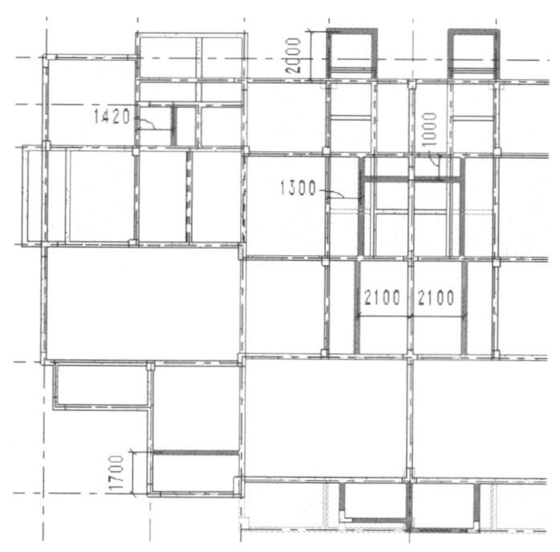

图 2-50 建立与第一层不同的结构梁

03 由于与第一层的结构不完全相同，有一根结构柱并没有结构梁放置，所以要把这根结构柱的顶部标高重新设置为“标高 1”，如图 2-51 所示。

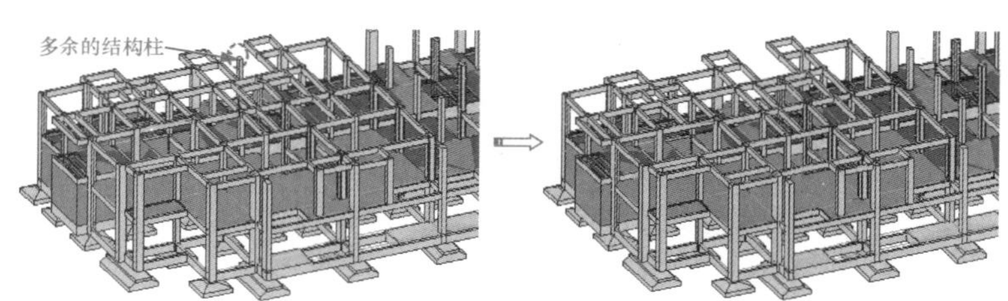

图 2-51 处理一根结构柱

04 铺设结构楼板。先建立顶部标高为“标高 2”的结构楼板（现浇楼板厚度修改为 100mm），如图 2-52 所示。再建立低于“标高 2”50mm 的结构楼板，如图 2-53 所示。

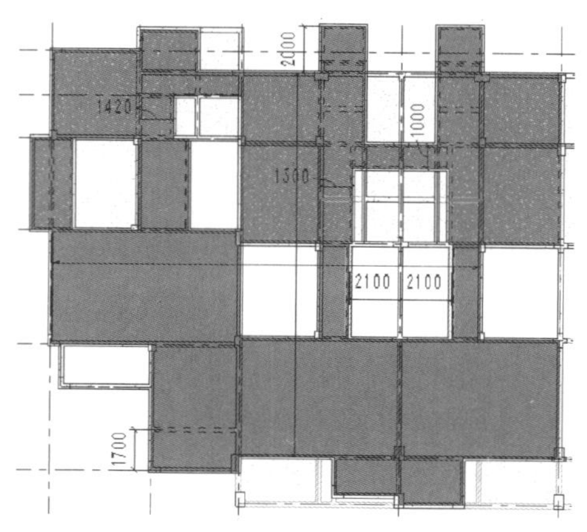

图 2-52 建立标高 2 的结构楼板

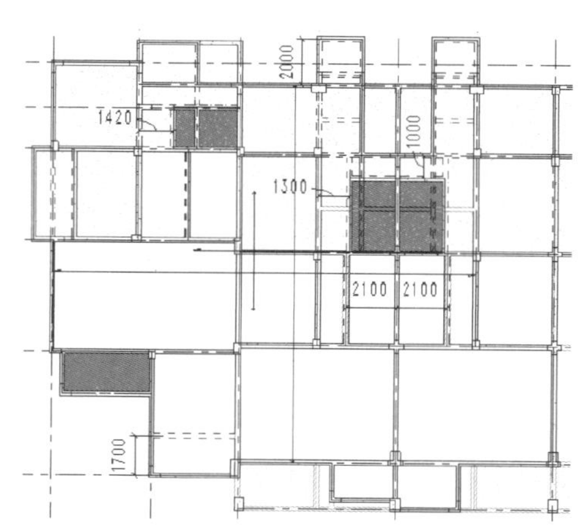

图 2-53 建立低于“标高 2”50mm 的结构楼板

05 设计各大门上方反口（或是雨篷）的底板，同样是结构楼板构造，建立的反口底板如图 2-54 所示。

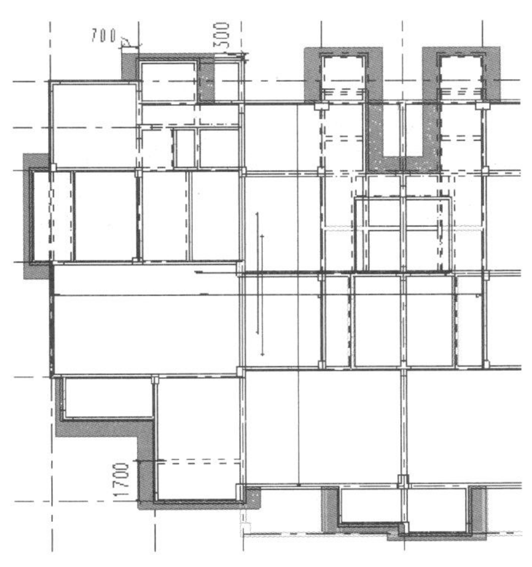

图 2-54　建立反口楼板

06 对创建完成的结构楼板、结构梁进行镜像，完成第二层的结构设计，如图 2-55 所示。

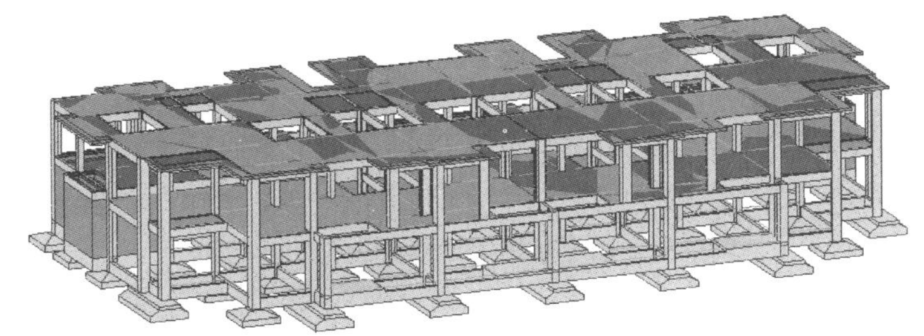

图 2-55　第二层的结构设计效果图

3. 创建三层结构柱、结构梁和结构楼板

01 设计第三层的结构柱、结构梁、结构楼板。将第二层部分结构柱的顶部标高修改为“标高 3”，如图 2-56 所示。

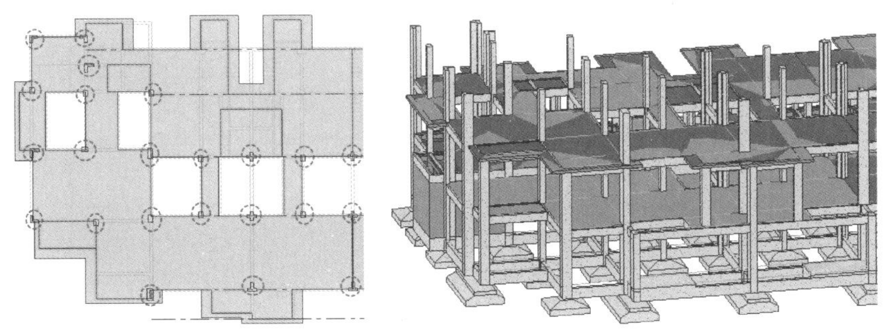

图 2-56　修改部分结构柱的顶部标高

02 添加新的结构柱 LZ1 和 KZ3，如图 2-57 所示。

03 在标高 3 结构平面上创建与一层、二层相同的结构梁，如图 2-58 所示。

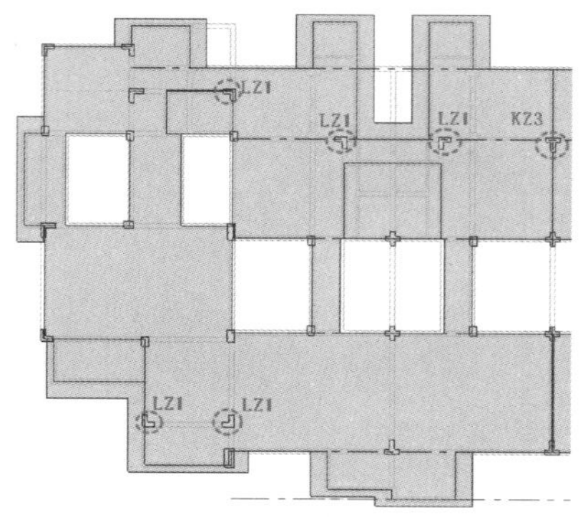

图 2-57 添加新的结构柱

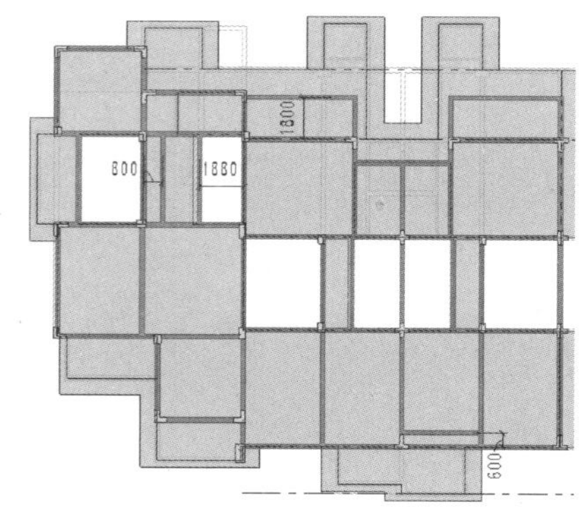

图 2-58 建立三层结构梁

04 创建顶部为“标高 3”的结构楼板，如图 2-59 所示。

05 创建低于“标高 3”50mm 的卫生间结构楼板，如图 2-60 所示。

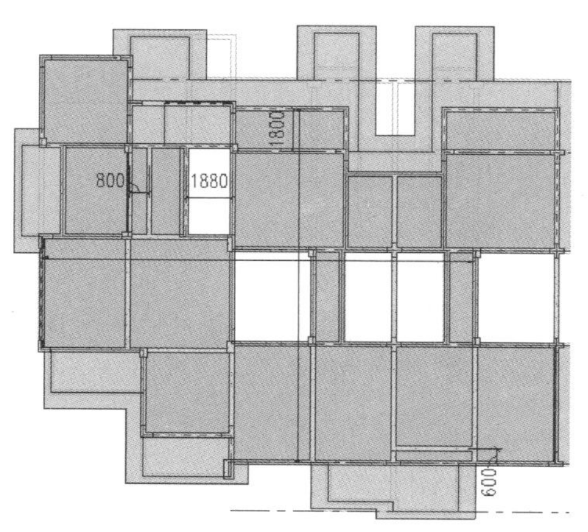

图 2-59 创建结构楼板

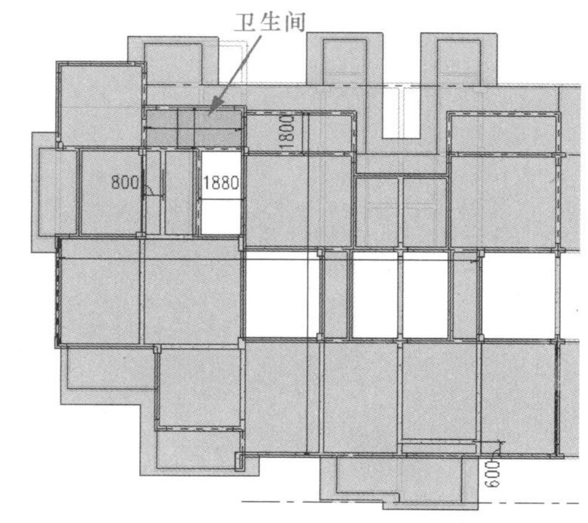

图 2-60 创建低于“标高 3”50mm 的结构楼板

06 创建三层的反口底板，尺寸与第二层相同，如图 2-61 所示。

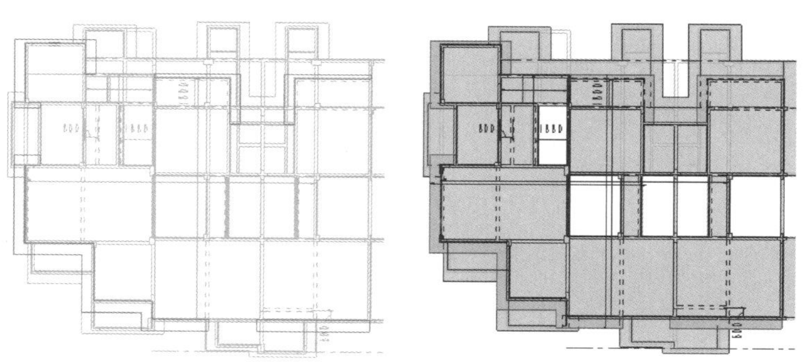

图 2-61 创建反口底板

07　对结构梁、结构柱和结构楼板进行镜像，完成第三层结构设计，效果如图 2-62 所示。

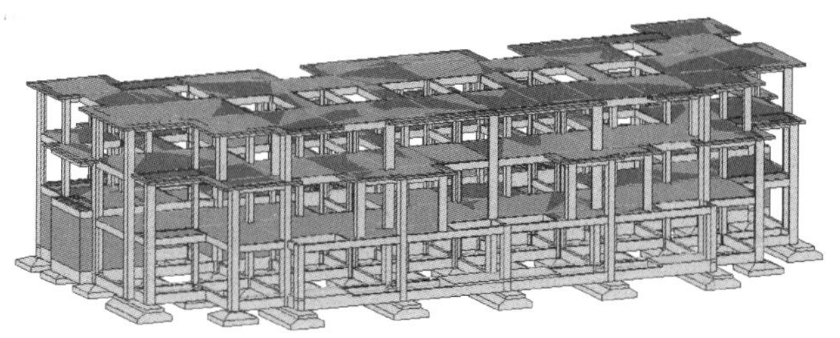

图 2-62　第三层的结构

2.3.4　Revit 结构楼梯设计

一、二、三层的整体结构设计差不多完成了，此处的连接每层之间的楼梯也是需要现浇混凝土浇筑的，每层的楼梯形状和参数都是相同的。每栋别墅每一层都有两部楼梯，分 1# 楼梯和 2#楼梯。

01　创建地下层到一层的 1#结构楼梯。切换到东立面图，测量地下层结构楼板顶部标高到“标高 1”的距离为 3250mm，这是楼梯的总标高，如图 2-63 所示。

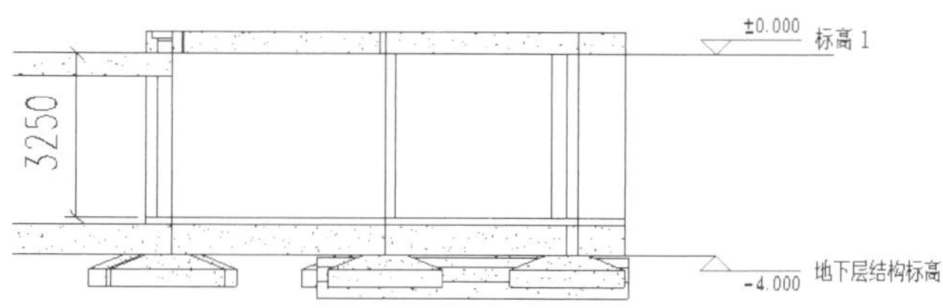

图 2-63　测量楼梯的总标高

02　切换到标高 1 结构平面视图，可以看见 1#楼梯洞口位置是没有楼板的，这是因为待楼梯设计完成后，根据实际的剩余面积来创建地下层楼梯间的部分结构楼板，如图 2-64 所示。

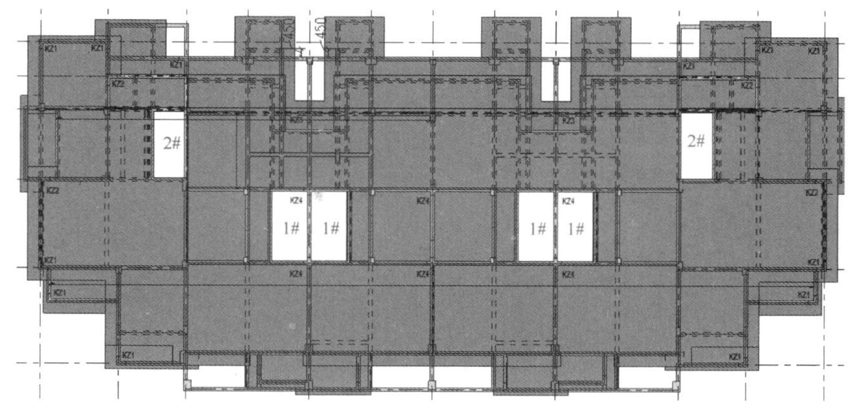

图 2-64　地下层的 1#楼梯间

03 1#楼梯总共设计为3跑，为直楼梯，地下层1#楼梯设计如图2-65所示。在实际施工中，根据情况，楼梯的步数会发生小变化。

04 根据设计图中的参数，在【建筑】选项卡的【楼梯坡道】面板中单击【楼梯（按构建)】按钮，在【属性】面板中选择【现场浇筑楼梯整体浇筑楼梯】类型，然后绘制楼梯，如图2-66所示。三维效果如图2-67所示。

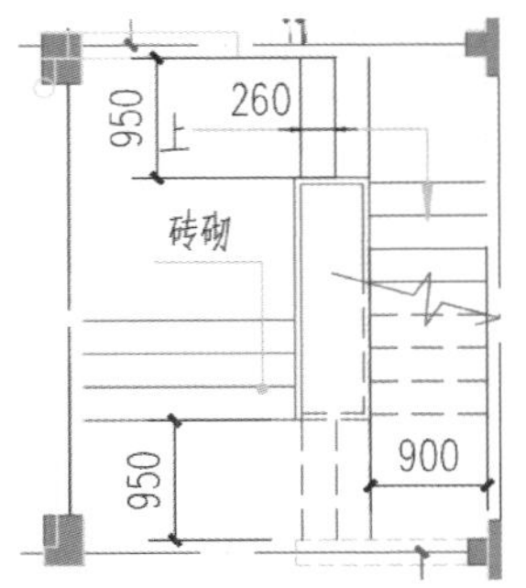

图2-65 地下层1#楼梯设计图

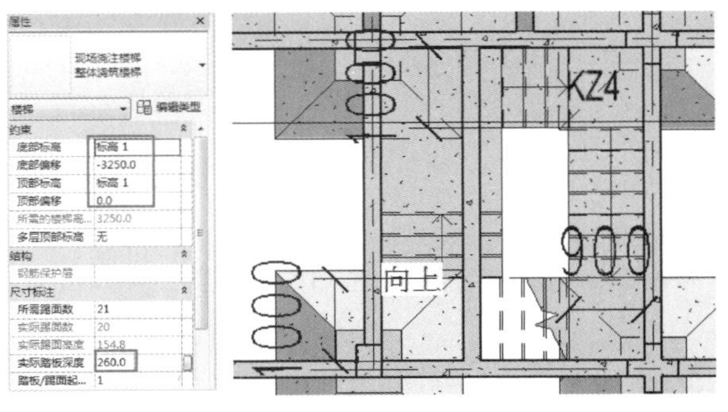

图2-66 绘制构件楼梯

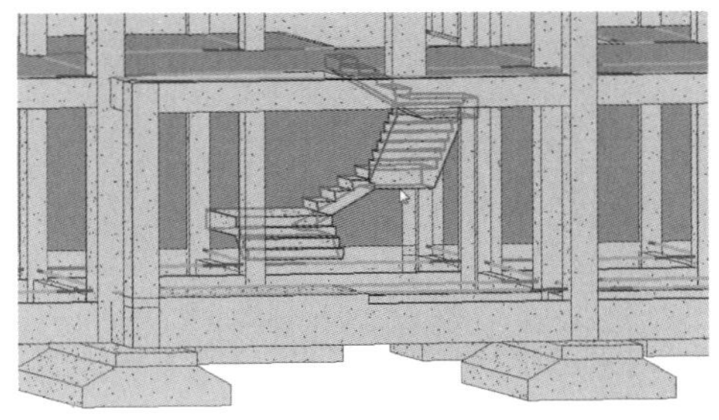

图2-67 三维楼梯效果

提示	绘制时，第一跑楼梯与第二跑楼梯不要相交，否则会失败。

05 设计第一层到第二层之间的1#结构楼梯。楼梯标高是3600mm，如图2-68所示。

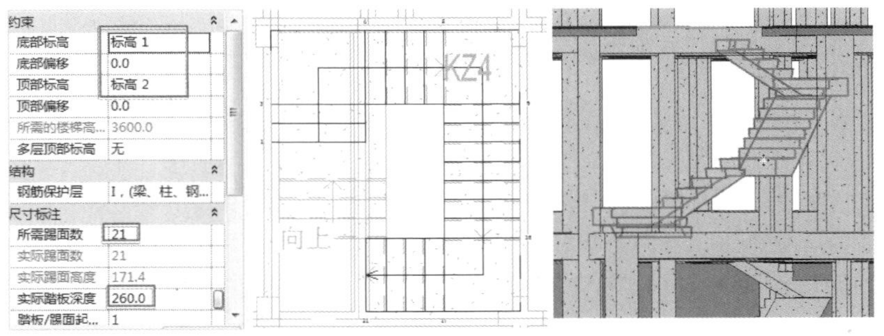

图2-68 创建第一层到第二层的1#楼梯

06 设计第二层到第三层的1#楼梯，楼层标高为3000mm。在标高2结构平面视图创建，如图2-69所示。

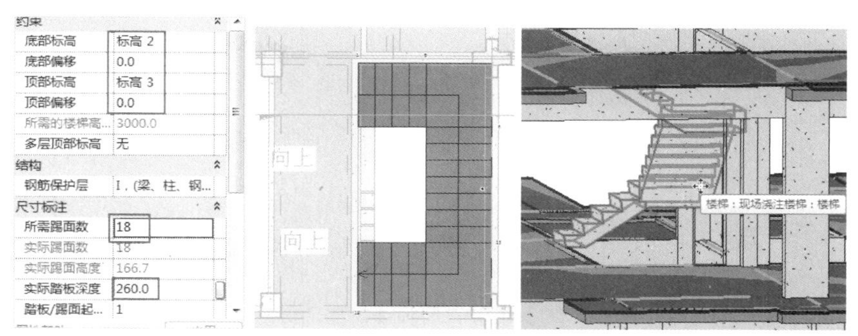

图 2-69 创建第二层到第三层的 1#楼梯

07 2#楼梯与 1#楼梯形状相似，由于留出的洞口差异，尺寸会有些不同。创建方法完全相同，2#楼梯设计图纸和楼层标高如图 2-70 所示。

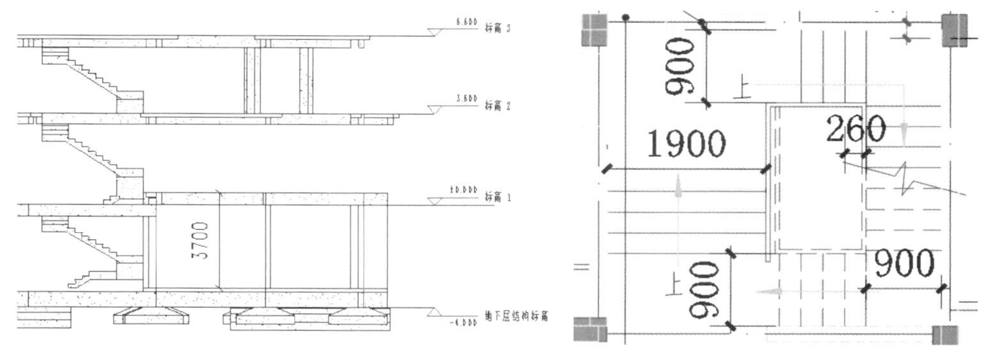

图 2-70 楼层标高和 2#楼梯设计图

08 在地下层创建的 2#楼梯如图 2-71 所示。

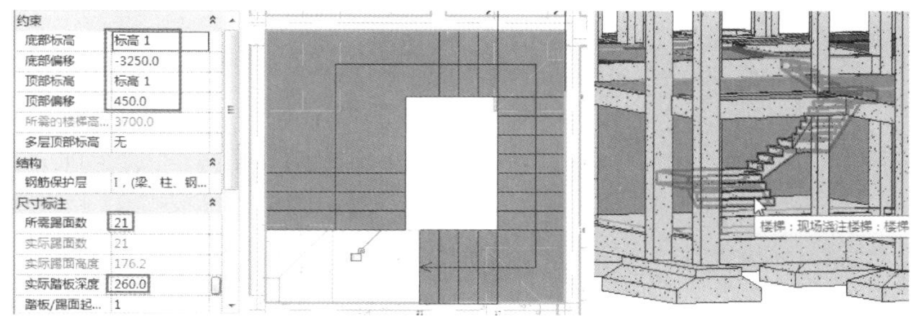

图 2-71 创建地下层的 2#楼梯

09 设计第一层到第二层之间的 2#结构楼梯，楼梯标高是 3150mm，如图 2-72 所示。

10 设计第二层到第三层的 1#楼梯，楼层标高为 3000mm。在标高 2 结构平面视图创建，如图 2-73 所示。

11 将 3 部 1#楼梯镜像到相邻的楼梯间。

12 将创建的 9 部楼梯镜像至另一栋别墅中，如图 2-74 所示。

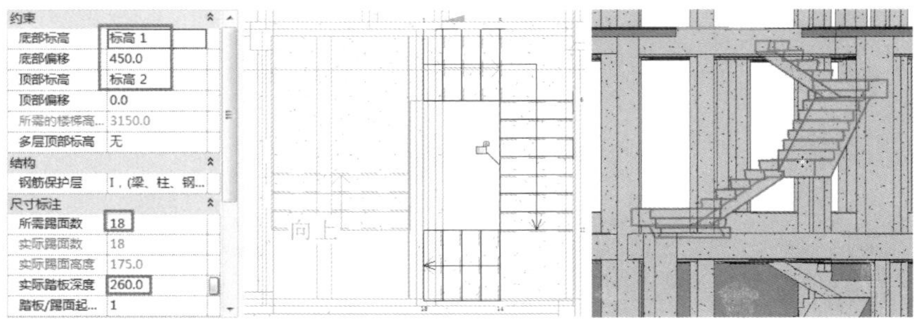

图 2-72　创建第一层到第二层的 2#楼梯

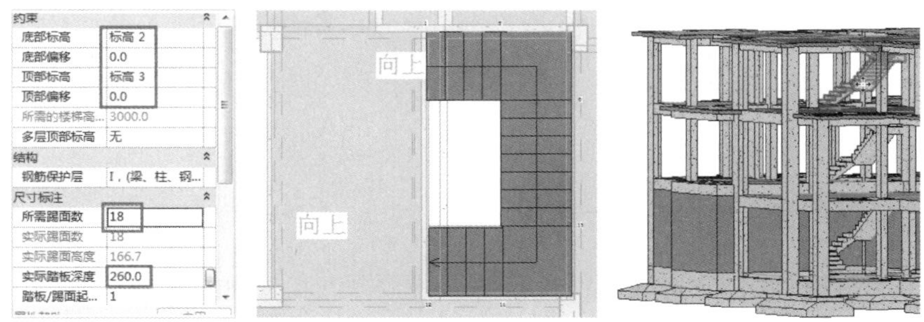

图 2-73　创建第二层到第三层的 2#楼梯

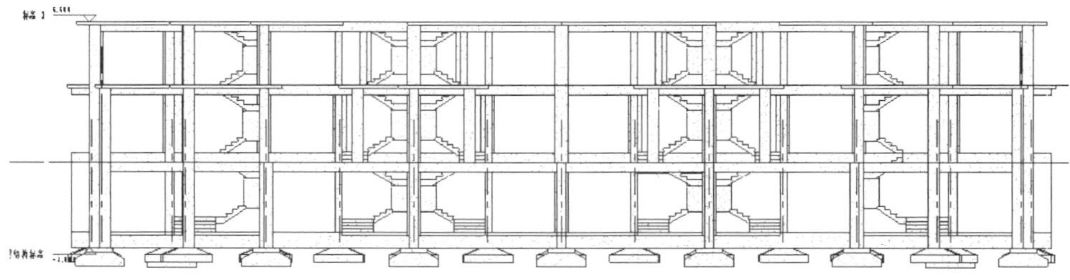

图 2-74　创建完成的楼梯

2.3.5 结构屋顶设计

顶层的结构设计稍微复杂些，多了人字形屋顶和迹线屋顶的设计，同时顶层的标高也会不一致。

01 将三层部分结构柱的顶部标高修改为“标高 4”，如图 2-75 所示。

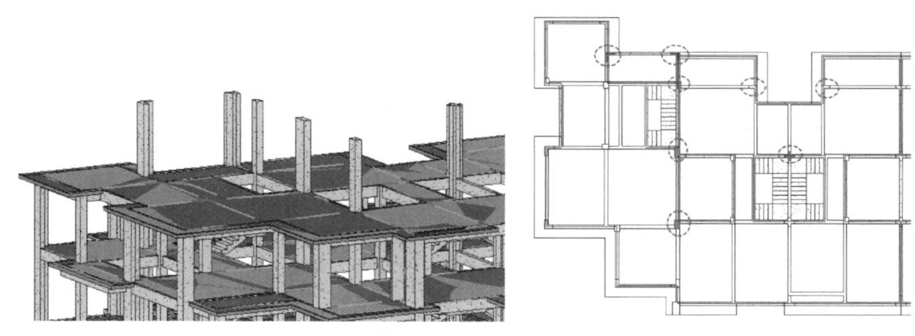

图 2-75　修改三层部分结构柱标高

02　按图 2-68 的图纸添加 LZ1 和 KZ3 结构柱，如图 2-76 所示。

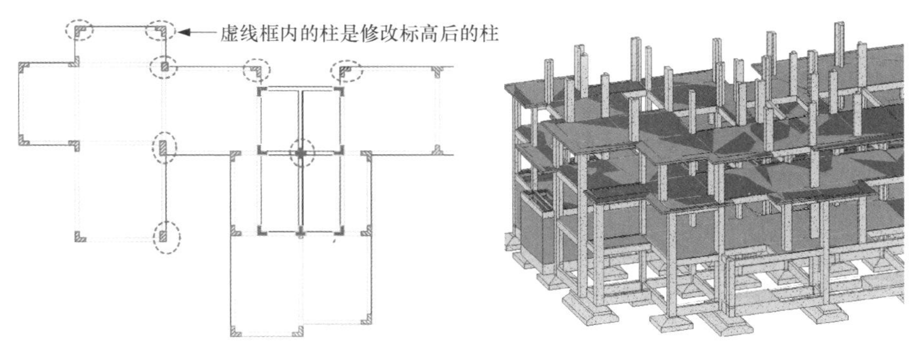

图 2-76　添加其他结构柱

03　按上图设计图在标高 4 上创建结构梁，如图 2-77 所示。

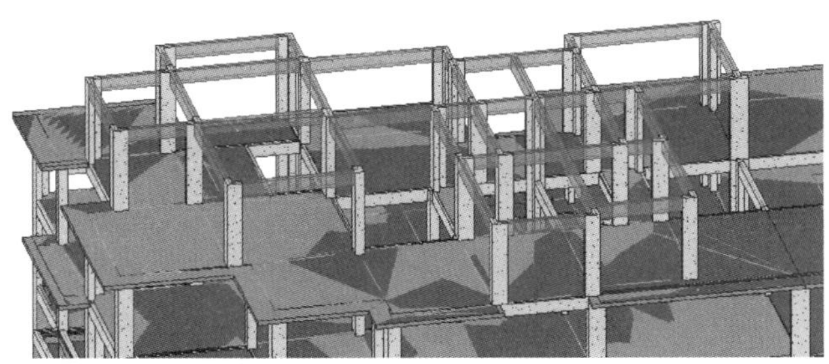

图 2-77　创建标高 4 的结构梁

04　创建图 2-78 所示的结构楼板。接下来创建反口底板，如图 2-79 所示。

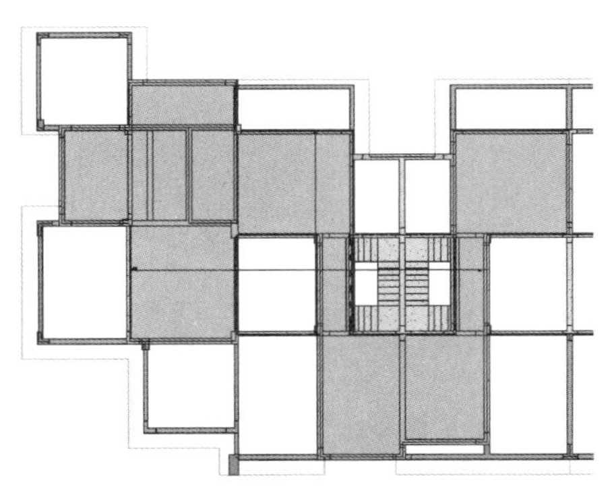

图 2-78　创建结构楼板

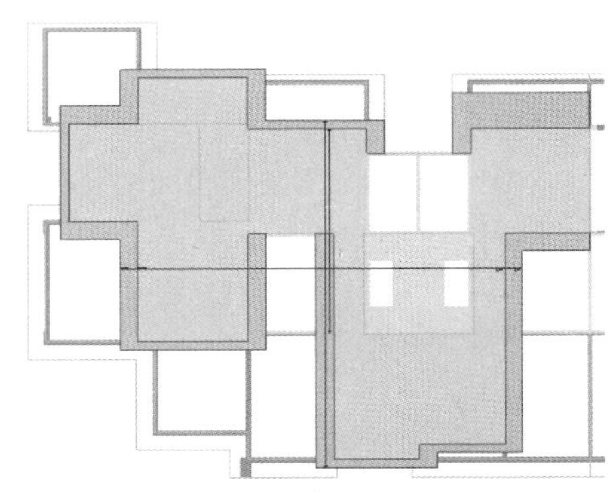

图 2-79　创建反口底板

05　选择部分结构柱，修改其顶部标高，如图 2-80 所示。

06　在修改标高的结构柱上创建最顶层的结构梁，如图 2-81 所示。

07　在南立面实体中的最顶层设计人字形拉伸屋顶，屋顶类型及屋顶截面曲线如图 2-82 所示。

08　创建完成的拉伸屋顶如图 2-83 所示。

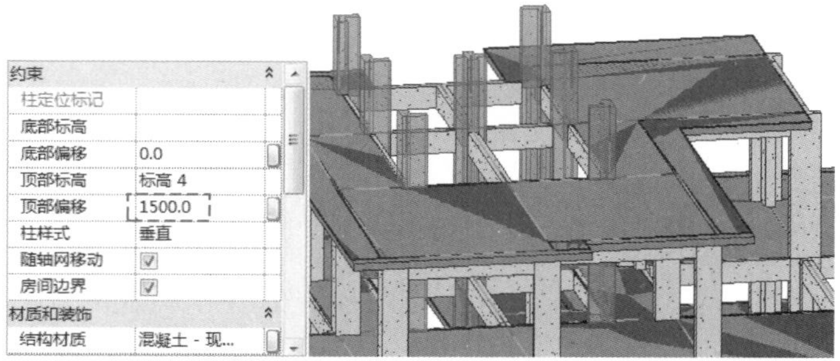

图 2-80　修改结构柱标高

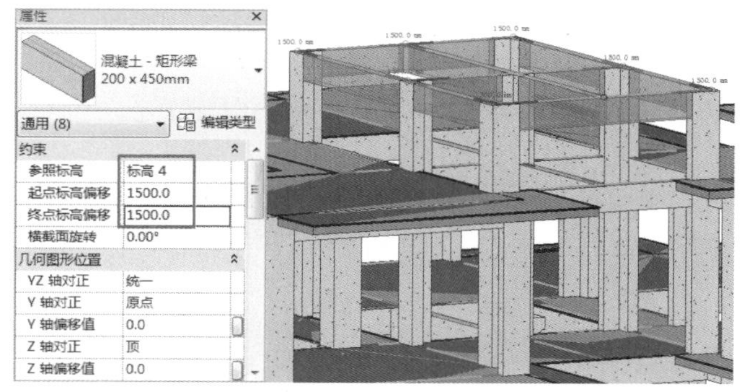

图 2-81　创建最顶层的结构梁

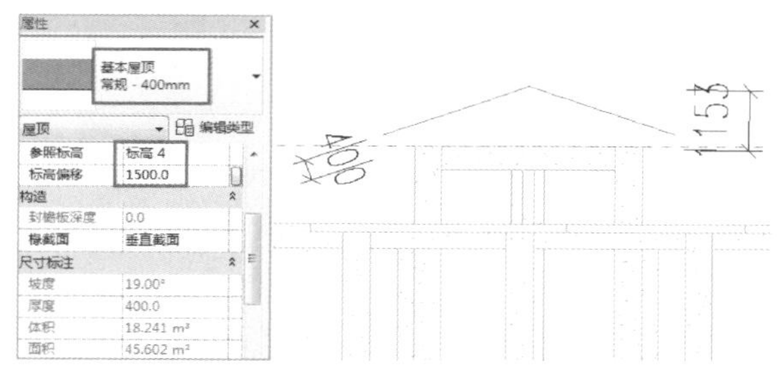

图 2-82　绘制拉伸屋顶曲线

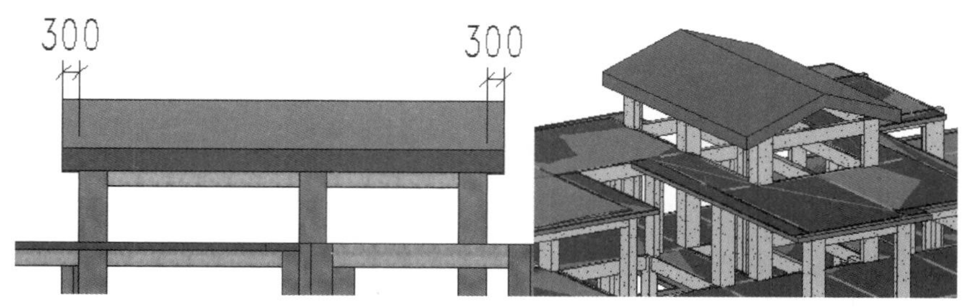

图 2-83　创建完成的拉伸屋顶效果

09 对标高 4 及以上的结构进行镜像，完成最终的联排别墅结构设计，如图 2-84 所示。

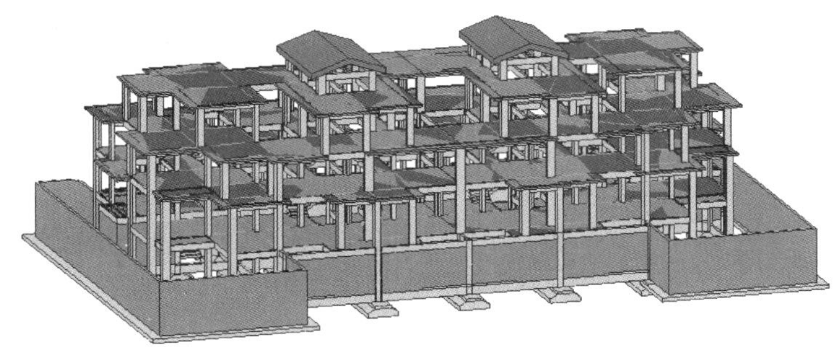

图 2-84　最终完成的别墅结构设计模型

2.4 建筑设计部分

建筑设计部分的内容包括墙体与门窗安装、屋顶屋面瓦装修、室外面砖装饰、室内装饰布置设计等。本节仅介绍建筑一层的建筑设计，包括墙体、门窗及室外楼梯设计。使用的模型创建工具为鸿业 BIMSpace 的快模工具。

图 2-85 为一层建筑设计平面图，从图中可以了解到，后面的停车位实际上属于地下层。前后均设计了室外建筑楼梯（非混凝土现浇结构楼层）。建筑物左右两侧设计了散水，室内房间分区明显。图纸中上方为别墅正前门，下方为别墅后院，后院设有庭院围墙。

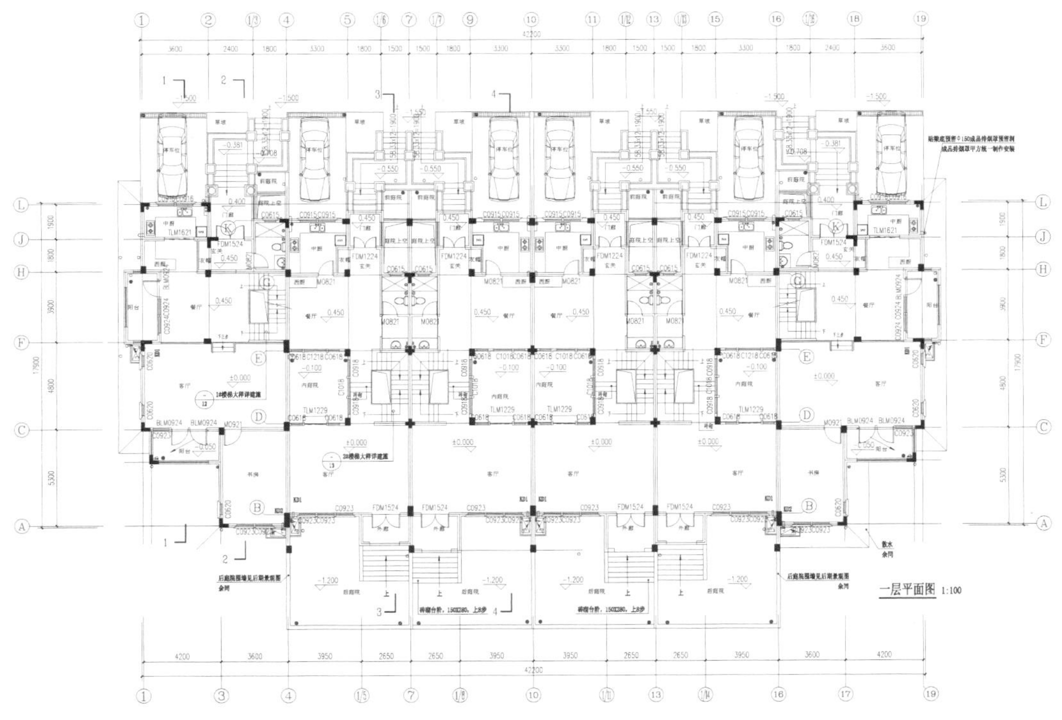

图 2-85　一层建筑设计平面图

01 本例建筑在进行结构设计时选择的项目样板为“结构样板”，所以在结构项目环境中没有楼层平面视图所创建的建筑墙体。

02 切换到“结构平面|标高1”视图平面。在【快模】选项卡中单击【链接CAD】按钮，从源文件夹中打开“地下层平面图.dwg”图纸，链接到当前项目中，并使图纸中的轴网对齐到当前项目中的轴网。

03 要使用快模工具快速建立墙体，需要提前将墙体中的门窗族载入到当前建筑项目中（从系统族库中载入），有些门窗样式属于西式门窗，需要自行创建门窗族，这里为了简化设计步骤，使用普通门窗替代西式门窗。

04 在【快模】选项卡下单击【主体快模】按钮，弹出【主体快模】对话框。单击【请选择墙边线】按钮，然后在图纸中拾取墙体边线（包括主体墙边线和后院围墙边线），如图2-86所示。拾取墙边线后按Esc键返回到【主体快模】对话框中。

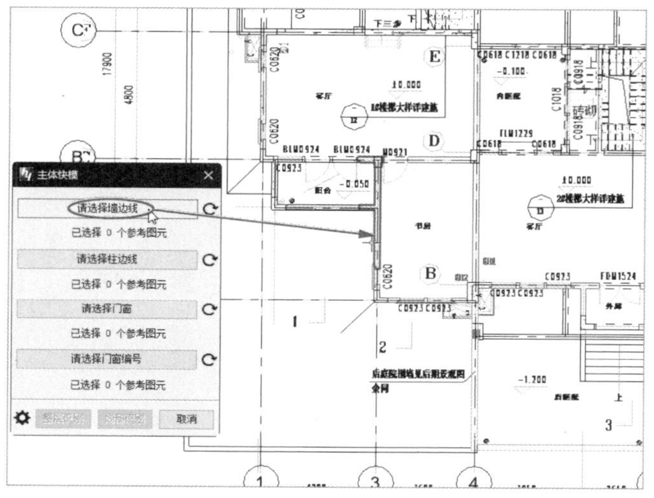

图2-86　拾取墙边线

05 单击【请选择柱边线】按钮，然后拾取图纸中的结构柱边线，如图2-87所示。拾取后按Esc键返回。

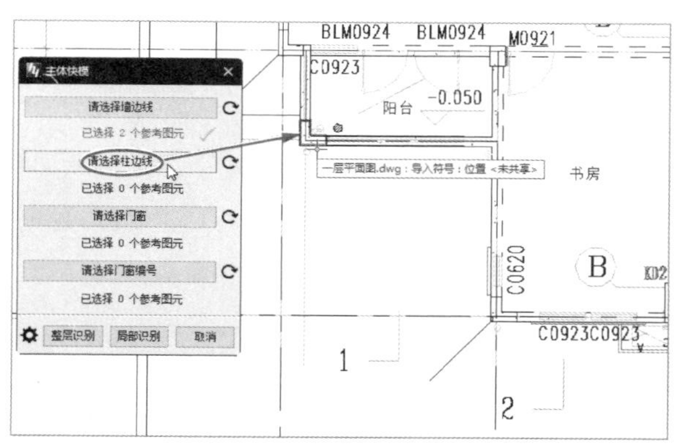

图2-87　拾取柱边线

06 单击【请选择门窗】按钮，在图纸中拾取门与窗的图块，按 Esc 键返回，如图 2-88 所示。

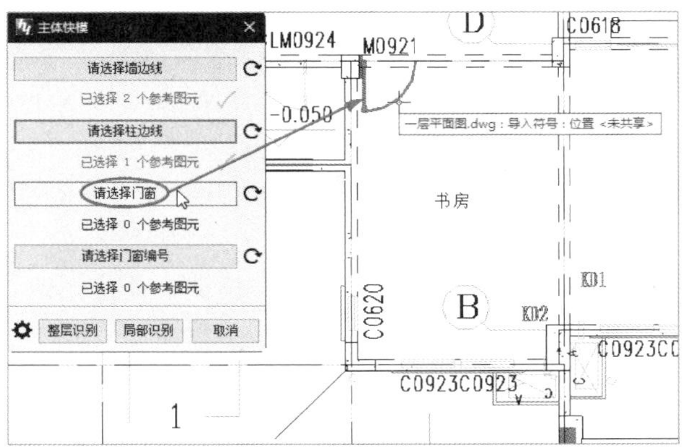

图 2-88　拾取门窗图块

07 单击【请选择门窗编号】按钮，在图纸中拾取门窗编号，如图 2-89 所示。拾取后按 Esc 键返回到【主体快模】对话框。

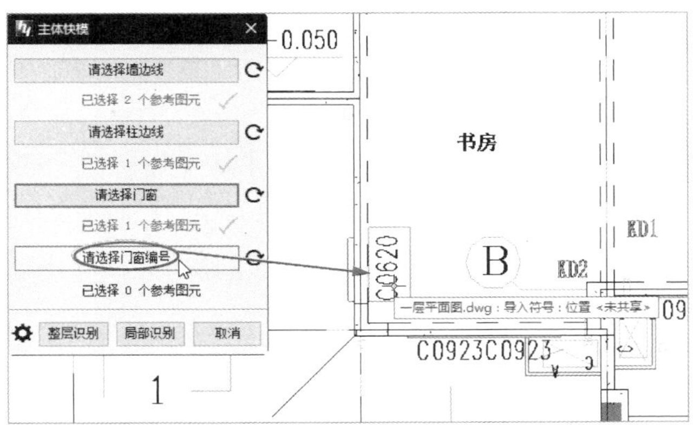

图 2-89　拾取门窗编号

08 单击【整层识别】按钮，对提取的信息进行识别并在【主体快模】对话框中列出识别结果，如图 2-90 所示。

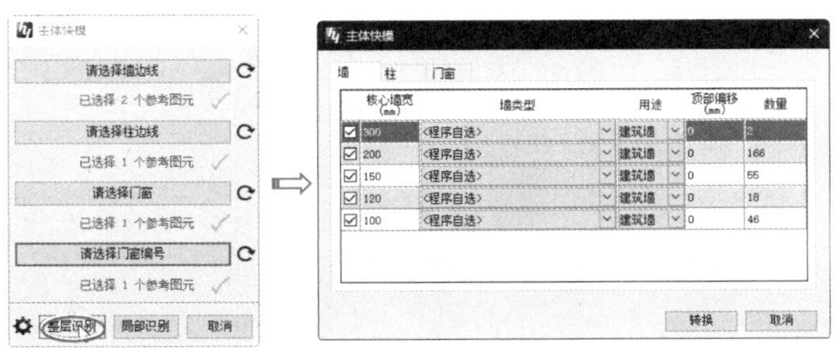

图 2-90　识别提取的信息

提示	为了保证提取图纸信息的准确性，图纸的 CAD 格式必须是由低版本的 AutoCAD 软件生成，至少是 AutoCAD 2016 及更低版本。

09 将【墙体】选项卡【用途】一列中的墙用途全部改为“结构墙”（因为建筑墙不能在结构平面中显示），在【墙类型】列中全部改为“基本墙：结构_ 砖_ 200”类型。【柱】选项卡中的结构柱实际上已经创建，可取消柱的创建。切换到【门窗】选项卡中，对提取的门窗信息进行修改，在【门窗类型】一列中，为对应的门和窗选择合适的门族和窗族，如图 2-91 所示。

10 单击【转换】按钮，系统将自动创建墙体和门窗，效果如图 2-92 所示。

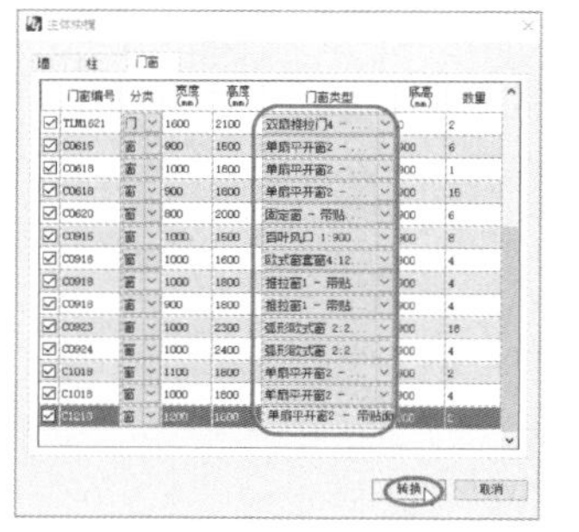

图 2-91　自动创建墙体

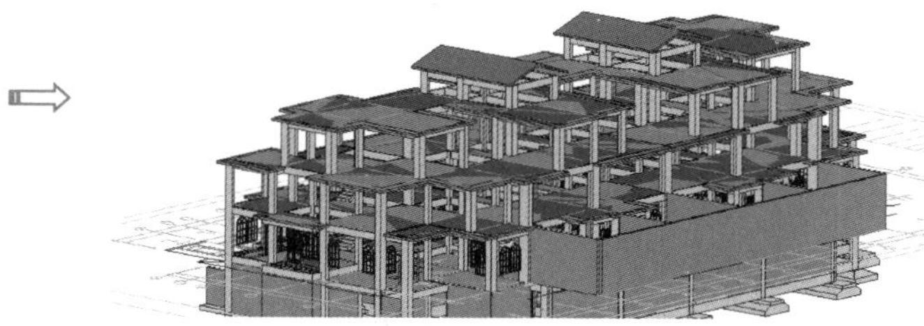

图 2-92　系统自动创建墙体和门窗

11 其他楼层的墙体和门窗也按此操作进行创建，鉴于篇幅的限制，这里就不再详细描述完整的建筑设计流程了。

第3章 建筑性能分析

本章导读

随着可持续、低碳、健康等设计理念的不断普及与深入，越来越多的建筑师对建筑性能分析有比较强烈的需求。高性能设计可以帮助业主/住户实现商业价值的提升，使得建筑设计更加安全、舒适、节能，而高性能设计的核心就是建筑性能分析。

本章将运用鸿业科技的“鸿业建筑性能分析平台2019”进行建筑能耗分析。

案例展现

案例图	描述
	鸿业建筑性能分析平台是一款能同时进行建筑负荷能耗分析、建筑风环境分析和建筑光环境分析的一模多算平台，采用权威、专业的计算核心，结合国家标准规范，简单易用，能帮助设计师打造更优的建筑设计方案，创建绿色、节能和舒适的人居环境
 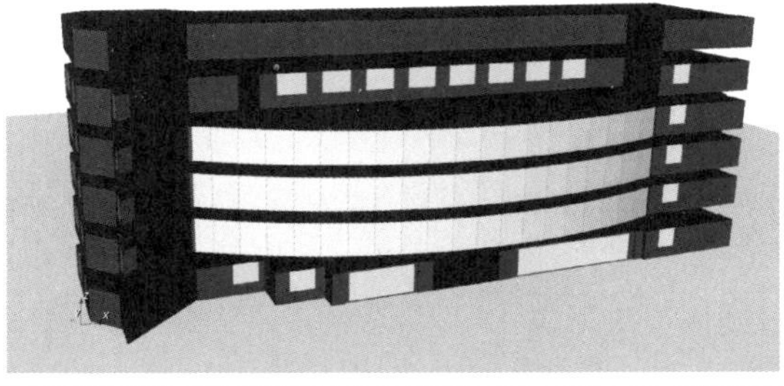	全年负荷计算及能耗分析主要功能有建筑建模、气象参数设定、计划表设定、空调系统建模、模拟计算、气象参数图表输出、全年动态负荷报表输出、能耗分析报表输出和方案优化对比报表输出等 借助于鸿业建筑性能分析平台对某医院办公楼进行建筑冷热负荷能耗分析。通过分析的结果，为MEP机电设计提供可靠的数据支持

3.1 鸿业建筑性能分析平台介绍

鸿业建筑性能分析平台是北京鸿业同行科技有限公司（鸿业科技）旗下首创的一款能同时进行建筑负荷能耗分析、建筑风环境分析和建筑光环境分析的一模多算平台，采用权威、专业的计算核心，结合国家标准规范，简单易用，能帮助设计师打造更优的建筑设计方案，创建绿色、节能、舒适的人居环境。图 3-1 为鸿业建筑性能分析平台所包含的分析模块和平台优势。

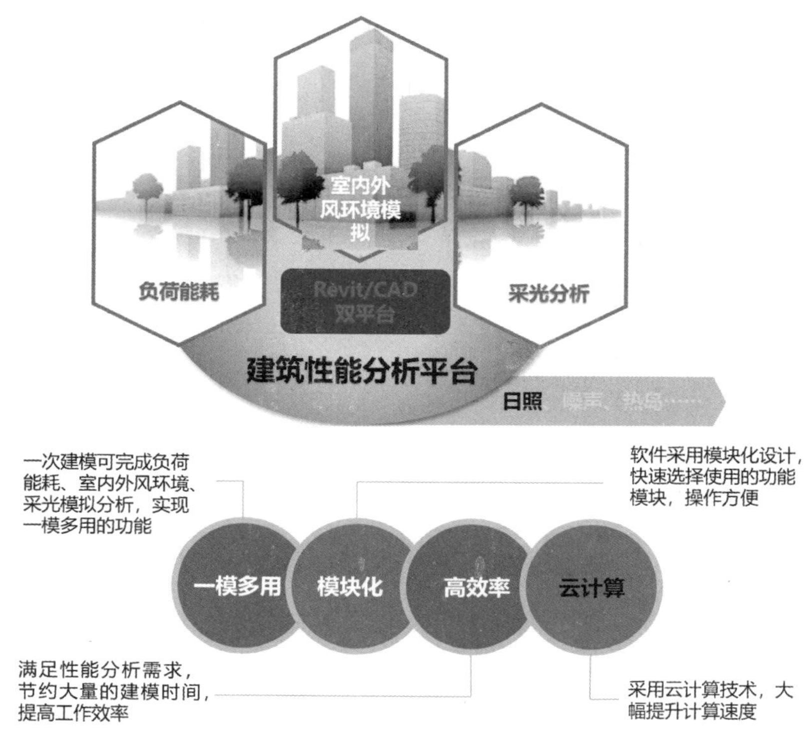

图 3-1　鸿业建筑性能分析平台

鸿业建筑性能分析平台软件可支持由 Revit 2014～2020 软件输出的 gbXML 文件，可通过 AutoCAD 2010～2016 软件平台创建三维模型再导入到鸿业建筑性能分析平台。

鸿业建筑性能分析平台可以免费试用 30 天，软件平台下载地址可在鸿业科技官网找到，如图 3-2 所示。

鸿业建筑性能分析平台软件下载后，直接双击“HYBPA2019 建筑性能分析 .exe”安装程序进行安装。安装时，可按默认设置进行安装，操作过程极为简单，这里就不进行详细介绍了。

在桌面上双击启动鸿业建筑性能分析平台 2019 图标，打开建筑性能分析平台，软件界面如图 3-3 所示。

图 3-2　鸿业建筑性能分析平台的试用下载页面

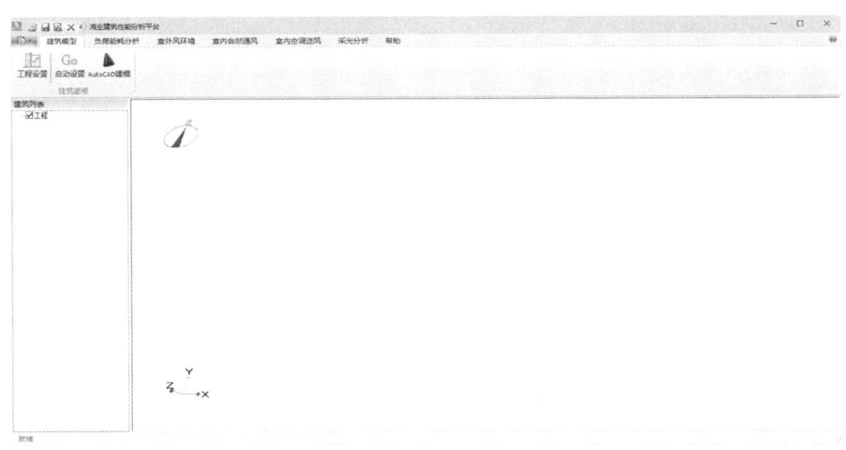

图 3-3　建筑性能分析平台的软件界面

3. 2　建筑模型准备

鸿业建筑性能分析平台目前支持 gbXML 格式的 BIM 模型和 AutoCAD 2010～2014 软件的三维模型。

3. 2. 1　工程设置与启动设置

每一次建筑性能分析操作，分析平台都将作为一个工程项目进行管理。用户可以创建多个工程项目，创建的工程项目在【建筑列表】的列表中显示。

1. 工程设置

在【建筑模型】选项卡下的【建筑建模】面板中单击【工程设置】按钮，弹出【工程信息】对话框。通过该对话框设置建筑性能分析项目的各项参数与信息，比如工程地点、工程名称、工程目录、工程编号、建设单位、设计单位、计算人、审计人、校对人及设计日期等，如图 3-4 所示。

单击【工程地点】右侧的【工程地点气象参数】按钮，可以打开【气象参数管理器】对话框，定义本工程所在地区的气象信息，如图 3-5 所示。

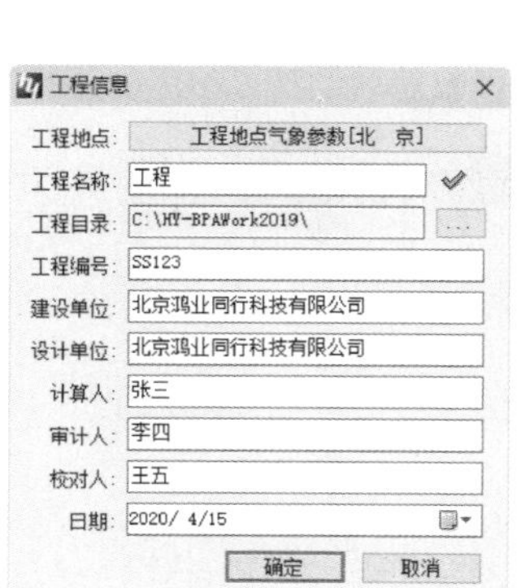

图 3-4 【工程信息】对话框

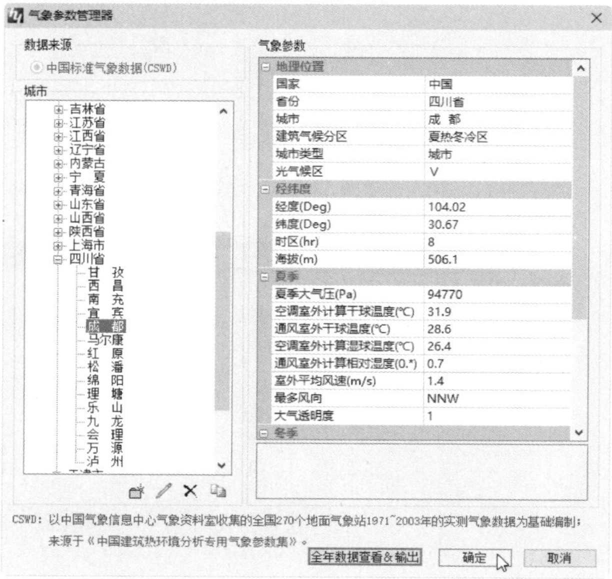

图 3-5 【气象参数管理器】对话框

在【气象参数管理器】对话框中单击【全年数据查看 & 输出】按钮，可以查看该地区全年的气象信息，如干球温度、相对湿度、地表温度等，可按月查看，也可按年查看，如图 3-6 所示。

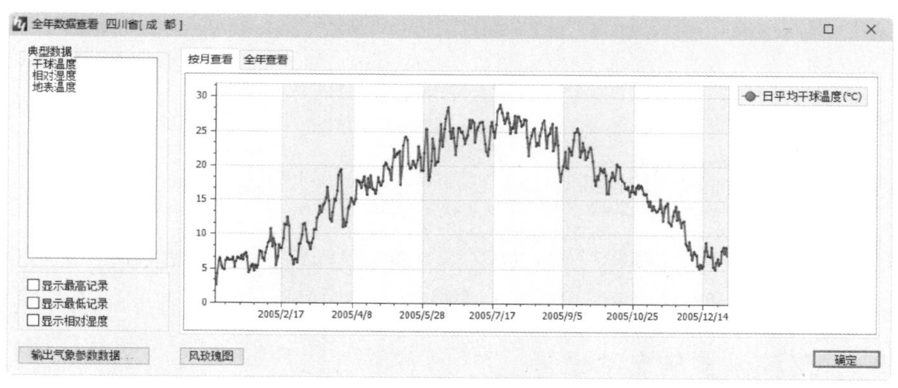

图 3-6 查看全年气象信息

2. 启动设置

【启动设置】工具主要用来设置通过建筑性能分析平台直接打开的 AutoCAD 软件版本，

建筑性能分析平台能支持的 AutoCAD 软件版本为 2010 ~ 2014。单击【启动设置】按钮，弹出【启动设置】对话框。对话框中列出目前用户安装的 AutoCAD 软件版本，如图 3-7 所示。如果计算机中安装多个 AutoCAD 软件版本，将会全部列出这些软件，用户只需要选择一个版本的 AutoCAD 软件，作为建筑性能分析平台中默认开启的建模软件。

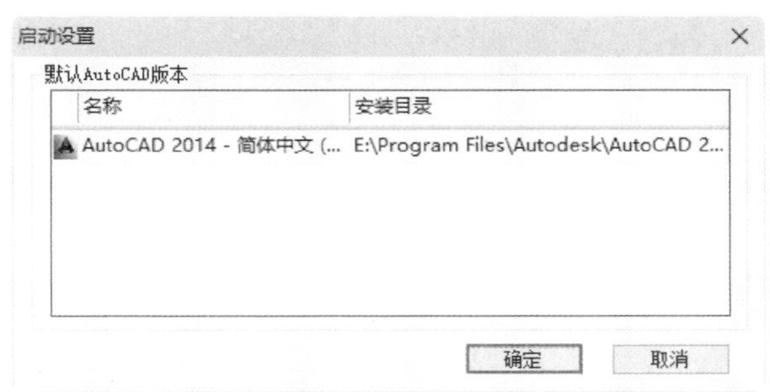

图 3-7　设置默认 AutoCAD 软件版本

3.2.2 在 AutoCAD 软件环境中建模

单击【AutoCAD 建模】按钮，将会启动用户安装的 AutoCAD 软件（也是在【启动设置】对话框中设置的默认 AutoCAD 版本），如图 3-8 所示。

在打开的 AutoCAD 软件界面中，用户可以使用鸿业 HYBPA1.0 建模工具进行建筑二维绘图和三维建模。

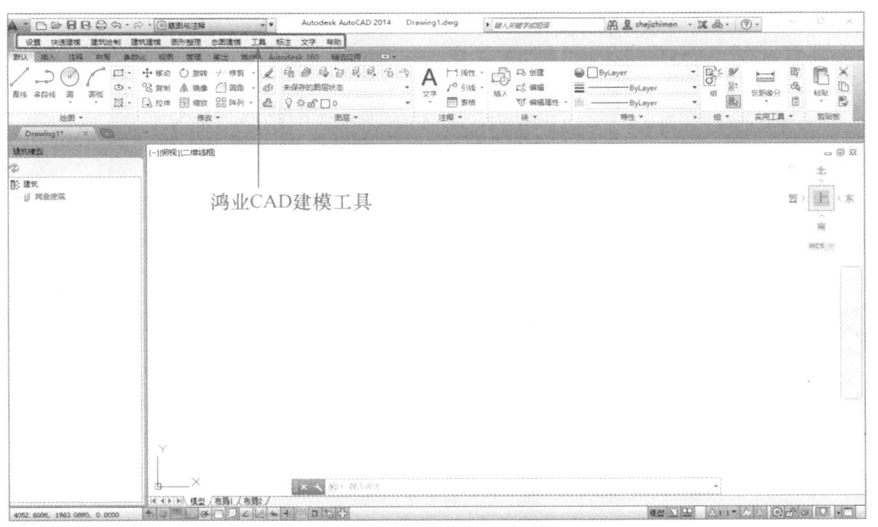

图 3-8　基于 AutoCAD 2014 软件平台的鸿业 CAD 建模工具

提示	这些建模工具默认放置在功能区的上方，用户可以根据自己的操作习惯，将【HYBPA1.0】建模工具条拖到【建筑模型】管理面板的右侧，由工具条变为工具箱，便于工具的调取，如图 3-9 所示。

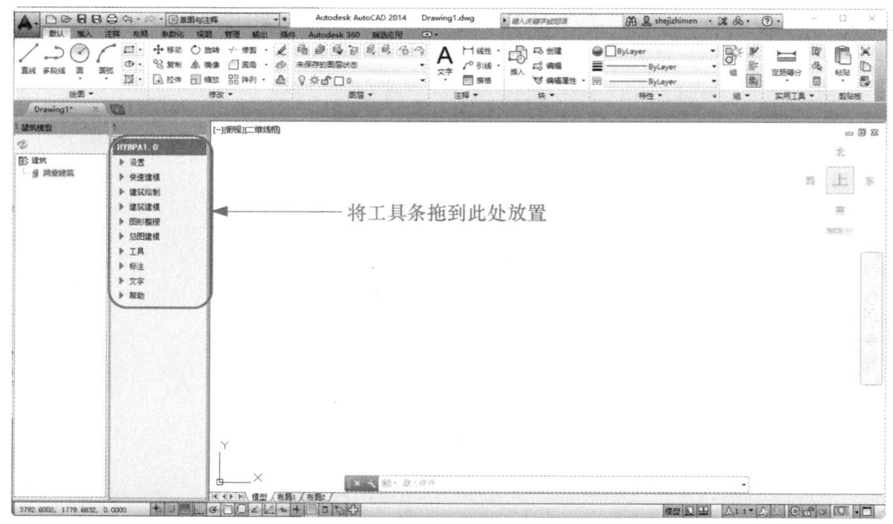

图 3-9　拖动鸿业 CAD 建模工具条到新位置

HYBPA1.0 建模工具不但能绘制建筑图纸，还可以同时生成三维建筑模型。下面以一个建筑平面图的绘制为例，简要介绍 HYBPA1.0 建模工具的基本用法。

1. 创建建筑模型

作为建筑性能分析平台的分析模型，可以仅创建墙体、门窗、楼板等组成要素。用户可参照图 3-10 所示的一层建筑平面图进行建模。

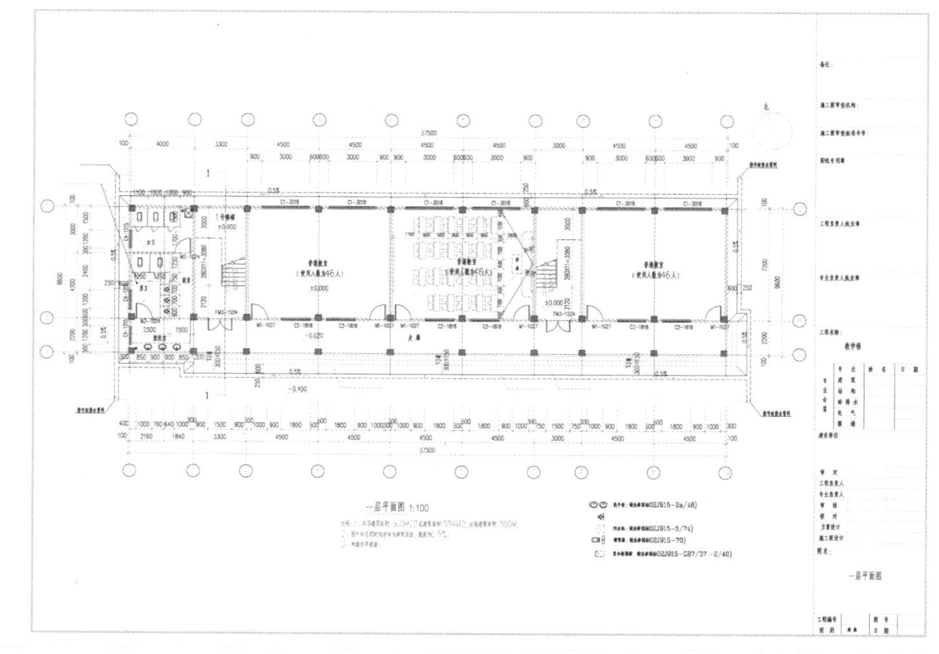

图 3-10　建筑一层平面图

上机操作　绘制轴网

01 在鸿业建筑性能平台的【建模模型】选项卡中单击【AutoCAD 建模】按钮，启动 AutoCAD 2014 软件平台。

02 在 HYBPA1.0 建模工具箱中单击【设置】展开卷展栏，再单击【系统设置】按钮，打开【系统设置】对话框，设置当前项目的单位、绘图比例及文字高度，如图 3-11 所示。完成设置后再单击【设置】收缩卷展栏（后续使用建模工具时也按此操作收展卷展栏，不再重复描述此过程）。

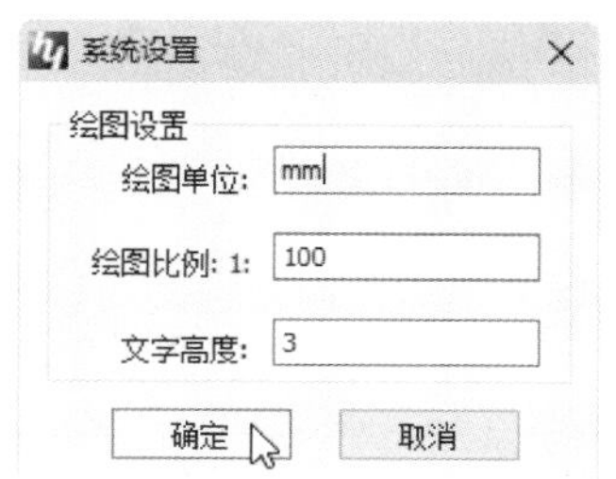

图 3-11　系统设置

03 在【建筑模型】管理面板中右击默认创建的【鸿业建筑】项目，在弹出的快捷菜单中选择【建筑物设置】命令，弹出【建筑物设置】对话框。在对话框中设置建筑项目的基本信息，如图 3-12 所示。

04 在【建筑模型】管理面板中右击默认创建的【鸿业建筑】项目，在弹出的右键菜单中选择【添加楼层】选项命令，再按空格键或 Enter 键确认，随即自动创建楼层。

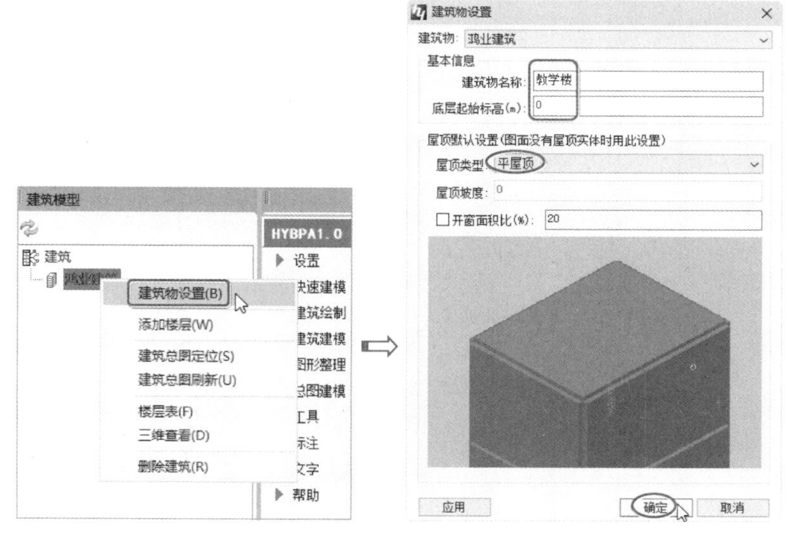

图 3-12　设置建筑项目的基本信息

05 在【建筑绘制】卷展栏中单击【绘制轴网】按钮，在弹出的【绘制轴网】对话框中设置数字编号的轴线参数（从右侧列表中双击轴间距参数以选取），如图 3-13 所示。

> **提示**　在右侧列表中双击选取轴间距参数后，若不是实际的轴间距参数，可以在【轴间距】列表中单击此轴间距参数进行参数修改。例如，轴间距列表中没有 4000 参数选项，可以选择任一参数，然后修改其值为 4000 即可。另外，可在【个数】列表中修改轴线的数量。

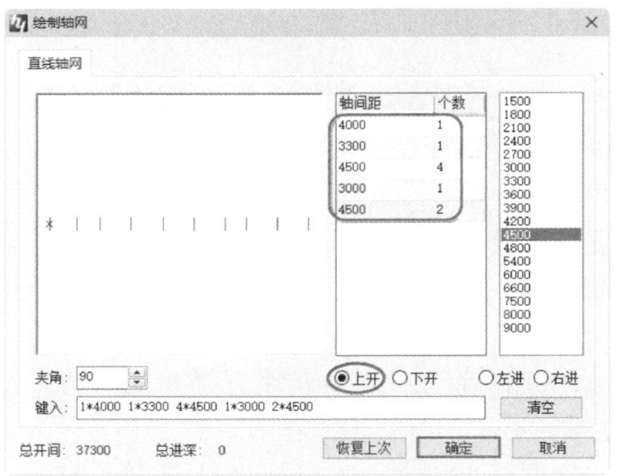

图 3-13　设置数字编号轴线

06 单击【左进】单选按钮，再设置字母编号的轴线参数，如图 3-14 所示。

07 单击对话框中的【确定】按钮，将定义的轴网放置在图形区中，如图 3-15 所示。

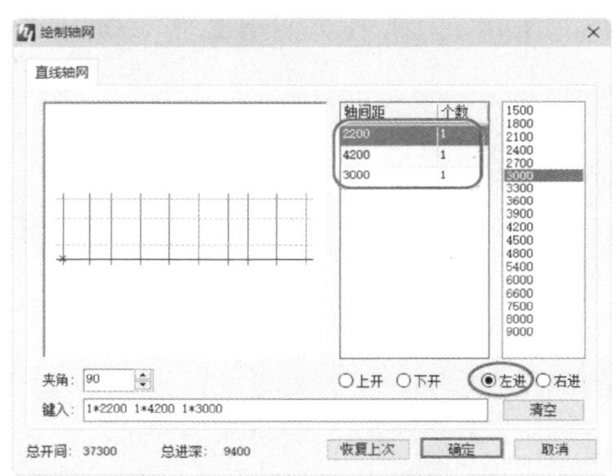

图 3-14　设置字母编号轴线

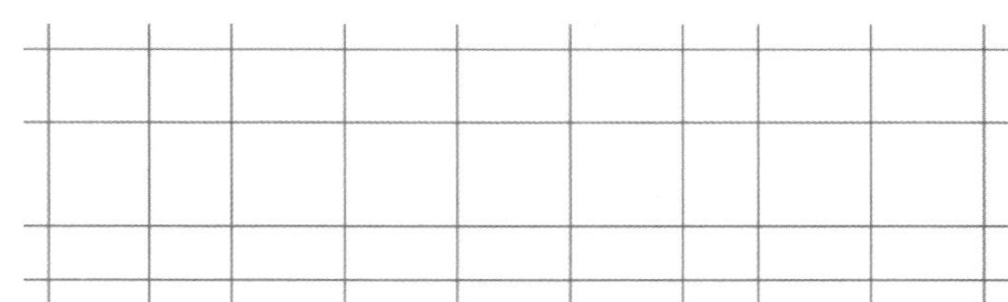

图 3-15　放置的轴网

上机操作 绘制墙体

01 在【建筑绘制】卷展栏中单击 绘制墙体按钮，弹出【墙体】对话框，对墙体参数进行设置，如图 3-16 所示。

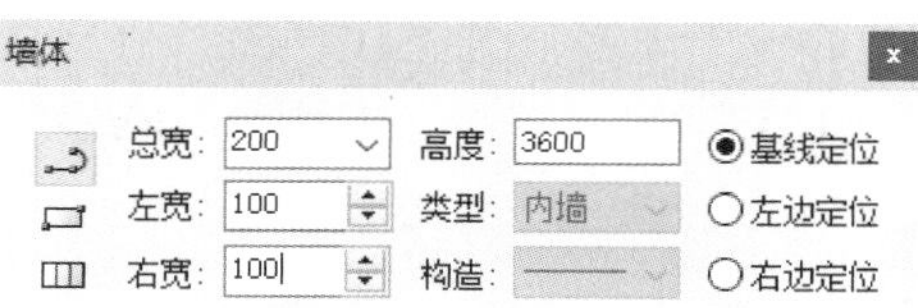

图 3-16　设置墙体参数

02　在轴网中绘制 200mm 宽度的墙体，每绘制一段墙体，按回车键确认，结果如图 3-17 所示。

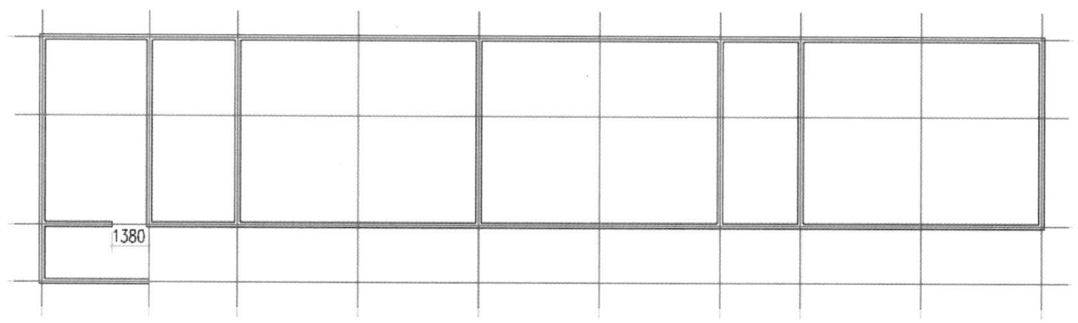

图 3-17　绘制 200mm 墙体

03　定义总宽度为 120mm 的墙体并完成绘制，如图 3-18 所示。

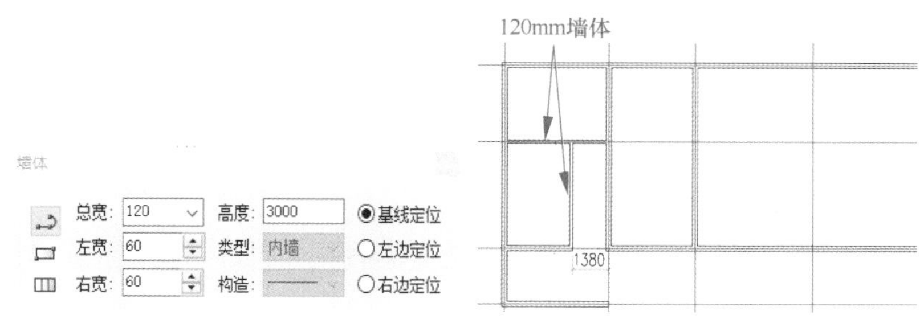

图 3-18　绘制 120mm 墙体

04　单击 指定内墙 按钮，选取 120mm 的墙体和部分 200mm 墙体指定为内墙，如图 3-19 所示。

图 3-19　指定内墙

05 单击指定外墙按钮，将内墙以外的部分墙体指定为外墙（拾取外墙的墙边线使其加粗显示），如图 3-20 所示。

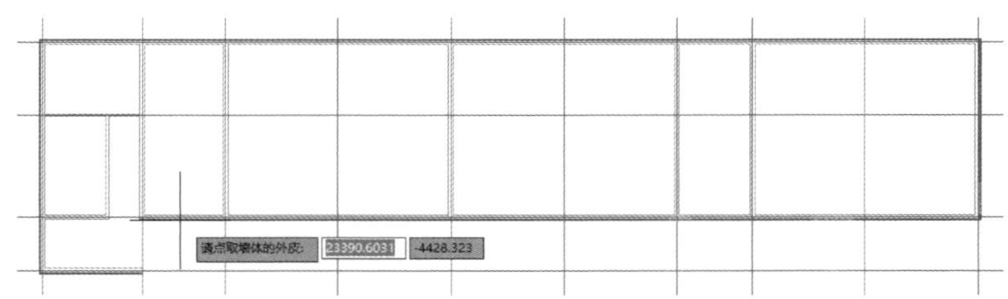

图 3-20　指定外墙

上机操作　插入门窗

01 执行绘制门窗命令，弹出【门】对话框。在对话框底部单击【在任意位置插入门窗】按钮和【创建窗】按钮，切换到【窗】参数设置界面，设置窗参数，如图 3-21 所示。

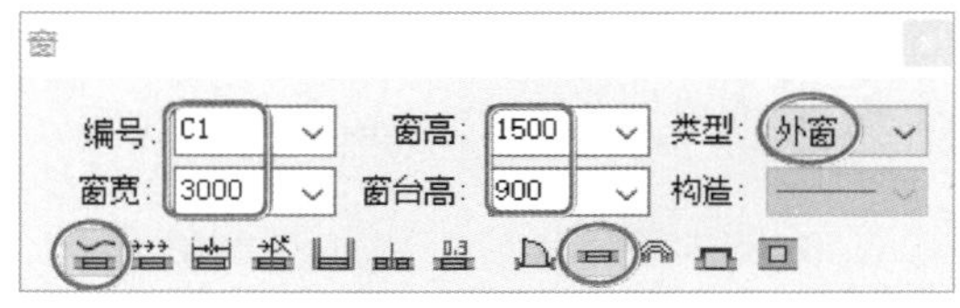

图 3-21　设置窗参数

02 在墙体中插入 C1 窗，如图 3-22 所示。

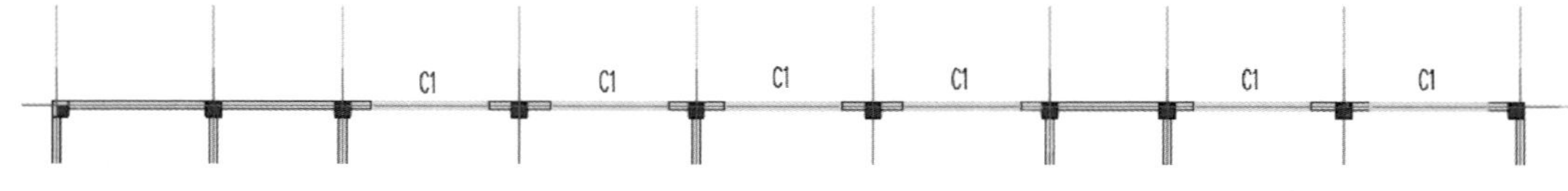

图 3-22　插入 C1 窗

03 同理，依次插入 C2 窗（窗宽 1800mm）和 C4 窗（窗宽 1200mm），效果如图 3-23 所示。

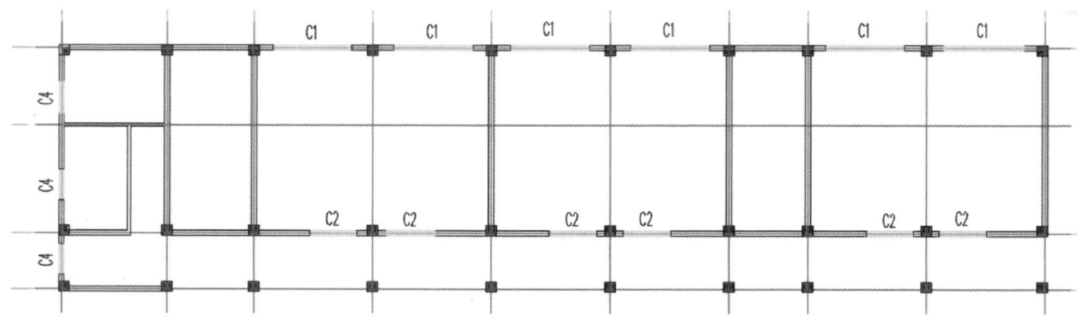

图 3-23　插入 C2 和 C4 窗

04 门有 3 种：M1 单开夹板门、M2 单开夹板门带百叶和 FM3 双开乙级防火门。在【窗】对话框中单击【门】按钮切换到【门】设置界面，设置【编号】为 M1、【类型】为“外门”、【门宽】为 950、【门高】为 2100（如无特殊说明，未注明的数字单位均为 mm），如图 3-24 所示。

提示	在二维平面图中，M1 门图块与 M2 门图块是没有区别的，所以可以选择同一门类型插入到平面图中。

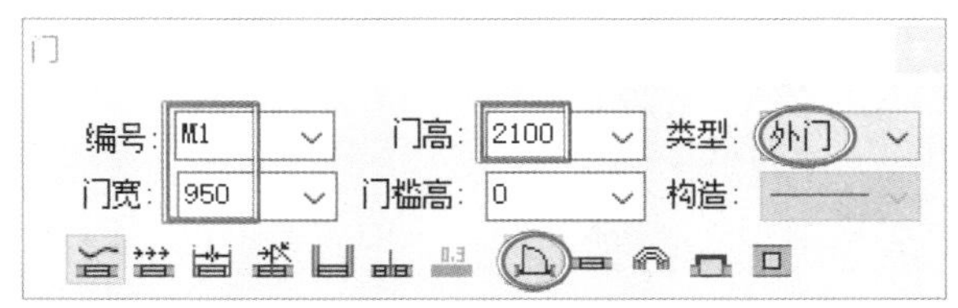

图 3-24 设置门参数

05 将门图块插入到墙体中。然后，创建相同的门类型但编号设置为 M2，将其插入到墙体中，如图 3-25 所示。

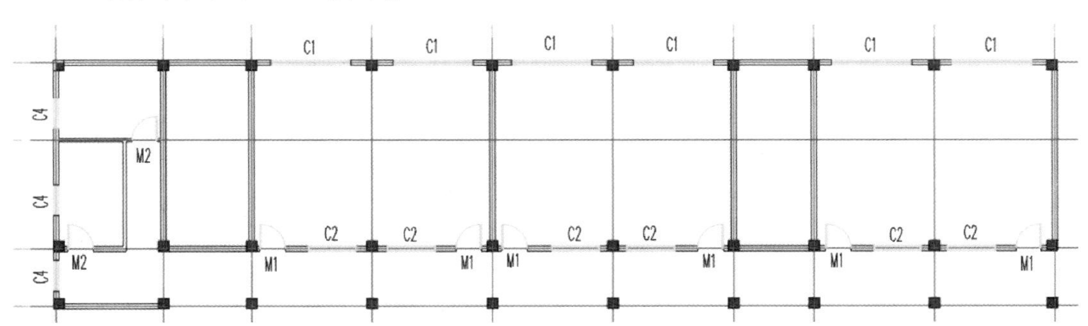

图 3-25 插入 M1 和 M2 门

提示	在插入门图块时，若开门方向需要更改为相反方向，可在命令行提示中单击【左右镜像】选项进行更改。

06 FM3 乙级防火门的样式依然采用与 M1 相同的门样式，该门的门宽为 1500mm，插入的 FM3 乙级防火门如图 3-26 所示。

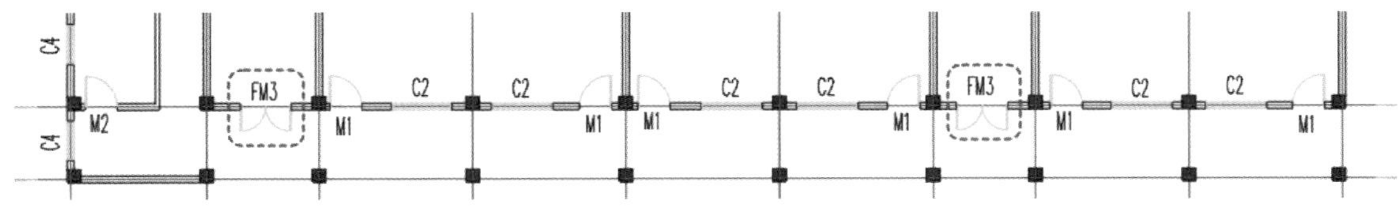

图 3-26 插入 FM3 乙级防火门

07 在工具箱的【文字】卷展栏中单击 文字编辑器 按钮，在弹出的【文字编辑器】对话框中输入“女卫生间”文本，其他选项保持默认，单击【放置】按钮，将文字放置于图形中，如图 3-27 所示。

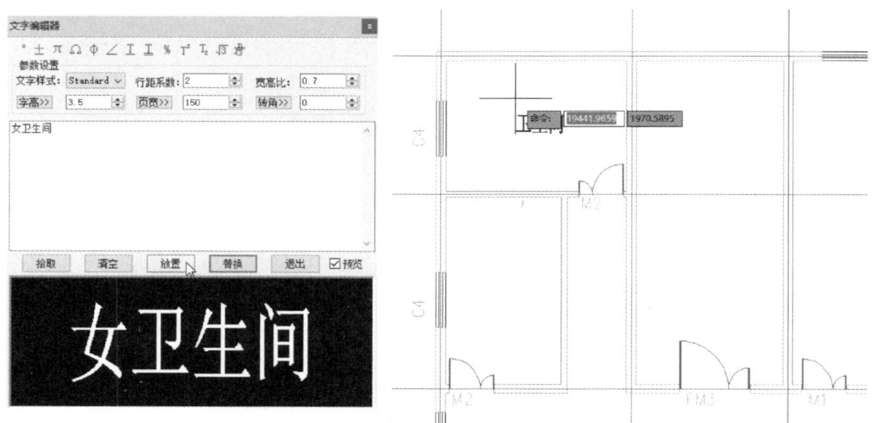

图 3-27　放置文字

08 同理，完成其他房间的命名，效果如图 3-28 所示。

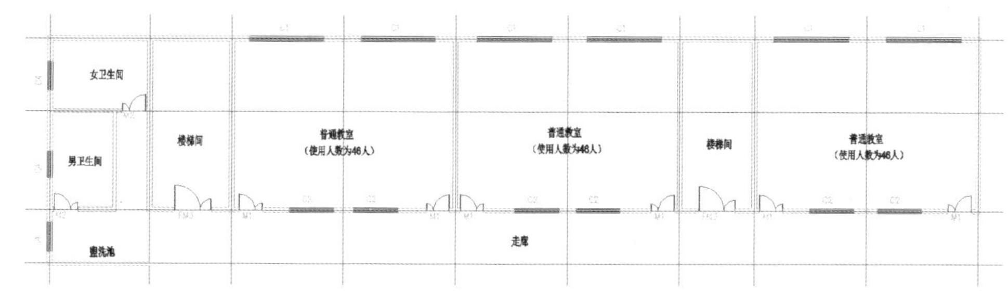

图 3-28　完成房间命名

上机操作　创建地板和楼板

HYBPA1.0 建模工具箱中没有专用的地板和楼板工具，用户可以使用【创建屋顶】工具来创建。

01 单击 创建屋顶 按钮，然后参照墙体外边线绘制地板边界，如图 3-29 所示。绘制边界后按回车键确认。

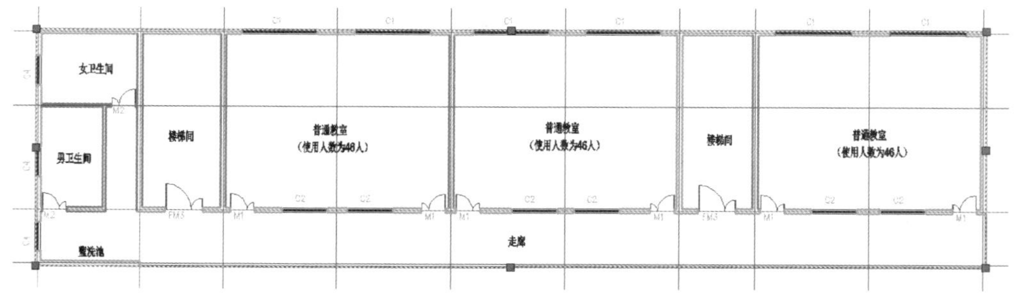

图 3-29　绘制地板边界

02 在命令行提示中输入 P 并按回车键确认，接着输入底标高值为 0，并按回车键确认，随后自动创建一层地板。按住 Shift + 鼠标中键，旋转视图，可以观察地板模型，效果如图 3-30 所示。

```
斜坡屋顶(D)或/平屋顶(P)\]<D>: P
输入底标高<3000>: 0
```

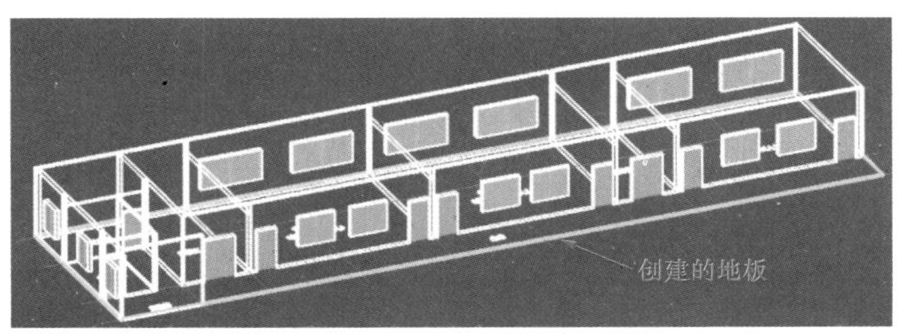

图 3-30 创建地板

03 用相同的方法创建出一层的顶部楼板，只是在命令行中需要设置底标高值为 3600mm，创建的楼板如图 3-31 所示。

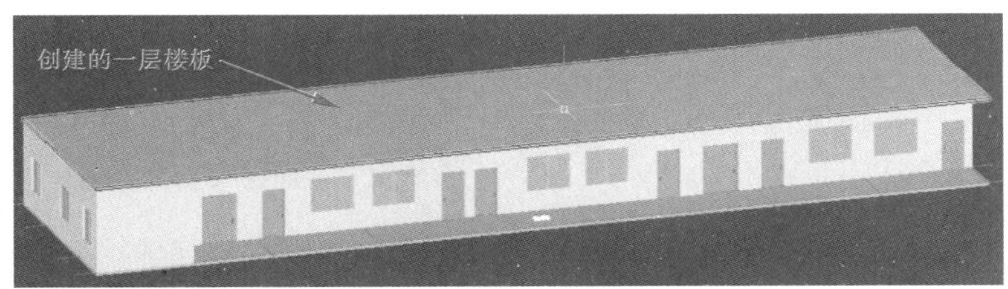

图 3-31 创建一层楼板

04 完成一层的建筑模型创建后，还要为这些模型指定属性，也就是创建房间、分户、天井、中庭、楼层等。在工具箱中单击【建筑建模】按钮，展开【建筑建模】卷展栏。

05 在【建筑建模】卷展栏中单击 生成房间 按钮，弹出【生成房间】对话框。在图形区中框选整个一层的墙体，如图 3-32 所示。

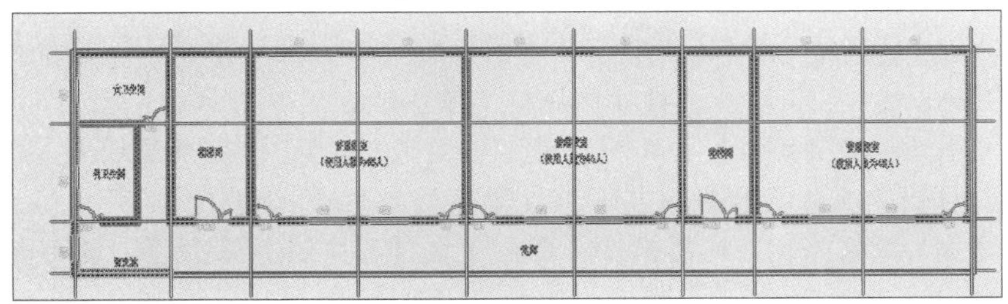

指定对角点:

图 3-32 框选墙体

06 按回车键确认后自动创建房间分区，如图 3-33 所示。

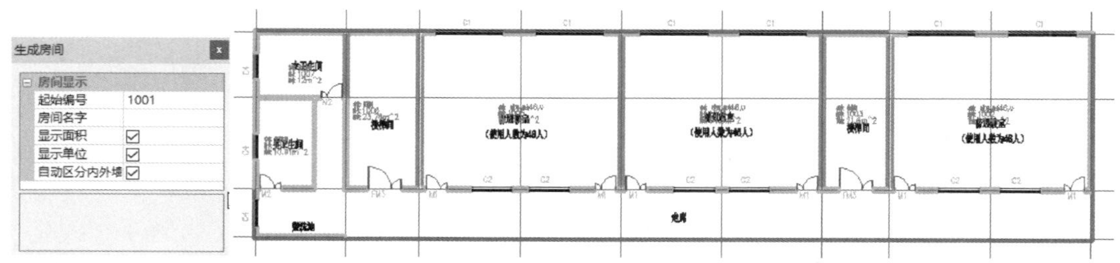

图 3-33 创建房间

07 单击 绘制楼层 按钮，在图形区中框选所有墙体，如图 3-34 所示。

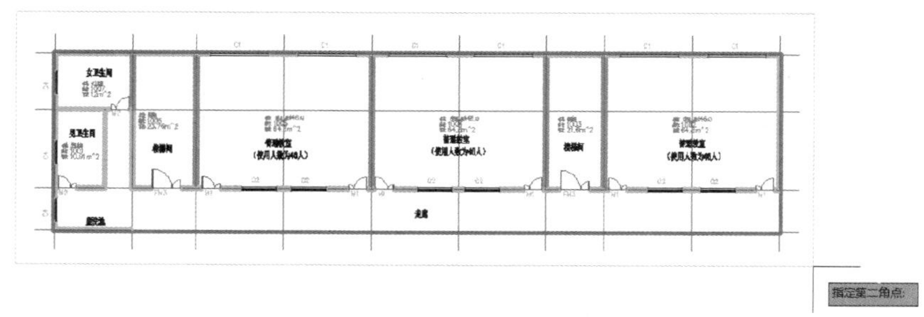

图 3-34 框选墙体

08 在轴网中拾取一个交点作为二层、三层建模时的对齐点（或称“项目基点”），如图 3-35 所示。

图 3-35 拾取对齐点

09 输入层号为 1、层高为 3.6m 并按回车键确认，完成楼层的创建。创建楼层后，可单击 三维查看 按钮，查看生成的楼层模型信息，如图 3-36 所示。

10 如果需要继续创建二层模型（与一层模型结构完全相同），可以继续按上述步骤添加楼层。绘制楼层边界和对齐点后，设置新楼层的层号为 2、楼层标高为 3.6m，即可创建第二个楼层，创建的新楼层将显示在【教学楼】项目下，随后创建的模型将会自动添加到“2 楼层”节点下，如图 3-37 所示。

11 单击 三维查看 按钮，查看生成的一层和二层的楼层模型信息，如图 3-38 所示。

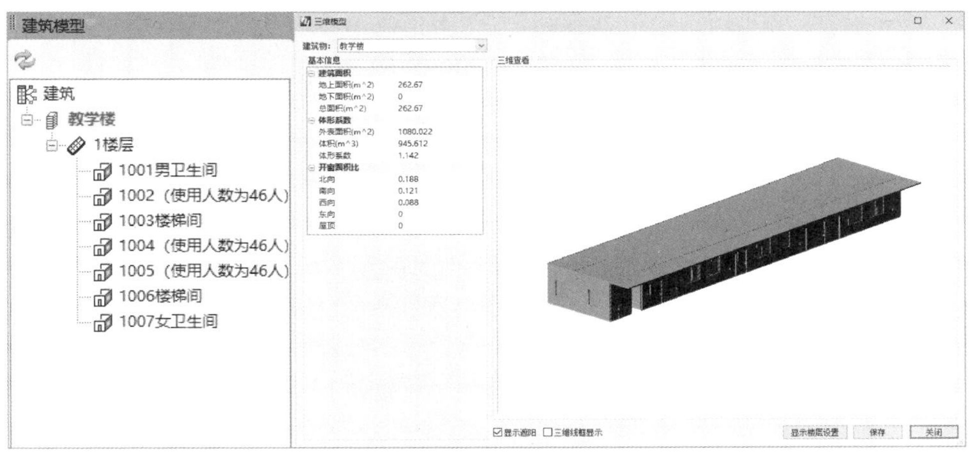

图 3-36　查看模型信息

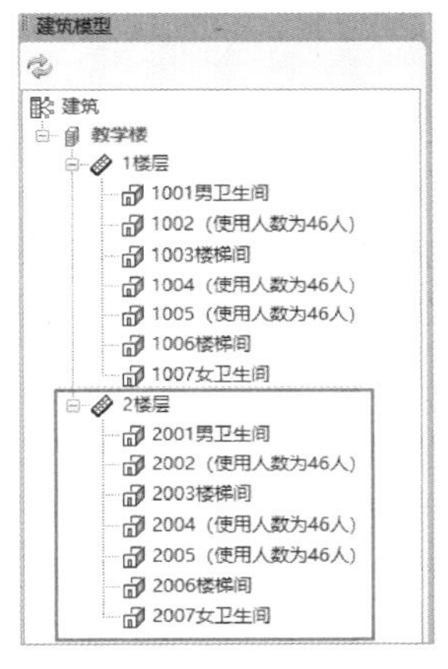

图 3-37　添加 2 楼层

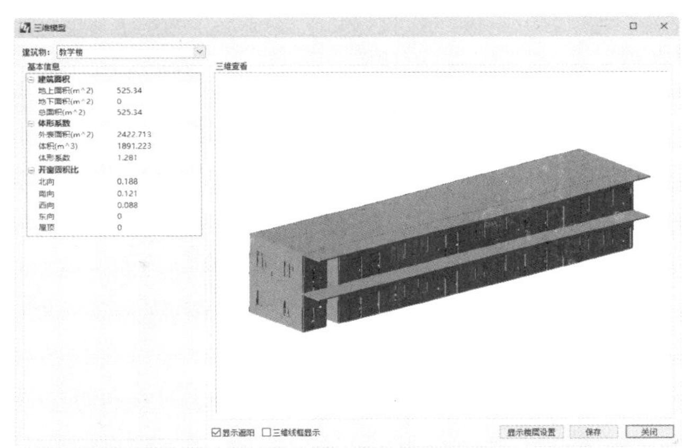

图 3-38　查看三维模型

2. 模型检查与导出

01 在【图形整理】卷展栏中单击 **模型检查** 按钮，弹出【CAD 模型检查】对话框。

02 单击【选择区域】按钮，然后框选图形区中所有的墙体、门窗及楼板等实体，按回车键后返回到【CAD 模型检查】对话框中。

03 检查结果提示有两个问题。第一个问题表示有一段墙体是开放的，并闪亮这段墙体，如图 3-39 所示。参照图纸得知这段墙体的确是开放，不用与其他墙体连接以形成封闭。

04 第二个问题是存在重合的墙体，勾选【快速处理】选项组中所有的复选框，单击【处理】按钮，清除重合墙体。

05 在【工具】卷展栏中单击 **绘制指北针** 按钮，将指北针放置于模型左上角，如图 3-40 所示。

06 单击 **模型导出** 按钮，弹出【导出模型】对话框。设置导出模型的名称和模型导出

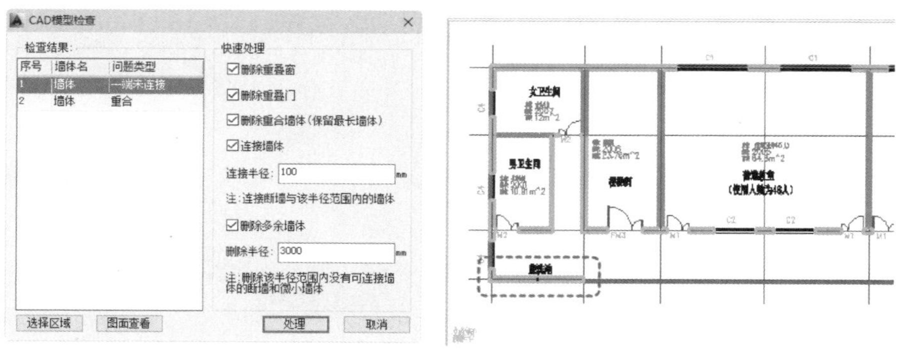

图 3-39 一端未连接的墙体

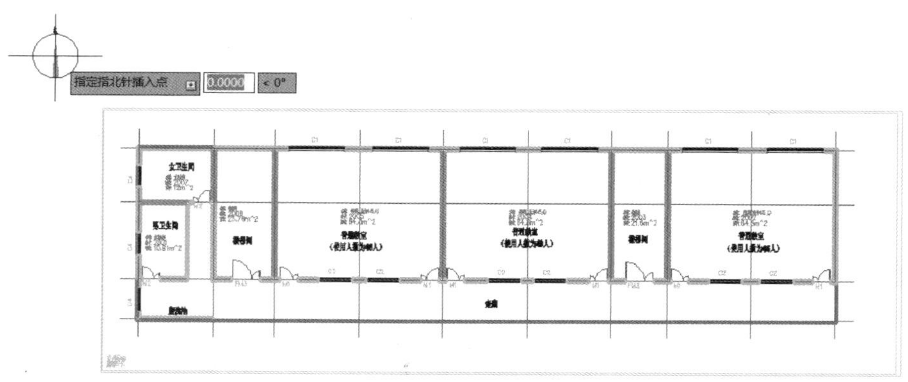

图 3-40 插入指北针

路径后，单击【导出模型】按钮，将教学楼模型导出为 xml 格式文件，如图 3-41 所示。

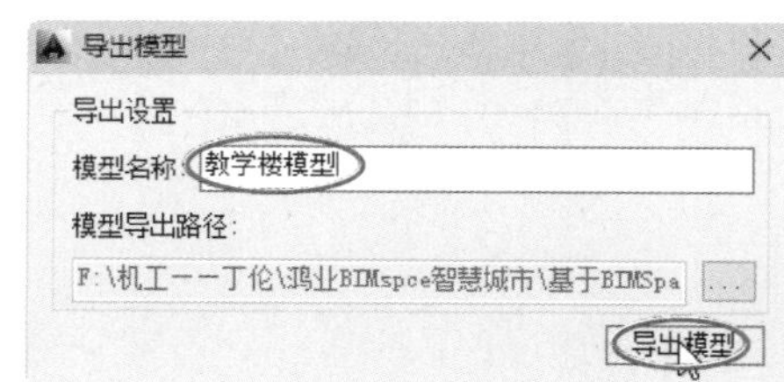

图 3-41 导出模型

07 在鸿业建筑性能分析平台界面中单击【打开】按钮，打开【打开】对话框，将保存在文件夹中的“教学楼模型 .xml”文件打开，如图 3-42 所示。打开的教学楼建筑分析模型如图 3-43 所示。

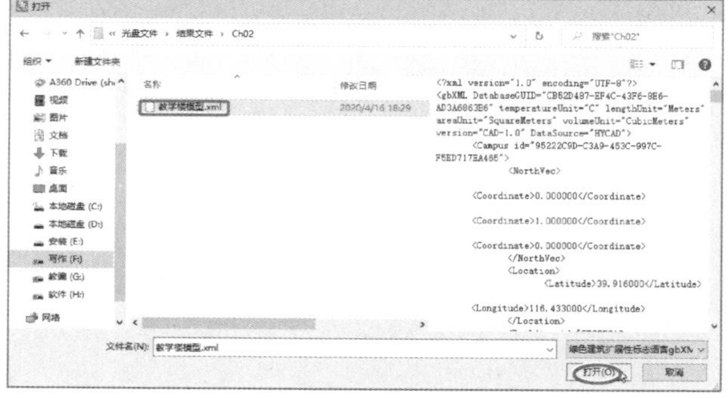

图 3-42 打开 xml 模型

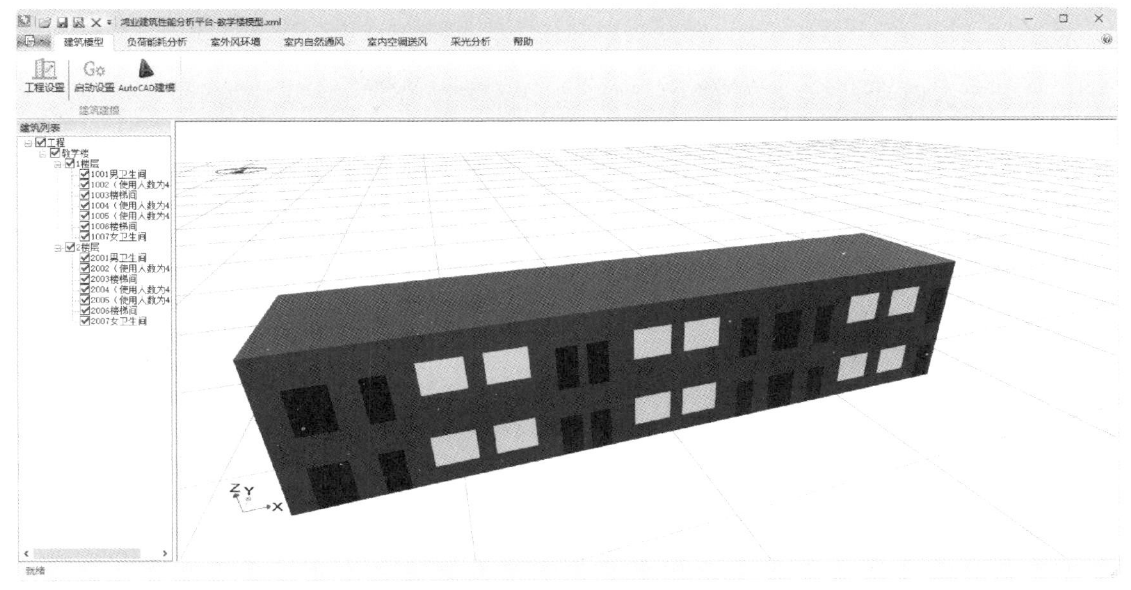

图 3-43 教学楼分析模型

3.2.3 将 RVT 模型导出为 gbXML

鸿业建筑性能分析平台中除了上一小节中介绍的分析模型创建方法外，还可打开格式为 gbXML 的分析模型。在 Revit 中，用户可将建筑模型导出为 gbXML 格式文件，以便在鸿业建筑性能分析平台中打开并进行建筑性能分析。

Revit 2020 软件提供了两种导出为 gbXML 格式文件的方法。一种是“使用能量设置”方法输出文件，另一种是以“使用房间/空间体积”的方法输出文件。

1. “使用能量设置”方法

“使用能量设置”方法导出的模型仅仅是空间模型，能够为其他建筑性能分析软件所使用。

上机操作 以“使用能量设置”方法导出能量分析模型

01 在 Revit 2020 中事先创建好建筑模型或建筑体量模型，也可从本例源文件夹中打开已有“办公楼.rvt”建筑模型，如图 3-44 所示。

02 在 Revit 功能区【分析】选项卡的【能量分析】面板中单击【创建能量模型】按钮，弹出【创建能量模型 – 可能需要较长时间】对话框，选择【创建能量分析模型】选项，如图 3-45 所示。

提示	第一次创建能量模型时会弹出【创建能量模型 – 可能需要较长时间】对话框，若常用此工具来创建能量模型，可勾选【不再显示此消息】复选框，往后执行【创建能量模型】命令时就不会弹出此信息提示对话框了。

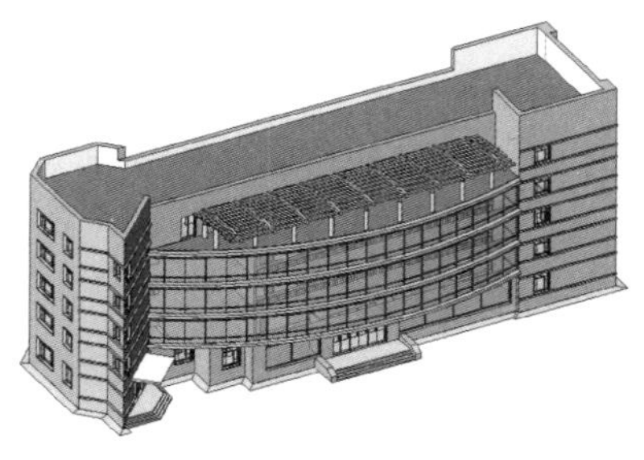
图 3-44　打开的建筑模型

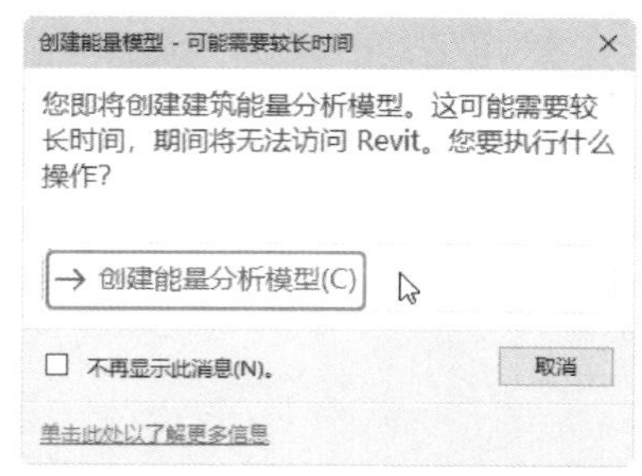

图 3-45　创建能量分析模型

03　自动创建能量分析模型，如图 3-46 所示。

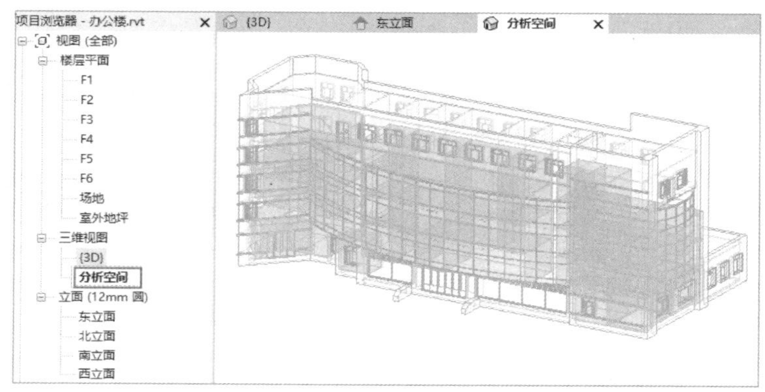

图 3-46　创建能量分析模型

04　在【文件】菜单中执行【导出】|【gbXML】命令，打开【导出 gbXML】对话框，如图 3-47 所示。

05　单击【编辑】按钮，弹出【能量设置】对话框，然后进行能量模型的参数设置，如图 3-48 所示。

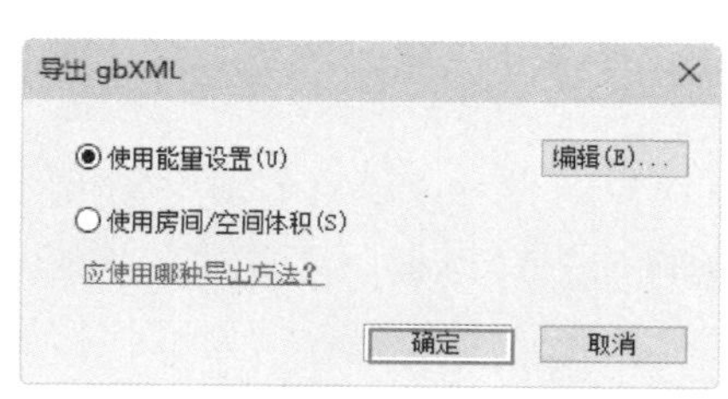

图 3-47　【导出 gbXML】对话框

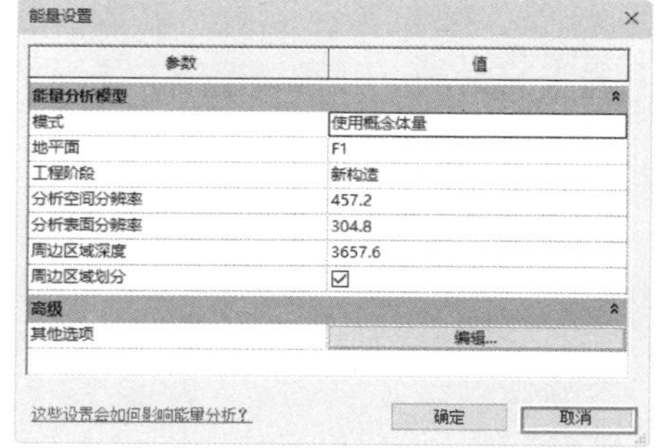

图 3-48　【能量设置】对话框

【能量设置】对话框中各参数及选项含义如下。

- 模式：包括 3 种模型输出模式。“使用概念体量”模式是当用户创建的是体量模型时，可以选择此模式来创建能量模型；“使用建筑图元”模式是当用户创建的是建筑模型时，可以选择此模式来创建能量模型；“使用概念体量和建筑图元”模式是最好的输出模式，不管用户创建的是什么类型的模型，选择此模式就能创建能量模型，笔者建议选择这一模式作为常用的模型输出模式。

- 地平面：此选项用于指定建筑模型的某一层与地平面接触，以便热传导。比如在斜坡上建立的建筑物，有可能一层、二层或多层都在斜坡下，那么超出斜坡的部分楼层将视为地平面以上的楼层，若是从第四层开始就高于斜坡面，那么第四层就可以指定为地平面。
- 工程阶段：指定特定阶段或早期建筑阶段的所有建筑模型或概念体量模型均包含在能量分析中。
- 分析空间分辨率/分析表面分辨率：这两个选项的参数用于提高能量模型精度和处理时间，一般选用默认值，这是系统计算的最佳平衡。若减少这些参数值，创建能量模型所需的处理时间将显著增加。
- 周边区域深度：指定从外墙开始向内测量的距离以定义周边分区，此设置应始终与“周边分区划分”设置共同使用，如图3-49所示。
- 周边区域划分：此选项可将建筑物的周边（不包括核心层）分割为4个独立的热分区，如图3-50所示。当【周边分区深度】值大于0时，此选项应始终启用。

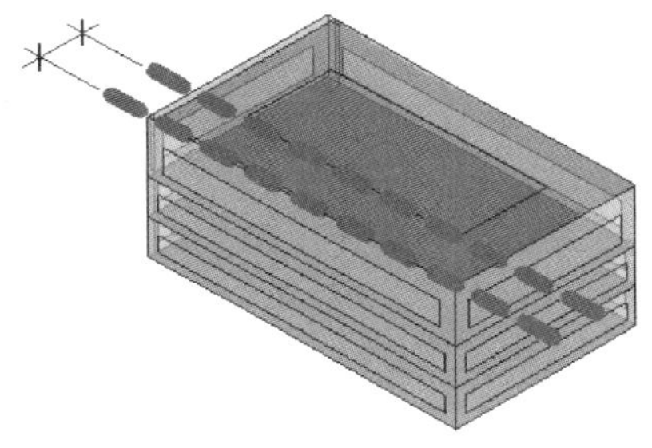

图3-49 周边区域深度

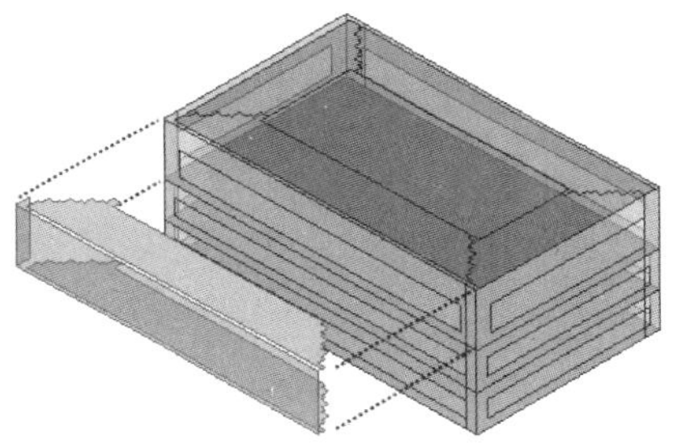

图3-50 周边区域划分

- 其他选项：单击【编辑】按钮，可弹出【高级能量设置】对话框，包括【详图模型】【建筑数据】【房间/空间数据】及【材质热属性】等选项组，如图3-51所示。

06 在【能量设置】对话框中设置好参数后，单击【确定】按钮，完成能量设置，再在【导出gbXML】对话框中单击【确定】按钮，如图3-52所示。

07 随后弹出【导出gbXML－保存到目标文件夹】对话框，定义好保存的路径后，单击【保存】按钮，完成能量模型的导出，如图3-53所示。

高级能量设置

参数	值
详图模型	
目标玻璃百分比	40%
目标窗台高度	762.0
玻璃已遮阳	☐
遮阳深度	609.6
目标天窗百分比	0%
天窗宽度和深度	914.4
建筑数据	
建筑类型	办公室
建筑运行时间表	默认
HVAC 系统	12 SEER/0.9 AFUE 分体式/整体式燃气,
新风信息	编辑...
房间/空间数据	
导出类别	房间
材质热属性	
概念类型	编辑...
示意图类型	<建筑>
详图图元	☐

这些设置会如何影响能量分析？ 确定 取消

图3-51 【高级能量设置】对话框

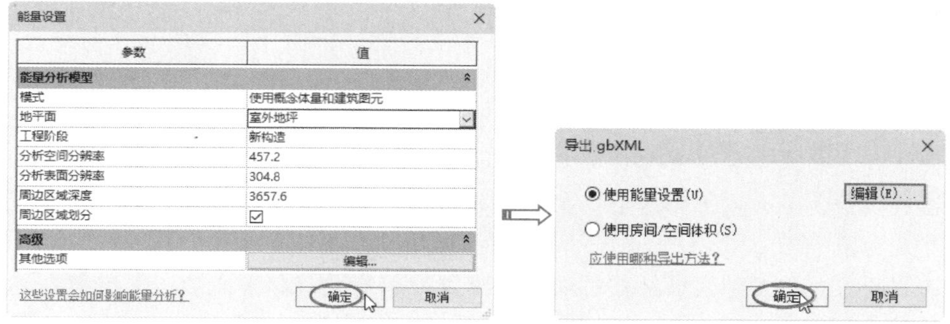

图 3-52　完成能量模型的输出

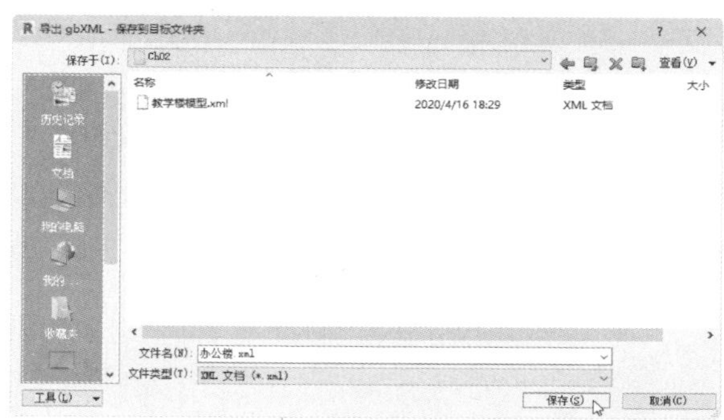

图 3-53　定义保存路径，完成模型导出

2. “使用空间/空间体积”方法

鸿业建筑性能分析平台目前仅支持以“使用房间/空间体积”的方法输出的 gbXML 格式文件。利用“使用房间/空间体积”导出文件方法可以导出包含房间和空间的能量分析模型，用在鸿业建筑性能分析平台中作负荷能耗分析、室内外风环境分析、空调风系统分析和采光分析等。

以“使用空间/空间体积”方法导出能量模型时，必须先在建筑模型中创建房间和空间。建筑楼层有多少层，就创建多少层的房间和空间，当然如果作建筑性能分析时仅针对某一层进行，那么可以只创建一层的房间和空间。

> **提示**　房间分析模型中仅包含建筑几何信息，一般为建筑专业所用，主要用于建筑负荷能耗分析。空间分析模型中包含的信息比房间信息要多，除了可以应用于建筑专业，更主要用于机电设计专业，包含照明、设备、新风、人员、温度等数据信息。

上机操作　以“使用空间/空间体积”方法导出能量模型

01　仍然使用上一案例中的建筑模型。在项目浏览器中【楼层平面】视图节点下双击【F1】楼层，切换到 F1 楼层平面视图。

02　在【建筑】选项卡下【房间和面积】面板中单击【房间】按钮，在弹出的【修

改 | 放置 房间】上下文选项卡中单击【自动放置房间】按钮，系统会自动计算F1楼层中的所有封闭区域并创建房间，如图3-54所示。

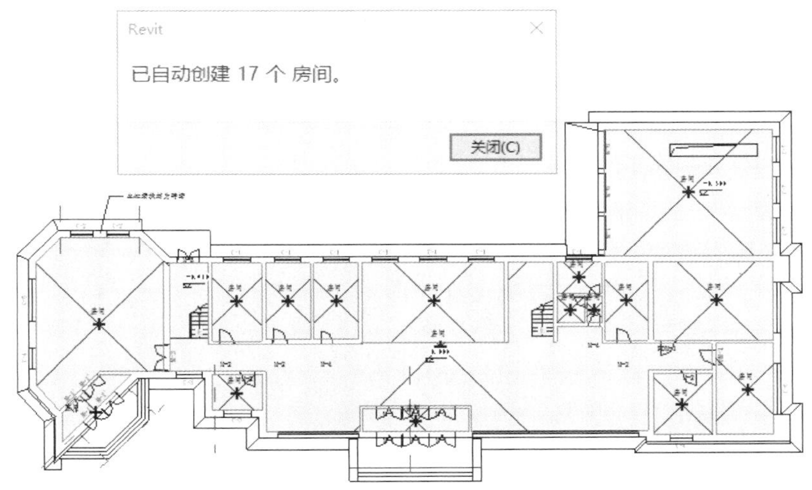

图 3-54　自动创建房间

03 单击【关闭】按钮，完成房间的创建。使用相的方法创建其余楼层中的房间。

04 接下来创建空间。首先切换到F1楼层平面视图，在【分析】选项卡下的【空间和分区】面板中单击【空间】按钮，弹出【修改 | 放置 空间】上下文选项卡，单击【自动放置空间】按钮，系统会自动计算F1楼层中所包含的空间体积并完成空间的创建，如图3-55所示。

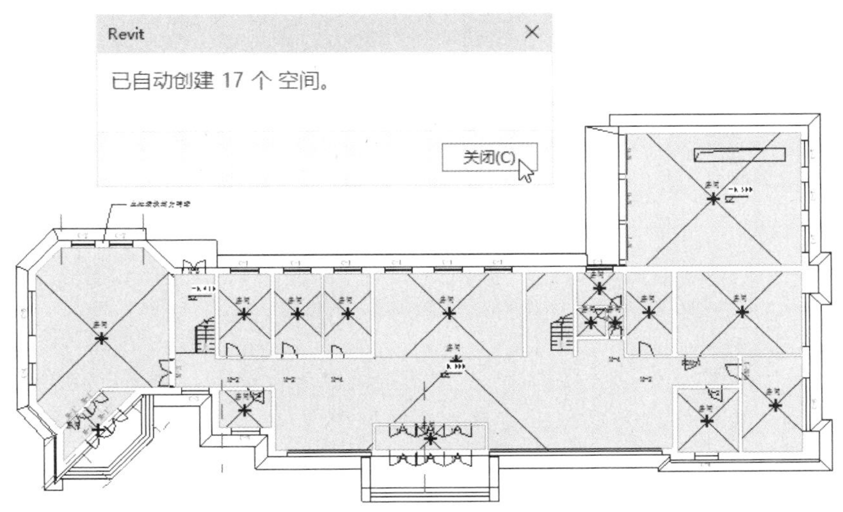

图 3-55　自动创建空间

05 同样的方法，完成其余楼层中的空间体积计算和创建。

06 在【文件】菜单中执行【导出】|【gbXML】命令，打开【导出 gbXML】对话框。

07 选择【使用房间/空间体积】单选按钮，再单击【确定】按钮，弹出【导出 gbXML－设置】对话框和【未计算空间体积】信息提示对话框，如图 3-56 所示。

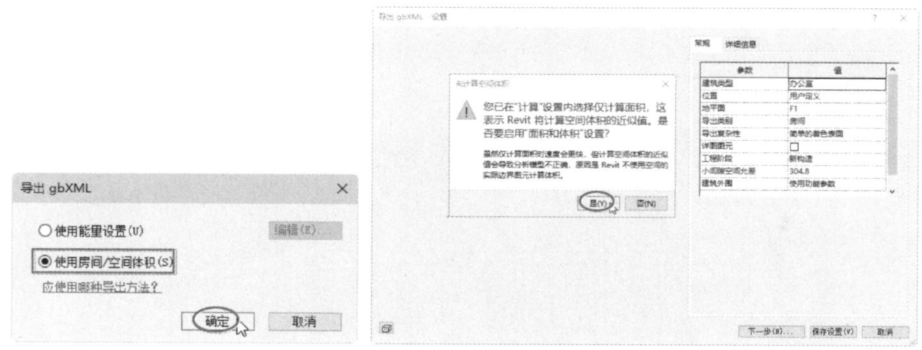

图 3-56　选择文件导出方式

08 单击【是】按钮，系统会根据【常规】选项卡中设置的导出类别来计算房间面积或空间体积，并通过预览窗口预览能量分析模型。如果设置导出类别为【房间】，可以查看房间分析模型，如图 3-57 所示。

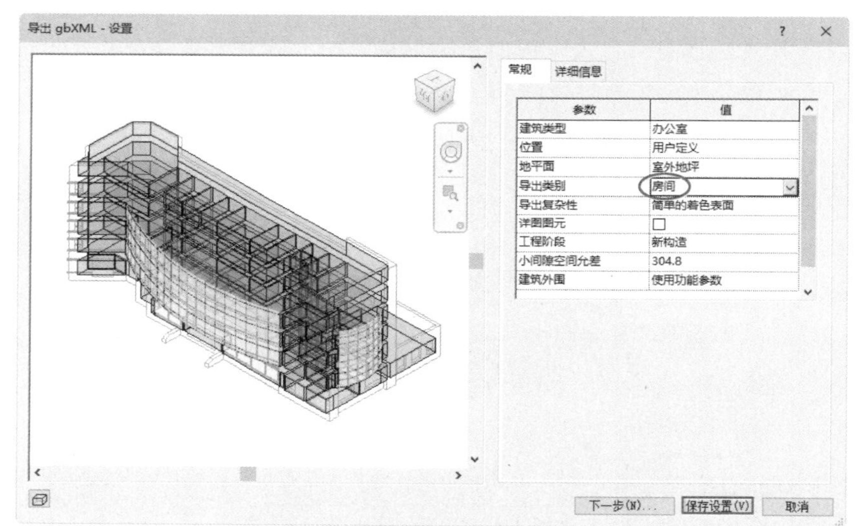

图 3-57　查看房间分析模型

09 若设置导出类别为【空间】，可查看空间体积分析模型，如图 3-58 所示。

10 选择【房间】导出类别，在【详细信息】选项卡下有两个分析模型的模型状态可供选择。选择【房间】单选按钮，表示输出的模型是实体模型，在作性能分析时会耗费大量的时间用于计算，对计算机系统要求较高。选择【分析表面】单选按钮，是进行空心表面模型分析，可以节省分析时间以提高效率。单击【下一步】按钮，可将房间分析模型导出，如图 3-59 所示。

11 同样的方法再操作一次，将建筑模型以“空间”导出类别导出，得到空间分析模型文件。

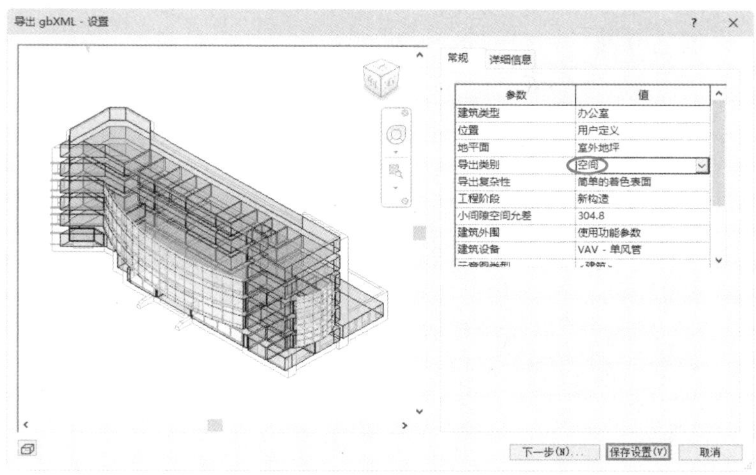

图 3-58　查看空间体积分析模型

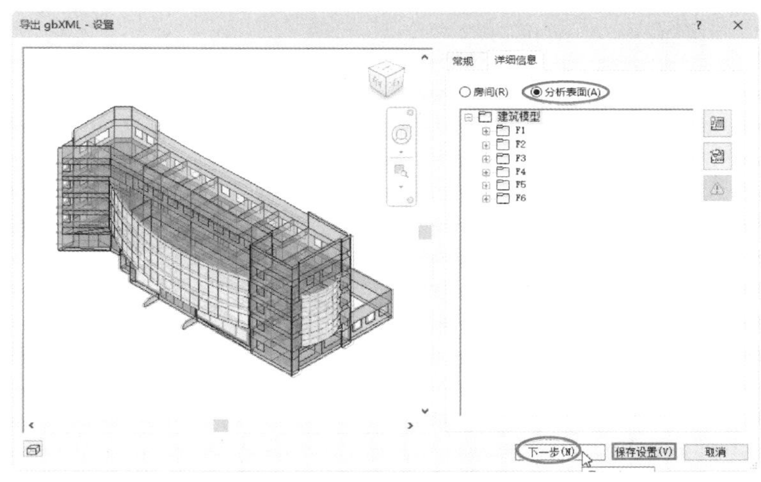

图 3-59　导出文件

3.3 建筑性能分析案例——建筑能耗分析

鸿业建筑性能分析平台中的全年负荷计算及能耗分析模块，是以 EnergyPlus 作为核心计算的模块。该模块采用集成同步的负荷/系统/设备的模拟方法，在计算负荷时，用户可以定义小于 1 小时的时间步长，在系统模拟中，时间步长自动调整，可以输出全年负荷。

注： EnergyPlus 是美国能源部联合美国陆军建筑工程研究实验室、伊利诺斯大学、劳伦斯伯克利国家实验室等机构，从 1996 年开始开发的一款新的建筑能耗软件。该软件集合了 BLAST 和 DOE-2 的大部分特性和功能。

全年负荷计算及能耗分析模块还具有以下的优势和功能。

1）参数可靠，信息全面。收集了中国气象信息中心发布的国内 270 个城市的最新气象资料。

2）易学易用，兼容性强。可以使用 AutoCAD 或 Revit 平台进行建模，易学易用，操作简便；可以直接利用不同来源的电子图档，避免重复建模。

3）功能强大，结果多样。支持复杂建筑形态，如开洞、凸窗、老虎窗、外遮阳等；能够以 Window 图表、Excel 图表和 csv 表格形式输出计算结果，方便用户分析抉择。

1. 负荷能耗分析模块介绍

在鸿业建筑性能分析平台中，用于全年负荷计算及能耗分析的工作界面与【负荷能耗分析】选项卡如图 3-60 所示。

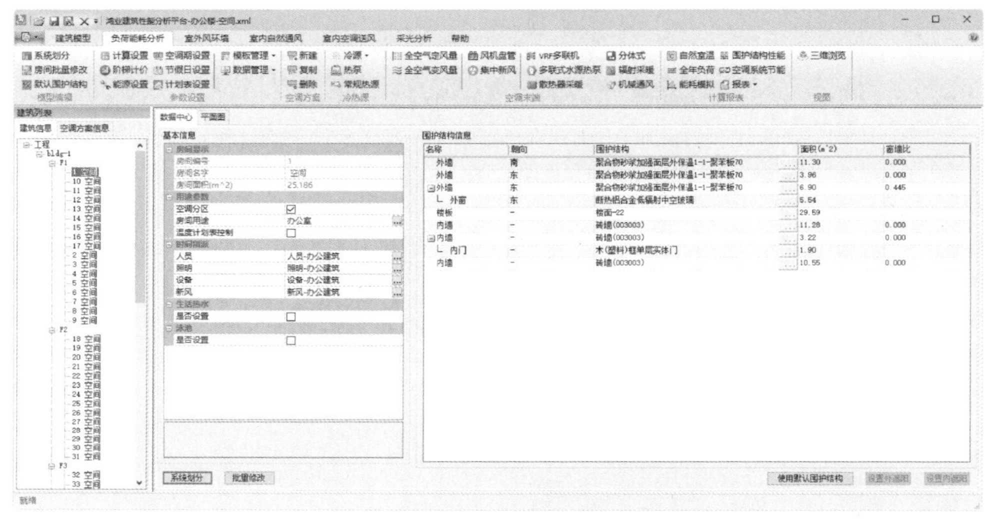

图 3-60 全年负荷计算及能耗分析工作界面

全年负荷计算及能耗分析主要功能有：建筑建模、气象参数设定、计划表设定、空调系统建模、模拟计算、气象参数图表输出、全年动态负荷报表输出、能耗分析报表输出和方案优化对比报表输出等。

鉴于本章篇幅限制，全年负荷计算及能耗分析模块中的功能指令此处不再详解，仅以案例形式为大家介绍其实际分析流程。

2. 负荷能耗分析流程

下面将介绍使用鸿业建筑性能分析平台对某医院办公楼进行建筑冷热负荷能耗分析的操作方法，通过分析的结果，为 MEP 机电设计提供可靠的数据支持。

01 在鸿业建筑性能分析平台 2019 软件界面中单击【打开】按钮，打开本例源文件“医院办公楼 . xml”。打开 xml 分析模型文件后，在【建筑列表】面板中将列出系统自动创建的工程项目，如图 3-61 所示。

02 在【建筑模型】选项卡中单击【工程设置】按钮，弹出【工程信息】对话框。通过该对话框设置医院办公大楼工程项目的地点、名称、目录、编号、建设单位、设计单位、计算人、审计人、校对人及日期等工程信息。建筑列表中的工程名称也更改为【工程信息】对话框中所设置的工程名称，如图 3-62 所示。

03 单击【负荷能耗分析】选项卡，进入【负荷能耗分析】环境。在图形区中包含两

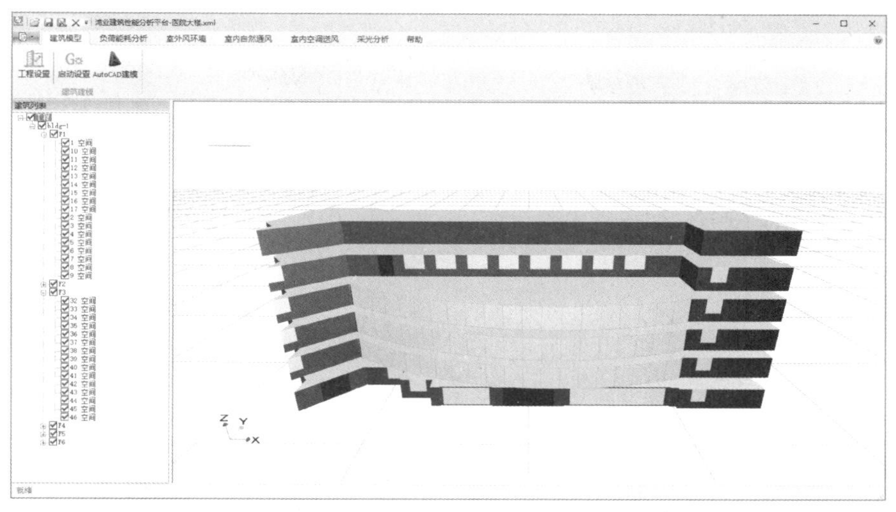

图 3-61　打开 xml 分析模型文件

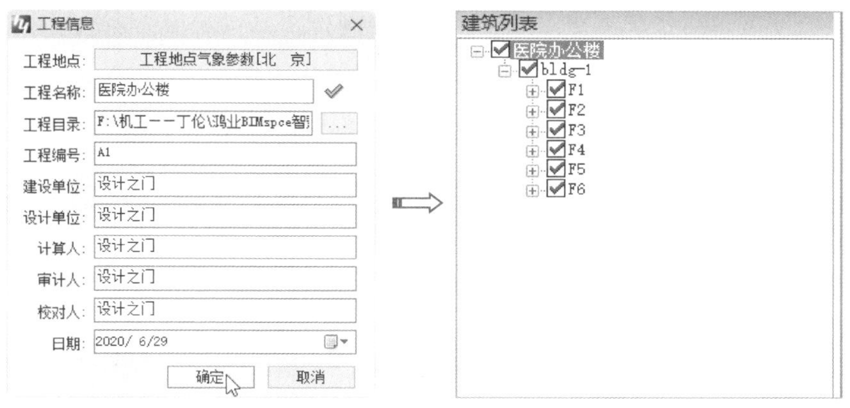

图 3-62　填写工程信息

个布局选项卡：【数据中心】布局选项卡和【平面图】布局选项卡。【数据中心】布局选项卡用于显示整栋医院办公楼总体的或各层的建筑层号、层高、标高和面积等信息，如图 3-63 所示。【平面图】布局选项卡中显示了医院办公楼的平面图，如图 3-64 所示。

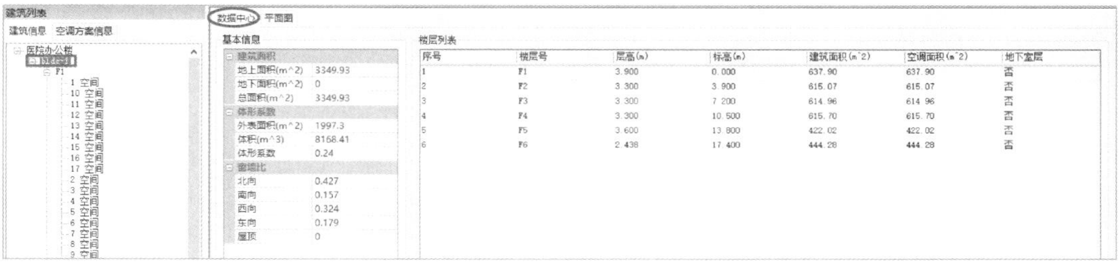

图 3-63　【数据中心】布局选项卡显示建筑信息

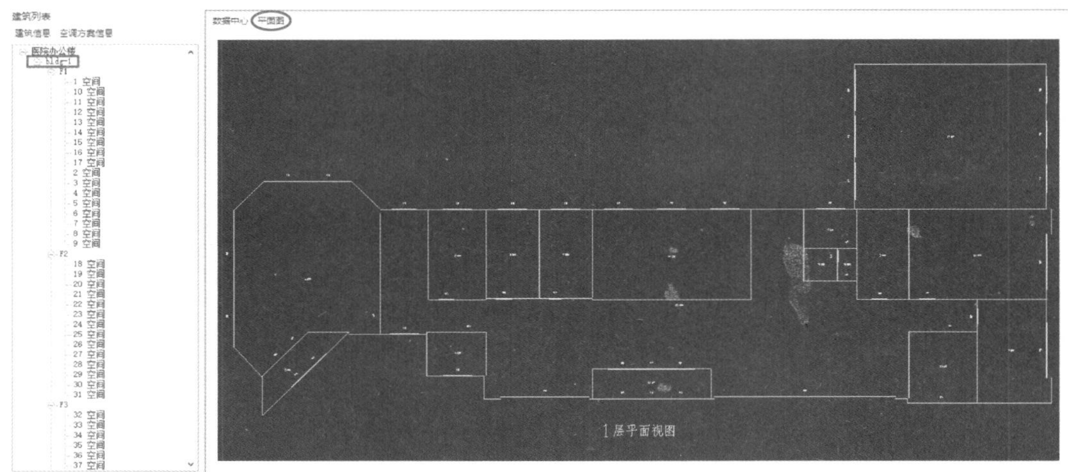

图 3-64 【平面图】布局选项卡显示建筑平面视图

04 在【建筑列表】面板的【空调方案信息】选项卡中，右键单击“默认方案”并执行右键菜单中的【修改】命令，在弹出的【修改空调方案】对话框中将默认方案修改为“中央空调系统”，单击【确定】按钮，如图 3-65 所示。

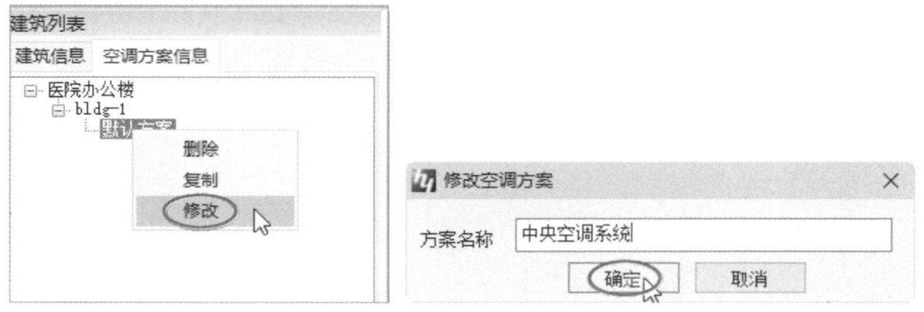

图 3-65 修改默认的空调方案

05 为空调系统依次添加冷源和热源。首先在【负荷能耗分析】选项卡的【冷热源】面板中单击【冷源】|【常规冷源】按钮，在弹出的【常规冷源】对话框中输入【系统名称】为“冷源系统”，单击【确定】按钮完成冷源模拟系统的创建，如图 3-66 所示。

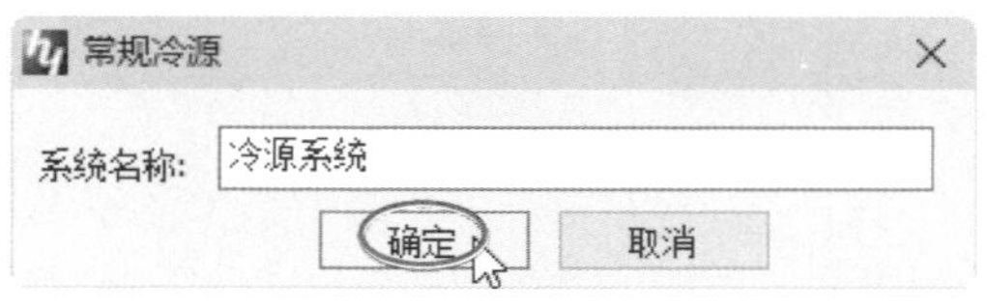

图 3-66 添加冷源系统

06 在创建的冷源系统的【数据中心】布局选项卡的【基本信息】选项卡中，可按客户提供的中央空调系统的相关参数来定义冷源的基本信息。不知参数的情况下，可保留默认设置，如图 3-67 所示。

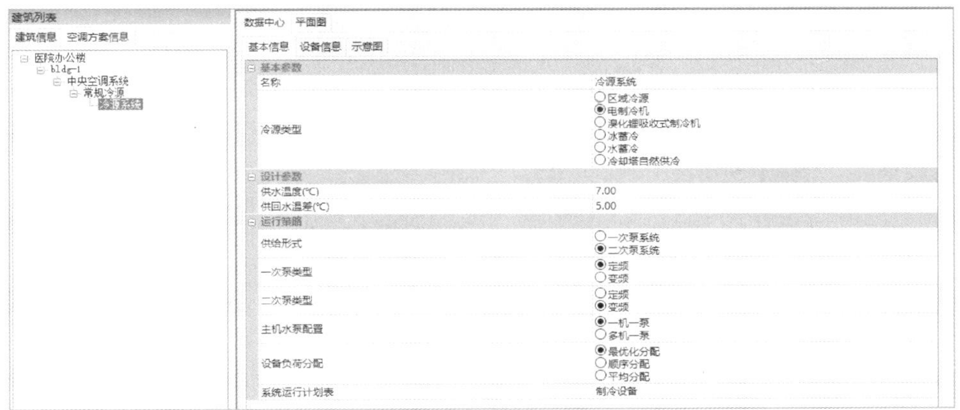

图 3-67　冷源的基本信息

07　【设备信息】选项卡下是冷源设备（电制冷机）的一些基本参数设定，您可以按照客户提供的设备参数进行设置，也可保留默认设置。在一些相关参数中，设置为“自动计算”是根据建筑模型中的空间进行自动计算，这些计算值可为我们购买制冷设备提供参数支持。在【冷却参数】选项组中没有冷却水系统可选，需要创建一个冷却系统，如图 3-68 所示。

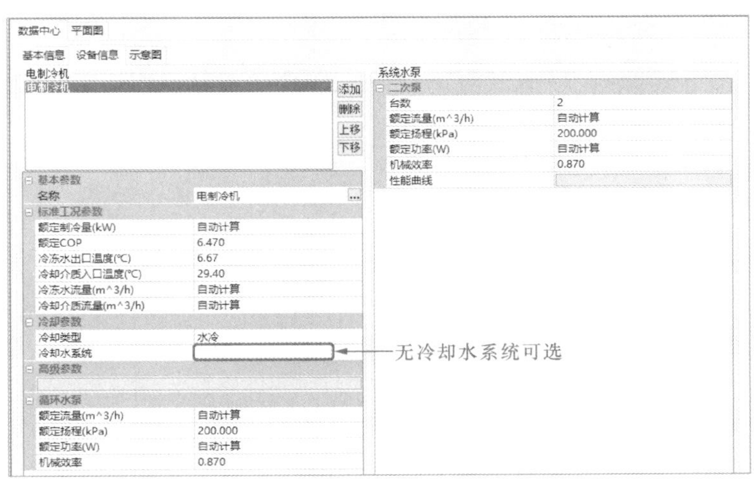

图 3-68　电制冷机的设备信息

08　在【负荷能耗分析】选项卡的【冷热源】面板中单击【冷源】|【冷却系统】按钮，在弹出的【冷却系统】对话框中输入系统名称后单击【确定】按钮，完成冷却水系统的创建，如图 3-69 所示。

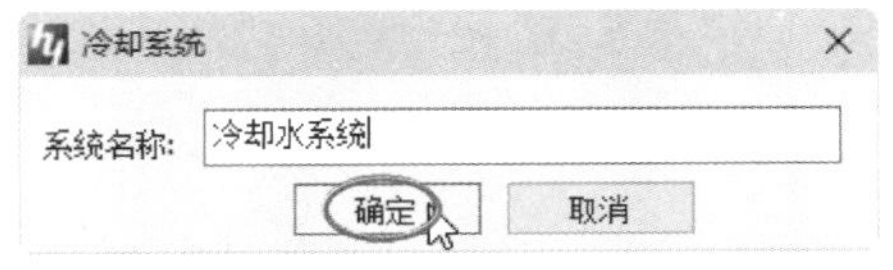

图 3-69　创建冷却水系统

09 此时，在冷源系统的【设备信息】选项卡中可以选择冷却水系统了，如图 3-70 所示。

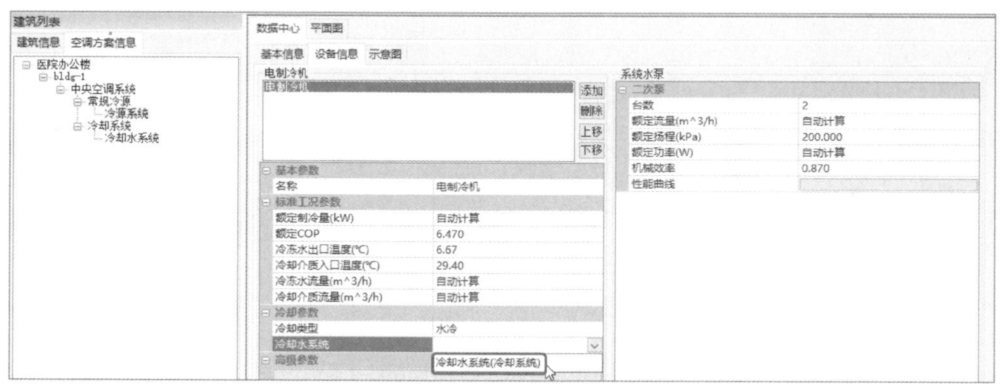

图 3-70 选择冷却水系统

10 在【示意图】选项卡中显示了冷源系统的工作原理图，如图 3-71 所示。

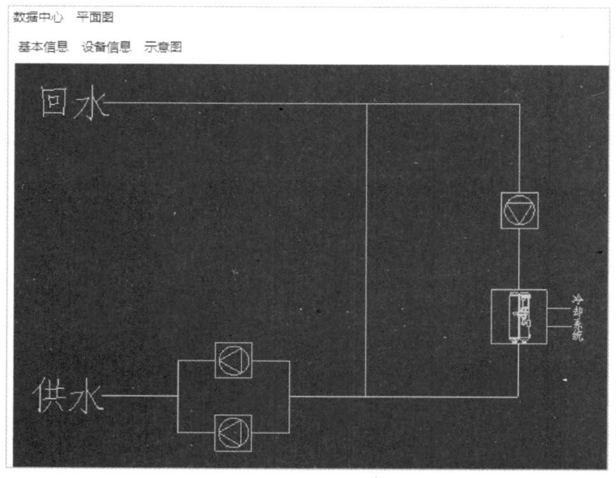

图 3-71 冷源系统的工作原理图

11 添加热源系统。单击【冷热源】面板中的【常规热源】按钮，在打开的【热泵】对话框中输入系统名称，创建热源系统，如图 3-72 所示。

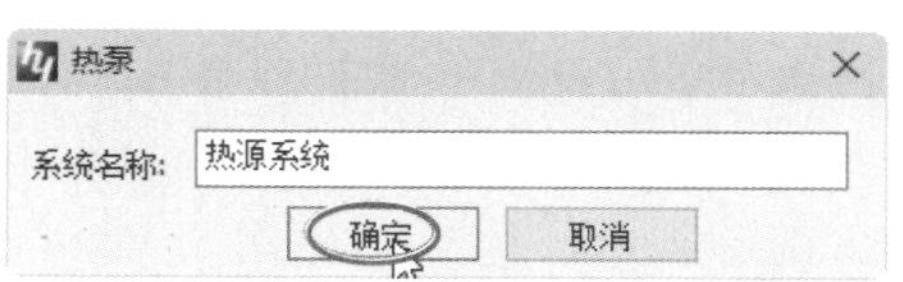

图 3-72 添加热源系统

12 设置热源系统的【基本信息】参数，如图 3-73 所示。

13 添加风机盘管系统（空气调节系统）。单击【空调末端】面板中的【风机盘管】

按钮，在弹出的【风机盘管系统】对话框中输入系统名称，勾选【默认系统】复选框，并单击【房间系统划分】按钮，如图 3-74 所示。

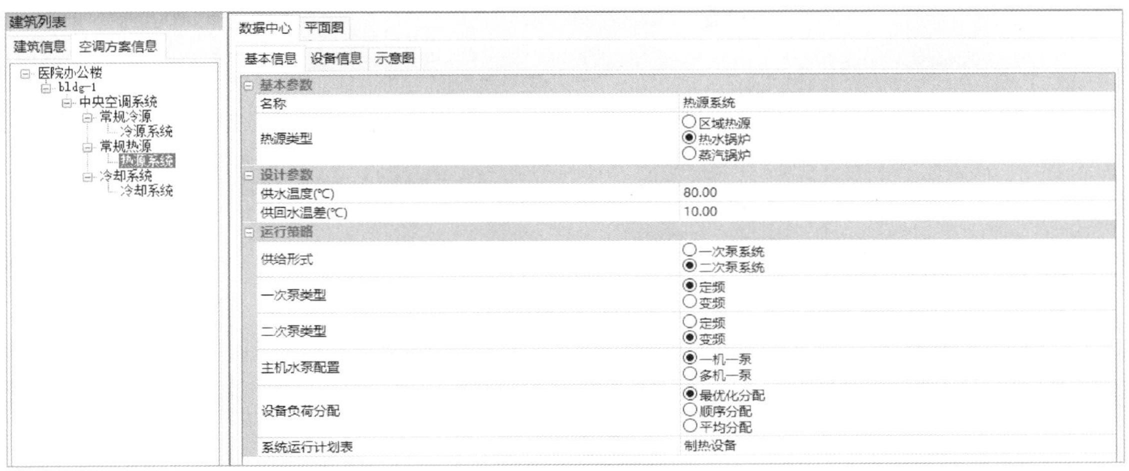

图 3-73　设置热源系统的基本信息

提示　一个完整的中央空调系统包括冷源系统、热源系统和空气调节系统，这里创建的风机盘管系统实际上就是空气调节系统。

14 从打开的【系统划分】对话框中可以看到，默认系统中的房间划分已经将整栋办公楼分为多层，每一层又有多个房间，如图 3-75 所示。通过单击【添加】按钮，可以对建筑中的某一层进行划分。单击【风机盘管系统】对话框中的【确定】按钮，完成风机盘管系统的添加。

图 3-74　创建风机盘管系统

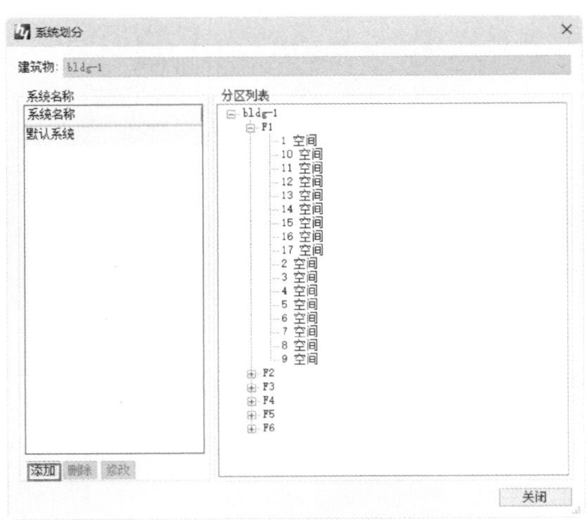

图 3-75　房间系统划分

15 在风机盘管系统的【基本信息】选项卡中选择前面步骤创建的冷源系统和热源系统，如图 3-76 所示。

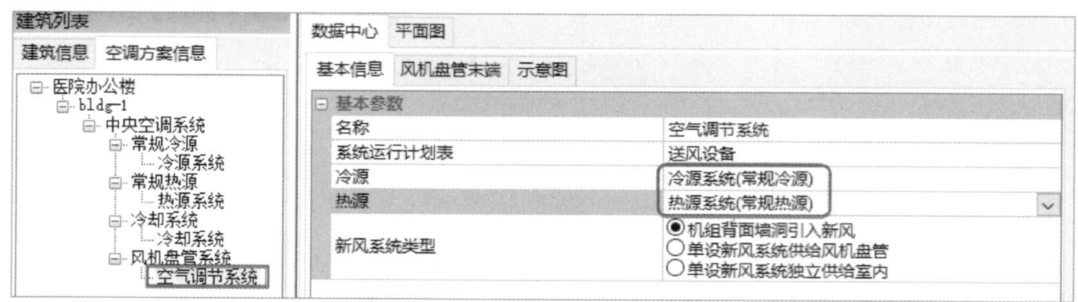

图 3-76　选择冷源和热源

16 在设置【新风系统类型】时，默认选择的是【机组背面墙洞引入新风】类型。一般大型建筑都会设置新风系统，所以需在【空调末端】面板中单击【集中新风】按钮，在打开的【集中新风系统】对话框中创建一个新风系统，如图 3-77 所示。

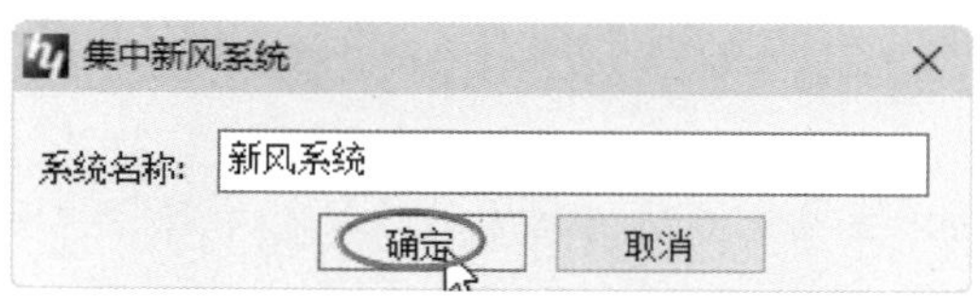

图 3-77　创建新风系统

17 创建新风系统后，在新风系统的【设备列表】选项卡中选择热源设备和冷源设备，如图 3-78 所示。

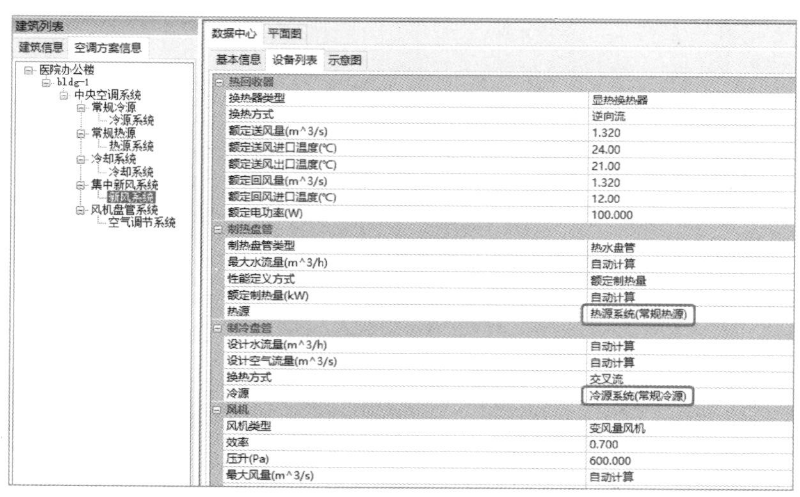

图 3-78　选择新风系统的热源设备和冷源设备

18 在风机盘管系统的【基本信息】选项卡中可设置新风系统类型为【单设新风系统供给风机盘管】或【单设新风系统独立供给室内】，这里设置为常见的【单设新风系统供给风机盘管】类型，如图 3-79 所示。至此，完成了中央空调系统的方案创建。

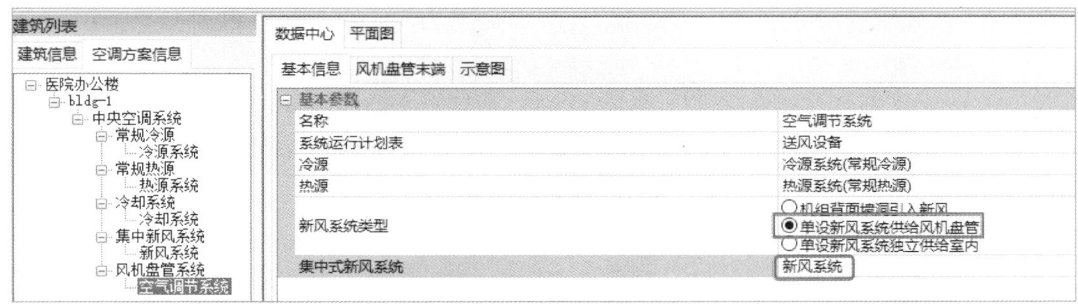

图 3-79 设置新风系统类型

提示	若是南方地区，空调系统方案可为 VRF 多联机空调系统方案（在【空调末端】面板中单击【VRF 多联机】按钮来创建），由室外机和室内机组成。

19 在【建筑列表】面板的【空调方案信息】选项卡中选中【中央空调系统】节点，然后在【数据中心】布局选项卡中勾选【中央空调系统】复选框，单击【计算】按钮，开始执行负荷能耗分析，如图 3-80 所示。

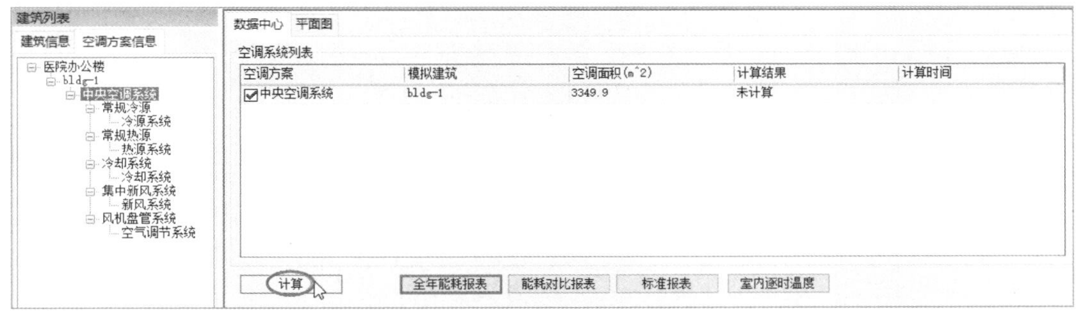

图 3-80 执行负荷能耗分析

20 经过一定时间的计算后，完成能耗模拟分析，如图 3-81 所示。

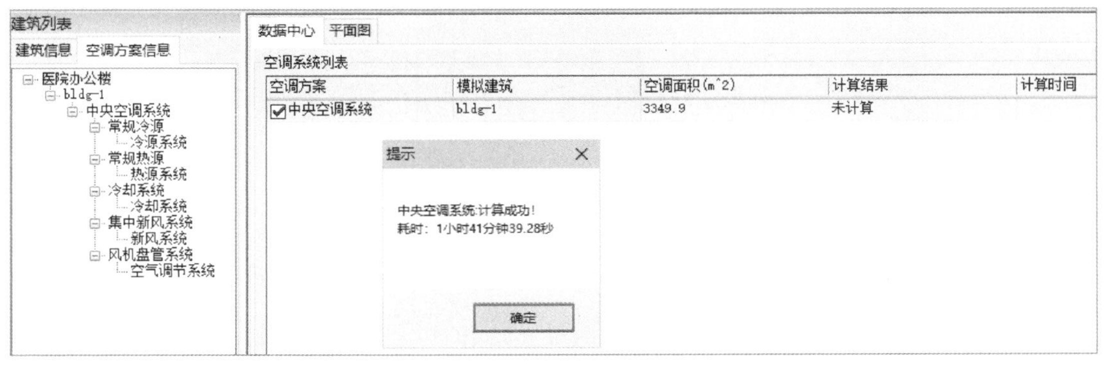

图 3-81 完成能耗模拟

提示

如果要分析的建筑模型中，每一层布局和空间都是相同的，可以只完成一层的能耗分析，以节省分析时间。在【模型编辑】面板中单击【系统划分】按钮，重新打开【系统划分】对话框，单击【添加】按钮，弹出【添加分区系统】对话框。在【选择分区】列表中选择其中一层的分区即可，如图3-82所示。

系统划分
建筑物: bldg-1
系统名称
默认系统
添加分区系统
系统名称: 新中央空调系统
选择分区
确定
取消
添加
删除
修改
关闭
新中央空调系统
分区列表

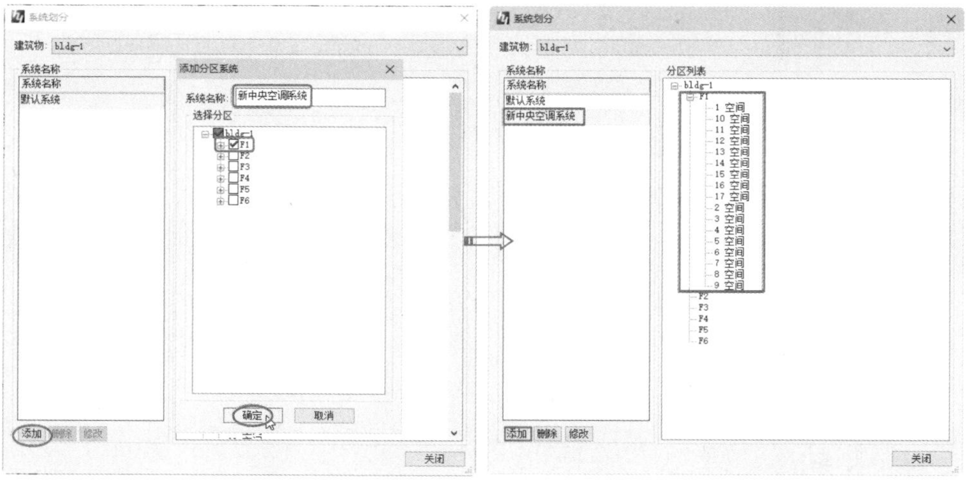

图 3-82 重新划分系统

21 分析完成后，可以查看分析结果。在【数据中心】布局选项卡的底部单击【全年能耗报表】按钮，将会弹出新窗口来显示全年能耗报表的分析数据。通过全年能耗报表，可以了解到电、天然气、逐时电能耗及价格和逐时燃气能耗及价格等能耗分析数据。图3-83为【电】项目的能耗分析数据。

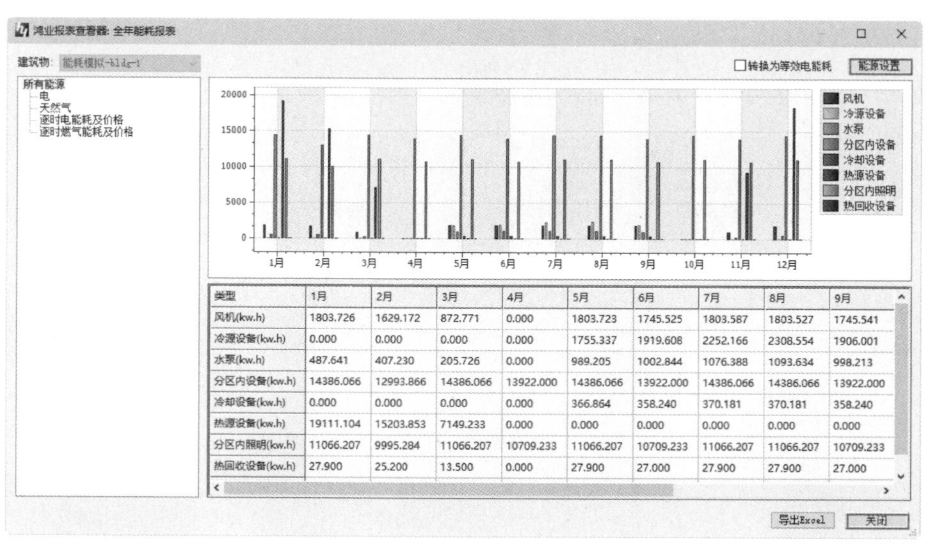

鸿业报表查看器: 全年能耗报表
建筑物: 能耗模拟-bldg-1
转换为等效电能耗
能源设置
所有能源
电
天然气
逐时电能耗及价格
逐时燃气能耗及价格
风机
冷源设备
水泵
分区内设备
冷却设备
热源设备
分区内照明
热回收设备
类型 1月 2月 3月 4月 5月 6月 7月 8月 9月
风机(kw.h) 1803.726 1629.172 872.771 0.000 1803.723 1745.525 1803.587 1803.527 1745.541
冷源设备(kw.h) 0.000 0.000 0.000 0.000 1755.337 1919.608 2252.166 2308.554 1906.001
水泵(kw.h) 487.641 407.230 205.726 0.000 989.205 1002.844 1076.388 1093.634 998.213
分区内设备(kw.h) 14386.066 12993.866 14386.066 13922.000 14386.066 13922.000 14386.066 14386.066 13922.000
冷却设备(kw.h) 0.000 0.000 0.000 0.000 366.864 358.240 370.181 370.181 358.240
热源设备(kw.h) 19111.104 15203.853 7149.233 0.000 0.000 0.000 0.000 0.000 0.000
分区内照明(kw.h) 11066.207 9995.284 11066.207 10709.233 11066.207 10709.233 11066.207 11066.207 10709.233
热回收设备(kw.h) 27.900 25.200 13.500 0.000 27.900 27.000 27.900 27.900 27.000
导出Excel
关闭

图 3-83 全年能耗报表

22 在【所有能源】列表中选中【天然气】项目，右侧窗口中显示了天然气的能耗分析数据，如图 3-84 所示。

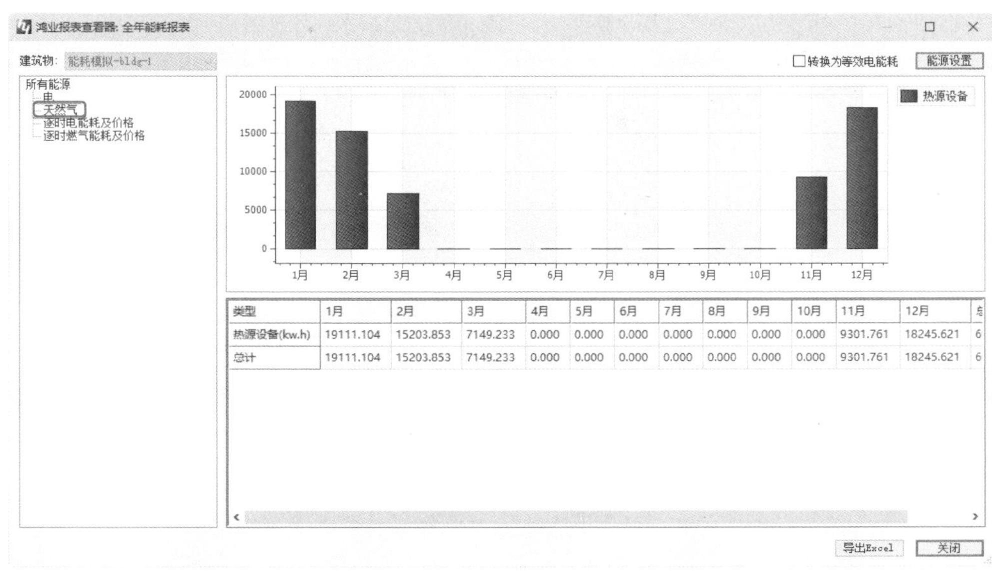

类型	1月	2月	3月	4月	5月	6月	7月	8月	9月	10月	11月	12月
热源设备(kw.h)	19111.104	15203.853	7149.233	0.000	0.000	0.000	0.000	0.000	0.000	0.000	9301.761	18245.621
总计	19111.104	15203.853	7149.233	0.000	0.000	0.000	0.000	0.000	0.000	0.000	9301.761	18245.621

图 3-84 天然气能耗分析数据

23 选中【逐时电能耗及价格】项目，窗口中显示逐时电能耗及价格的能耗分析数据，如图 3-85 所示。

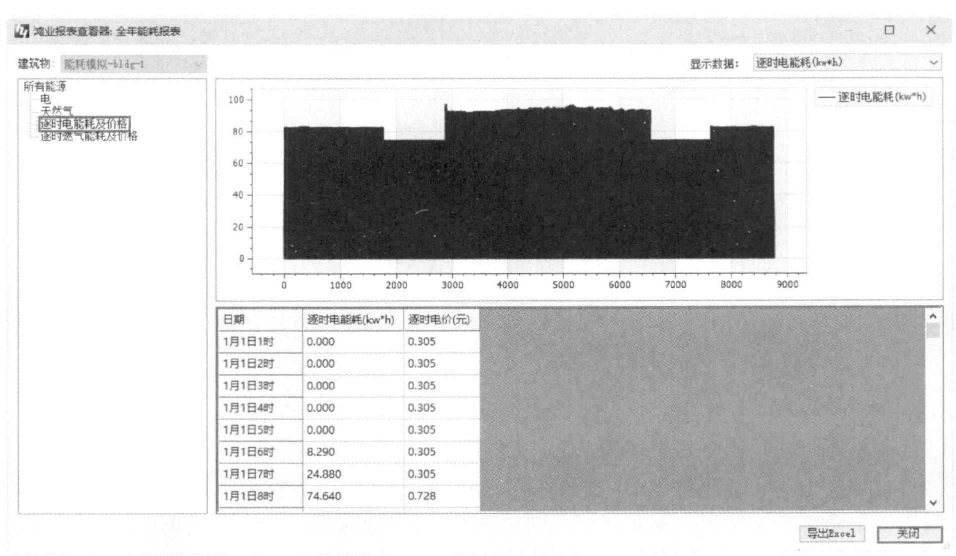

日期	逐时电能耗(kw*h)	逐时电价(元)
1月1日1时	0.000	0.305
1月1日2时	0.000	0.305
1月1日3时	0.000	0.305
1月1日4时	0.000	0.305
1月1日5时	0.000	0.305
1月1日6时	8.290	0.305
1月1日7时	24.880	0.305
1月1日8时	74.640	0.728

图 3-85 逐时电能耗及价格的分析数据

24 选中【逐时燃气能耗及价格】项目，窗口中显示逐时燃气能耗及价格的能耗分析数据，如图 3-86 所示。

25 单击【导出 Excel】按钮，可将全年能耗报表导出为 Excel 文件。打开的 Excel 文件中显示了能耗数据报表，如图 3-87 所示。

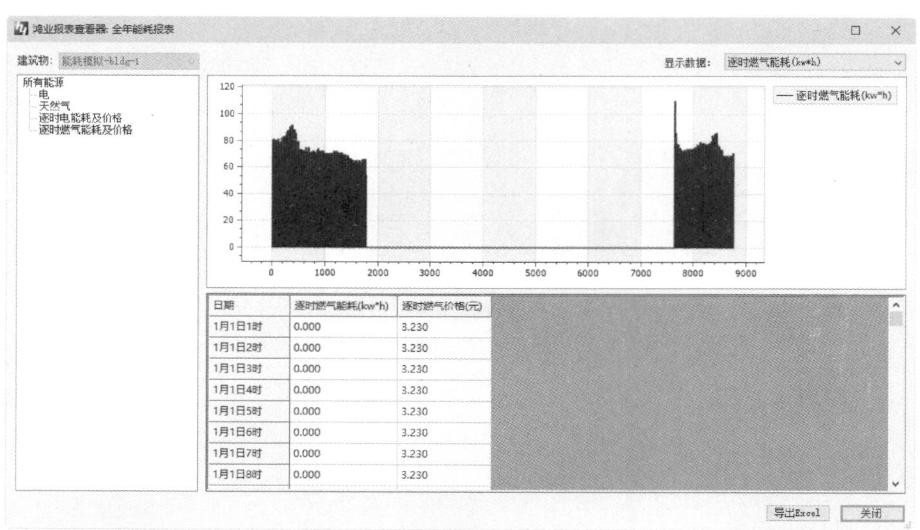

日期	逐时燃气能耗(kw*h)	逐时燃气价格(元)
1月1日1时	0.000	3.230
1月1日2时	0.000	3.230
1月1日3时	0.000	3.230
1月1日4时	0.000	3.230
1月1日5时	0.000	3.230
1月1日6时	0.000	3.230
1月1日7时	0.000	3.230
1月1日8时	0.000	3.230

图 3-86　逐时燃气能耗及价格的能耗分析数据

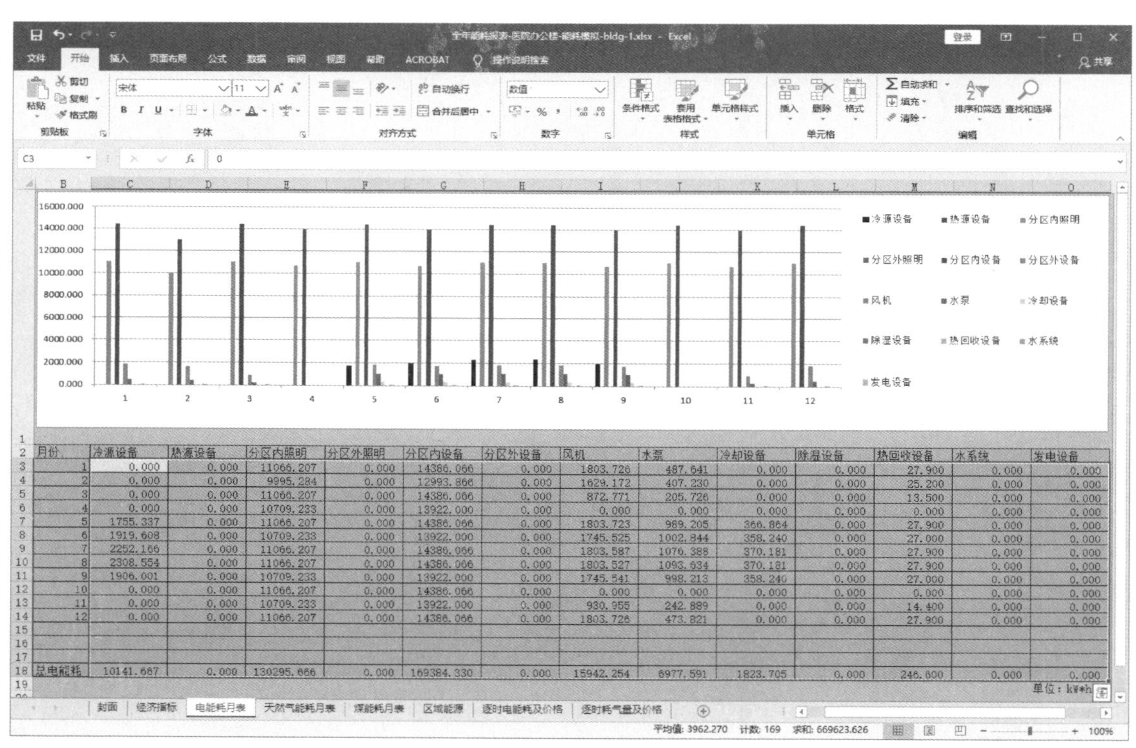

月份	冷源设备	热源设备	分区内照明	分区外照明	分区内设备	分区外设备	风机	水泵	冷却设备	除湿设备	热回收设备	水系统	发电设备
1	0.000	0.000	11066.207	0.000	14386.066	0.000	1803.726	487.641	0.000	0.000	27.900	0.000	0.000
2	0.000	0.000	9995.284	0.000	12993.866	0.000	1629.172	407.230	0.000	0.000	25.200	0.000	0.000
3	0.000	0.000	11066.207	0.000	14386.066	0.000	872.771	205.726	0.000	0.000	13.500	0.000	0.000
4	0.000	0.000	10709.233	0.000	13922.000	0.000	0.000	0.000	0.000	0.000	0.000	0.000	0.000
5	1755.337	0.000	11066.207	0.000	14386.066	0.000	1803.723	989.205	366.864	0.000	27.900	0.000	0.000
6	1919.608	0.000	10709.233	0.000	13922.000	0.000	1745.525	1002.844	358.240	0.000	27.000	0.000	0.000
7	2252.166	0.000	11066.207	0.000	14386.066	0.000	1803.587	1076.388	370.181	0.000	27.900	0.000	0.000
8	2308.554	0.000	11066.207	0.000	14386.066	0.000	1803.527	1093.634	370.181	0.000	27.900	0.000	0.000
9	1906.001	0.000	10709.233	0.000	13922.000	0.000	1745.541	998.213	358.240	0.000	27.000	0.000	0.000
10	0.000	0.000	11066.207	0.000	14386.066	0.000	0.000	0.000	0.000	0.000	0.000	0.000	0.000
11	0.000	0.000	10709.233	0.000	13922.000	0.000	930.955	242.889	0.000	0.000	14.400	0.000	0.000
12	0.000	0.000	11066.207	0.000	14386.066	0.000	1803.726	473.821	0.000	0.000	27.900	0.000	0.000
总电能耗	10141.667	0.000	130295.666	0.000	169384.330	0.000	15942.254	6977.591	1823.705	0.000	246.600	0.000	0.000

单位：kW*h

图 3-87　Excel 数据报表

26 同样的方法，可以再查看能耗对比报表、标准报表及室内逐时温度等。最后单击【保存】按钮，保存能耗模拟分析结果。

第4章

MEP 族的创建与应用

本章导读

Revit 中的所有图元都是基于族的。无论是建筑设计、结构设计，还是 MEP 系统设备设计，都只不过是将各类族插入到 Revit 环境中进行布局、放置、属性修改后得到的设计效果。“族”不仅仅是一个模型，族中还包含了参数集和相关的图形表示的图元组合。

案例展现

案 例 图	描　述	案 例 图	描　述
	【融合】命令用于对两个平行平面上的形状（此形状也是端面）进行融合建模		【放样融合】命令用于创建具有两个不同轮廓截面的融合模型，可以创建沿指定路径进行放样的放样融合
i=3%	二维族包括注释类型族、标题栏族、轮廓族、详图构件族等，不同类型的族由不同的族样板文件来创建		三维阀门族的创建流程包括确立参照平面和参照标高的关系、创建拉伸和旋转模型、定义尺寸和实例参数

案 例 图	描　述
	通过云族 360 客户端可以进行族的查询、收藏、下载、布置，登录用户还可进行族的上传和自动同步。客户端提供了丰富的族的相关工具，方便用户对族的应用与处理。 云族 360 客户端中可供用户选择的库包括本地库和云族 360 构件库。用户从云族 360 构件库中选择需要的族后，单击鼠标右键进行加载，加载成功后族模型将自动保存在本地库的相应分类中

4.1 族概念

族是一个包含通用属性（称作参数）集和相关图形表示的图元组。属于一个族的不同图元的部分或全部参数可能有不同的值，但是参数的集合却是相同的。族中的这些变体称作“族类型”或“类型”。

例如，门类型所包括的族及族类型可以用来创建不同的门（防盗门、推拉门、玻璃门、防火门等），尽管它们具有不同的用途及材质，但在 Revit 中的使用方法却是一致的。

4.1.1 族的种类

Revit 2020 中的族有三种形式，分别为系统族、可载入族（标准构件族）和内建族。

1. 系统族

系统族已在 Revit 中预定义且保存在样板和项目中，用于创建项目的基本图元，如墙、楼板、顶棚、楼梯以及其他要在施工场地装配的图元等，如图 4-1 所示。

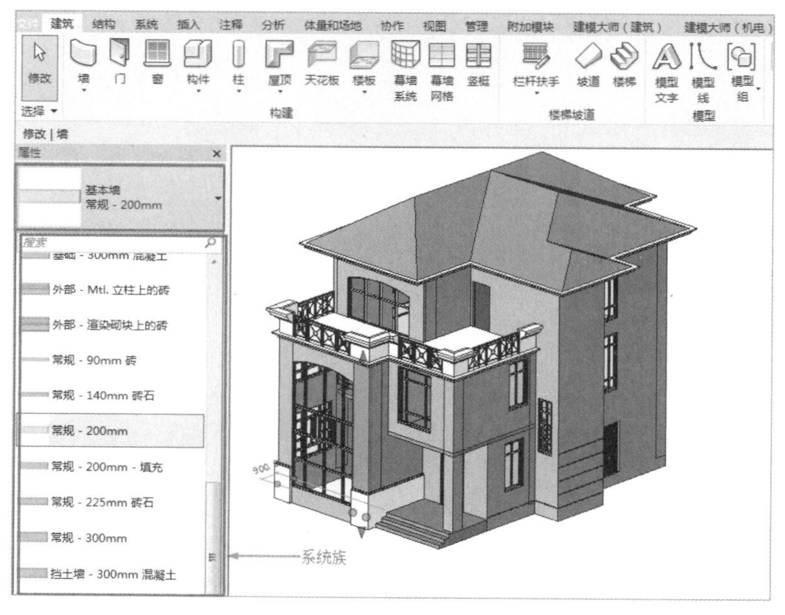

图 4-1　创建系统族

系统族还包含项目和系统设置，这些设置会影响项目环境，如标高、轴网、图纸和视图等。Revit 不允许用户创建、复制、修改或删除系统族，但可以复制和修改系统族中的类型，以便创建自定义系统族类型。

相比 SketchUP 软件，Revit 建模极其方便，因为它包含了一类构件必要的信息。由于系统族是预定义的，因此是 3 种族中自定义内容最少的，但与其他标准构件族和内建族相比，系统族却包含更多的智能行为。例如，用户在项目中创建的墙会自动调整大小来容纳放置在其中的窗和门，在放置窗和门之前，不用为它们在墙上剪切洞口。

2. 可载入族

可载入族为用户自行定义创建的独立保存为 .rfa 格式的族文件。例如，当需要为场地插入园林景观树族时，默认系统族能提供的类型比较少，需要通过单击【载入族】按钮，到 Revit 自带的族库中载入可用的植物族，如图 4-2、图 4-3 所示。

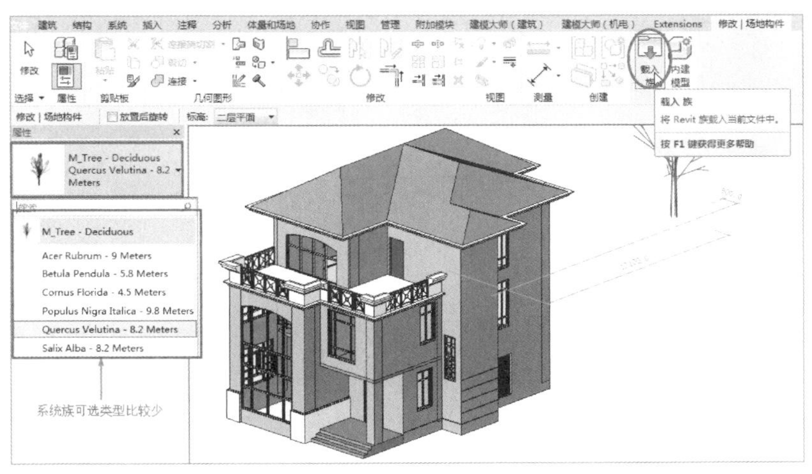

图 4-2 可载入族

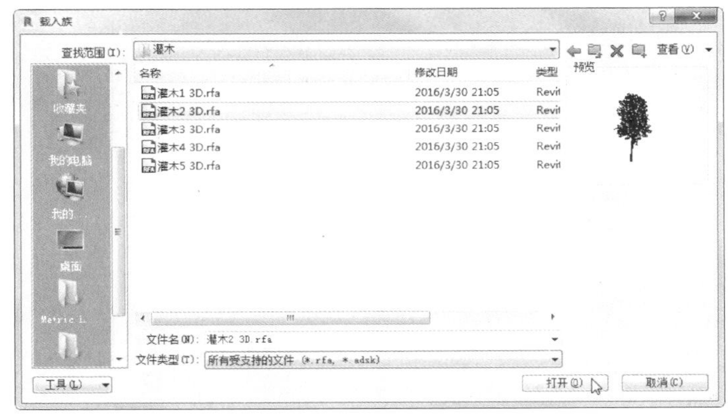

图 4-3 载入植物族

由于可载入族高度灵活的自定义特性，是在使用 Revit 进行设计时最常创建和修改的族。Revit 提供了族编辑器，允许用户自定义任何类别、任何形式的可载入族。

可载入族分为 3 种类别，分别为体量族、模型类别族和注释类别族。

- 体量族用于建筑概念设计阶段。
- 模型类别族用于生成项目的模型图元、详图构件等。
- 注释族用于提取模型图元的参数信息，例如在综合楼项目中使用“门标记”族提取门“族类型”参数。

Revit 的模型类别族分为独立个体和基于主体的族。独立个体族是指不依赖于任何主体的构件，例如家具、结构柱等。

基于主体的族是指不能独立存在而必须依赖于主体的构件，例如门、窗等图元必须以墙体为主体而存在。基于主体的族可以依附的主体有墙、顶棚、楼板、屋顶、线、面，Revit 分别提供了基于这些主体图元的族样板文件。

3. 内建族

内建族是用户需要创建当前项目专有的独特构件时所创建的独特图元。创建内建族，以便它可参照其他项目的几何图形，使其在所参照的几何图形发生变化时进行相应大小的调整和其他调整。内建族的示例包括以下几方面。

- 斜面墙或锥形墙。
- 特殊或不常见的几何图形，例如非标准屋顶。
- 不打算重用的自定义构件。
- 必须参照项目中的其他几何图形的几何图形。
- 不需要多个族类型的族。

内建族的创建方法与可载入族类似。内建族与系统族一样，既不能从外部文件载入，也不能保存到外部文件中。内建族是在当前项目环境中创建的，并不打算在其他项目中使用的族。它们可以是二维或三维对象，通过选择在其中创建内建族的类别，可以将它们包含在明细表中，图 4-4 为内建的咨询台族。内建族必须通过参照项目中其他几何图形进行创建。

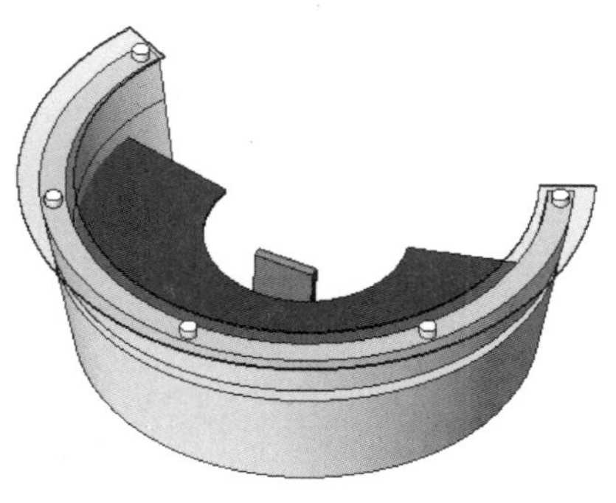

图 4-4　内键族-咨询台

4.1.2 族样板

要创建族，就必须要选择合适的族样板。Revit 附带大量的族样板，新建族时，从选择族样板开始。根据用户选择的样板，新族有特定的默认内容，如参照平面和子类别。Revit 因模型族样板、注释族样板和标题栏样板的不同而不同。

当我们需要创建自定义的可载入族时，可以在 Revit 欢迎界面的【族】选项组中单击【新建】按钮，打开【新族-选择样板文件】对话框。从系统默认的族样板文件存储路径下找到族样板文件，单击【打开】按钮即可，如图 4-5 所示。

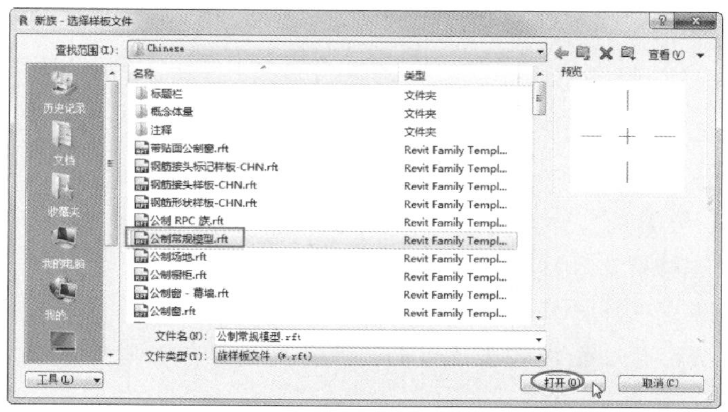

图 4-5　选择族样板文件

如果已经进入了建筑设计环境，则在菜单栏执行【文件】|【新建】|【族】命令，同样可以打开【新族-选择样板文件】对话框。

温馨提示	默认安装 Revit 2020 后，族样板文件和建筑样板文件都是缺少的，需要官方提供的样板文件库。我们将在本章的源文件夹中提供相关的族样板和建筑样板，具体使用方法请参见附赠的 txt 文档。

4.1.3　族的创建与编辑环境

不同类型的族有不一样的族设计环境（也叫“族编辑器”模式）。族编辑器是 Revit 中的一种图形编辑模式，使用户能够创建和修改在项目中使用的族。族编辑器与 Revit 建筑项目环境的外观相似，不同的是应用工具。

在【新族-选择样板文件】对话框选择一种族样板后（选择“公制橱柜.rft”），单击【打开】按钮，进入族编辑器模式中。默认显示的是“参照标高”楼层平面视图，如图 4-6 所示。

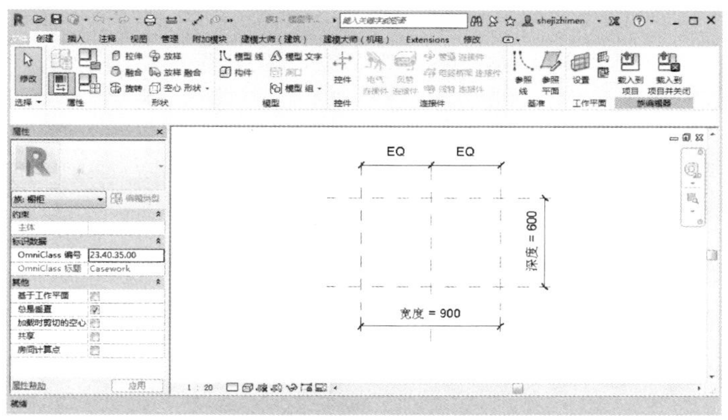

图 4-6　族编辑器模式下的楼层平面视图

若是编辑可载入族或者自定义的族，我们可以在欢迎界面的【族】选项组中单击【打开】按钮，从【打开】对话框中选择一种族类型（建筑|橱柜|家用厨房|底柜 - 4 个抽屉），打开即可进入族编辑器模式。默认显示的是族三维视图，如图 4-7 所示。

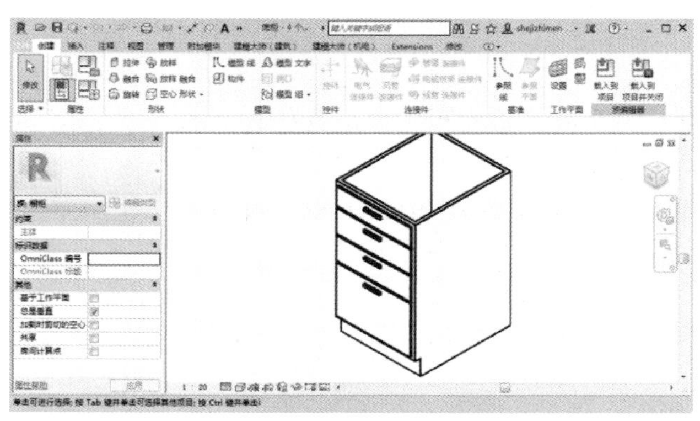

图 4-7　族编辑器模式下的三维视图

从族的几何体定义来划分，Revit 族又包括二维族和三维族。二维族和三维族同属模型类别族。二维模型族可以单独使用，也可以作为嵌套族载入到三维模型族中使用。

二维模型族包括注释类型族、标题栏族、轮廓族、详图构件族等，不同类型的族由不同的族样板文件来创建。注释族和标题栏族是在平面视图中创建的，主要用作辅助建模、平面图例和注释图元。轮廓族和详图构件族仅仅在【楼层平面】|【标高 1】或【标高 2】视图的工作平面上创建。本章重点介绍三维模型族的创建与编辑。

4.2 MEP 族模型创建工具

模型工具的作用是创建模型族，下面我们介绍常见的模型族的制作方法。

创建模型族的工具主要有两种，一种是基于二维截面轮廓进行扫掠得到的模型，称为实心模型；另一种是基于已建立模型的切剪而得到的模型，称为空心形状。

创建实心模型的工具包括拉伸、融合、旋转、放样、放样融合等。创建空心模型的工具包括空心拉伸、空心融合、空心旋转、空心放样、空心放样融合等，如图 4-8 所示。

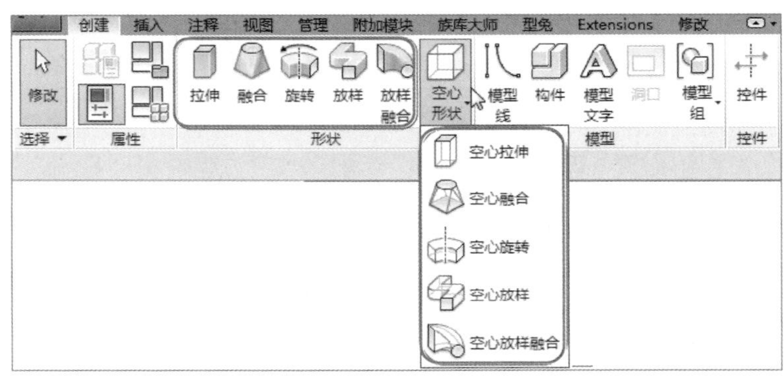

图 4-8　创建实心模型和空心形状的工具

要创建模型族，须在欢迎界面的【族】选项区中单击【新建】按钮，打开【新族-选择样板文件】对话框，选择一个模型族样板文件，然后进入族编辑器模式中。

1. 拉伸模型

【拉伸】工具是通过绘制一个封闭截面沿垂直于截面工作平面的方向进行拉伸，精确控制拉伸深度后得到拉伸模型。

在【创建】选项卡的【形状】面板中单击【拉伸】按钮，将切换到【修改 | 创建拉伸】上下文选项卡，如图 4-9 所示。

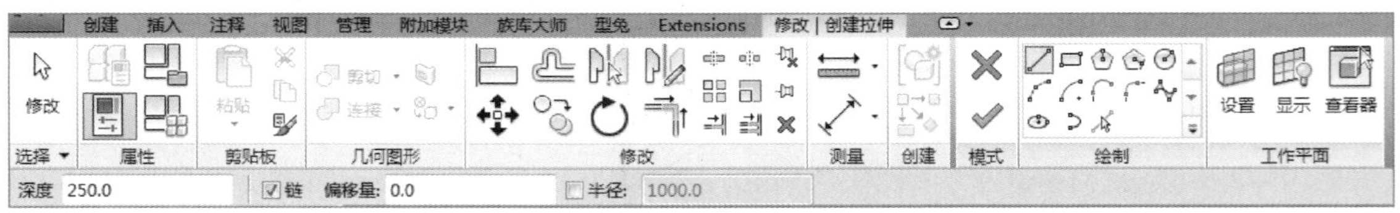

图 4-9　【修改 | 创建拉伸】上下文选项卡

上机操作　创建拉伸

01　启动 Revit，在欢迎界面中单击【新建】按钮，弹出【新族-选择族样板】对话框。选择“公制常规模型 .rft”作为族样板，单击【打开】按钮进入族编辑器模式。

02　在【创建】选项卡的【形状】面板中单击【拉伸】按钮，自动切换至【修改 | 创建拉伸】上下文选项卡。

03　利用【绘制】面板中的【内接多边形】工具绘制图 4-10 所示的正六边形形状。

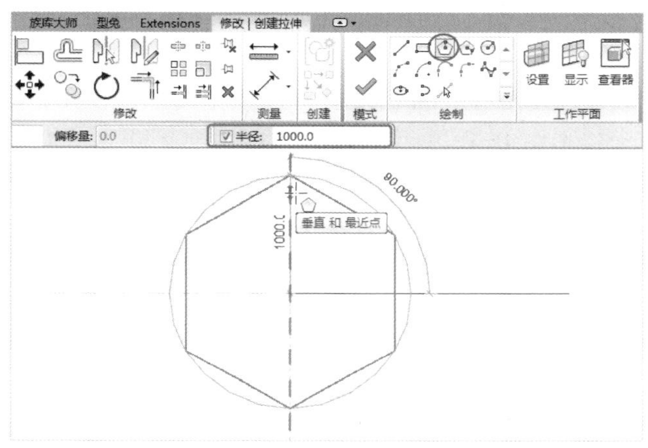

图 4-10　绘制正六边形形状

04　在选项栏设置深度值为 500mm，单击【模式】面板中的【完成编辑模式】按钮，得到的结果如图 4-11 所示。

05　在项目浏览器中切换三维视图显示三维模型，如图 4-12 所示。

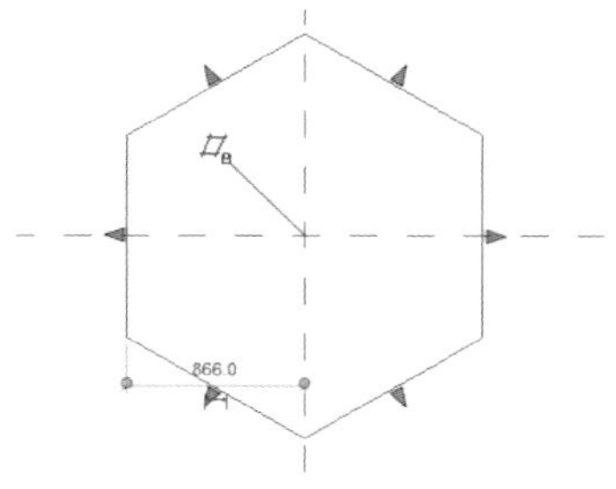

图 4-11　绘制完成的图形

图 4-12　三维模型

2. 融合建模

【融合】命令用于对两个平行平面上的形状（此形状也是端面）进行融合建模，图 4-13 为常见的融合建模的模型。

融合跟拉伸的区别是，拉伸的端面是相同的，而且不会扭转，融合的端面则可以是不同的。因此，我们要创建融合就要绘制两个截面图形。

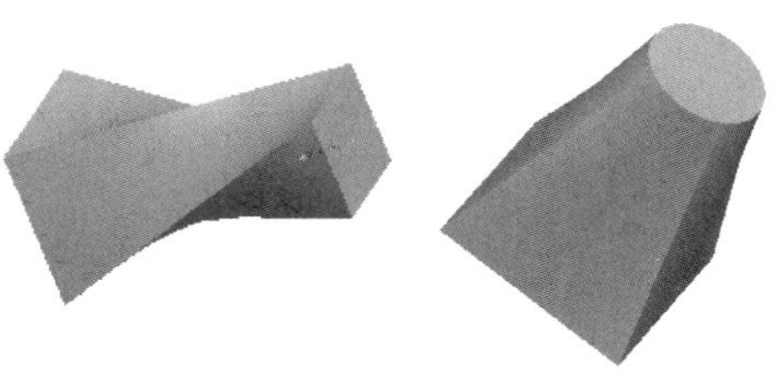

图 4-13　融合建模的模型

上机操作 创建融合模型

01 启动 Revit，在欢迎界面中单击【新建】按钮，弹出【新族-选择族样板】对话框。选择“公制常规模型.rft”作为族样板，单击【打开】按钮进入族编辑器模式。

02 在【创建】选项卡的【形状】面板中单击【融合】按钮，自动切换至【修改 | 创建融合底部边界】上下文选项卡。

03 利用【绘制】面板中的【矩形】工具绘制图 4-14 所示的形状。

04 在【模式】面板中单击【编辑顶部】按钮，切换到绘制顶部的平面上，再利用【圆形】工具绘制图 4-15 所示的圆。

05 在选项栏上设置深度为 600mm，最后单击【完成编辑模式】按钮，完成融合模型的创建，如图 4-16 所示。

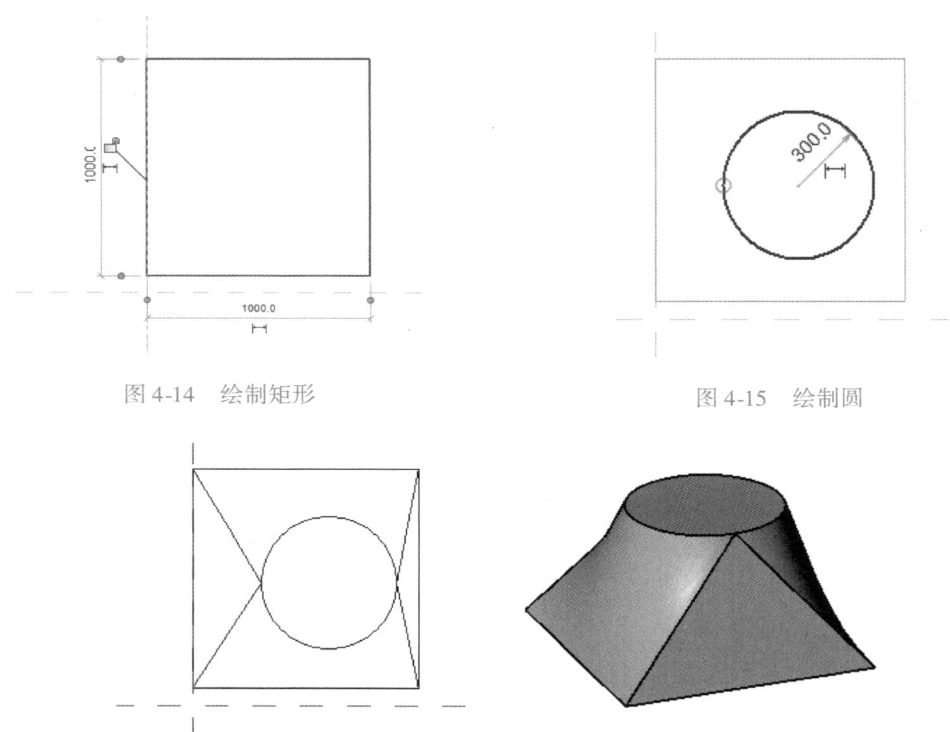

图 4-14　绘制矩形

图 4-15　绘制圆

图 4-16　创建融合模型

06 从结果可以看出，矩形的 4 个角点两两与圆上两点融合，没有得到扭曲的效果，需要重新编辑一下圆形截面。默认的圆上有两个断点，接下来需要再添加两个新点与矩形一一对应。

07 双击融合模型，切换到【修改 | 创建融合底部边界】上下文选项卡。单击【编辑顶部】按钮，切换到顶部平面。单击【修改】面板上的【拆分图元】按钮，然后在圆上放置 4 个拆分点，即可将圆拆分成 4 部分，如图 4-17 所示。

08 单击【完成编辑模式】按钮，完成融合模型的创建，如图 4-18 所示。

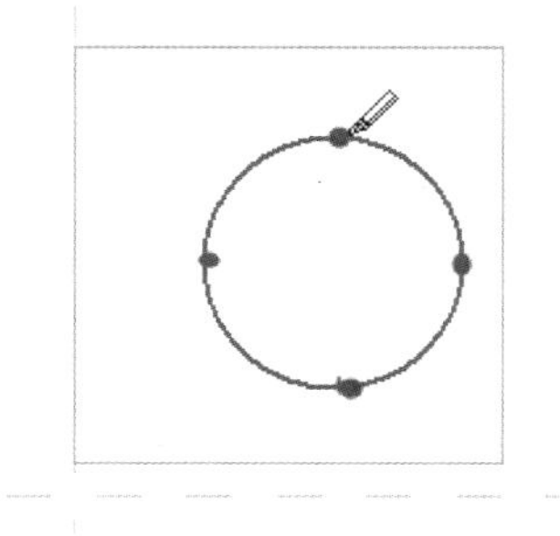

图 4-17　拆分圆

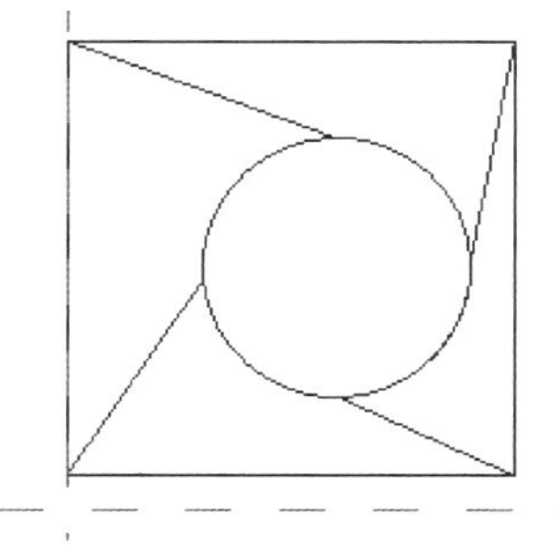

图 4-18　编辑后的模型

3. 旋转模型

【旋转】命令可用来创建由一根旋转轴旋转截面图形而得到的几何图形。截面图形必须是封闭的，而且必须绘制旋转轴。

上机操作 创建旋转模型

01 启动 Revit，在欢迎界面中单击【新建】按钮，弹出【新族-选择族样板】对话框。选择“公制常规模型.rft”族样板，单击【打开】按钮进入族编辑器模式。

02 在【创建】选项卡的【基准】面板中单击【参照平面】按钮，创建新的参照平面，如图 4-19 所示。

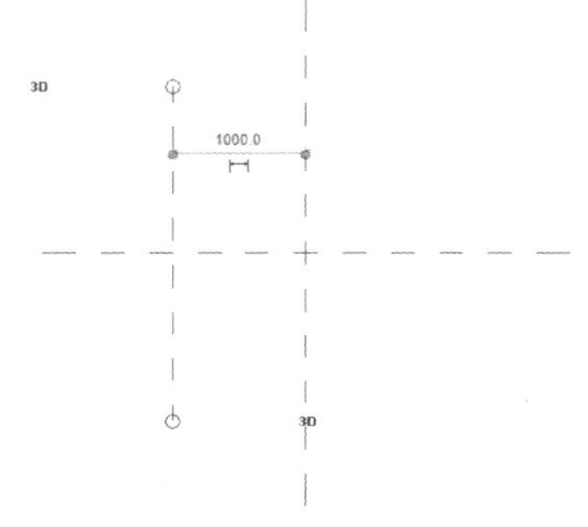

图 4-19　创建参照平面

03 在【创建】选项卡的【形状】面板中单击【旋转】按钮，自动切换至【修改 | 创建旋转】上下文选项卡。

04 利用【绘制】面板中的【圆】工具绘制图 4-20 所示的形状。再利用【绘制】面板上的【轴线】工具，绘制旋转轴，如图 4-21 所示。

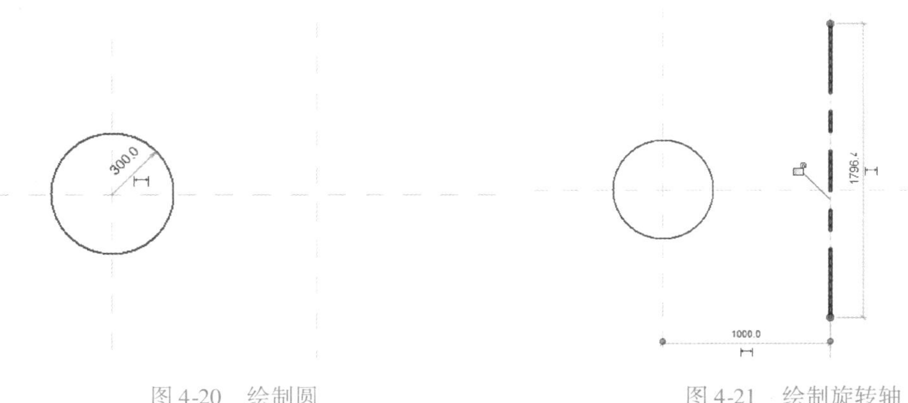

图 4-20　绘制圆　　图 4-21　绘制旋转轴

05 单击【完成编辑模式】按钮，完成旋转模型的创建，如图 4-22 所示。

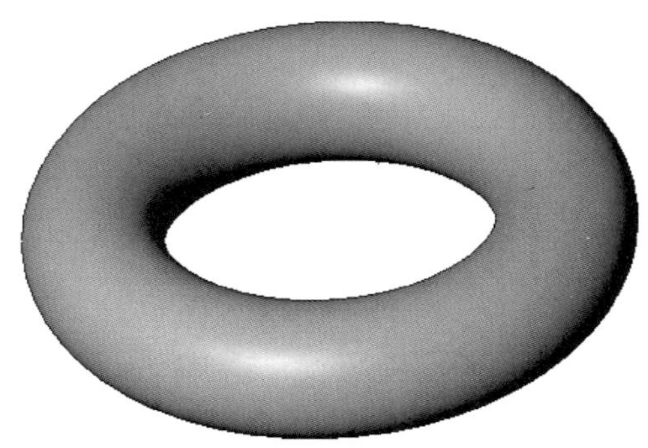

图 4-22　创建旋转模型

4. 放样模型

【放样】命令用于创建需要绘制或应用轮廓，并沿路径拉伸此轮廓的族的一种建模方式。要创建放样模型，就要绘制路径和轮廓。路径可以是不封闭的，但轮廓必须是封闭的。

上机操作　创建放样模型

01 启动 Revit，在欢迎界面中单击【新建】按钮，弹出【新族-选择族样板】对话框。选择“公制常规模型.rft”作为族样板，单击【打开】按钮进入族编辑器模式。

02 在【创建】选项卡的【形状】面板中单击【放样】按钮，自动切换至【修改 | 放样】上下文选项卡。

03 单击【放样】面板中的【绘制路径】按钮，绘制图 4-23 所示的路径。然后单击【完成编辑模式】按钮，退出路径编辑模式。

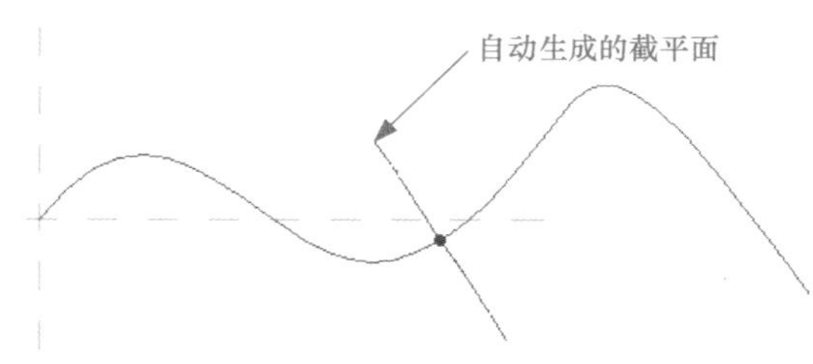

图 4-23　绘制路径

04 单击【编辑轮廓】按钮，在弹出的【转到视图】对话框中选择“立面：前”视图选项来绘制截面轮廓，如图 4-24 所示。

05 利用绘制工具绘制截面轮廓，如图 4-25 所示。

技术要点	这里选择视图是用来观察绘制截面的情况，用户也可以不选择平面视图来观察。关闭【转到视图】对话框，可以在项目浏览器中选择三维视图来绘制截面轮廓，如图 4-26 所示。

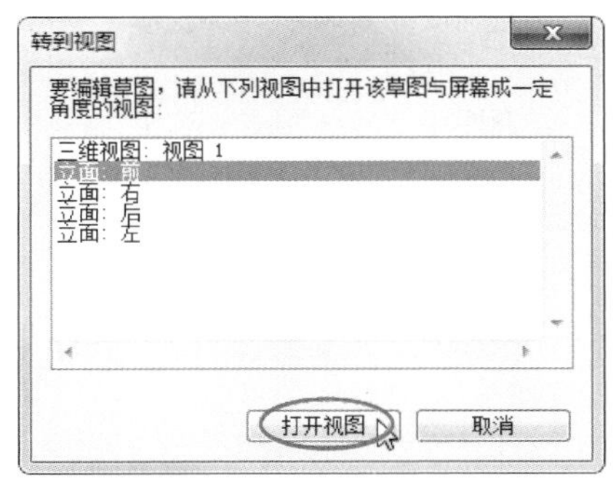

图 4-24　选择“立面：前”视图选项

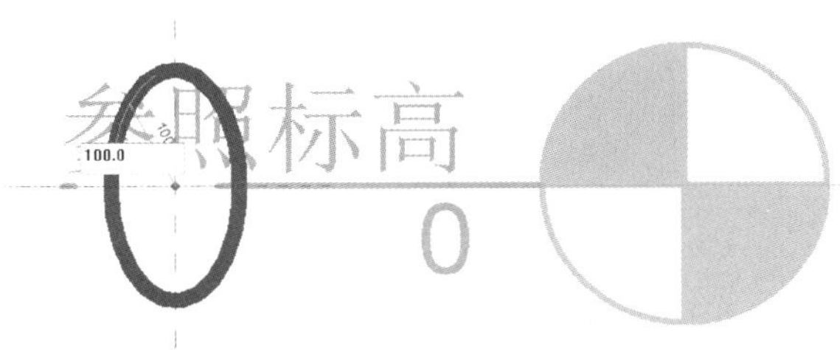

图 4-25　绘制截面轮廓

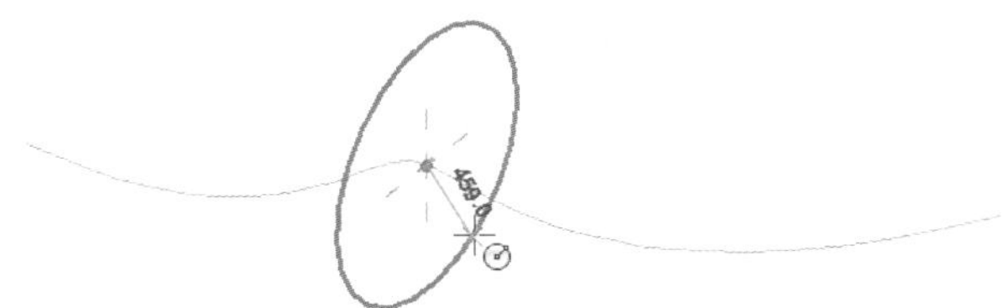

图 4-26　在三维视图中绘制

06 退出编辑模式，完成放样模型的创建，如图 4-27 所示。

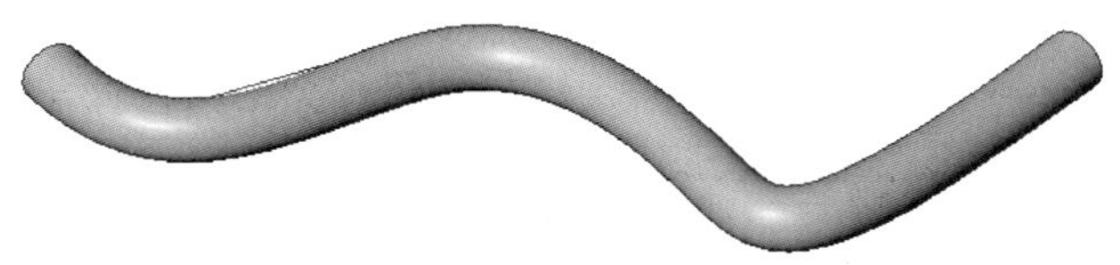

图 4-27　放样模型

5. 放样融合模型

使用【放样融合】命令，可以创建具有两个不同轮廓截面的融合模型，也可以创建沿指定路径进行放样的放样模型。【放样融合】命令实际上兼备了【放样】命令和【融合】命令的特性。

上机操作　创建放样融合模型

01 启动 Revit，在欢迎界面中单击【新建】按钮，弹出【新族-选择族样板】对话框。选择“公制常规模型.rft”作为族样板，单击【打开】按钮进入族编辑器模式。

02 在【创建】选项卡的【形状】面板中单击【放样融合】按钮，自动切换至【修改 | 放样融合】上下文选项卡。

03 单击【放样融合】面板中的【绘制路径】按钮，绘制图 4-28 所示的路径，然后单击【完成编辑模式】按钮退出路径编辑模式。

04 单击【选择轮廓 1】按钮，再单击【编辑轮廓】按钮，在弹出的

【转到视图】对话框中选择“立面：前”视图选项，绘制截面轮廓，如图 4-29 所示。

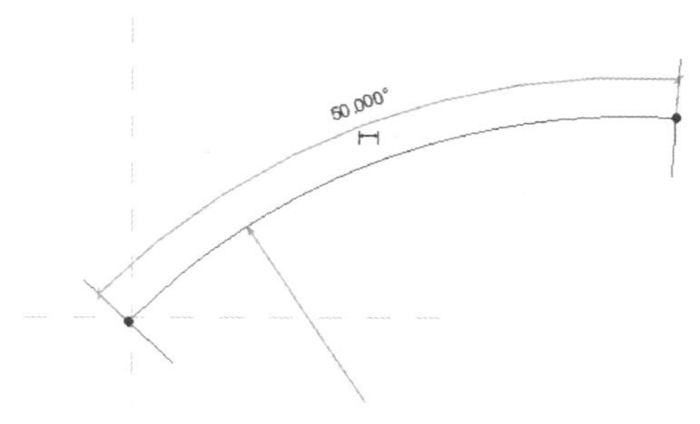

图 4-28　绘制路径

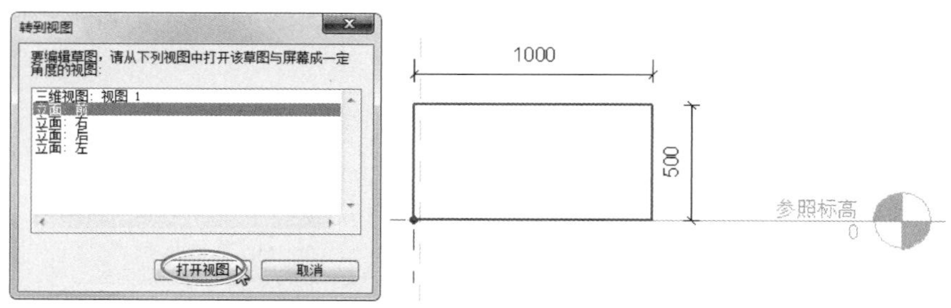

图 4-29　选择“立面：前”视图选项并绘制截面轮廓

05 单击【选择轮廓 2】按钮，切换到轮廓 2 的平面上，再单击【编辑轮廓】按钮，绘制轮廓 2，如图 4-30 所示。

06 利用【拆分图元】工具，将圆拆分成 4 段。

07 单击【修改 | 放样融合】上下文选项卡的【完成编辑模式】按钮，完成放样融合模型的创建，如图 4-31 所示。

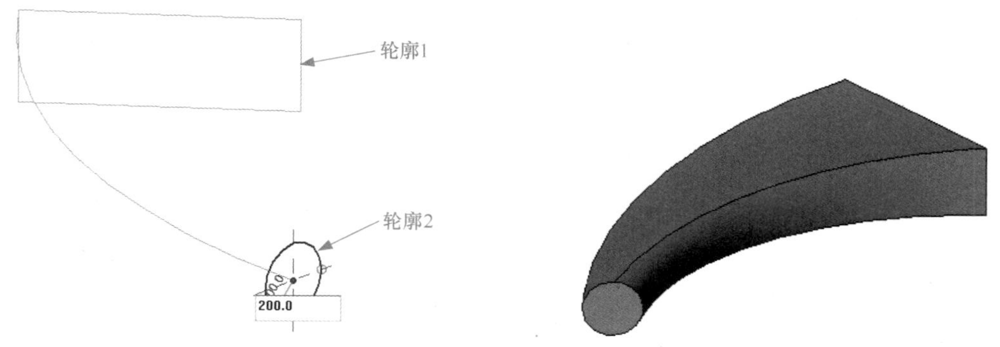

图 4-30　绘制轮廓 2　　　　图 4-31　创建完成的放样融合模型

6. 空心形状建模

空心形状是在现有模型的基础上进行切剪操作，有时也会将实心模型转换成空心形状使用。实心模型的创建是增材操作，空心形状则是减材料操作，也是布尔差集运算的一种。

空心形状的操作与实心模型的操作是完全相同的，这里就不再赘述了。空心形状建模工具如图 4-32 所示。

如果要将实心模型转换成空心形状，则选中实心模型后在【属性】面板中选择【空心】选项，如图 4-33 所示。

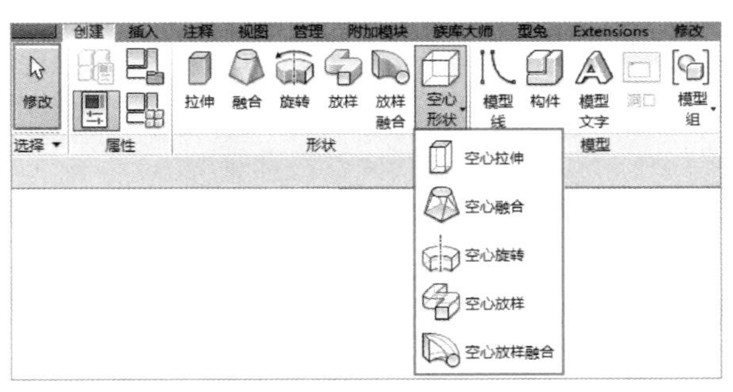

图 4-32　空心形状建模工具

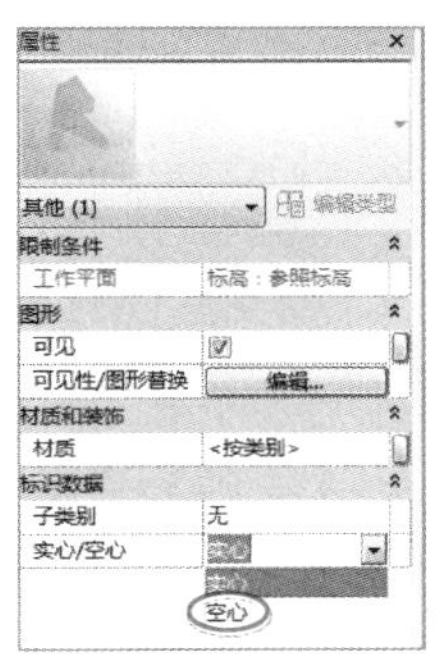

图 4-33　转换实心模型为空心

4.3 创建 MEP 族

创建 MEP 族时，要了解清楚族类别及选择何种族样板来创建族。因为 Revit 族是按族类别进行分类的，族类别不可随意选择，Revit 的所有对象都有特定的工程属性，明细表的统计也是按类别进行的，如果族类别选错了，将意味着这个族的工程属性就是错误的，那么这个族可能就无法与 MEP 的相关设备、管线等连接，明细表统计也将是错误的。

4.3.1 MEP 族类别及族样板的选择

族类别是软件固定的，用户只能按实际需要选择，不同的族类别具有不同的族参数。Revit 系统族库中自带一些典型的族样板，这些样板预设了族类别。在创建自定义的 MEP 族时，首先要考虑 MEP 族是什么族类别，有了这个前提就知道应该选择什么族样板了。表 4-1 是 MEP 三维族类别的分类表以及创建该族建议选用的族样板文件。

表 4-1　MEP 族类别

专　业	族 类 别	族 样 板	说　明
通用管道	管件	公制常规模型 .rft	包括给水、排水和暖通空调水
	管道附件	公制常规模型 .rft	
通用设备	机械设备	公制机械设备 .rft	锅炉、冷却塔、泵等
给排水	卫浴装置	公制卫浴装置 .rft 基于墙的公制卫浴装置 .rft	
	喷头	公制常规模型 .rft	
	火警设备	公制火警设备 .rft 公制火警设备主体 .rft	

（续）

专　业	族 类 别	族 样 板	说　明
暖通	风管管件	公制风管弯头.rft 公制风管T形三通.rft 公制风管四通.rft 公制风管过渡件.rft	
	风管附件	公制常规模型.rft	风阀、加湿器等
	风管末端	公制常规模型.rft	各类风口
电气	灯具	公制常规模型.rft 基于面的公制常规模型.rft 基于墙的公制常规模型.rft	各类照明开关
	照明设备	公制照明设备.rft 公制聚光照明设备.rft 公制线性照明设备.rft 基于墙的公制聚光照明设备.rft 基于墙的公制线性照明设备.rft 基于墙的公制照明设备.rft 基于顶棚的公制聚光照明设备.rft 基于顶棚的公制线性照明设备.rft 基于顶棚的公制照明设备.rft	带光源的各类照明设备
	电气装置	公制电气装置.rft 基于墙的公制电气装置.rft 基于顶棚的公制电气装置.rft	各类插座
	电气设备	公制电气设备.rft	配电箱
	电缆桥架配件	公制常规模型.rft	弯头、三通、四通等
	电话设备	公制电话设备.rft 公制电话设备主体.rft	
	线管配件	公制常规模型.rft	弯头、三通、四通
	通信设备	公制常规模型.rft	对讲机、扬声器等
	安全设备	公制常规模型.rft	监控摄像机
	数据设备	公制常规模型.rft 基于面的公制常规模型.rft 基于墙的公制常规模型.rft	综合布线的各类插座

4.3.2 创建 MEP 二维族案例

Revit MEP 族可分为二维族和三维族，二维族和三维族同属模型类别族。二维族可以单独使用，也可以作为嵌套族载入到三维族中使用。二维族包括注释类型族、标题栏族、轮廓族、详图构件族等，不同类型的族由不同的族样板文件来创建。下面介绍 MEP 族的创建过程。

上机操作 创建排水符号族

下面以 MEP 工程图中的排水符号族为例，详解二维族的创建流程。

01 在 Revit 2020 主页界面的【族】选项组中单击【新建】按钮，弹出【新族-选择样板文件】对话框。

02 选择“公制详图项目 .rft”族样板文件，单击【打开】按钮进入族编辑器模式中，如图 4-34 所示。

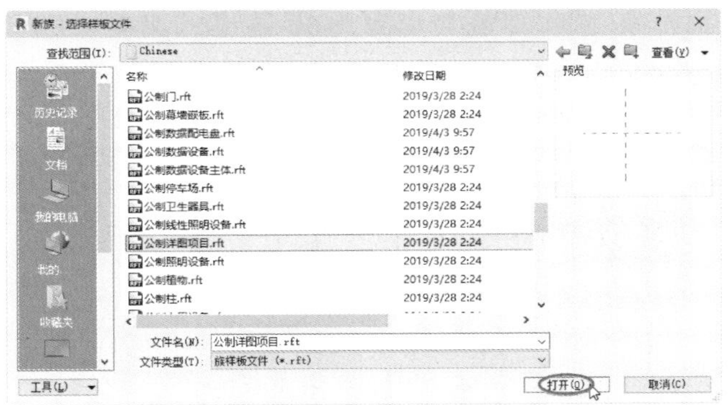

图 4-34　选择族样板文件

03 在【创建】选项卡的【基准】面板中单击【参照平面】按钮，然后建立新参照平面，并用【对齐尺寸标注】工具标注新参照平面，如图 4-35 所示。

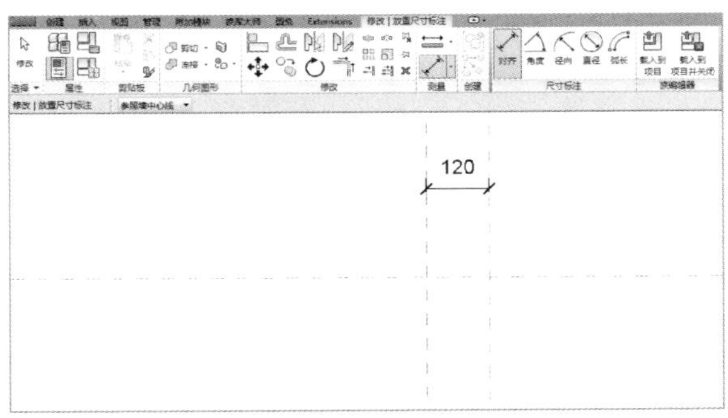

图 4-35　建立新参照平面并标注

04 选中尺寸标注，然后在选项栏的【标签】列表中选择【<添加参数>】选项，如图 4-36 所示。

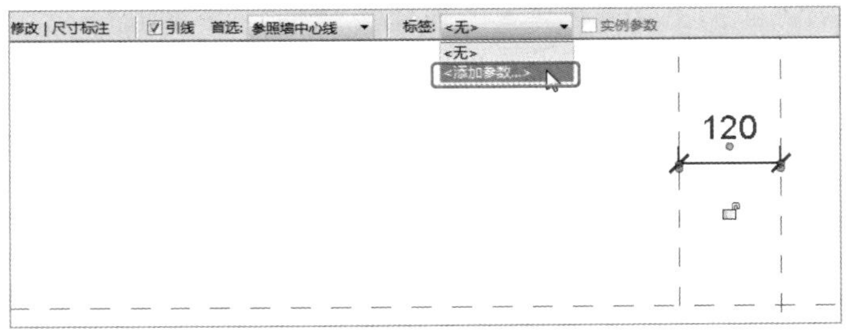

图 4-36　为尺寸选择标签选项

05 在打开的【参数属性】对话框中输入新参数的名称为 L，单击【确定】按钮，即可在尺寸标注上新增参数，如图 4-37 所示。

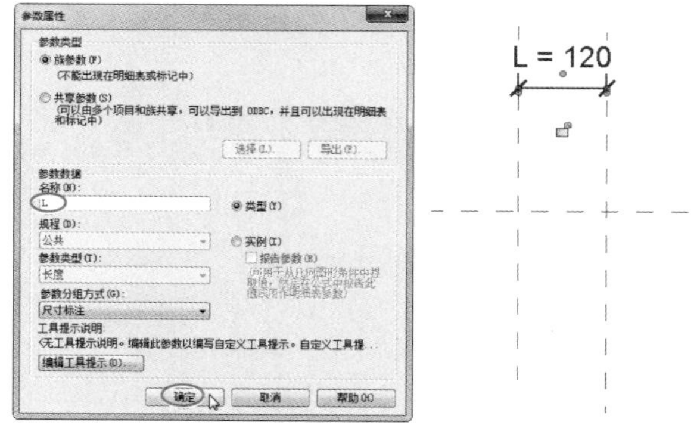

图 4-37　设置参数属性

06 单击【管理】选项卡下【设置】面板中的【捕捉】按钮，打开【捕捉】对话框，设置【长度标注捕捉增量】和【角度尺寸标注捕捉增量】的参数，如图 4-38 所示。

07 在【创建】选项卡下的【详图】面板中单击【填充区域】按钮，在【属性】面板中选择“实体填充-黑色”填充材质选项，如图 4-39 所示。

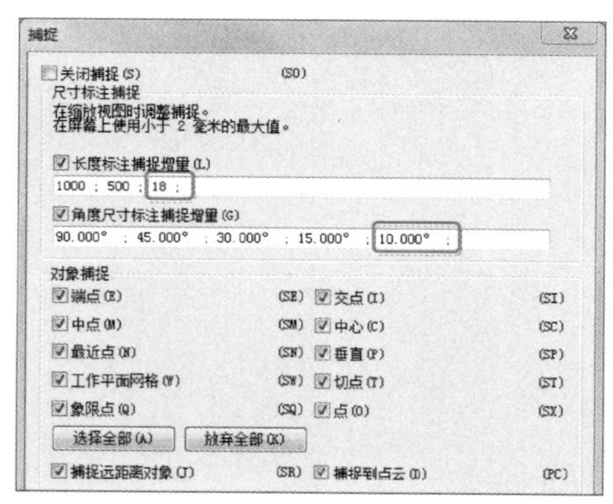

图 4-38　设置尺寸标注捕捉增量

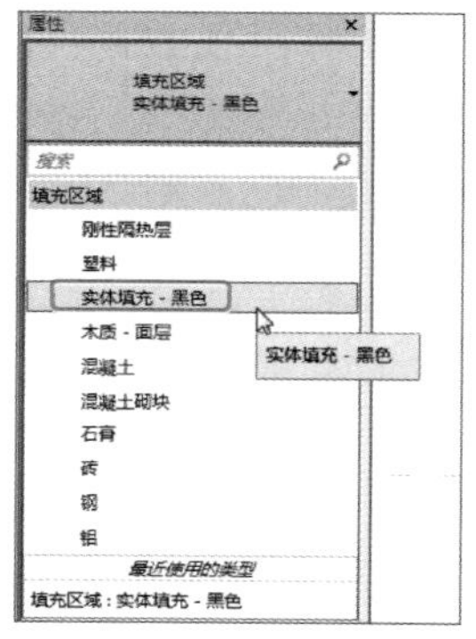

图 4-39　选择填充材质

08 利用【线】工具绘制填充区域（1/2 箭头），之后单击【模式】面板中的【完成编辑模式】按钮，完成填充区域的创建，如图 4-40 所示。

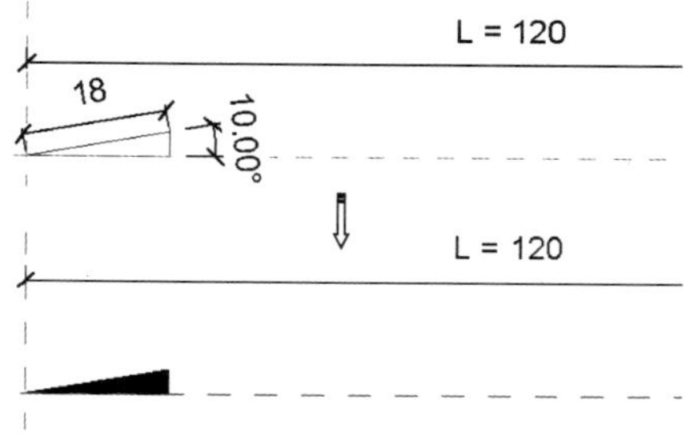

图 4-40　绘制半边空心箭头填充区域

09　在【创建】选项卡的【详图】面板中单击【线】按钮，利用【线】工具绘制长度为 120 的直线，如图 4-41 所示。

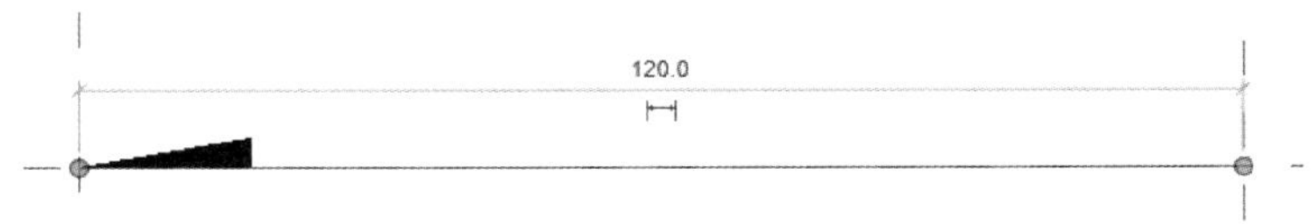

图 4-41　绘制直线

10　在【创建】选项卡的【属性】面板中单击【族类型】按钮，弹出【族类型】对话框，如图 4-42 所示。

11　在对话框中单击【参数】选项组中的【添加】按钮，弹出【参数属性】对话框。然后设置新参数名称，完成后单击【确定】按钮，如图 4-43 所示。

图 4-42　【族类型】对话框

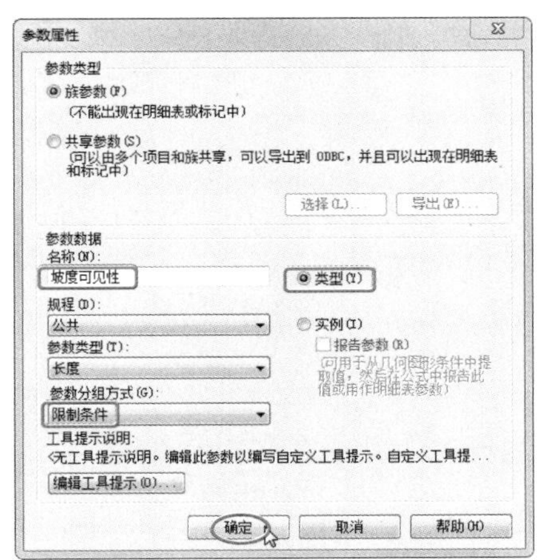

图 4-43　设置新参数名称

12　即可在【族类型】对话框中添加相关的参数，如图 4-44 所示。

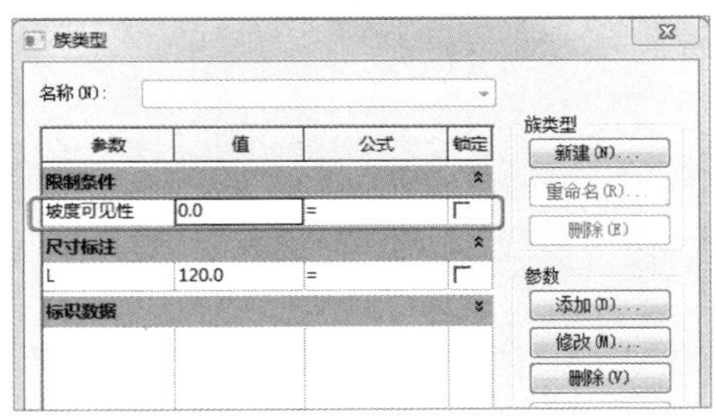

图 4-44　添加参数

13　用同样的方法，再添加名称为“排水坡度（默认）”的参数，如图 4-45 所示。

14　在【插入】选项卡下的【从库中载入族】面板中单击【载入族】按钮，从本例源文件夹中打开“坡度.rfa”族文件，如图 4-46 所示。

15　从项目浏览器【族】|【注释符号】|【坡度】节点下拖动【坡度】族到视图窗口中，

如图 4-47 所示。

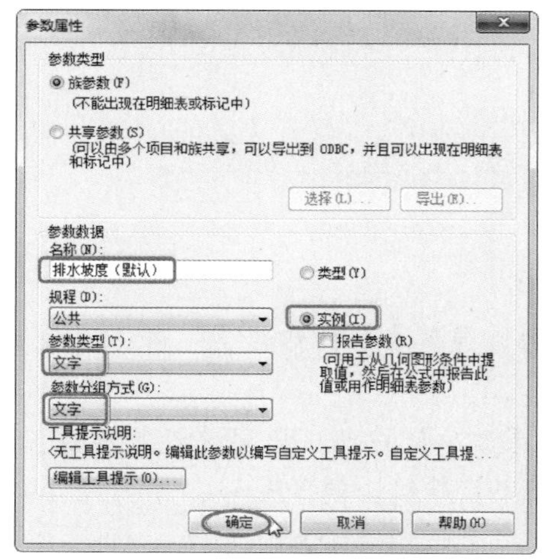

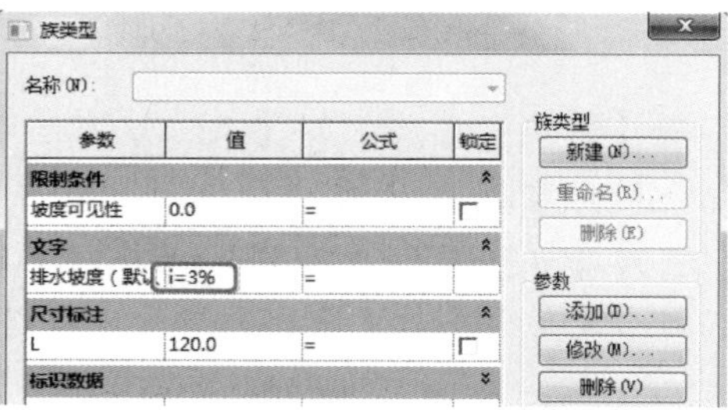

图 4-45 添加“排水坡度”参数

图 4-46 打开族文件

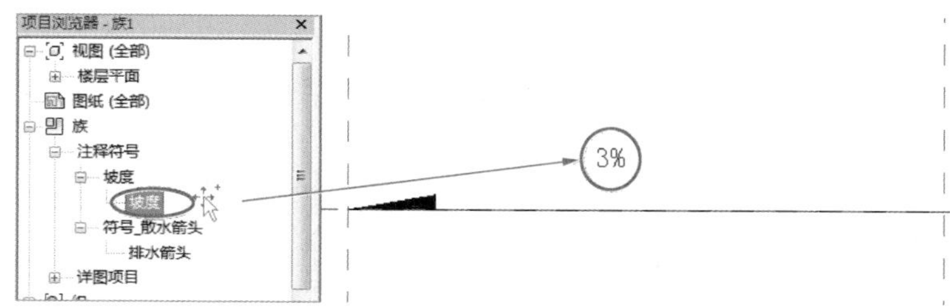

图 4-47 插入族

16 在视图窗口中选择刚插入的族，在【属性】面板中单击【标记】按钮，然后在【关联族参数】对话框中选择要关联的族参数，如图 4-48 所示。

17 为坡度标记添加控件。首先在【创建】选项卡的【控件】面板中单击【控件】按钮，切换到【修改 | 放置控制点】上下文选项卡。

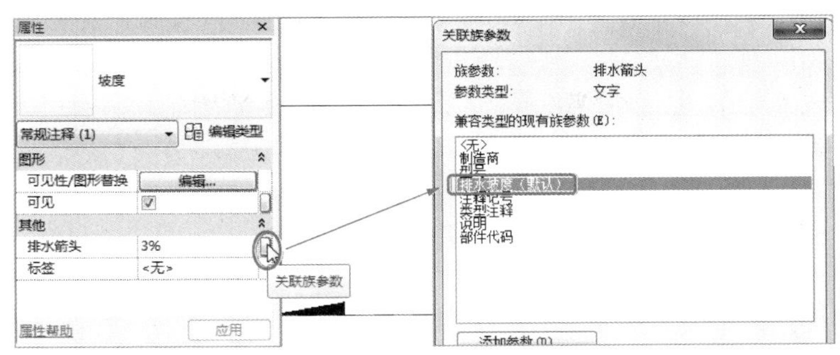

图 4-48　关联族参数

> **提示**　控件的左右在于：可以使族在建筑项目环境中调整方位，能够合理地应用排水符号。

18　在【控制点类型】面板中单击【双向水平】按钮，在坡度符号标记上放置控件，如图 4-49 所示。

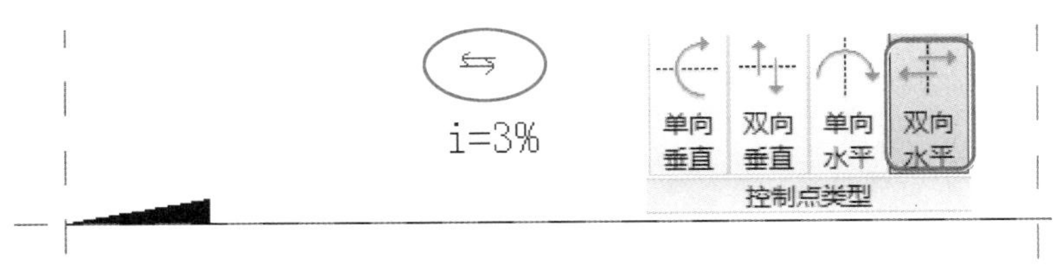

图 4-49　添加翻转控件

19　在【视图】选项卡的【图形】面板中单击【可见性/图形】按钮，设置图形的可见性，取消【参照平面】【参照线】和【尺寸标注】复选框的勾选，如图 4-50 所示。

20　设置视图的比例为 1:10，完成排水符号族的创建，如图 4-51 所示。

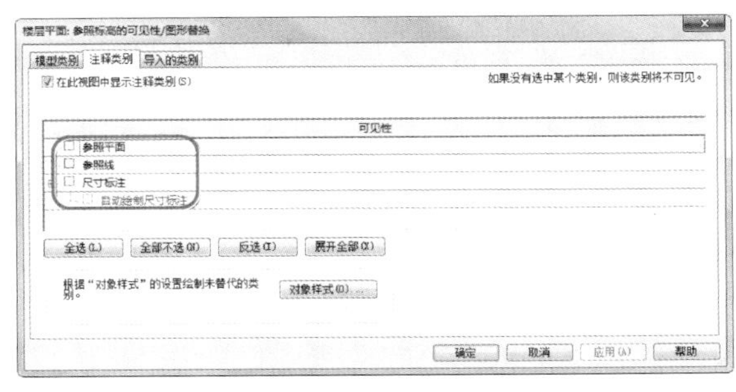

图 4-50　设置图形可见性

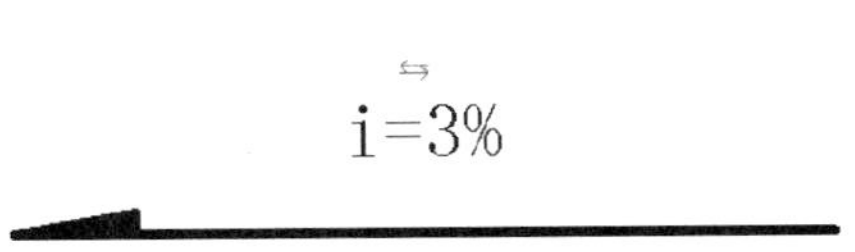

图 4-51　排水符号族

上机操作　创建标题栏族

在 Revit 中可以建立工程图，若没有标准的图纸样板，用户可以自行建立。下面以 A3 标准图纸样板（即标题栏族）为例，详解创建过程。

01 在 Revit 2020 主页界面【族】选项组中单击【新建】按钮，弹出【新族-选择样板文件】对话框。

02 双击【标题栏】文件夹，选择“A3 公制 .rft”样板文件，单击【打开】按钮进入族编辑器模式中，如图 4-52 所示。

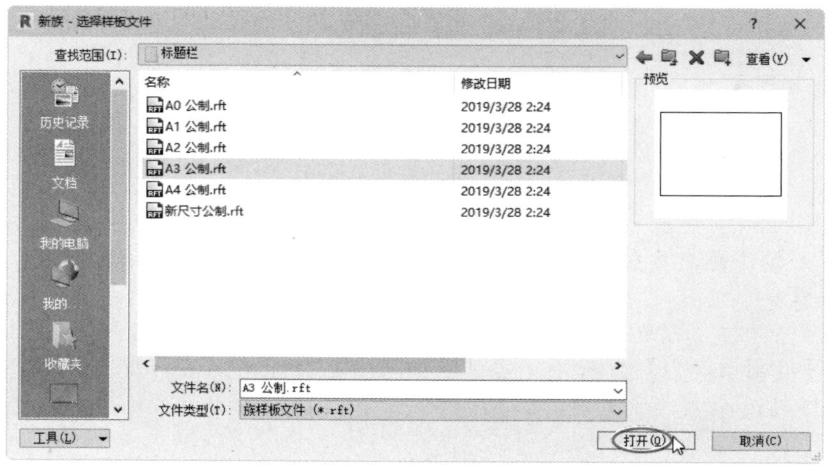

图 4-52 选择族样板文件

03 视图窗口中显示的是 A3 图幅边界线（也就是图纸幅面的打印边界线），如图 4-53 所示。

04 在【创建】选项卡下的【详图】面板中单击【线】按钮，切换到【修改 | 放置线】上下文选项卡。在【子类别】面板中设置子类别为“图框”，然后利用【矩形】工具绘制图 4-54 所示的图框。

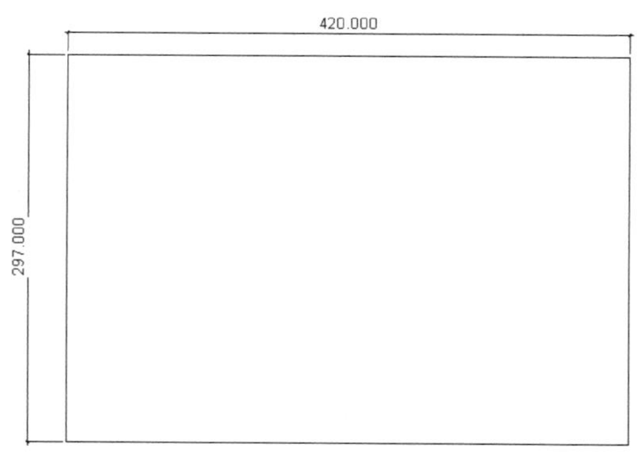

图 4-53 显示 A3 图幅边界

图 4-54 绘制图框

05 为图幅、图框设置线宽。图幅的线型为细实线、线宽为 0.15mm，图框的线型为粗实线、线宽为 0.5 mm ~ 0.7mm。

06 在【管理】选项卡【设置】面板中的【其他设置】下拉列表中选择【线宽】选项，打开【线宽】对话框，对线宽进行设置，如图 4-55 所示。

07 修改编号为 1 的线宽为 0.15mm，修改编号为 2 的线宽为 0.35mm，其余参数保持默认设置，修改后单击【应用】按钮应用设置，再单击【确定】按钮关闭对话框，如图 4-56 所示。

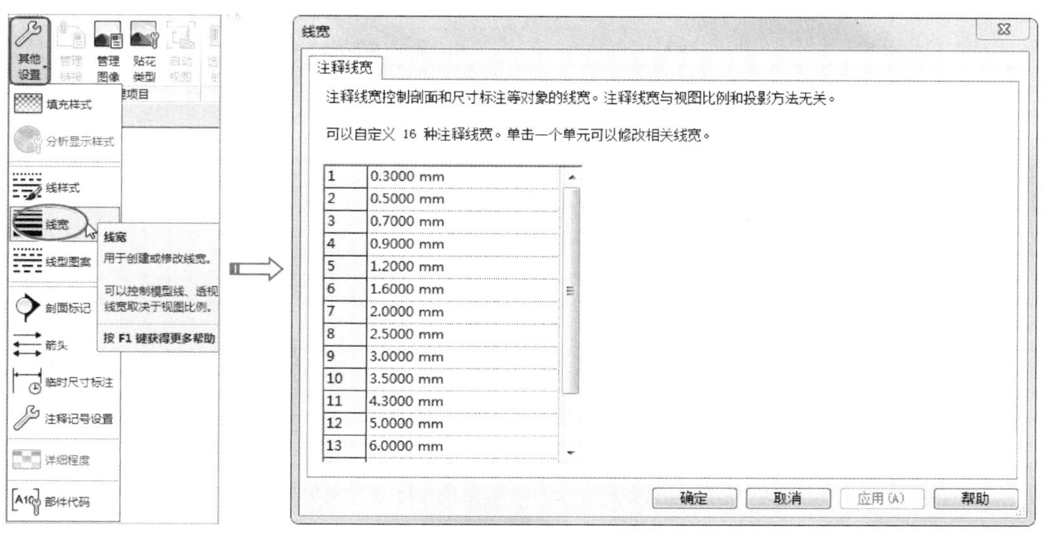

图 4-55　【线宽】对话框

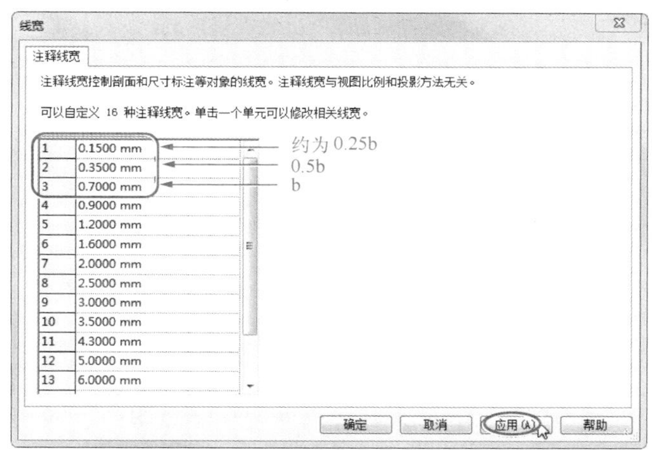

图 4-56　设置线宽

08　在【设置】面板中单击【对象样式】按钮，打开【对象样式】对话框。在【类别】列中分别设置图框、中粗线和细线的编号为 3、2 和 1，单击【应用】按钮应用设置，如图 4-57 所示。

09　设置了线型和线宽后，重新设置图幅边界线的线型为“细线”，如图 4-58 所示。

10　缩放视图，可以很清楚地看见图幅边界和图框线的线宽差异，如图 4-59 所示。

11　绘制会签栏，首先在【创建】选项卡的【详图】面板中单击【线】按钮，切换到【修改 | 放置 线】上下文选项卡。设置线的子类型为“图框”，利用【矩形】命令在图框左上角外侧绘制长为 100mm、宽为 20mm 的矩形，如图 4-60 所示。

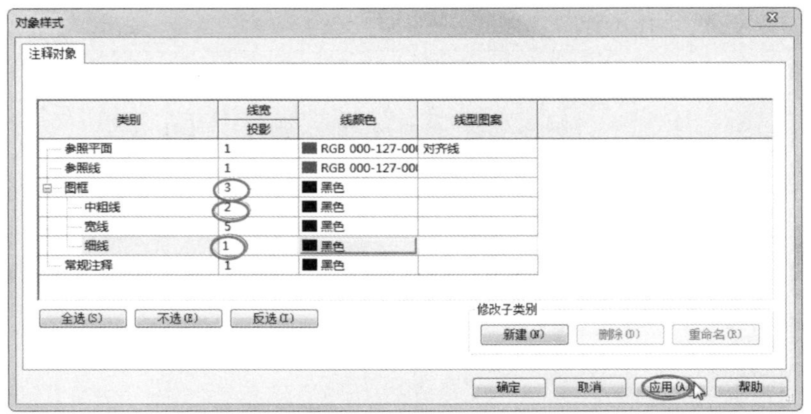

图 4-57　设置对象样式

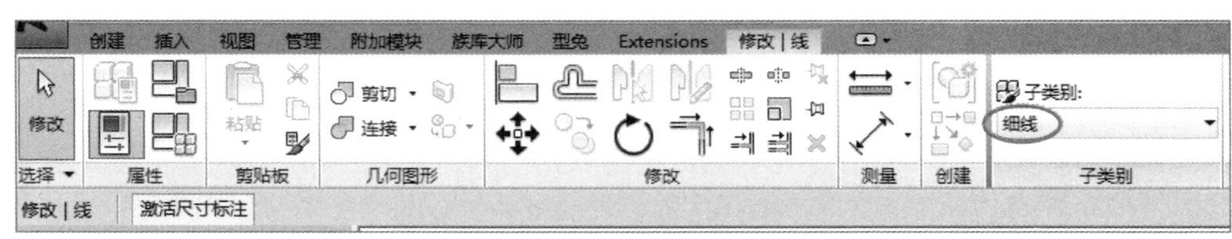

图 4-58　重新设置图幅边界线的线型为“细线”

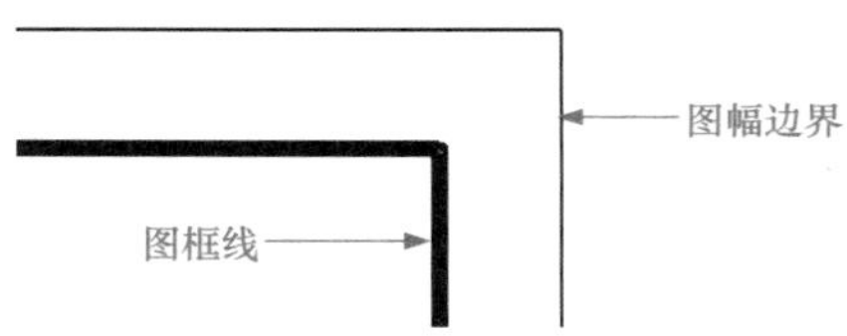

图 4-59　设置线型、线宽后的图幅和图框

12　在【修改 | 放置 线】上下文选项卡没有关闭的情况下，设置线的子类型为“细线”，完成会签栏的绘制，如图 4-61 所示。

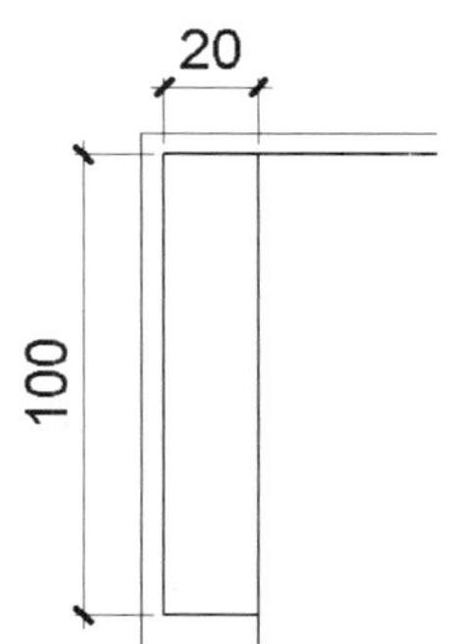

图 4-60　绘制会签栏边框

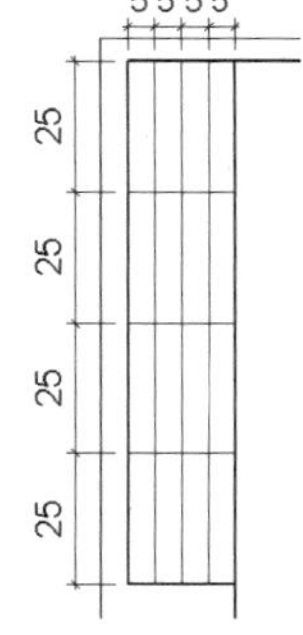

图 4-61　绘制会签栏细实线

13 要在会签栏中绘制文字，则首先在【创建】选项卡的【文字】面板中选择【文字】工具，在【属性】面板中选择“文字 8mm”样式，设置文字大小为 2.5mm（选中文字编辑类型）并旋转文字，如图 4-62 所示。

14 同理，在图框右下角绘制标题栏边框（子类型为图框）和边框内的表格线（子类型为细线），如图 4-63 所示。

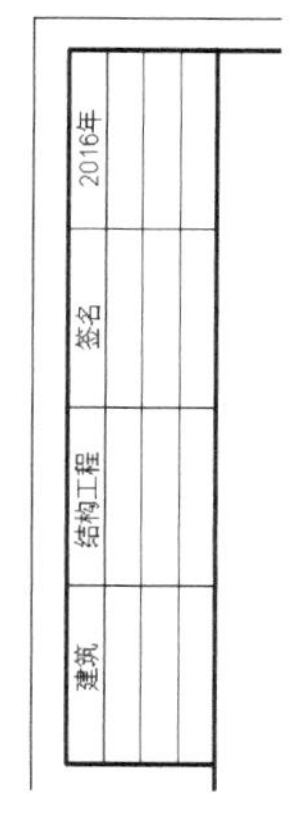

图 4-62　绘制文字

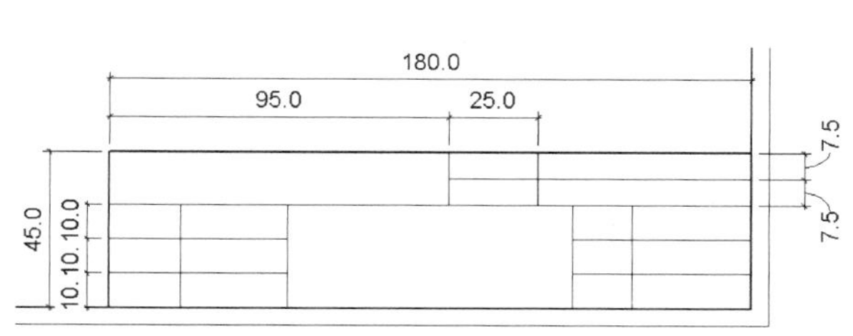

图 4-63　绘制标题栏

提示

在绘制细线表格时，若需要修剪线，可采用【修剪/延伸单个图元】命令修剪一端及另一端补线的方法，或者使用【拆分图元】命令取一个拆分点，然后拖动各自端点移动到相应位置，如图 4-64 所示。

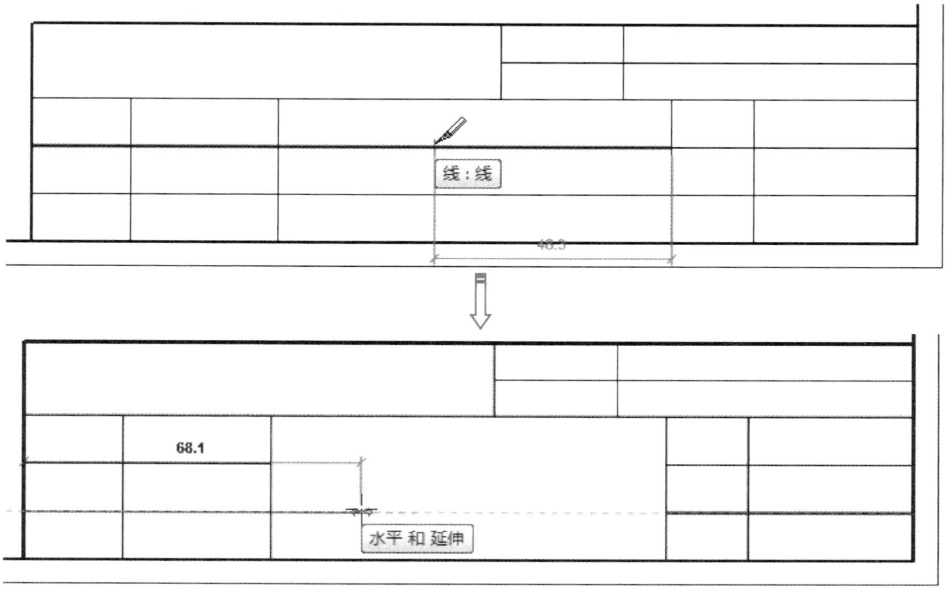

图 4-64　修剪表格直线的方法

15 在标题栏中输入文字，稍大一些的文字样式为“文字 12mm”，其文字大小设置为 5mm；小的文字样式为“文字 8mm”，大小设置为 2.5mm，如图 4-65 所示。

XX市建筑设计研究院			项目名称	
			建设单位	
项目负责			设计编号	
项目审核			图　号	
制　图			出图日期	

图 4-65　绘制标题栏文字

> **工程点拨**
>
> 标题栏族中所有的文字信息由文字和标记构成，以上步骤绘制的文字是在标题栏族的族编辑器环境中创建的。标记要么先创建标记族再载入到标题栏族里使用，要么在标题栏族里使用【标签】工具创建标签。

16 在【创建】选项卡的【文字】面板中单击【标签】按钮，切换到【修改 | 放置标签】上下文选项卡。在【属性】面板中单击【编辑类型】按钮打开【类型属性】对话框，要修改当前默认标签，则首先单击【重命名】按钮重命名标签，如图 4-66 所示。

17 重新设置文字字体为“仿宋”、文字大小为“5mm”、颜色为“红色”，如图 4-67 所示。单击【确定】按钮，关闭对话框。

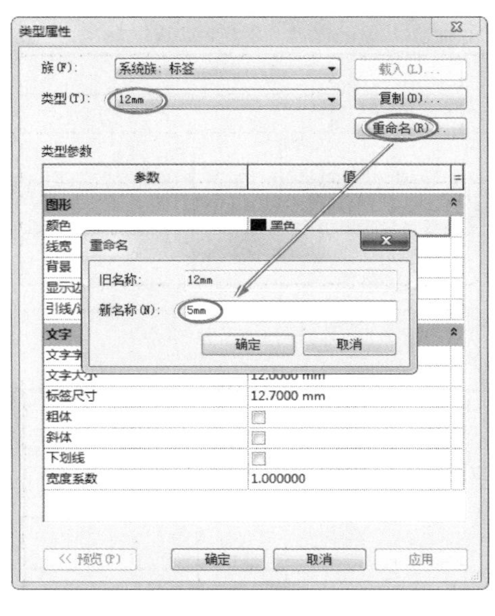

图 4-66　重命名标签

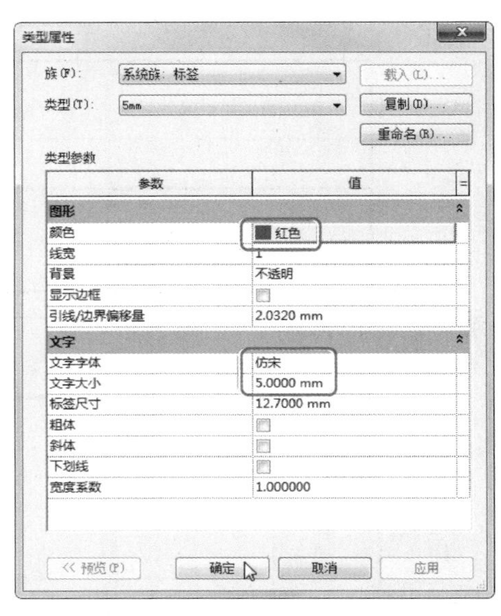

图 4-67　设置文字字体和大小

18 同样的方法，选择“标签 8mm”编辑类型属性，重命名为“2.5mm”，设置字体为“仿宋”、文字大小为“2.5mm”、颜色为“红色”，如图 4-68 所示。

19 确保当前标签为“标签 5mm”，然后在标题栏的空表格中单击，会打开【编辑标签】对话框。在对话框左侧选择【图纸名称】参数，单击添加按钮到右侧【标签参数】设置区中，然后单击【确定】按钮完成操作，如图 4-69 所示。

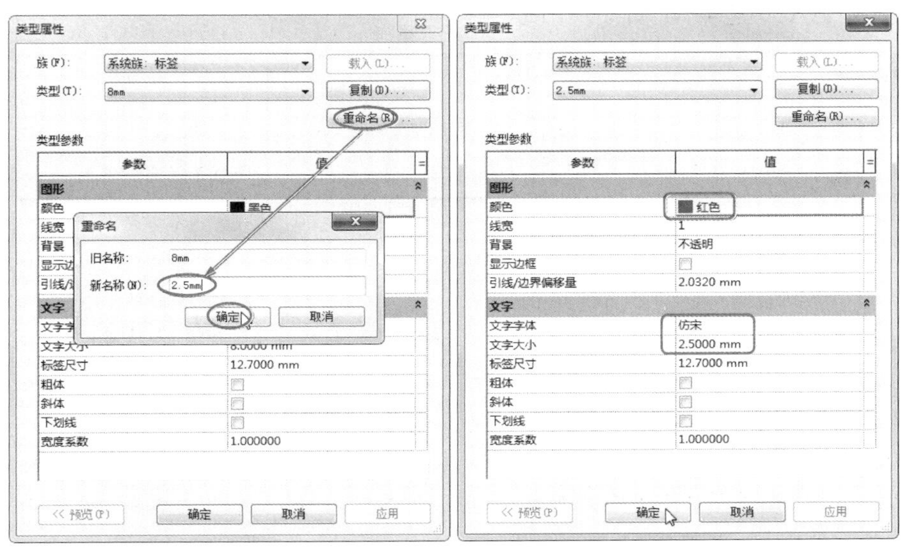

图 4-68　设置另一标签的类型属性

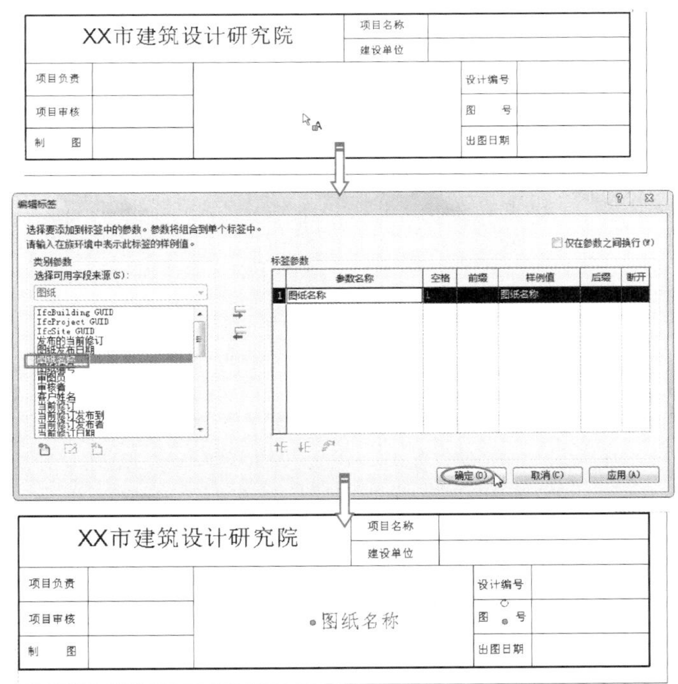

图 4-69　添加标签

20　用同样的方法选择“标签 2.5mm”标签类型，再依次添加“项目名称”“客户姓名”“项目编号”“图号”“出图日期”“负责人（项目负责）”“绘图员”和“审核者”等标签，如图4-70所示。

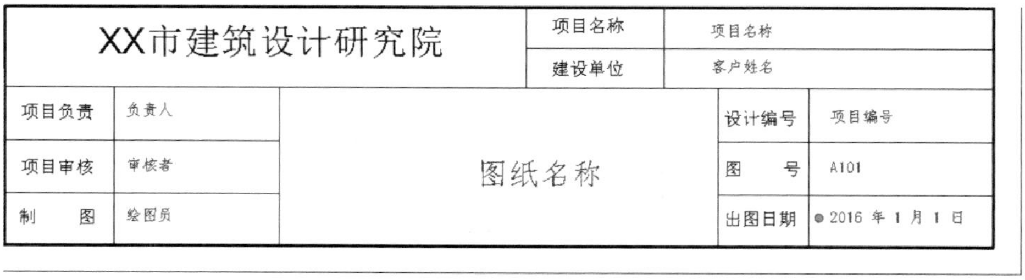

XX市建筑设计研究院			项目名称	项目名称
			建设单位	客户姓名
项目负责	负责人	图纸名称	设计编号	项目编号
项目审核	审核者		图　号	A101
制　图	绘图员		出图日期	2016 年 1 月 1 日

图4-70　添加其余标签

21 要修订明细表，则首先在【视图】选项卡的【创建】面板中单击【修订明细表】按钮，弹出【修订属性】对话框。将【可用的字段】选项区的“发布者”和“发布到”添加到右侧【明细表字段】选项区中，如图4-71所示。

22 切换到【格式】选项卡下，将左侧【字段】选项区所有字段的标题依次修改为“标记”“型号”“高度”“类型标记”“类型注释”和“成本”，设置对齐方式为“中心线”，如图4-72所示（此处以修改“标记”为图例）。

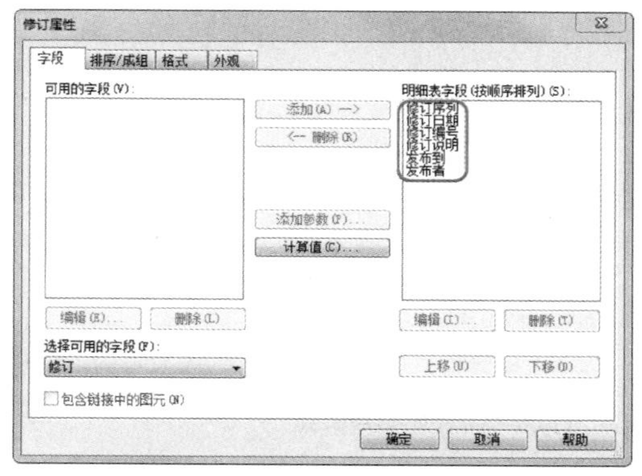

图4-71　添加或删除字段

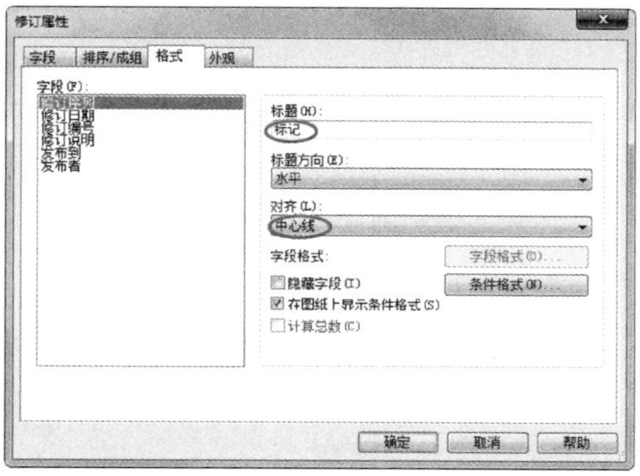

图4-72　设置格式

23 在【外观】选项卡下设置【高度】为“用户定义”，其余选项保持默认设置，如图4-73所示。

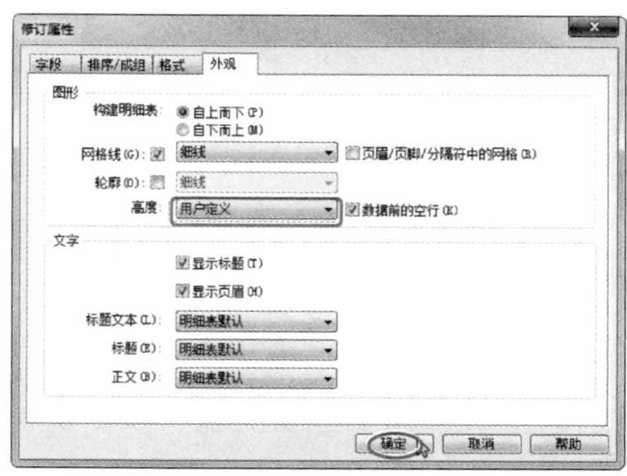

图4-73　设置外观

提示	【高度】一定要选择【用户定义】选项，否则不能增加明细表的行数。

24 单击【确定】按钮，切换至【修改明细表/数量】上下文选项卡，同时完成明细表族的建立，如图 4-74 所示。

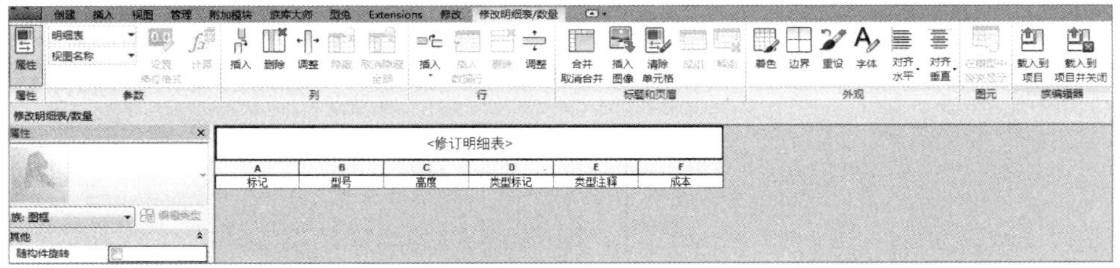

图 4-74　【修改明细表/数量】上下文选项卡

25 修改“修订明细表”文字为“门窗明细表”。此时项目浏览器的【视图】节点下新增了【明细表】|【门窗明细表】子节点项目，如图 4-75 所示。

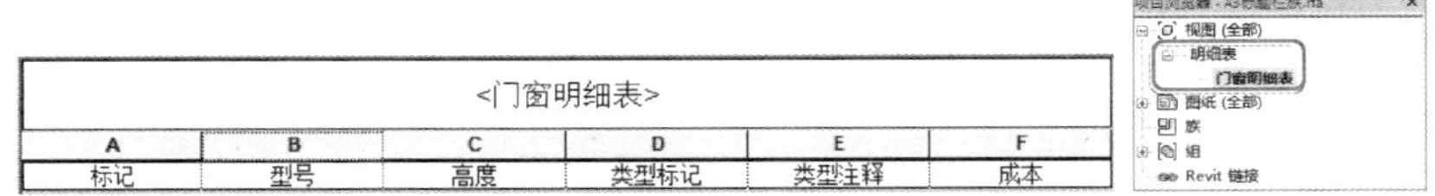

图 4-75　新增的【明细表】子项目

26 在【视图】选项卡的【窗口】面板中单击【切换窗口】按钮，选择“1 A3 标题栏族 . rfa-图纸”窗口选项，切换到标题栏族窗口中，如图 4-76 所示。

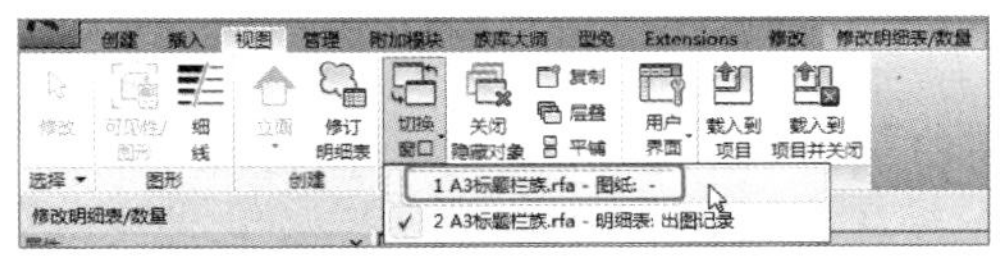

图 4-76　切换窗口

27 把项目浏览器中的【门窗明细表】子项目拖动到图纸图框中，如图 4-77 所示。

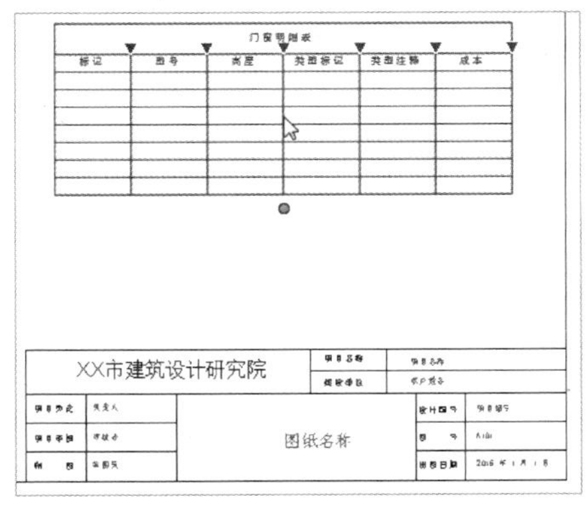

图 4-77　添加明细表族到标题栏族中

28 拖动明细表上的动态控制圆点可以增加行，如图4-78所示。

29 调整明细表的位置，如图4-79所示。至此，完成了标题栏族的创建，保存建立的标题栏族。

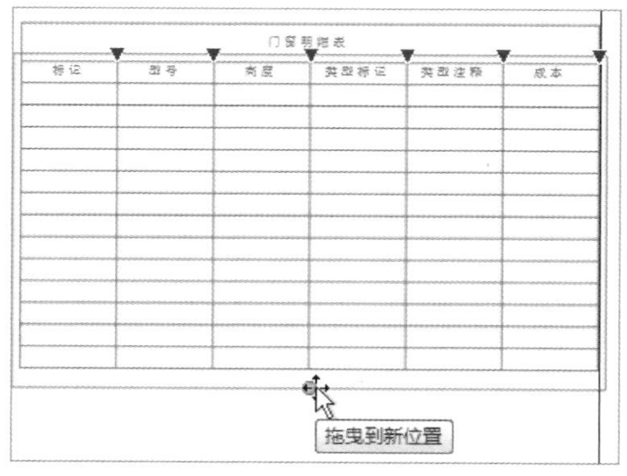

图4-78 增加行

图4-79 调整明细表的位置

4.3.3 创建MEP三维族案例

Revit中MEP族类型是非常多的，此处不一一举例，仅以典型的MEP系统构件族（阀门族）为例，详解三维族的创建流程。

上机操作 创建阀门族

01 启动Revit 2020，在主页界面的【族】选项组中单击【新建】按钮，在弹出的【新族-选择样板文件】对话框中选择“公制常规模型.rft”，单击【打开】按钮，进入族编辑器模式中。

02 在项目浏览器中双击【视图】|【立面】|【前】视图节点，切换到前立面视图。

03 在视图窗口中框选参照平面，在弹出的【修改|选择多个】上下文选项卡的【修改】面板中单击【锁定】按钮，将参照平面锁定，避免在建模时因参照平面的位置不固定而产生建模误差问题，如图4-80所示。

04 事实上，视图窗口中显示的不仅仅有参照平面，还有参照标高，水平放置的参照平面与参照标高重合，需要将参照标高暂时隐藏，如图4-81所示。

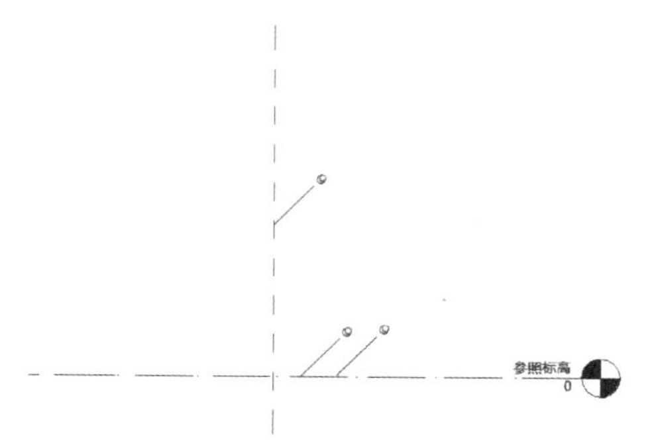

图4-80 锁定参照平面

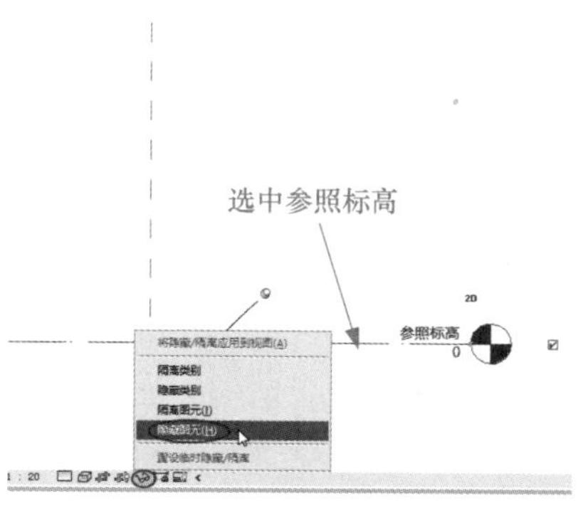

图4-81 暂时隐藏参照标高

05 在【创建】选项卡下单击【参照平面】按钮，新建一个参照平面，如图 4-82 所示。

06 切换到左立面（或右立面）视图中，单击【创建】选项卡下【形状】面板中的【拉伸】按钮，再在弹出的【修改 | 创建拉伸】上下文选项卡的【绘制】面板中单击【圆形】按钮，在新参照平面和竖直参照平面的交点处绘制一个半径为 220（默认单位为 mm）的圆形截面，如图 4-83 所示。

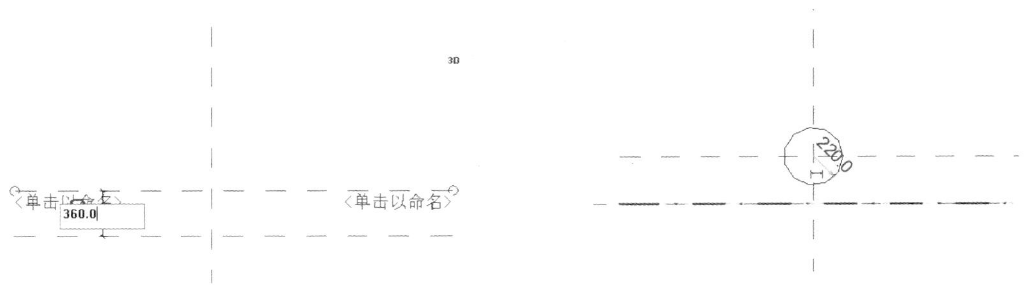

图 4-82　新建参照平面　　　　图 4-83　绘制圆形截面

07 在【注释】选项卡下的【尺寸标注】面板中单击【直径】按钮，为圆形截面标注直径尺寸。重新选中直径尺寸，在弹出的【尺寸标注】上下文选项卡的【标签尺寸标注】面板中单击【创建参数】按钮，弹出【参数属性】对话框。在该对话框中输入参数名称“R 中柱”，并单击【实例】单选按钮，单击【确定】按钮完成参数的创建，如图 4-84 所示。

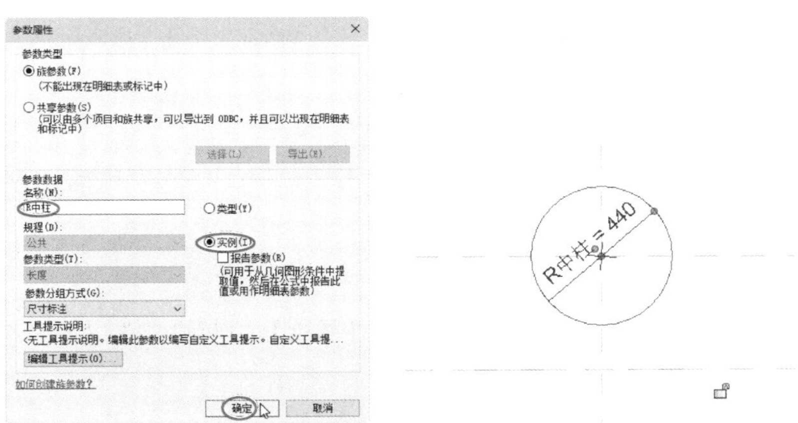

图 4-84　创建参数

08 单击【修改 | 编辑拉伸】上下文选项卡中的【完成编辑模式】按钮，完成拉伸模型的创建。切换到前立面视图中，拖曳控制柄来改变拉伸截面轮廓的位置，如图 4-85 所示。在视图窗口的空白位置单击鼠标左键，完成拉伸模型的编辑。

09 在【创建】选项卡的【形状】面板中单击【旋转】按钮，将弹出【修改 | 创建旋转】上下文选项卡，利用【绘制】面板中的【线】【圆心、端点弧】等工具，来绘制旋转截面，并利用尺寸标注工具标注截面图形，如图 4-86 所示。

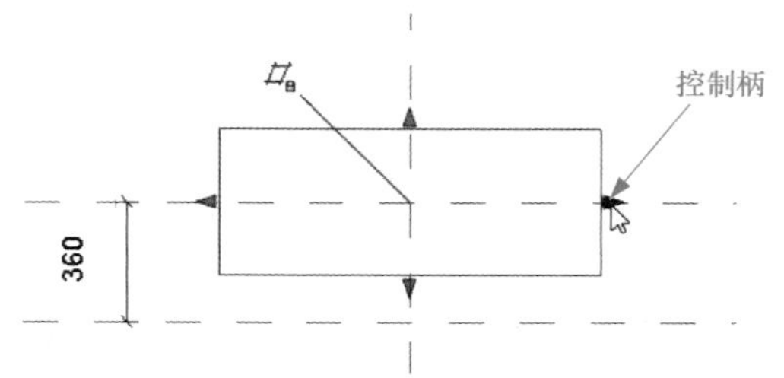

图 4-85　改变拉伸截面轮廓的位置

10　按住 Ctrl 键的同时选中两个 450 的尺寸来创建“R 上半弧”的实例参数，同理，再同时选中 400 的尺寸来创建“R 绕中心旋转”的实例参数，如图 4-87 所示。

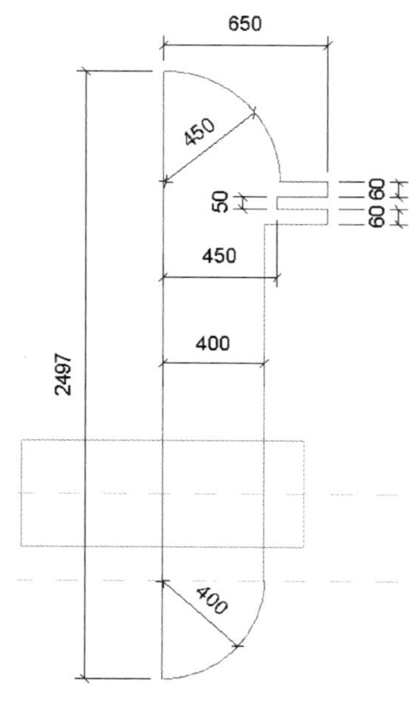

图 4-86　绘制旋转截面

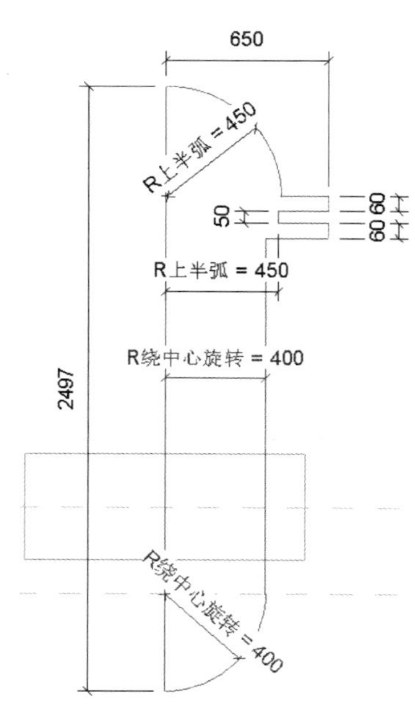

图 4-87　创建实例参数

11　选中最下面的圆弧，在视图窗口右侧的【属性】面板中勾选【中心标记可见】复选框，如图 4-88 所示。

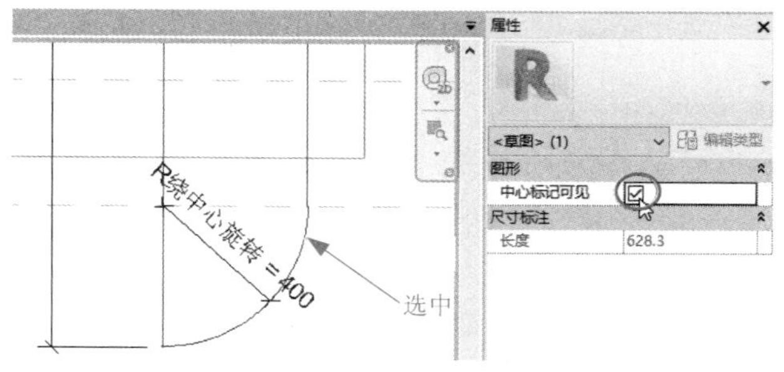

图 4-88　设置圆弧的属性

12　除了创建实例参数的 4 个尺寸外，其余尺寸全部删除。新建一个参照平面，此参照平面与原标注为 650 的竖直线进行对齐锁定，如图 4-89 所示。

13　重新标注两个参照平面之间的距离尺寸，并创建新实例参数“R1”，如图 4-90 所示。

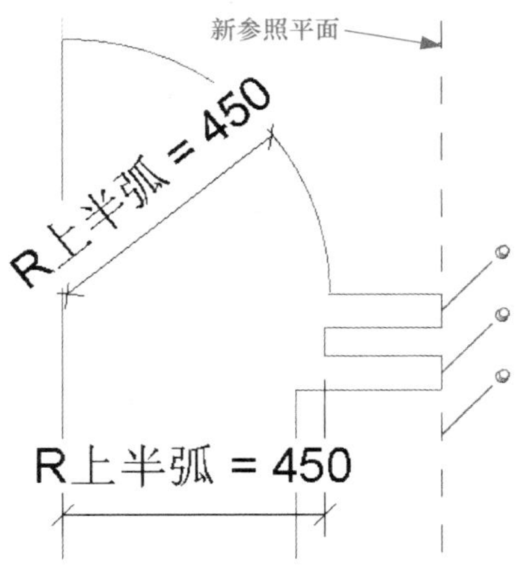

图 4-89　创建新参照平面

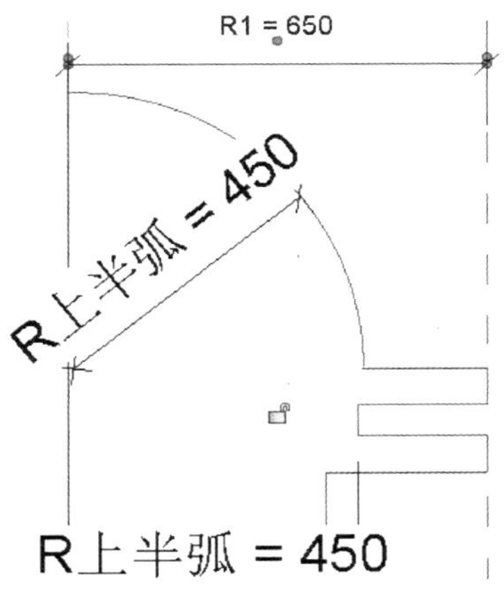

图 4-90　创建新实例参数

14　在【修改 | 创建旋转】上下文选项卡的【绘制】面板中单击【轴线】按钮，绘制一条与默认属性参照平面重合的旋转轴线，如图 4-91 所示。

15　单击【完成编辑模式】按钮，完成旋转模型的创建，如图 4-92 所示。

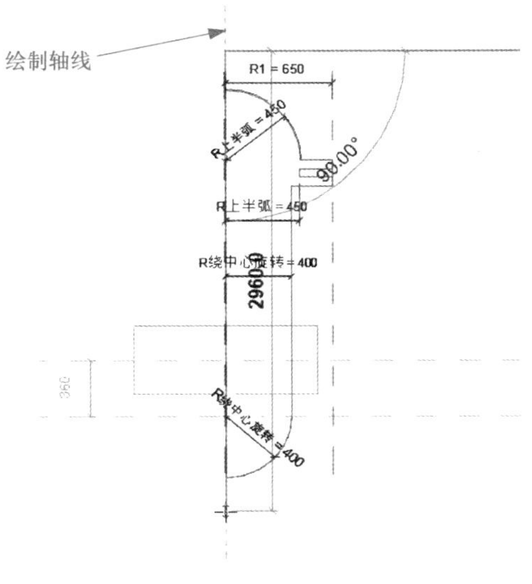

图 4-91　绘制旋转轴线

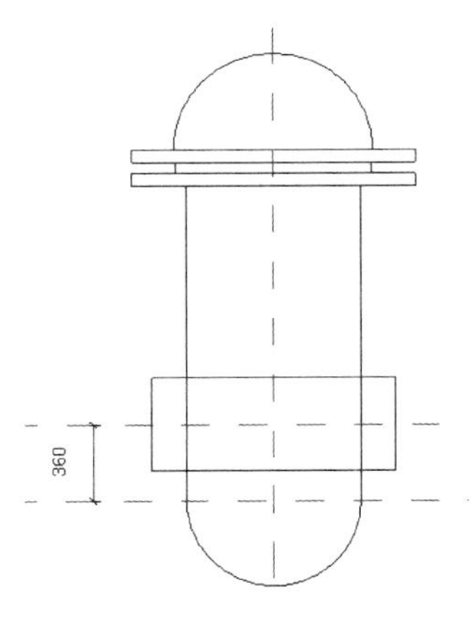

图 4-92　完成的旋转模型

16　在【修改】选项卡的【几何图形】面板中单击【连接】按钮，依次选取旋转模型和拉伸模型进行连接，连接的结果如图 4-93 所示。

17　查看三维效果，如图 4-94 所示。

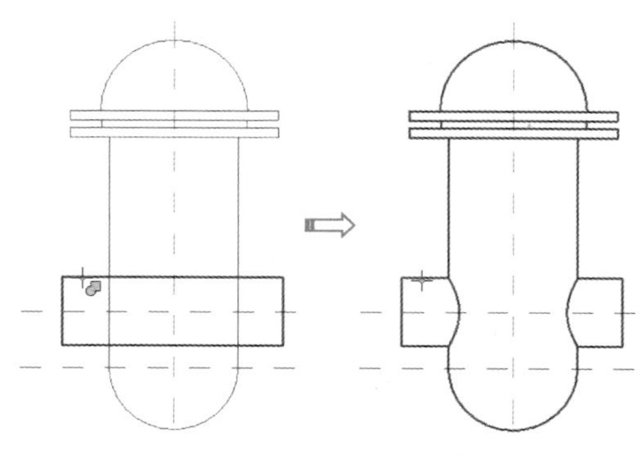

图 4-93　连接模型

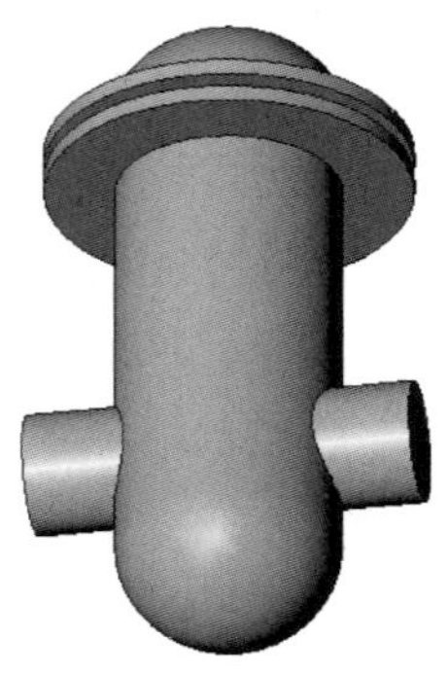

图 4-94　三维效果

18 单击【参照平面】按钮，创建四个参照平面，使用【修改】选项卡中的【对齐】工具将四个参照平面对齐到旋转模型中的法兰边上，如图 4-95 所示。

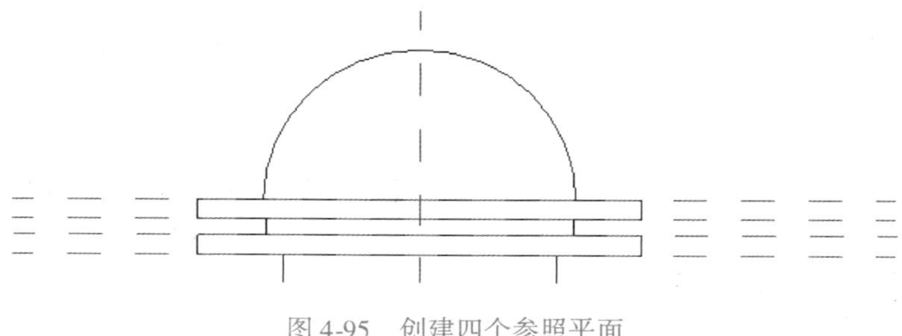

图 4-95　创建四个参照平面

19 使用尺寸标注工具标注两个参照平面之间的距离，然后为标注的两个尺寸添加实例参数，如图 4-96 所示。

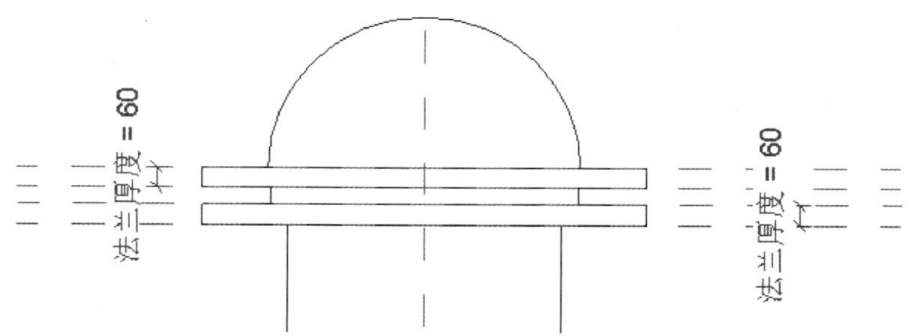

图 4-96　标注尺寸并添加实例参数

20 在项目浏览器中切换视图到【参照标高】楼层平面视图。在【创建】选项卡中单击【拉伸】按钮，在参照平面交点处绘制直径为 440mm 的圆形，并标注圆形直径尺寸，结果如图 4-97 所示。

21 对直径尺寸创建实例参数，如图 4-98 所示。再单击【完成编辑模式】按钮，完成拉伸模型的创建。

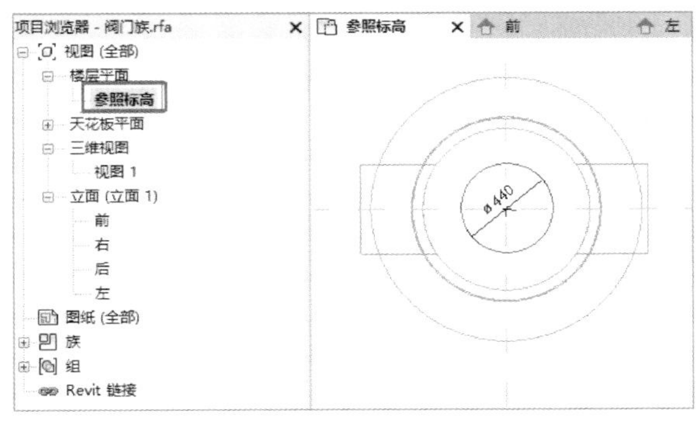

图 4-97　绘制圆形

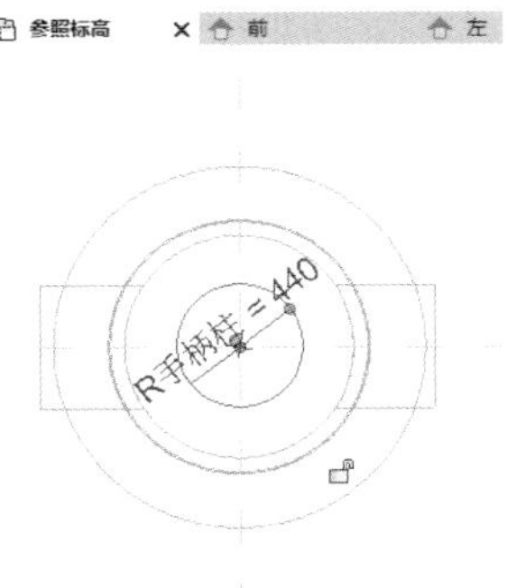

图 4-98　创建实例参数

22 切换到前立面视图中，调整拉伸模型的位置，并使拉伸模型的底边与法兰边对齐，对齐后将底边与法兰边锁定，如图 4-99 所示。

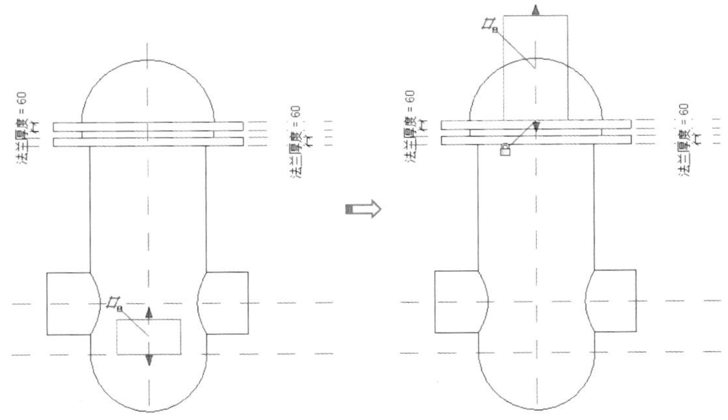

图 4-99　调整拉伸模型

23 同理，再切换到【参照标高】楼层平面视图中，绘制拉伸模型的圆形截面，并调整拉伸模型的位置，结果如图 4-100 所示。

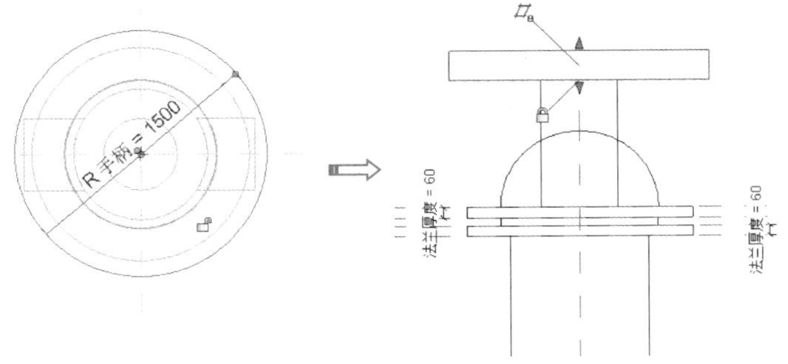

图 4-100　创建拉伸（手柄）模型

24 创建两个参照平面，对齐手柄并锁定后，给手柄添加厚度尺寸并创建实例参数，如

图 4-101 所示。

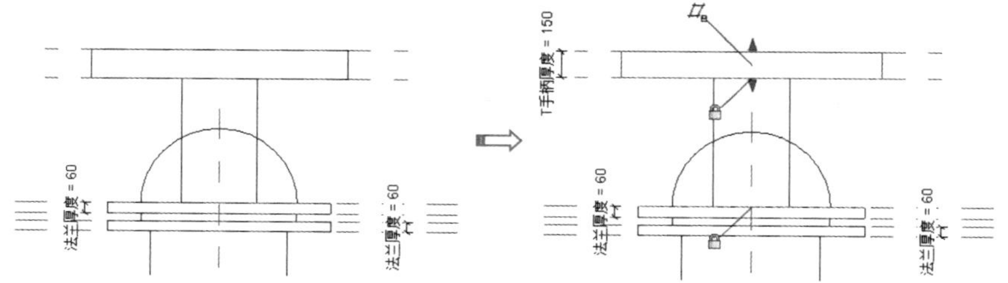

图 4-101　添加手柄尺寸和实例参数

25　选取手柄最上边对齐的参照平面和系统默认的水平参照平面来创建距离尺寸，标注尺寸并创建新的实例参数 H，如图 4-102 所示。

26　创建一个尺寸标注和实例参数“H 阀体”，如图 4-103 所示。

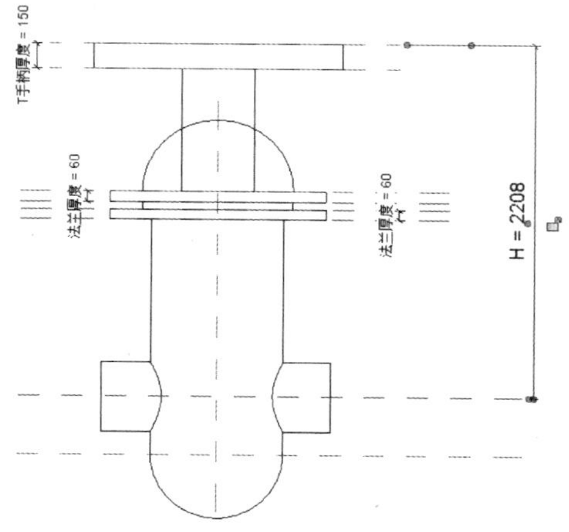

图 4-102　添加总体高度尺寸

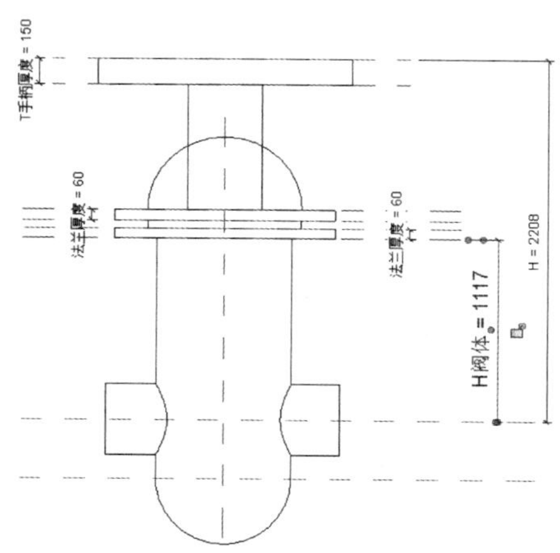

图 4-103　添加阀体高度尺寸

27　在【修改】选项卡中单击【连接】按钮，依次选取模型进行连接，直到全部连接成一个整体。

28　切换到左立面视图，单击【拉伸】按钮后绘制一组同心圆，然后标注两个圆并各自创建新实例参数，如图 4-104 所示。

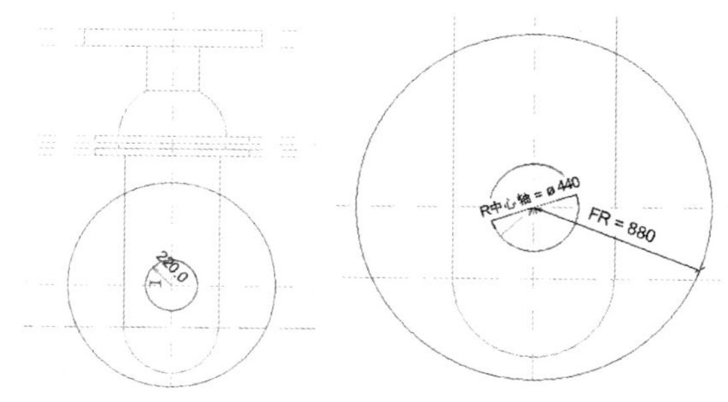

图 4-104　绘制同心圆

29 单击【完成编辑模式】按钮，完成拉伸模型（法兰）的创建。切换到前立面图视图中调整拉伸模型的位置，并将模型右侧边与“R 中柱”旋转模型的外侧边对齐并锁定，如图 4-105 所示。

30 在【修改】选项卡中单击【复制】按钮，对上面步骤创建的法兰进行镜像复制，复制后将法兰左侧边与“R 中柱”旋转模型的外侧边对齐并锁定，结果如图 4-106 所示。

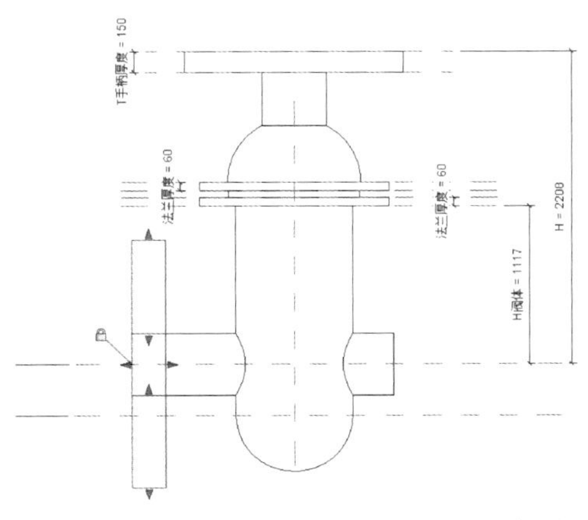

图 4-105　调整拉伸模型的位置

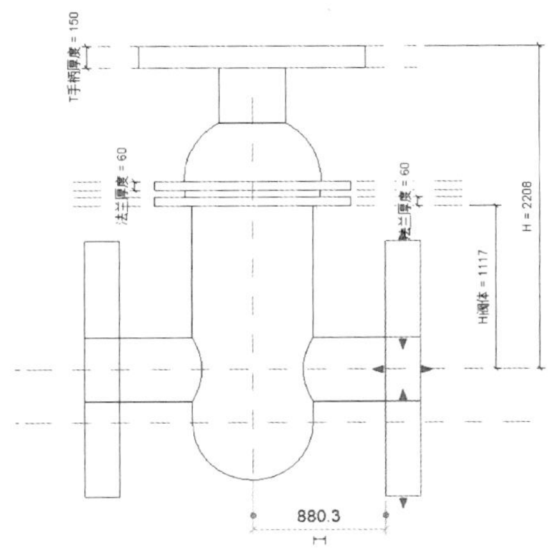

图 4-106　镜像复制拉伸模型

31 分别在两个法兰外侧各自创建一个参照平面，并将参照平面与法兰端面对齐并锁定。依次选取平面 1、平面 2 和平面 3 在两个法兰之间进行尺寸标注，并创建实例参数，最终结果如图 4-107 所示。

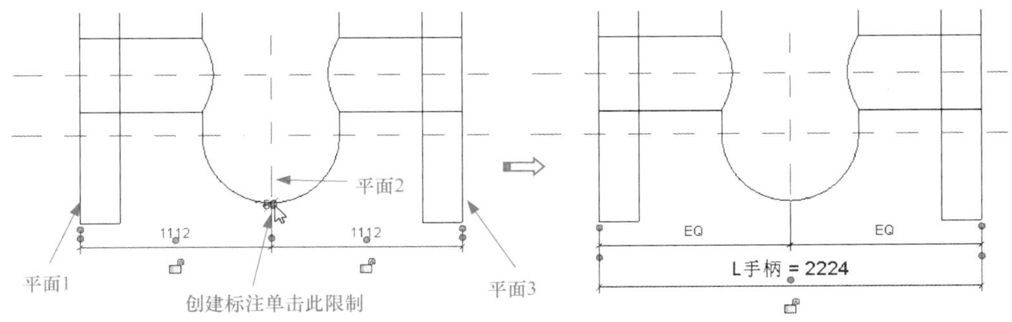

图 4-107　创建法兰距离尺寸并添加实例参数

32 对左右两个法兰进行厚度尺寸标注，然后创建实例参数，如图 4-108 所示。

33 在【创建】选项卡下的【属性】面板中单击【族类型】按钮，弹出【族类型】对话框。单击【新建参数】按钮，弹出【参数属性】对话框，输入参数名称 DN，单击【确定】按钮完成参数的定义，如图 4-109 所示。

34 将定义的新参数设定为 100，接着为其余的尺寸标注重新设定值，最后单击【族类型】对话框的【确定】按钮，完成族类型的定义，如图 4-110 所示。

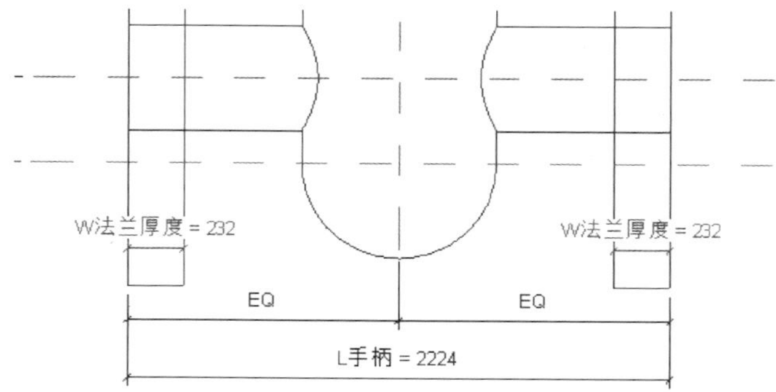

图 4-108　创建厚度尺寸并添加实例参数

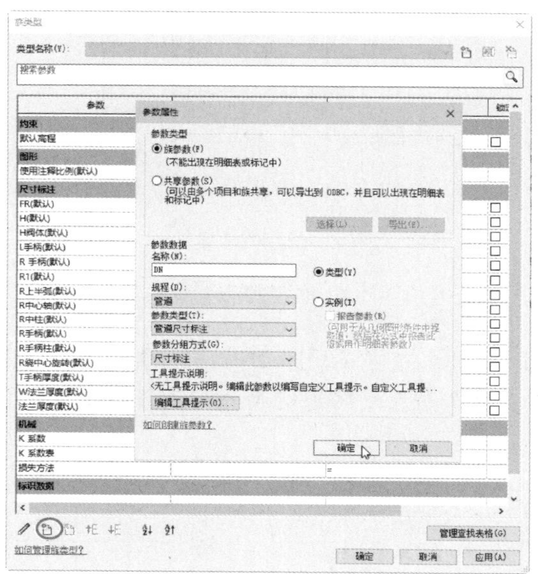

图 4-109　新建参数

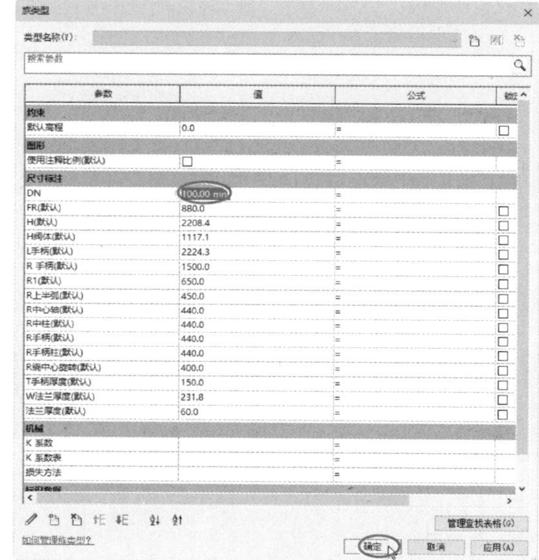

图 4-110　完成族类型的创建

35　至此完成了阀门族的创建，然后保存结果，如图 4-111 所示。

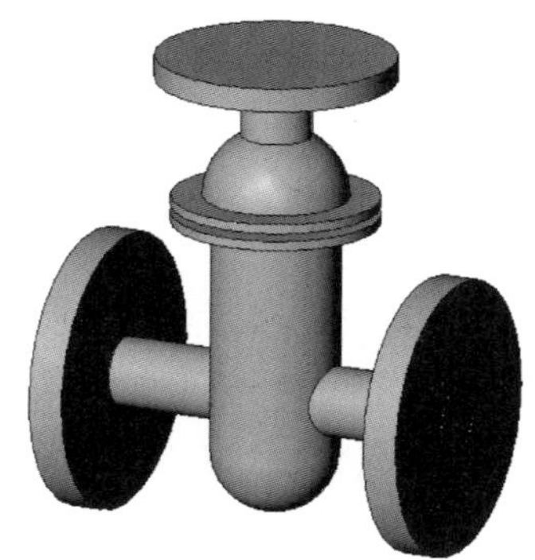

图 4-111　阀门族

4.4 MEP 族的连接件

在 Revit 的 MEP 项目中，各系统之间的逻辑关系和数据是通过族的连接件进行传递的，连接件是 MEP 构件族区别于其他 Revit 建筑构件族的重要特性之一，也是 MEP 构件族不可或缺的关键。

下面举例说明如何创建 MEP 构件族的连接件。

上机操作　创建阀门族的连接件

01 打开本例源文件“阀门族 . rfa”。

02 切换到三维视图。在【创建】选项卡的【连接件】面板中单击【管道连接件】按钮，然后选取左右两侧的手柄端面来放置连接件，如图 4-112 所示。

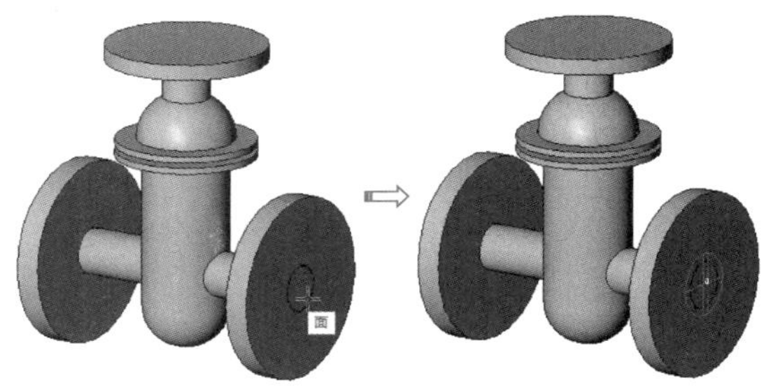

图 4-112　放置连接件

03 按回车键确认后会自动弹出【族类型】对话框，单击【新建参数】按钮，新建命名为 MN 的参数，如图 4-113 所示。

04 为 MN 输入公式“2 * R 中心轴”，单击【确定】按钮完成族类型的创建，如图 4-114 所示。

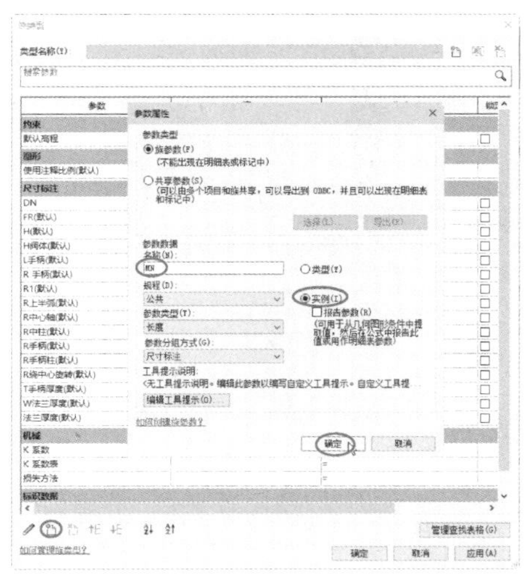

图 4-113　定义新参数

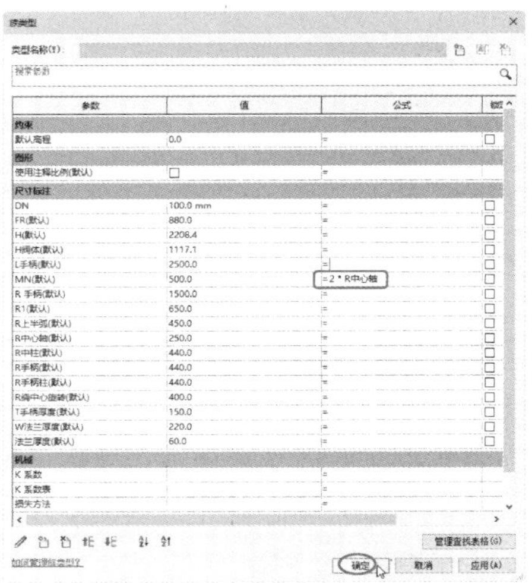

图 4-114　完成族类型的创建

05 在视图窗口中选中连接件，然后在【属性】面板的【系统分类】列表中选择【管件】选项，如图 4-115 所示。

06 在【直径】选项栏右侧单击【关联族参数】按钮，在弹出的【关联族参数】对话框中选择 MN 选项，单击【确定】按钮完成族参数的关联操作，如图 4-116 所示。同理，对另一侧的连接件进行系统分类选择和关联族参数等操作。

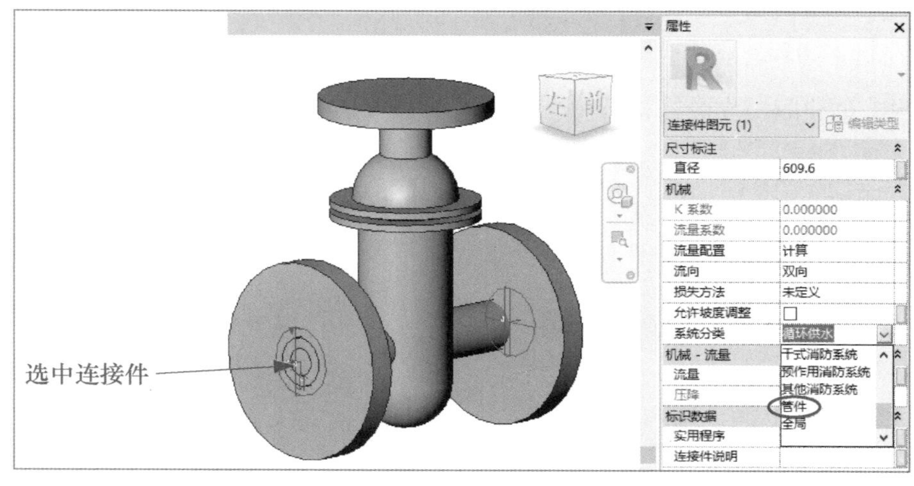

图 4-115　设置连接件的属性

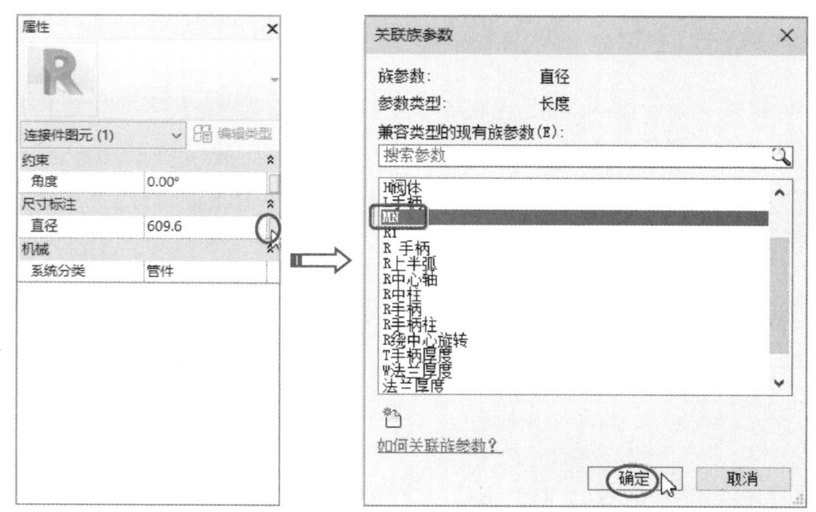

图 4-116　关联族参数

07 在【创建】选项卡中单击【族类别和族参数】按钮，弹出【族类别和族参数】对话框。在【族类别】列表中选择【管路附件】族类别，在下方的【族参数】中选择【零件类型】为【插入】，单击【确定】按钮完成阀门族连接件的创建，如图 4-117 所示。

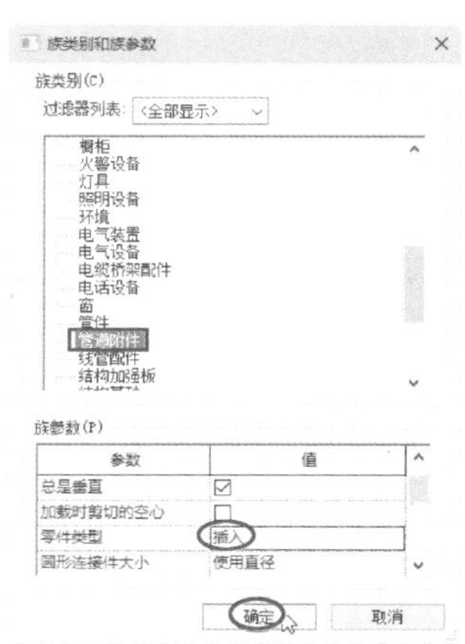

图 4-117　定义族类别和族参数

4.5 测试族

前面我们详细介绍了族的创建知识，而在实际使用族文件前还应对创建的族文件进行测试，以确保在实际使用中的正确性。

4.5.1 测试目的

测试自己创建的族，其目的是为了保证族的质量，避免在今后长期使用中受到影响。

1. 确保族文件的参数参变性能

对族文件的参数参变性能进行测试，从而保证族在实际项目中具备良好的稳定性。

2. 符合国内建筑设计的国标出图规范

参考中国建筑设计规范与图集，以及公司内部有关线型、图例的出图规范，对族文件在不同视图和粗细精度下的显示进行检查，从而保证项目文件最终的出图质量。

3. 具有统一性

对于族文件统一性的测试，虽然不直接影响到质量本身，但如果在创建族文件时注意统一性方面的设置，将对族库的管理非常有帮助。而且在族文件载入项目文件后，也将对项目文件的创建带来一定的便利。包括如下几点。

- 族文件与项目样板的统一性：在项目文件中加载族文件后，族文件自带的信息，例如“材质”“填充样式”“线性图形”等被自动加载至项目中。如果项目文件已包含同名的信息，则族文件中的信息会被项目文件所覆盖。因此，在创建族文件时，建议尽量参考项目文件已有的信息，如果有新建的需要，在命名和设置上应当与项目文件保持统一，以免造成信息冗余。
- 族文件自身的统一性：规范族文件的某些设置，例如插入点、保存后的缩略图、材质、参数命名等，将有利于族库的管理、搜索以及载入项目文件后使之本身所包含的信息达到统一。

4.5.2 测试流程

族的测试过程可以概括为：依据测试文档的要求，将族文件分别在测试项目环境中、族编辑器模式和文件浏览器环境中进行逐条测试，并建立测试报告。

1. 制定测试文件

不同类别的族文件，其测试方式也是不一样的，可先将族文件按照二维和三维进行分类。

由于三维族文件包含了大量不同的族类别，部分族类别创建流程、族样板功能和建模方法都具有很高的相似性。例如在常规模型、家具、橱柜、专用设备等族中，家具族具有一定的代表性，因此建议以“家具”族文件测试为基础，制定“三维通用测试文档”，同时“门”“窗”和“幕墙嵌板”之间也具有高度相似性，但测试流程和测试内容比“家具”要复杂很多，可以合并作为一个特定类别指定测试文档。而部分具有特殊性的构件，可以在“三维通用测试文档”的基础上添加或者删除一些特定的测试内容，制定相关测试文档。

针对二维族文件，“详图构件”族的创建流程和族样板功能具有典型性，建议以此类别为基础，指定通用的“二维通用测试文档”。“标题栏”“注释”及“轮廓”等族也具有一定的特殊性，可以在“二维通用测试文档”的基础上添加或者删除一些特定的测试内容，指定相关测试文档。

针对水暖电的三维族，还应在族编辑器模式和项目环境中对连接件进行重点测试。根据族类别和连接件类别（电气、风管、管道、电缆桥架、线管）的不同，连接件的测试点也不同。一般在族编辑器模式中，应确认以下设置和数据的正确性：连接件位置、连接件属性、主连接件设置、连接件链接等，在项目环境中，应测试组能否正确地创建逻辑系统，以及能否正确使用系统分析工具。

针对三维结构族，除了参变测试和统一性测试以外，要对结构族中的一些特殊设置做重点的检查，因为这些设置关系到结构族在项目中的行为是否正确。例如，检查混凝土机构梁的梁路径的端点是否与样板中的“构件左”和“构件右”两条参照平面锁定；检查结构柱族的实心拉伸的上边缘是否拉伸至“高于参照 2500”处，并与标高锁定，是否将实心拉伸的下边缘与“低于参照标高 0”的标高锁定等。而后可将各类结构族加载到项目中检查族的行为是否正确，例如相同/不同材质的梁与结构柱的连接、检查分析模型、检查钢筋是否充满在绿色虚线内、检查弯钩方向是否正确、是否出现畸变、保护层位置是否正确等。

测试文档的内容主要包括：测试项目、测试方法、测试标准和测试报告四个方面。

2. 创建测试项目文件

针对不同类别的族文件，测试时需要创建相应的项目文件，模拟族在实际项目中的调用过程，从而发现可能存在的问题。例如在门窗的测试项目文件中创建墙，用于测试门窗是否能正确加载。

3. 在测试项目环境中进行测试

在已经创建的项目文件中，加载族文件，检查不同视图下族文件的显示和表现。改变族文件类型参数与系统参数设置，检查族文件的参变性能。

4. 在族编辑器模式中进行测试

在族编辑器模式中打开族文件，检查族文件与项目样板之间的统一性，例如材质、填充样式和图案等，以及族文件之间的统一性，例如插入点、材质、参数命名等。

5. 在文件浏览器中进行测试

在文件浏览器中，观察文件缩略图的显示情况，并根据文件属性查看文件量大小是否在正常范围。

6. 完成测试报告

参照测试文档中的测试标准，对错误的项目逐条进行标注，完成测试报告，以便于接下来的文件修改。

4.6 使用云族 360 族库

BIMSpace 2020 向用户提供了海量族的族库——云族 360。

云族 360 主要针对企业用户和个人用户。个人用户使用族是完全免费使用的，可以安装云族 360 客户端后，在 Revit 中登录后开始使用。

此外，个人用户也可以在鸿业官网（http：//bim. hongye. com. cn/）的【产品系列】页面选择【云族 360】产品，进入云族 360 网页版页面，如图 4-118 所示。

图 4-118　在官网访问云族 360 网页版

如果是企业用户，可在鸿业官网（http：//bim. hongye. com. cn/）的【产品系列】页面下，选择【鸿业云族 360 企业族库管理系统】产品，访问企业族库网页版，如图 4-119 所示。

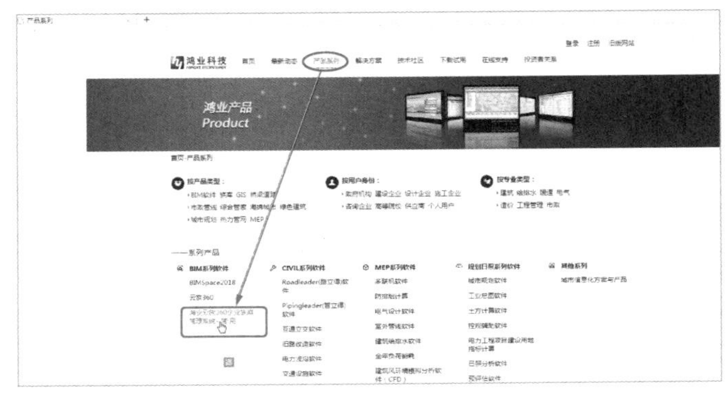

图 4-119　在官网访问企业族库

在云族360的网页版页面中，有建筑结构专业、给排水专业、暖通专业、管廊专业、建筑电气专业及其他专业的族库，如图4-120所示。

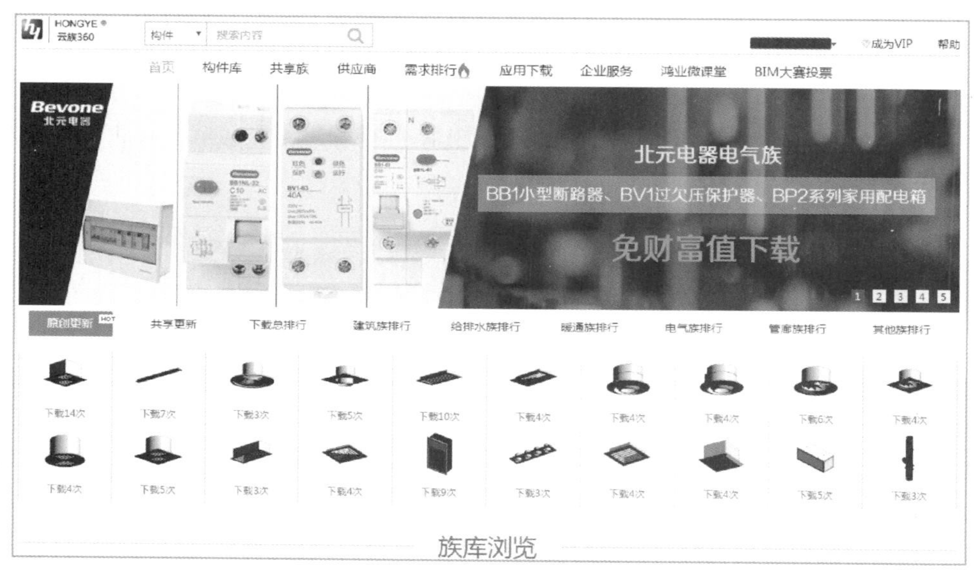

图4-120 云族360网页版页面

在此页面中，用户可以选择需要的专业族后，系统会提示需要登录账户，如果没有，可以通过单击网页页面顶部的【注册】链接选项进行账号注册。

登录账号以后，就可以随心所欲地下载想要的族了，图4-121为一个专业族的下载页面。

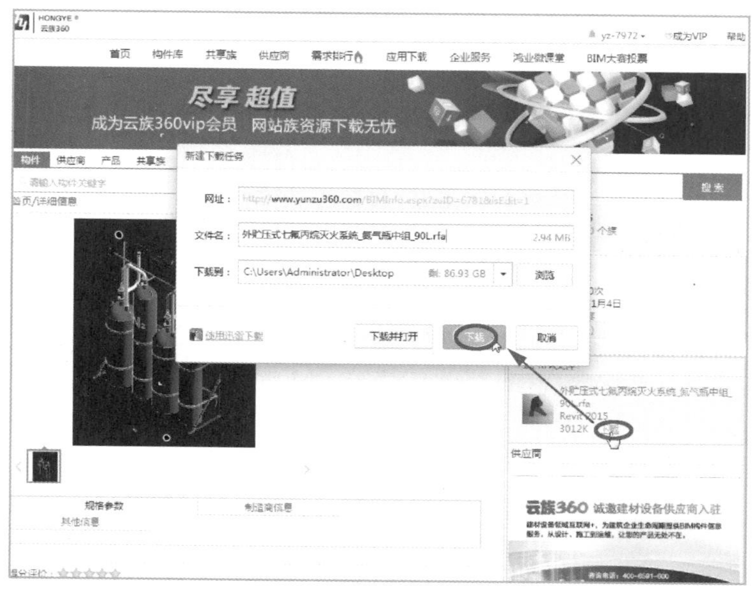

图4-121 族的下载

从网页版下载的族，将保存在用户自定义的路径下，再通过 Revit 载入下载的族。Revit 2020 中的云族 360 的客户端，如图 4-122 所示。

图 4-122　云族 360 的客户端

第 5 章

建筑暖通设计

本章导读

鸿业机电 2020 软件模块包括给排水专业功能、暖通专业功能和电气专业功能。本章将重点介绍鸿业机电 2020 软件模块在 Revit 中的实战应用。最后，将以一个建筑的中央空调系统为例介绍暖通专业的 BIM 建模方法。

案例展现

案例图	描述
	食堂建筑项目的通风系统是一套独立空气处理的新风系统，由送风系统和排风系统组成。新风系统分为管道式新风系统和无管道新风系统两种。本例为管道式新风系统，由新风机和管道配件组成，通过新风机净化室外空气导入室内，通过管道将室内空气排出
	食堂一层的中央空调系统包括风系统和水系统。风系统即风机盘管系统，由风机盘管、风管和送风口组成；水系统包括通往地下的水井、冷凝水管道、冷水回水管道、冷水供水管道等
	本例食堂大楼的采暖系统采用散热器采暖设计，主要由采暖供水干管、采暖回水干管、钢柱式散热器、管道阀门等设备组成。一层采暖系统中，采暖供水干管和采暖回水干管接入钢柱式散热器，从室外的市政供热系统管道接入和输出采暖供水和回水

5.1 鸿业机电 2020 暖通设计功能介绍

暖通专业会细分为采暖、供热、通风、空调、除尘和锅炉等几个方向。由于国内地区温差大，南方和北方的暖通设计会有所不同：南方地区主要是通风和空调，北方地区除了通风、空调，还有采暖和供热。

就南方区域来说，最常见的就是通风系统和中央空调系统，如图 5-1、图 5-2 所示。

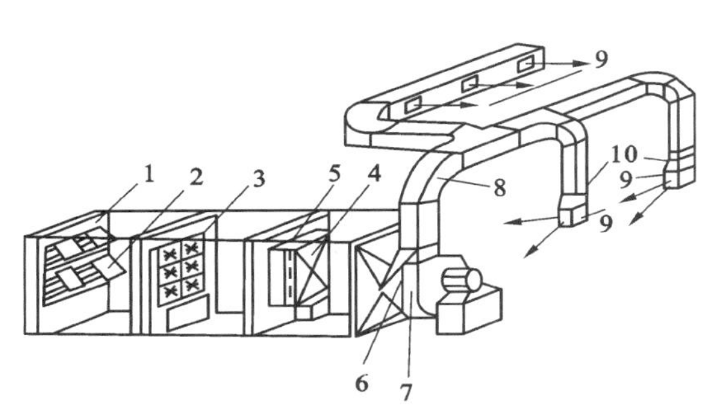

图 5-1　通风系统

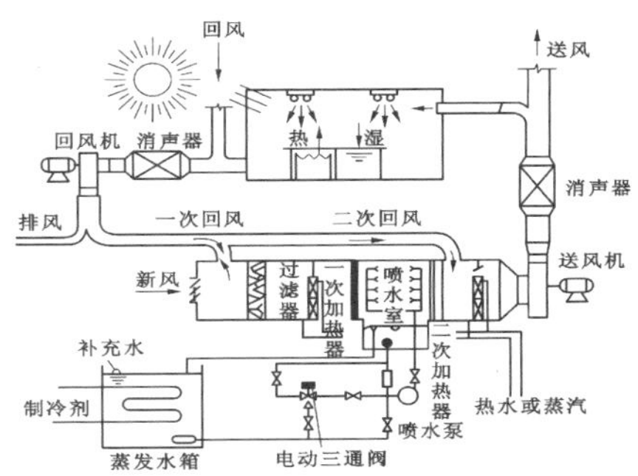

图 5-2　中央空调系统

鸿业机电 2020 是基于 Revit 软件的机电设计模块，安装鸿业机电 2020 程序后，在桌面上双击“鸿业机电 2020”图标，打开鸿业机电 2020 启动界面，如图 5-3 所示。

图 5-3　鸿业机电 2020 启动界面

在启动界面左下角，可以勾选【给排水】【暖通】或【电气】复选框来载入相应的专业设计工具，由于鸿业机电 2020 中的机电设计功能十分强大，工具指令比较多，所以一次只能勾选两个专业设计工具复选框。在启动界面顶部若勾选【启动 Revit 时，同时启动当前选项】复选框，下次直接启动 Revit 2020 软件平台时可自动启动鸿业机电 2020 的模块程序。

在 Revit 2020 软件平台的主页界面中，单击【模型】选项组中的【新建】按钮，弹出【新建项目】对话框，在该对话框的【样板文件】下拉列表中自动载入了鸿业机电设计的相关项目样板，包括 BIMSpace 给排水样板、BIMSpace 暖通样板和 BIMSpace 电气样板，如图 5-4 所示。本章要介绍的是建筑暖通设计的相关知识，所以选择 BIMSpace 暖通样板后单击【确定】按钮，随即进入到暖通专业设计的项目环境中。

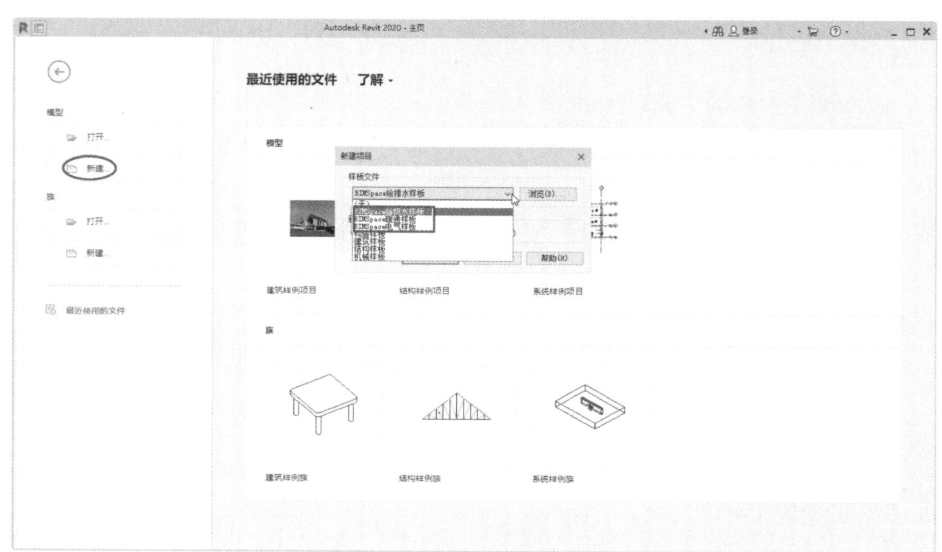

图 5-4　鸿业机电设计的项目样板

提示	鸿业机电 2020 软件可在鸿业科技官网中下载。

图 5-5 为鸿业机电 2020 的暖通专业设计工具，分别在【风系统】选项卡、【水系统】选项卡、【采暖系统】选项卡和【多联机系统】选项卡中。

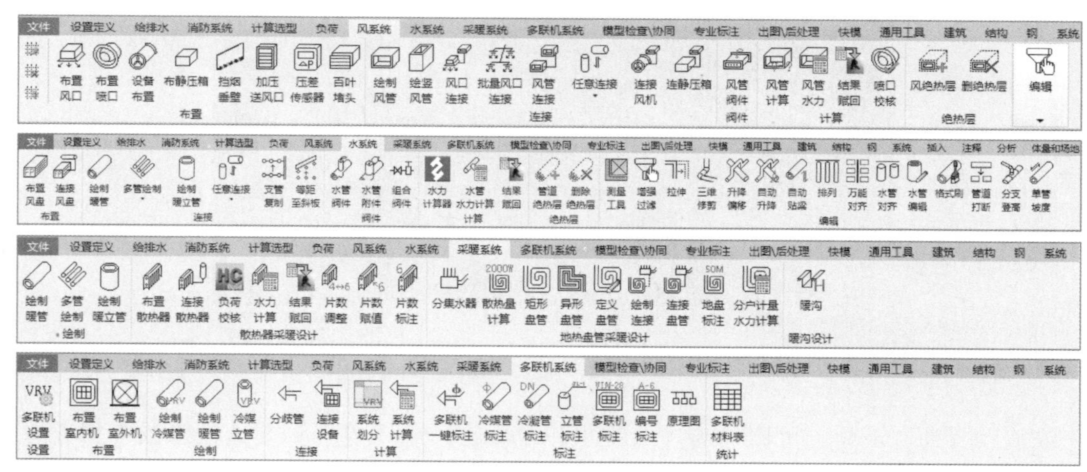

图 5-5　鸿业机电 2020 的暖通专业设计工具

5.2 食堂大楼通风系统设计案例

在本例中，我们将学习如何在学校食堂项目中进行建筑通风系统设计。食堂建筑项目的通风系统是一套独立空气处理系统——新风系统，由送风系统和排风系统组成。新风系统分为管道式新风系统和无管道新风系统两种。本例为管道式新风系统，由新风机和管道配件组成，通过新风机净化室外空气导入室内，并通过管道将室内空气排出。

本例的某大学食堂大楼模型已经创建完成，包括建筑设计和结构设计部分，模型效果如图 5-6 所示。

图 5-6 某大学食堂大楼建筑模型

图 5-7 为食堂大楼一层的建筑平面图，也是暖通设计的图纸参考。

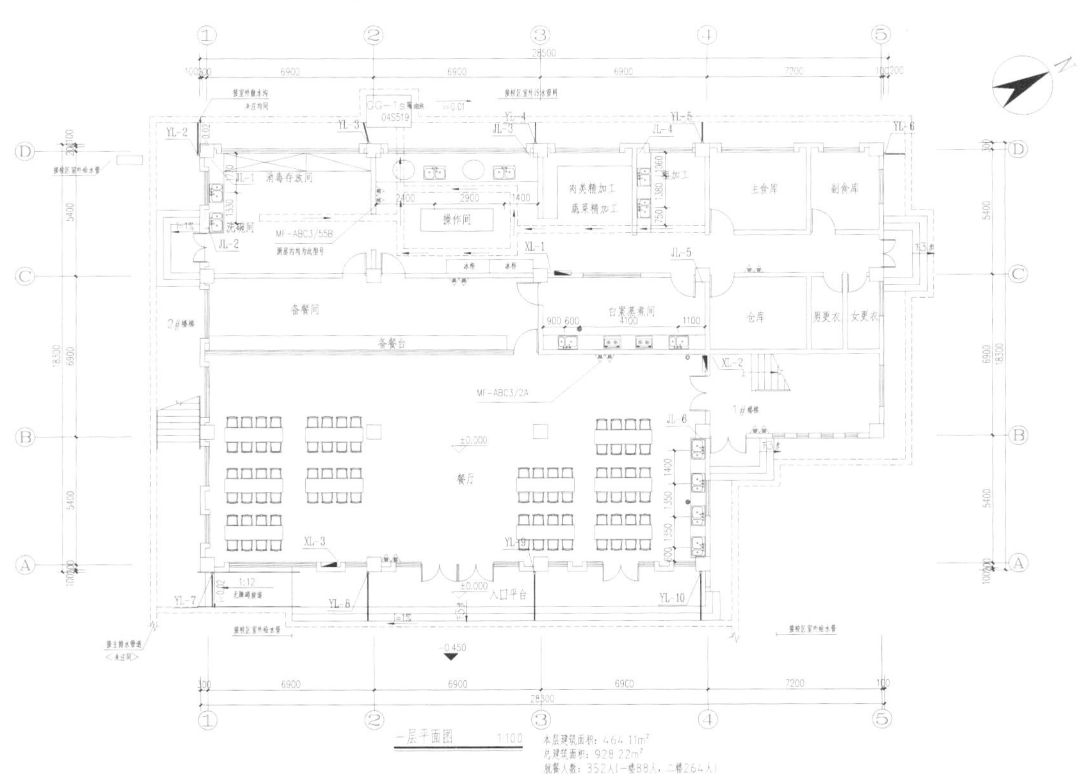

图 5-7 食堂大楼一层平面图

食堂大楼暖通设计的主要参数如下。

(1) 室外计算参数

大气压力：冬季 1021. 7hPa，夏季 1000. 2hPa；

夏季空调计算干球温度：26. 4℃；

夏季空调计算湿球温度：33. 5℃；

夏季通风计算温度：29. 7℃；

夏季室外平均风速：2. 1m/s；

冬季空调计算干球温度：－9. 9℃；

冬季空调计算相对湿度：44%；

冬季通风计算温度：－3. 6℃；

冬季室外平均风速：2.6m/s；　　　　　　　　冬季采暖室外计算温度：-7.6℃。

(2) 围护结构热工计算参数（传热系数）

外墙 K=0.45W/m²·K

注："外墙 K"中的 K 表示传热系数值，单位中的 K 表示为温差，也可表示为℃。

屋面 K=0.43W/m²·K

外窗 K=2.3W/m²·K

架空或外挑檐板 K=0.35W/(m²·K)

地下室外墙 K=0.50W/(m²·K)

与非采暖空调房间隔墙 K=0.93W/(m²·K)

与非采暖空调房间楼板 K=1.19W/(m²·K)

(3) 室内计算参数（见表 5-1）

表 5-1　室内计算参数表

项目 地点	夏季		冬季		排风量或新风换气次数
	温度/℃	相对湿度	温度/℃	相对湿度	
办公室、更衣室	26	<60%	18	—	
餐厅、包间	26	<60%	18	—	
售卖窗口	26	—	16	—	
大制作间、热加工间	—	—	10	—	50 次/h
精细加工间等	—	—	16	—	20 次/h
饮料、副食库房	—	—	8	—	10 次/h
米面库房	—	—	5	—	
变配电室	37~40	—	>5	—	按发热量计算
卫生间	—	—	16	—	10 次/h
浴室	—	—	25	—	10 次/h
燃气表间	—	—	—	—	12 次/h
洗消间	—	—	16	—	15 次/h

注：1) 大制作间、热加工间等有燃气区域事故排风按 12 次/h 计；
　　2) 大制作间、热加工间/粗细加工间等区域补风量按排风量 80% 计。

整个食堂大楼建筑只有两层，一层中的通风系统包括"白案蒸煮间"区域通风（送风）和厨房其他区域（消毒间、操作间、肉类精细加工、主副食库、仓库、洗碗间等）通风（排风）。二层由于不设厨房工作区域，故不设计通风系统，但有中央空调系统设计。

通风系统详细设计的依据如下。

1) 后厨区各大制作间与热加工间设置全面通风、局部通风系统和事故排风系统，平时总排风量按 50 次/h 计算，其中全面排风量占 35%、局部通风量占 65%；厨房补风量为总排风量的 80%，保证厨房区处于负压区，厨房补风量的 65% 直接送至排烟罩边；厨房补风量的 35% 经加热处理后再送入厨房内。厨房补风系统均设置过滤器。

厨房排油烟风机设置在屋面，厨房油烟由排油烟竖井引至屋顶，排油烟风机前端设置静电式油烟净化装置，经处理后排放。厨房排油烟罩要求采用运水烟罩。排室内排油烟水平风管设置2%以上的坡，坡向排风罩。厨房全面排风风机兼事故排风机，事故排风量按照12次/h计算，事故排风机采用防爆风机。

2）后厨区粗细加工间等设置机械送风排风系统，补风量按排风量的80%计算。

3）通风系统送风口采用双层活动百叶风口，排风口采用单层百叶活动风口。

5.2.1　送风系统设计

通风包括从室内排出污浊的空气和向室内补充新鲜空气两部分内容，前者称为排风，后者称为送风、新风或进风。为实现排风或送风所采用的一系列设备、装置的总体称为通风系统。

本例食堂大楼的送风系统由新风井、新风机组、送风管、双层百叶窗风口、风管阀门等设备组成。设计顺序（或安装顺序）为：送风管→新风井→新风机组→风管阀门→双层百叶窗风口。新风井由砌体构成，设计过程本节不做介绍。新风机组放置于屋顶，接新风井。

01 启动鸿业机电2020软件，在Revit主页界面中选择“HYBIMSpace暖通样板”样板文件后进入暖通专业设计项目环境中。

02 在项目浏览器中双击“01空调风管”|“01建模”视图节点下的“楼层平面：建模-首层空调风管平面图”视图，然后在【插入】选项卡中单击【链接Revit】按钮，从本例源文件夹中打开“食堂大楼.rvt”项目文件，如图5-8所示。

03 链接后的建筑模型与视图如图5-9所示。

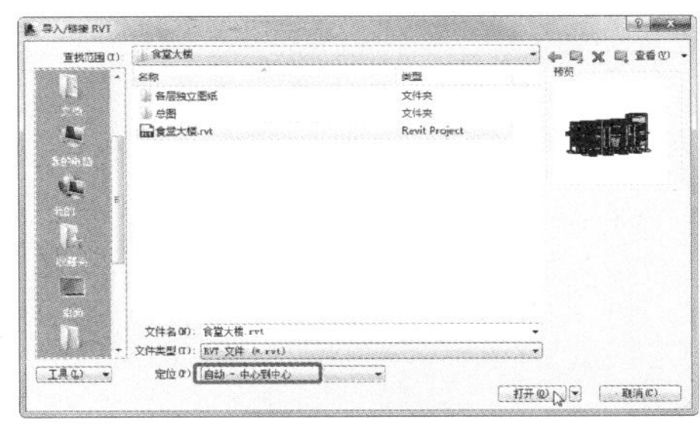

图5-8　链接Revit模型

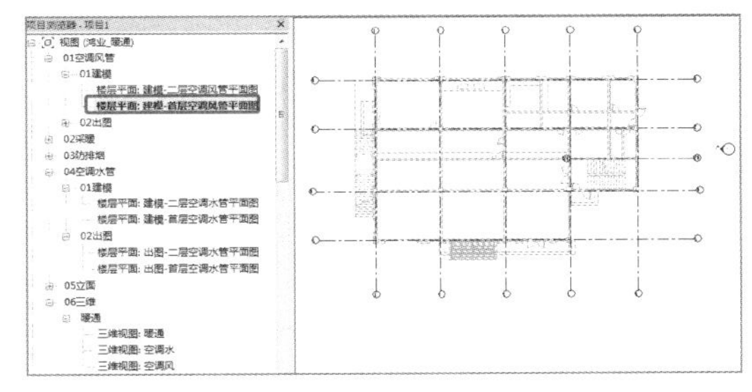

图5-9　链接RVT模型后的暖通视图

04 切换到“05立面”|“暖通”视图节点下的“立面：南”视图，将默认的2F的标高改为4.2m，再新建8.4m的3F标高，如图5-10所示。

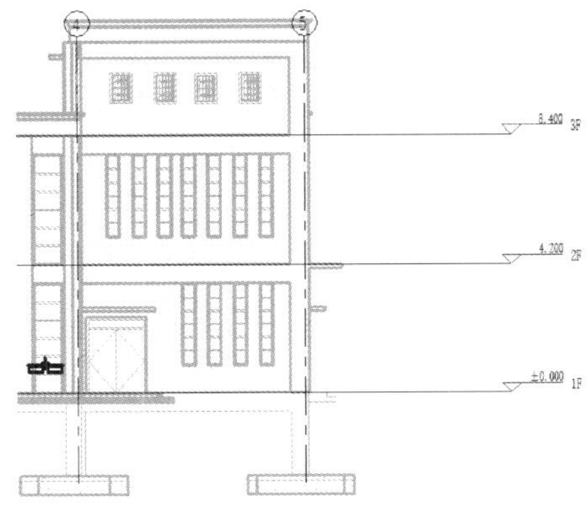

图5-10　修改标高

05 切换到“01 空调风管”|“01 建模”视图节点下的“楼层平面：建模-首层空调通风风管平面图”视图。

06 在【快模】选项卡下单击【链接 CAD】按钮，将本例源文件夹中的“一层通风系统平面布置图.dwg”图纸文件导入到项目中，如图 5-11 所示。

07 利用【修改】上下文选项卡中的【对齐】工具，对齐图纸中的轴线与链接模型楼层平面图中的轴线。

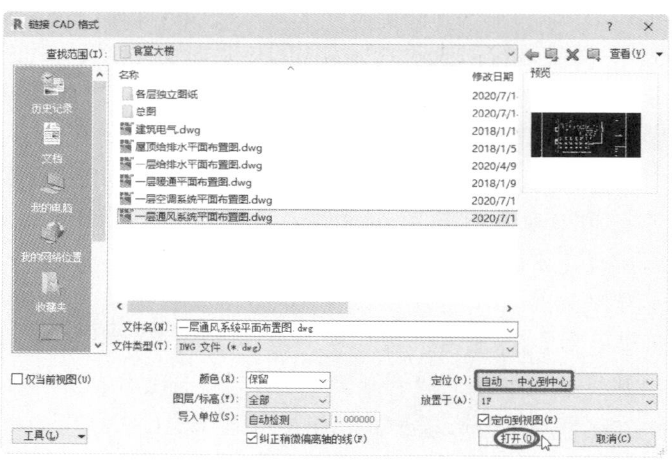

图 5-11 链接 CAD 图纸文件

08 在【风系统】选项卡【连接】面板中单击【绘制风管】按钮，弹出【绘制风管】对话框。在对话框中设置风管选项及参数，然后在图纸中标注“新风井”的位置开始绘制，如图 5-12 所示。

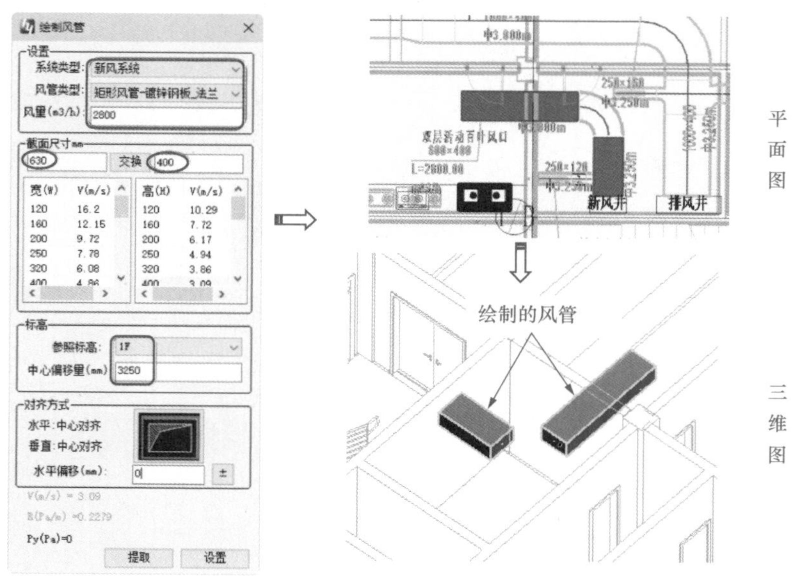

图 5-12 绘制新风（送风）风管一

09 重新在【绘制风管】对话框中设置风管参数，并绘制宽度为 250mm、高度为 120mm、风量为 $320m^3/h$、中心偏移量为 3250mm 的风管，如图 5-13 所示。

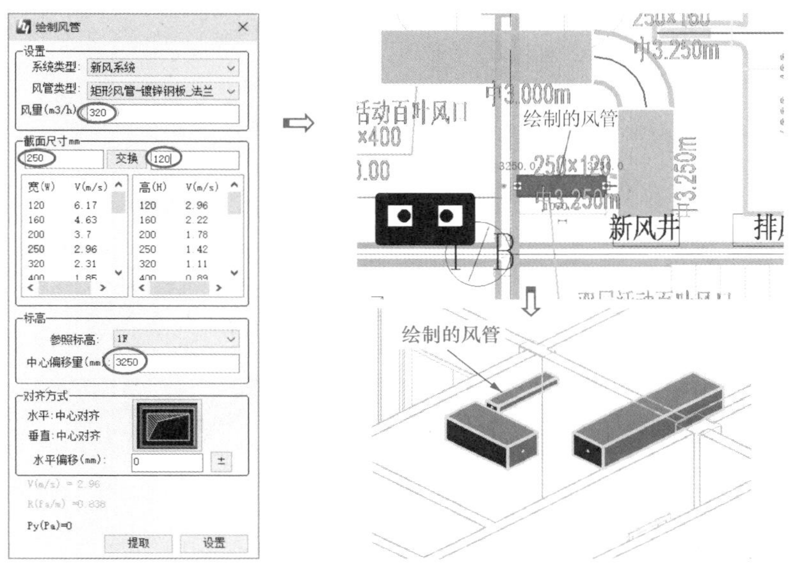

图 5-13　绘制送风风管二

10 切换到“三维视图：暖通”或者“三维视图：空调风”视图。在【风系统】选项卡【连接】面板中的【任意连接】下拉列表中单击【风管自动连接】按钮，从右往左框选（窗交选取）要连接的两根风管，随后系统自动创建风管连接，如图 5-14 所示。最后按 Esc 键结束连接。

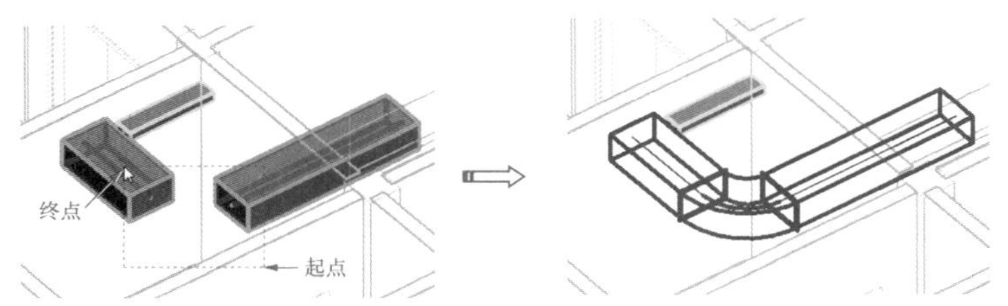

图 5-14　创建风管的自动连接

11 在【连接】面板中单击【风管连接】按钮，弹出【风管连接】对话框。选择操作方式为“点选”，选择连接方式为【侧连接】，然后依次选择主风管（大）和侧风管（小）进行连接，如图 5-15 所示。

> **提示**　上一步骤中的“风管自动连接”方式也可以改为用【风管连接】对话框中的【弯头连接】形式来连接，双击【弯头连接】图标或者右键单击选择弹出的【弯头连接】对话框的【弧形弯头连接】选项，如图 5-16 所示。

12 在【布置】面板中单击【设备布置】按钮，弹出【设备布置】对话框。在对话框中设置新风机组设备的类型和参数，然后单击【布置】按钮，将新风机组设备放置在图纸中标注有“新风井”字样的位置上，如图 5-17 所示。

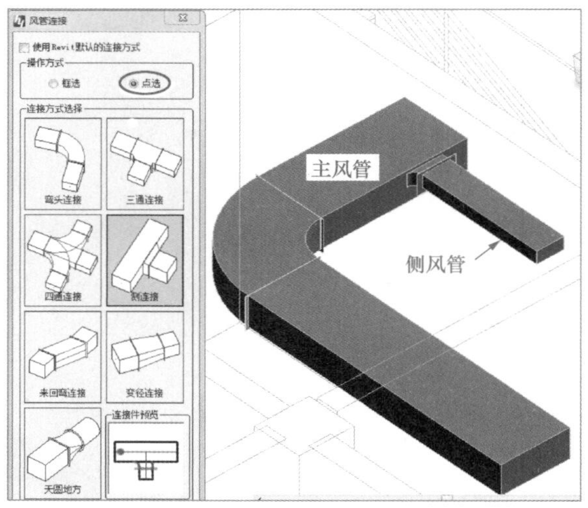

图 5-15　创建侧连接

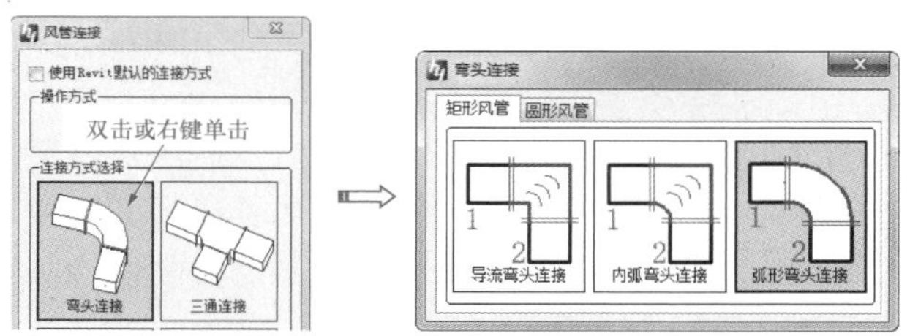

图 5-16　弧形弯头连接方式的选取

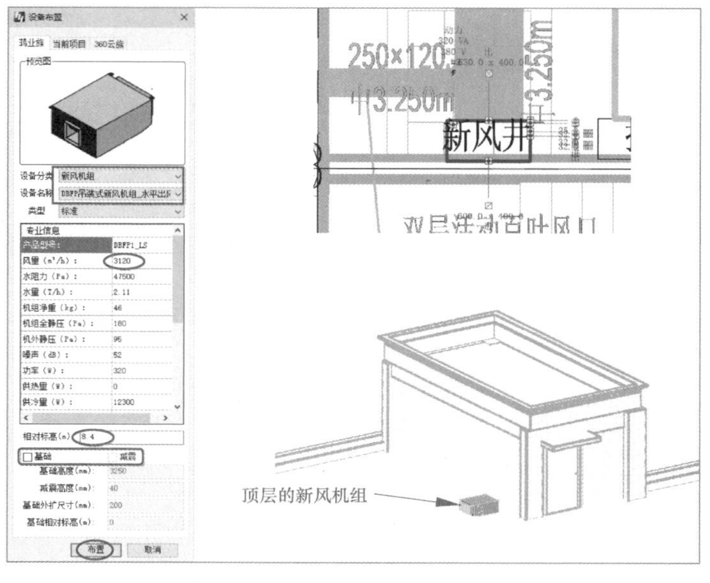

图 5-17　布置新风机组

提示 如果图纸中没有标明新风机组的安装高度，可以参考常规安装的数据。一般情况下，新风机组的安装高度与风管高度相当，也可以略微低一些。如果是空调的风机，则安装在距离地面一定高度上并进行减震设计。

13 在【阀件】面板中单击【风管阀件】按钮，弹出【风管阀件】对话框。选择【矩形风管阀门】类型，在阀门列表中双击【矩形对开多叶调节阀】图标，然后将其放置在风管截面尺寸为“250×120”的新风管上，如图5-18所示。

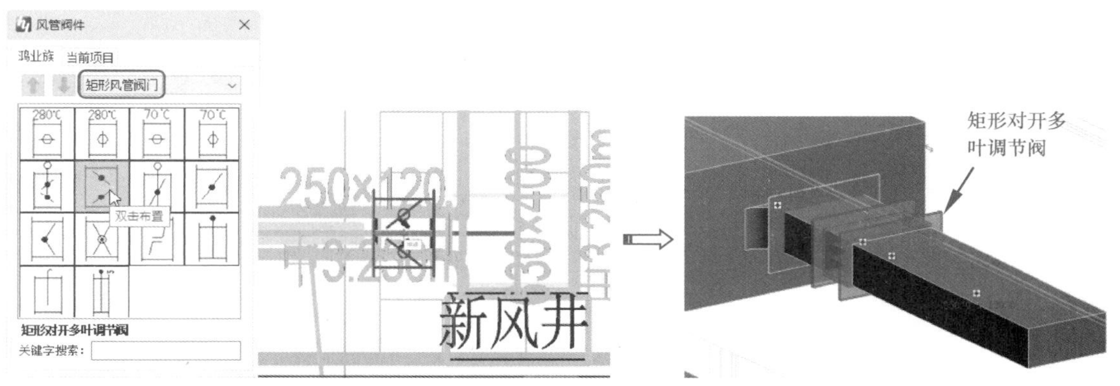

图5-18 布置矩形对开多叶调节阀

14 在【布置】面板中单击【布置风口】按钮，弹出【布置风口】对话框。在对话框中选择【双层百叶风口】族，并设置族参数，单击【单个布置】按钮，将双层百叶风口放置在小新风管上，如图5-19所示。用同样的方法更改风口参数后，再将新风风口放置在大新风管上，如图5-20所示。

提示 如果产生与实际效果不符的情况，可先在空白位置放置风口，然后使用【移动】工具将其平移至正确位置。

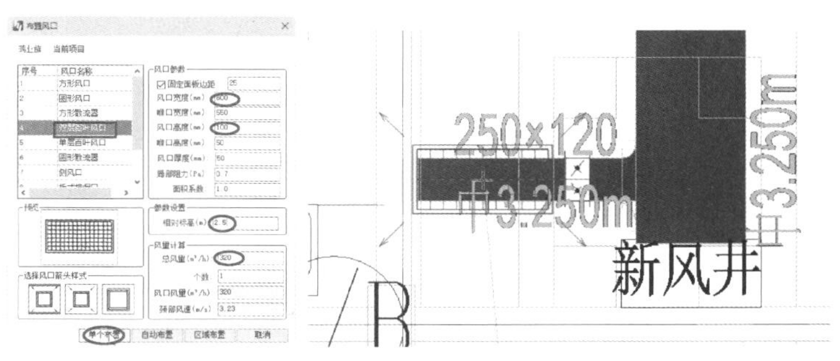

图5-19 放置小新风风口

15 放置的新风风口与新风风管是脱离的，需要连接起来。切换到“三维视图：暖通”视图，在【连接】面板中单击【风口连接】按钮，弹出【风管连风口】对话框。选择【直接连风口】方式，然后选取风管和风口进行连接，如图5-21所示。

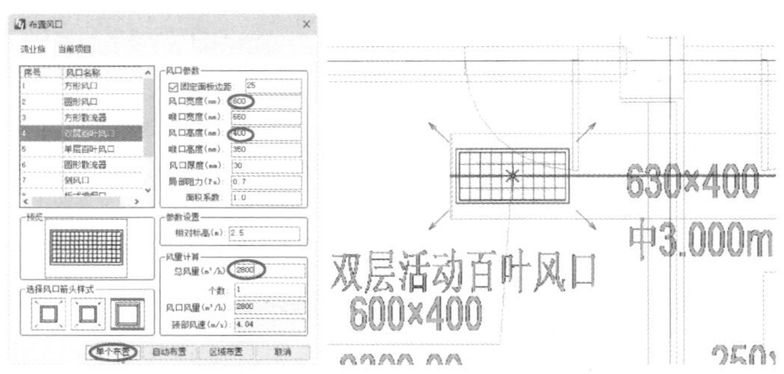

图 5-20　放置大新风风口

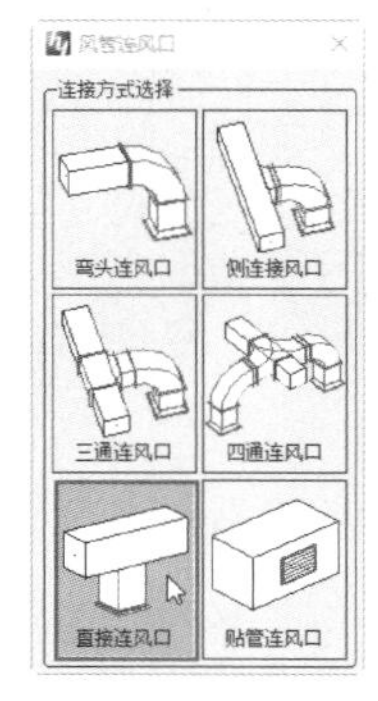

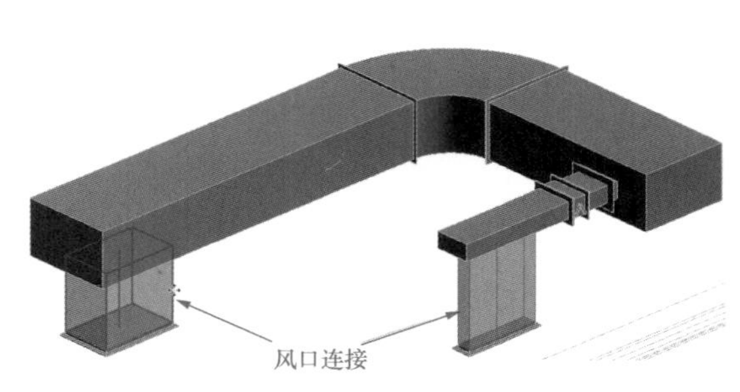

图 5-21　创建风管与风口连接

5.2.2　排风系统设计

本例食堂大楼的排风系统主要由风机、排风风管、风管接头和单层活动百叶风口组成。当风管与风管创建连接时，会自动创建风管接头。

01　切换视图至首层空调风管平面图。单击【绘制风管】按钮，在“排风井”位置绘制宽度为 1000mm、高度为 400mm、风量为 7500m³/h、中心偏移量为 3250mm 的风管，如图 5-22 所示。

02　绘制宽度为 800mm、高度为 400mm、风量为 4900m³/h、中心偏移量为 3250mm 的风管，如图 5-23 所示。

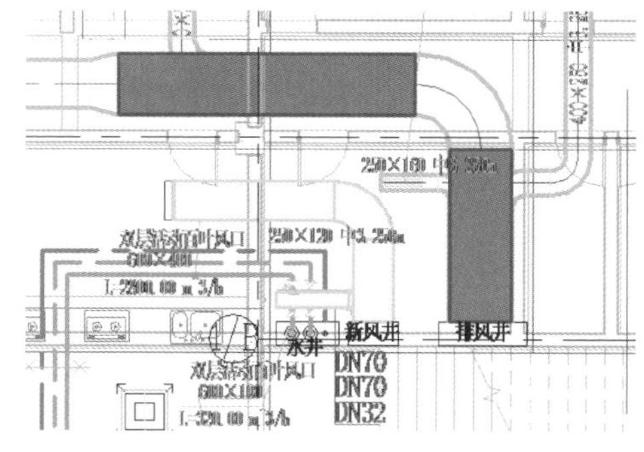

图 5-22　绘制 1000mm × 400mm 的风管

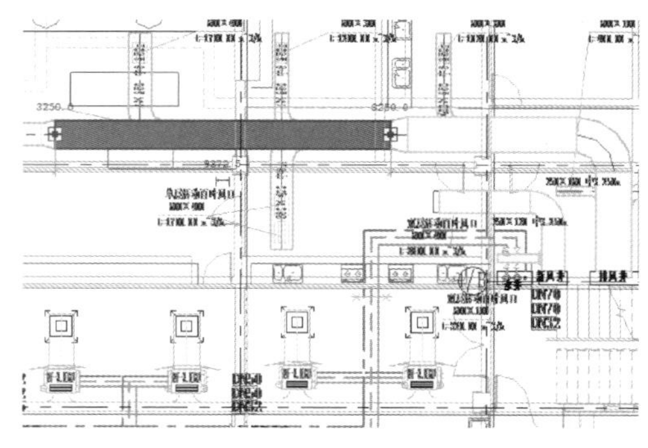

图 5-23　绘制 800mm × 400mm 的风管

03 绘制宽度为 630mm、高度为 250mm、风量为 4900m³/h、中心偏移量为 3250mm 的风管，如图 5-24 所示。

04 绘制宽度为 630mm、高度为 400mm、风量为 1700m³/h、中心偏移量为 3250mm 的风管，如图 5-25 所示。

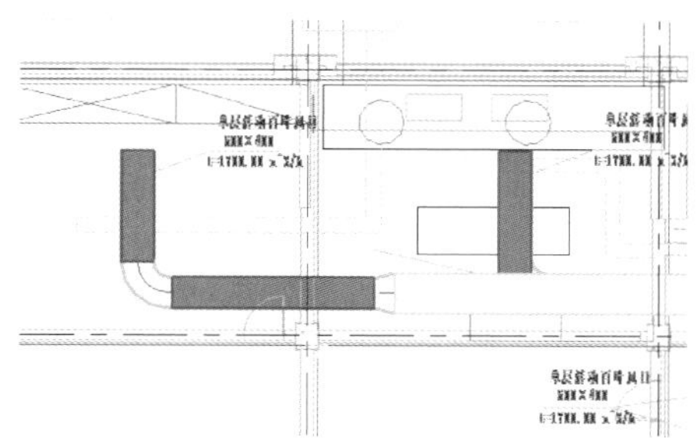

图 5-24　绘制 630mm×250mm 的风管

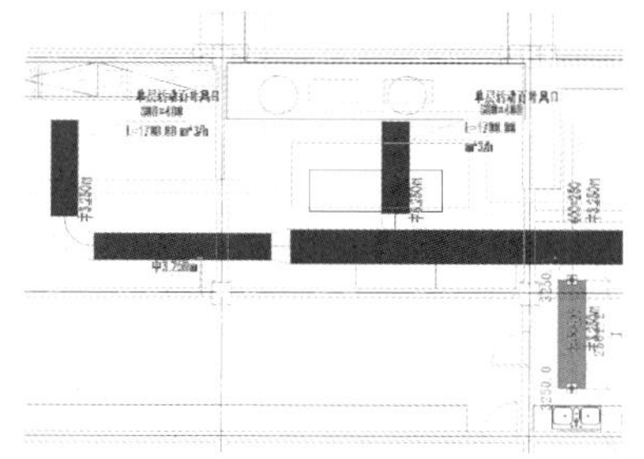

图 5-25　绘制 630mm×400mm 的风管

05 绘制宽度为 400mm、高度为 250mm，风量为 1700m³/h、中心偏移量为 3250mm 的风管，如图 5-26 所示。

06 绘制宽度为 250mm、高度为 160mm，风量为 400m³/h、中心偏移量为 3250mm 的风管，如图 5-27 所示。

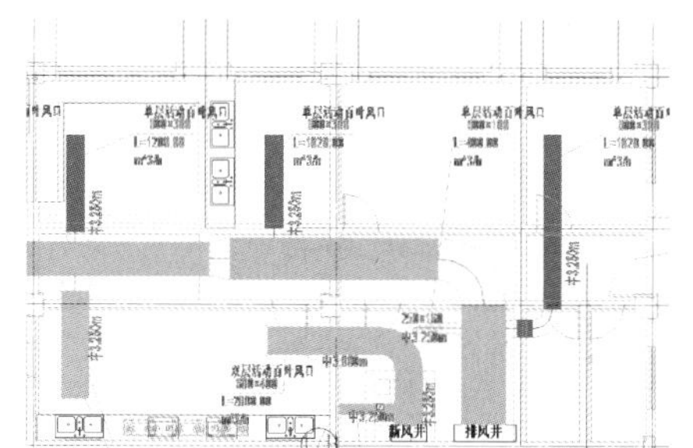

图 5-26　绘制 400mm×250mm 的风管

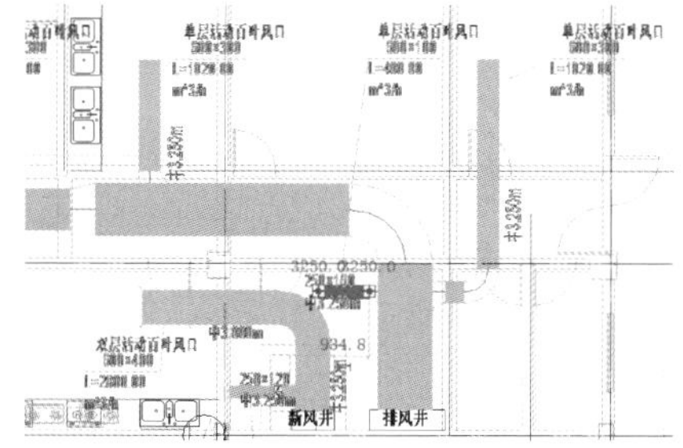

图 5-27　绘制 250mm×160mm 的风管

07 切换到“三维视图：空调风”视图，利用【风管连接】工具，首先连接 1000mm×400mm 的风管，如图 5-28 所示。

08 同理，从大到小地依次连接其余风管。在同一直线上且大小不一的风管使用【变径连接】方式，形成垂直相交且大小不一的风管使用【侧连接】方式，形成垂直相交且大小相同的风管使用【弯头连接】方式，最终结果如图 5-29 所示。

09 布置排风风口，在排风系统中，排风风口均为“单层百叶风口”类型。单击【布置风口】按钮，在弹出的【布置风口】对话框中选择【单层百叶风口】族类型，设置风口参数后单击【单个布置】按钮，将该类型风口布置在对应的位置上，如图 5-30 所示。

10 同理，继续设置风口参数，将 600mm×300mm、风量为 1020m³/h 的“单层百叶风口”族布置在图纸中标注为“单层活动百叶风口（600mm×300mm）”的位置上，如图 5-31 所示。

11 将风口参数为 600mm×130mm、风量为 400m³/h 的“单层百叶风口”族布置在图纸标注为“单层活动百叶风口（600mm×100mm）”的位置上，如图 5-32 所示。

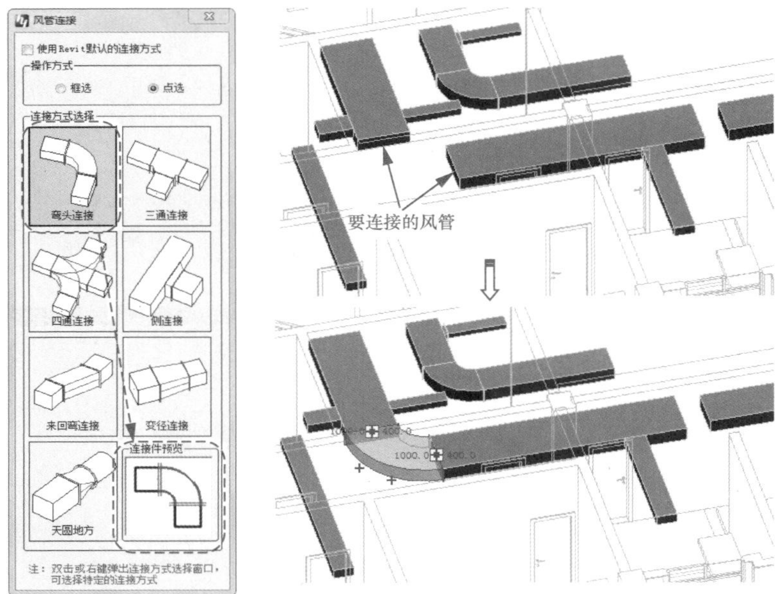

图 5-28　连接 1000mm×400mm 的风管

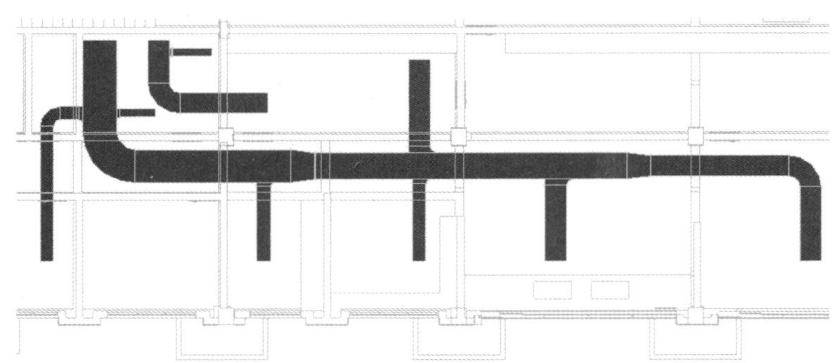

图 5-29　风管连接完成的效果

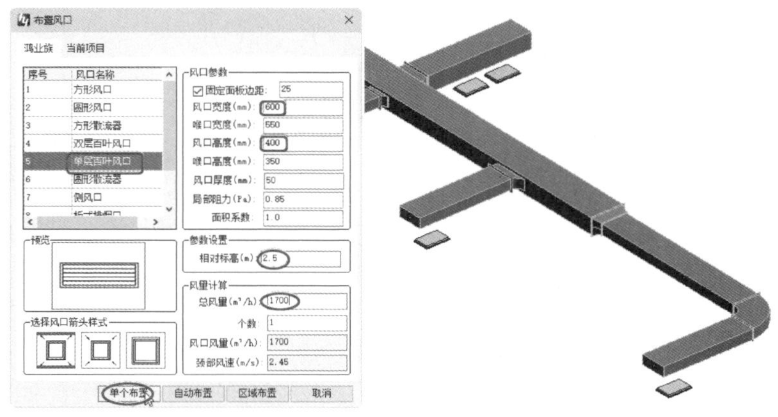

图 5-30　放置 600mm×400mm 单层百叶风口

提示	由于风口族的最小风口高度值为130，如果强行设置为100，将不会载入所需参数的风口族。

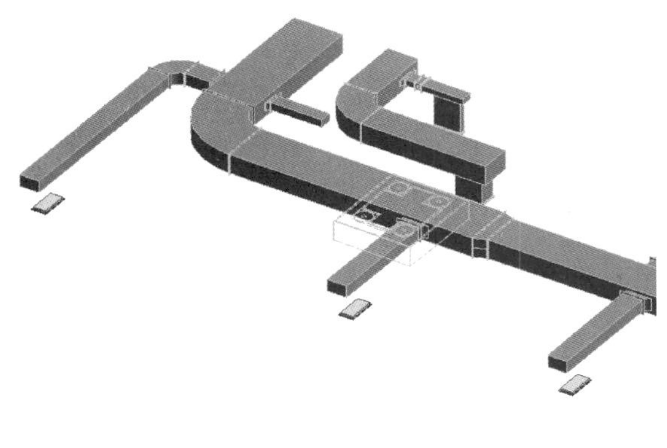

图5-31 放置600mm×300mm单层百叶风口

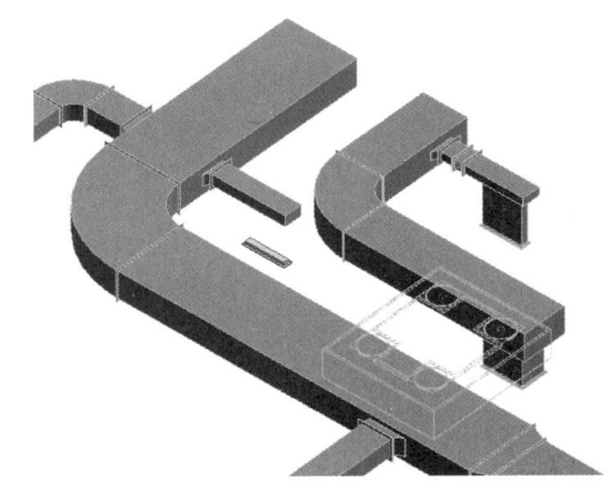

图5-32 放置600mm×130mm单层百叶风口

12 在【连接】面板中单击【风口连接】按钮，采用【直接连风口】的方式，将排风风管和单层百叶风口连接起来，效果如图5-33所示。

13 单击【设备布置】按钮，将【风机】设备（选择设备名称为【屋顶风机-轴流式】、相对标高为8.4m）放置在图纸中标注“排风井”字样的位置上，如图5-34所示。

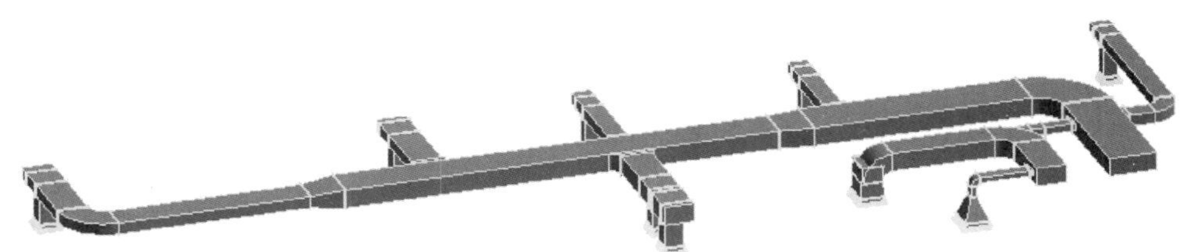

图5-33 设计完成的通风系统

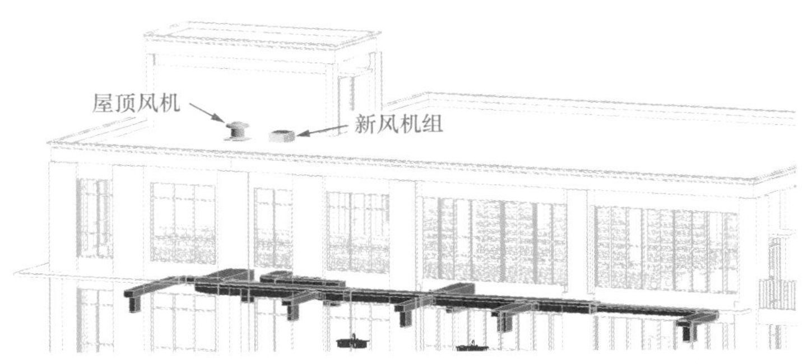

图5-34 布置屋顶风机

5.2.3 消防排烟系统设计

挡烟垂壁属于消防排烟系统，但通常绘制在暖通设计图中，并由暖通专业人员负责设计。挡烟垂壁安装在楼板下或隐藏在吊顶内，它是火灾时能够阻止烟和热气体水平流动的垂直分隔物。挡烟垂壁按活动方式可分为卷帘式和翻板式，本例介绍的挡烟垂壁为翻板式。在一、二层的用餐区顶棚上均有挡烟垂壁安装设计。

01 切换到“03 防排烟”|“01 建模”|“建模-首层空调风管平面图”视图。

02 在【布置】面板中单击【挡烟垂壁】按钮，弹出【挡烟垂壁】对话框。

03 在对话框中设置相关选项及参数，然后参考“一层暖通平面布置图”图纸来绘制挡烟垂壁（以绘制直线的方式来绘制挡烟垂壁），如图 5-35 所示。

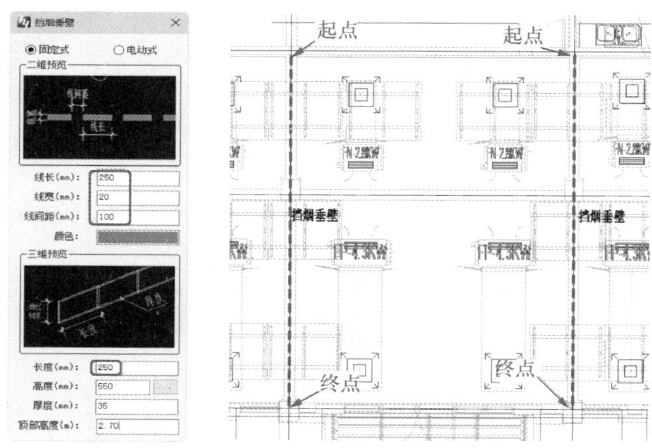

图 5-35　绘制一层的挡烟垂壁

04 切换到“建模-二层空调风管平面图”视图，在二层中绘制挡烟垂壁，如图 5-36 所示。

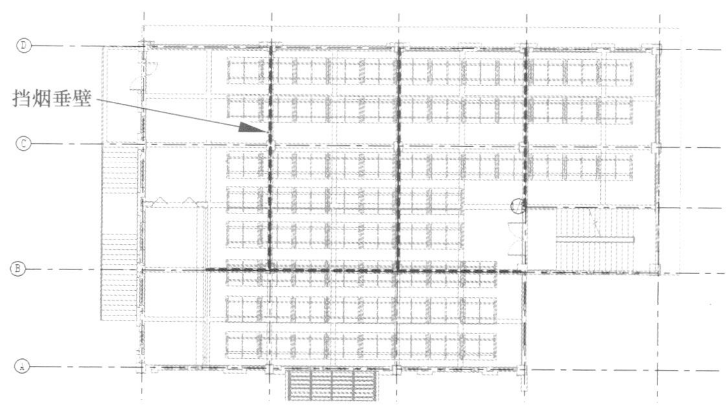

图 5-36　绘制二层的挡烟垂壁

05 至此，完成了食堂大楼的通风系统设计，结果如图 5-37 所示。

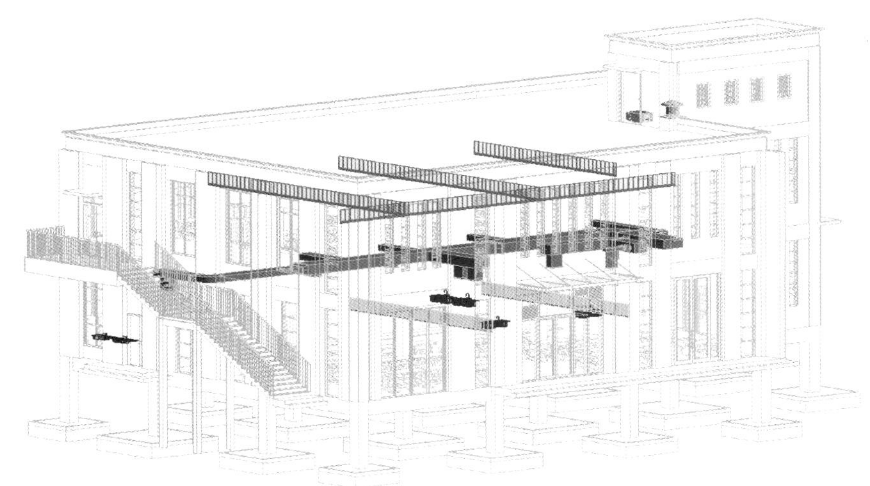

图 5-37　食堂大楼通风系统设计的完成效果

5.3 食堂大楼空调系统设计案例

建筑空调系统的基本组成形式可分为三大部分，分别是冷热源设备（主机）、空调末端设备、附件及管道系统。但空调系统在一百多年的发展历史中，人们不断探索、不断创新，利用自然界给予人类的丰富多彩的能源形式，在这三大组成部分的基础上，发展了多种多样的空调系统形式。

目前较常见的中央空调形式有如下几种。

- 风冷热泵机组 + 空调末端形式；
- 水冷制冷机组 + 冷却塔 + 热水锅炉（或其他热源）+ 空调末端形式；
- 溴化锂机组 + 冷却塔 + 热源 + 空调末端形式；
- 水源热泵机组 + 空调末端形式；
- 风冷管道式空调系统形式；
- 多联机空调系统形式。

本例食堂大楼的一、二层均有空调系统设计，因篇幅限制，这里仅介绍食堂一层的空调系统设计。食堂一层的中央空调系统包括风系统和水系统。

5.3.1 风系统设计

风系统即风机盘管系统，由风机盘管、风管和送风口组成。

01 切换视图到“04 空调水管”|“01 建模”节点下的“楼层平面：建模-首层空调水管平面图”。

02 单击【插入】选项卡下的【载入族】按钮，将本例源文件夹中的“风机盘管 - 卧式暗装 - 双管式 - 背部回风 - 右接 . rfa”族文件载入到项目中。

03 在【快模】选项卡下单击【链接 CAD】按钮，将本例源文件夹中的“一层空调系统平面布置图.dwg”图纸文件导入到项目中，然后将图纸中的轴网与链接的Revit 模型中的轴网对齐，如图 5-38 所示。

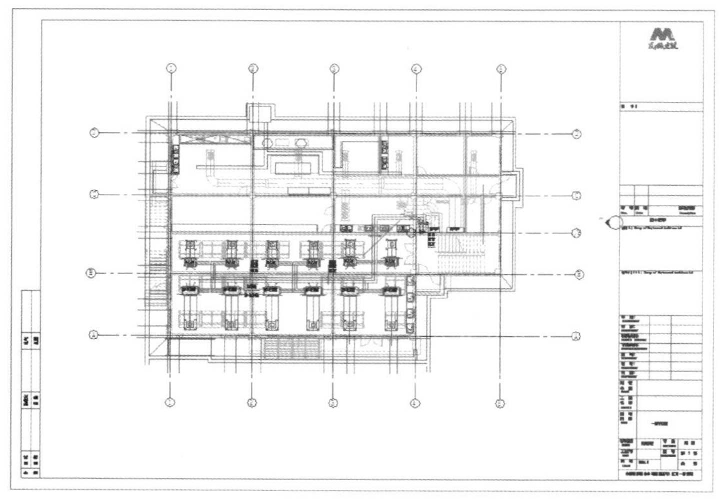

图 5-38　链接 CAD 图纸

04 在【建筑】选项卡下单击【构件】按钮，在【属性】面板中选择构件类型为“风机盘管 – 卧式暗装 – 双管式 – 背部回风 – 右接 8000W”，设置【偏移量】为 3000，再将构件放置在平面图的下方，一共放置 3 台，如图 5-39 所示。

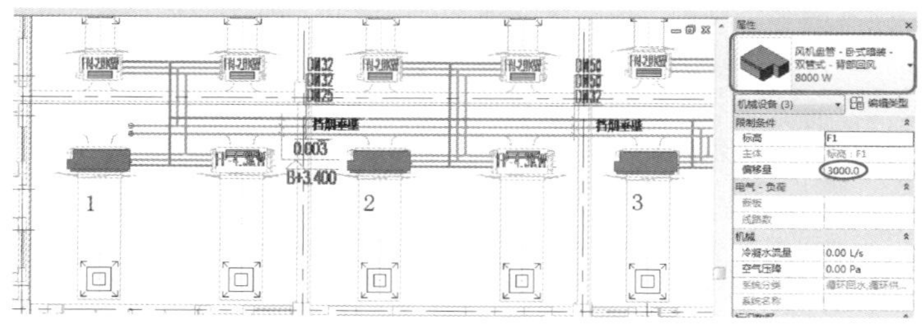

图 5-39　放置 3 台风机盘管构件

05 选中其中一台风机盘管，然后单击【修改丨机械设备】上下文选项卡中的【镜像 – 拾取轴】按钮，选取风机盘管上右侧的边线作为临时轴，创建镜像的风机盘管设备，如图 5-40 所示。

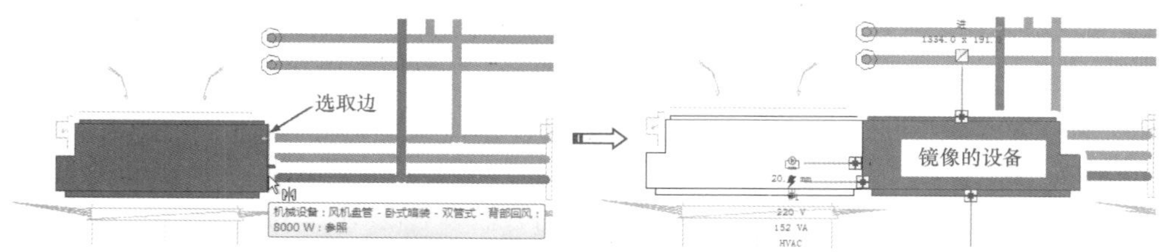

图 5-40　创建风机盘管的镜像

06 复制两台镜像的风机盘管，再一并将镜像的、复制的风机盘管移动到对应的位置上，如图 5-41 所示。

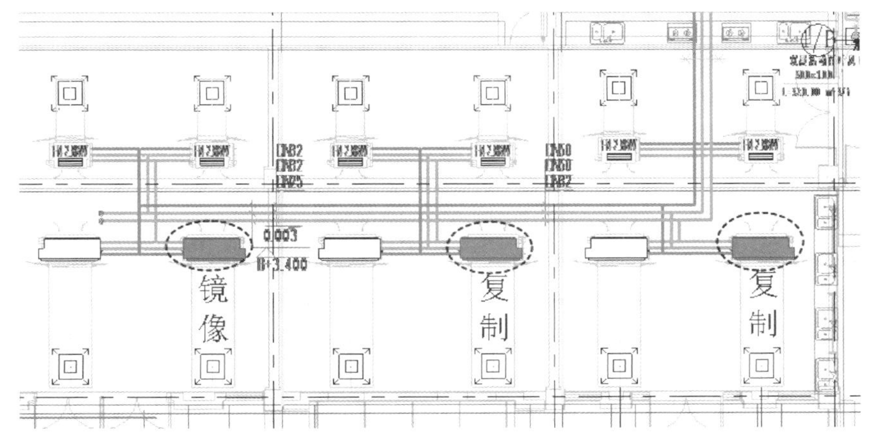

图 5-41　复制并移动风机盘管到对应位置上

07 选中其中一台风机盘管，此时构件族会显示可编辑的符号，如图 5-42 所示。单击选中“创建出风口风管”符号并往下进行拖动，创建出风口（也叫送风口）风管，如图 5-43 所示。

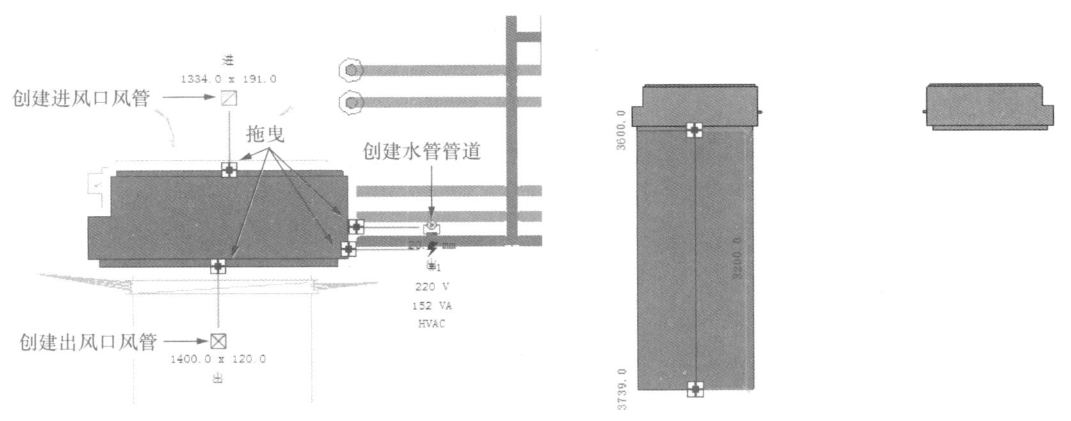

图 5-42　风机盘管族的符号示意图

图 5-43　创建出风口风管

08 同理，在其余 5 台风机盘管中创建出风口风管。

工程点拨	创建的出风口风管在当前“04 空调水管”|“01 建模”下的“楼层平面：建模-首层空调水管平面图”中是看不见的，仅在“01 空调风管”|“01 建模”下的“楼层平面：建模-首层空调风管平面图”中可见。要同时显示空调风管和空调水管，请在“三维视图：暖通”中查看。风机盘管中应该有进风口和出风口，由于没有合适的风机盘管设备，故此处载入的风机盘管族中不带进风口，进风口的设计此处不再介绍。

09 创建对称一侧且功率稍小的风机盘管系统。选中6台风机盘管，利用【镜像－拾取轴】工具，拾取一台风机盘管上的一条边线作为镜像轴，如图5-44所示。创建6台镜像的风机盘管，如图5-45所示。

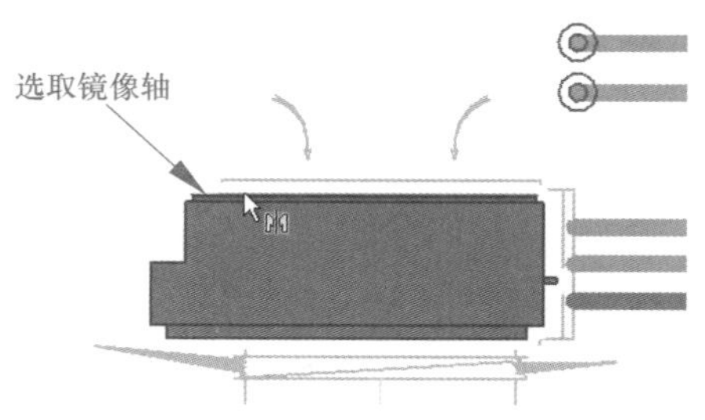

图5-44　选取镜像轴

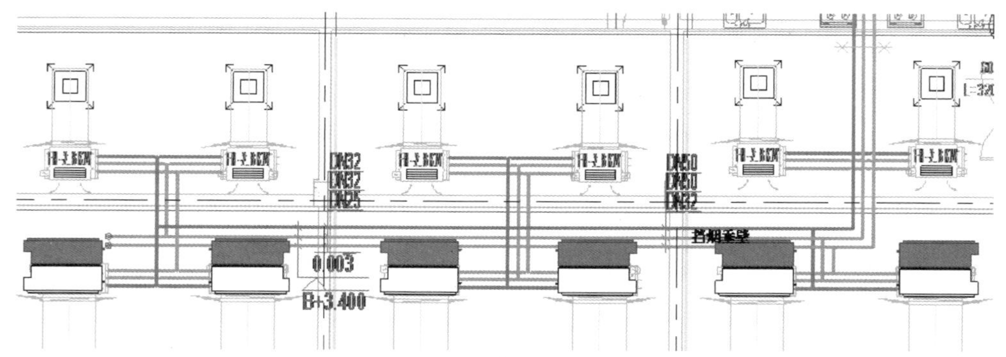

图5-45　创建完成的风机盘管镜像

10 将镜像的6台风机盘管平移到对称侧的相应位置，如图5-46所示。

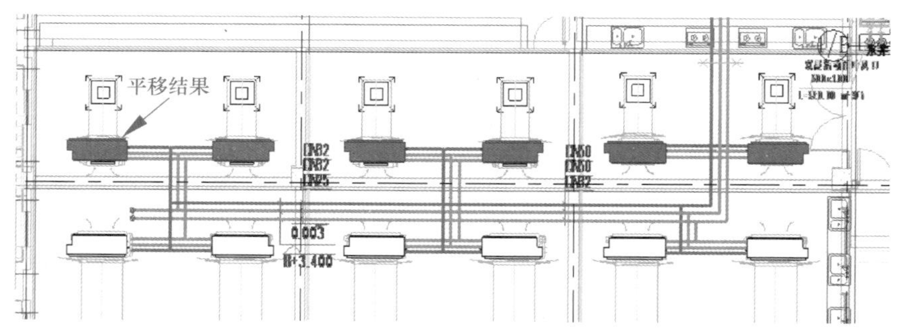

图5-46　平移镜像的风机盘管

11 将平移后的6台风机盘管一并替换成"风机盘管-卧式暗装-双管式-背部回风-右接5000W"类型，如图5-47所示。

12 同理，依次在5000W风机盘管中创建其余出风口的风管，如图5-48所示。

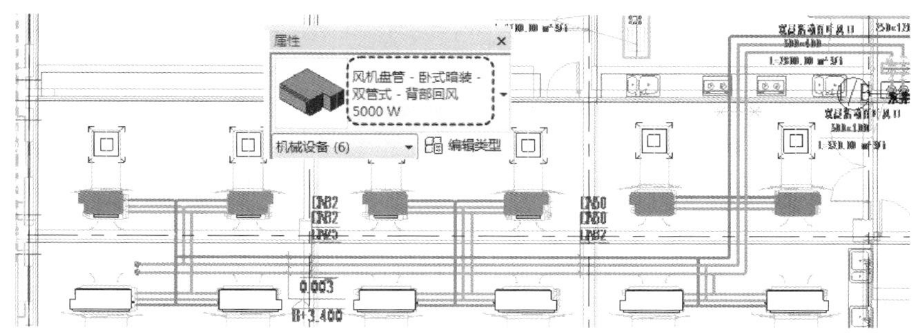

图 5-47　替换风机盘管类型

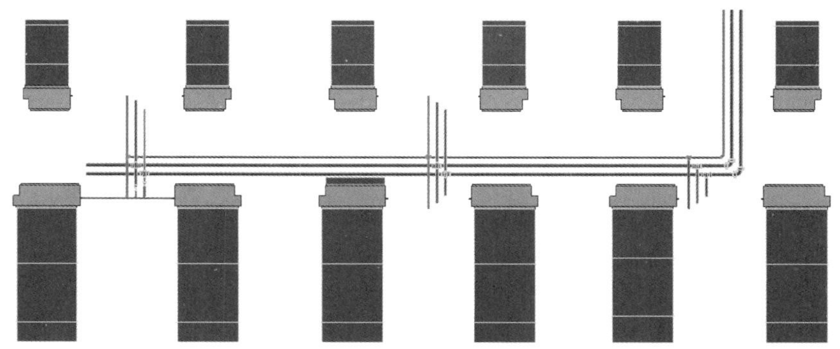

图 5-48　创建出风口风管

5.3.2　水系统设计

水系统包括通往地下的水井、冷凝水管道、冷水回水管道、冷水供水管道等，水系统设计的具体步骤如下。

01 参照“一层空调系统平面布置图”图纸，创建出冷凝水管道（直径 32mm）、冷水回水管道和冷水供水管道，每一段管道的管径是不同的，尺寸示意如图 5-49 所示。

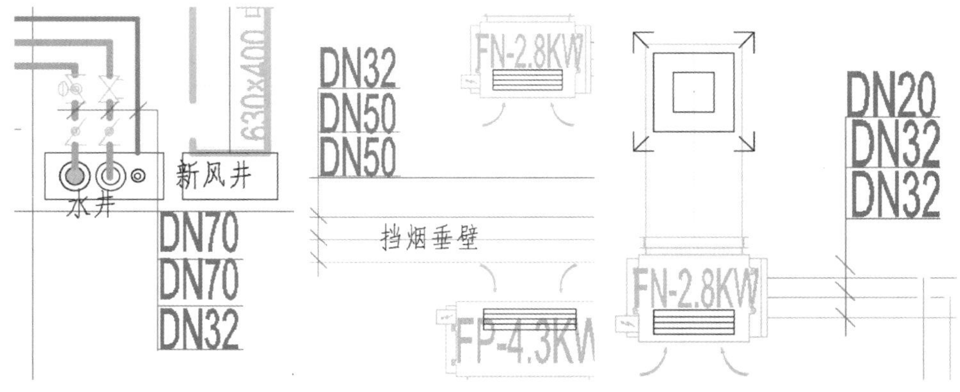

图 5-49　风机盘管系统水管管径标注图

02 绘制管径为 DN32 的冷凝水主管道。在【水系统】选项卡的【连接】面板中单击【绘制暖管】按钮，弹出【绘制暖管】对话框。设置冷凝水管道参数后，从链接图纸中的“水井”位置开始绘制，如图 5-50 所示。

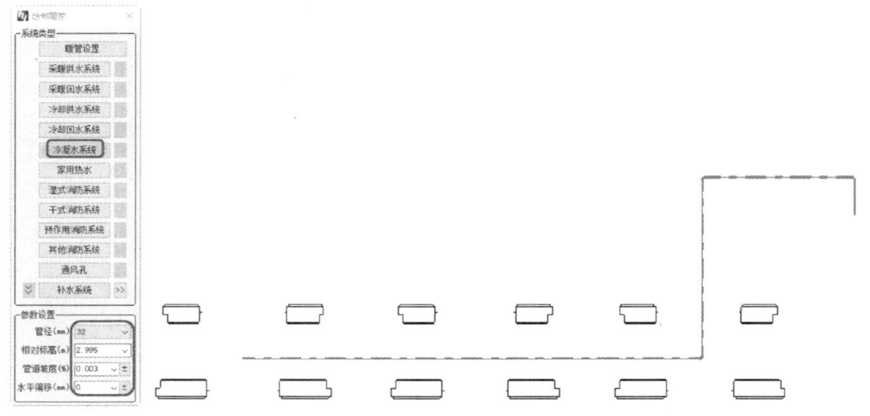

图 5-50　绘制 DN32 冷凝水主水管

> **提示**　风机盘管冷凝水出水口的标高高度可以到南立面图中去测量（3055mm）。一般来说，安装时风机盘管的冷凝水排除口高度要比水管主管高 80 ~ 100mm，便于冷凝水的排出，不会造成堵塞。风机盘管的 3 个接水口从下往上分别是：冷凝水口、冷水供水口和冷水回水口。即使供水管高度比风机盘管的供水口低，由于有水泵供水，所以不存在供不上水的问题。

03 用同样的方法绘制冷凝水分水管，在【绘制暖管】对话框中设置参数，然后绘制分水管，如图 5-51 所示。

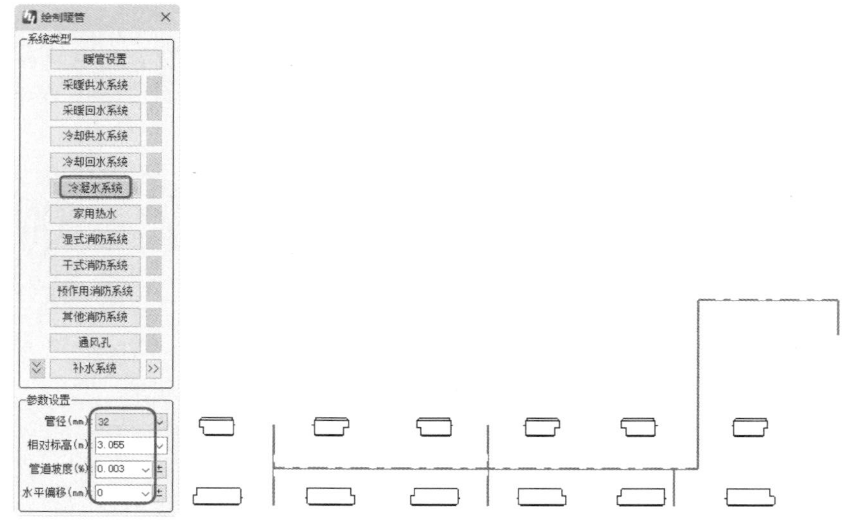

图 5-51　绘制 DN32 冷凝水分水管

04　绘制 DN70 的回水主水管，如图 5-52 所示。

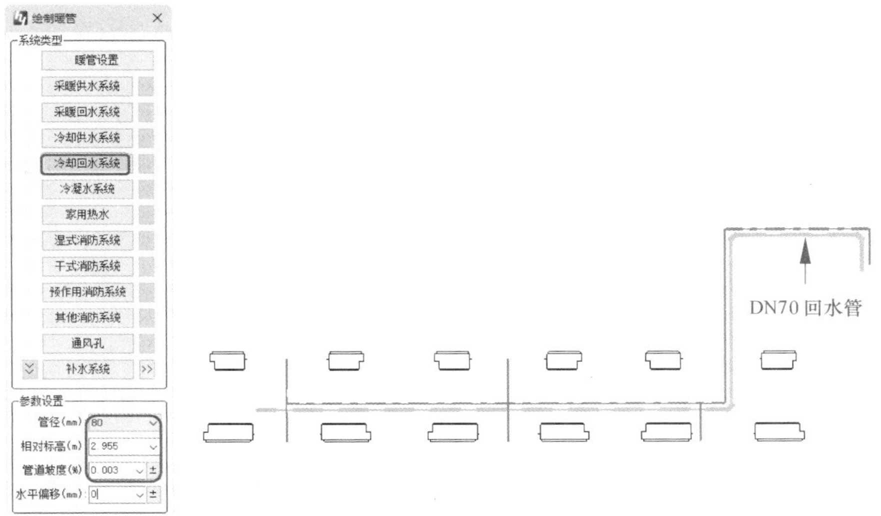

图 5-52　绘制 DN70（实际是 DN80）回水主水管

> **提示**　由于鸿业标准中没有管径为 70mm 的管道，只能选择 65mm 或者 80mm 的进行替代。

05　同理，再绘制 DN50 冷水回水分水管，如图 5-53 所示。

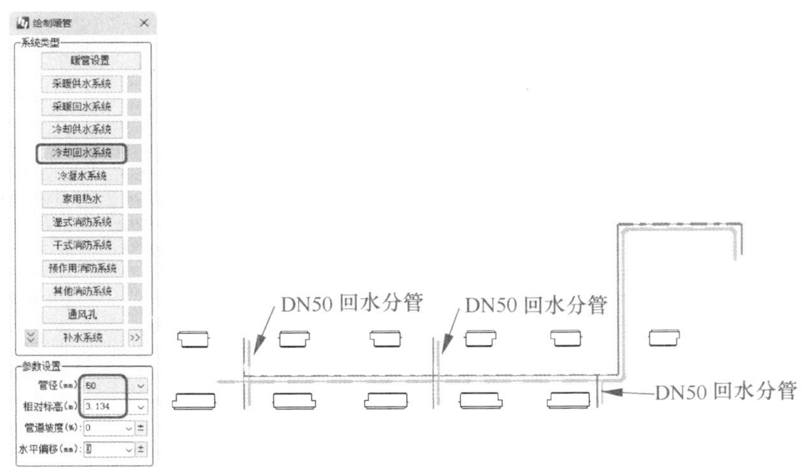

图 5-53　绘制 DN50 回水分水管

06　绘制冷水供水主管与分管（相对标高为 3215），参数与冷水回水水管相同，如图 5-54 所示。

07　安装送风口。首先切换到“楼层平面：建模-首层空调风管平面图”视图，在【建筑】选项卡的【构建】面板中单击【构建】按钮，将先前通风系统中使用过的“风口 – 单层百叶风口 1000×1000”族放置在风机盘管的送风分管上，如图 5-55 所示。

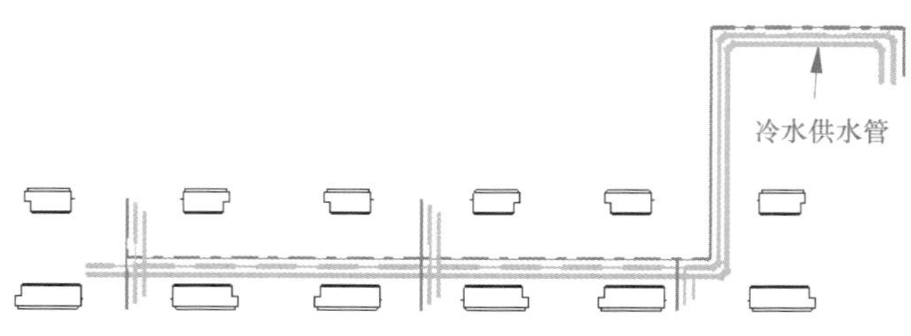

图 5-54 绘制冷水供水水管

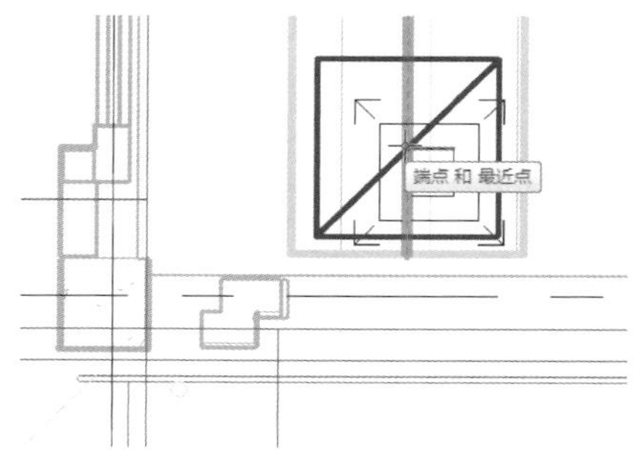

图 5-55 放置风口族

08 切换到“三维视图：暖通”视图，选中风口末端，设置偏移量（标高）为 2700mm，如图 5-56所示。

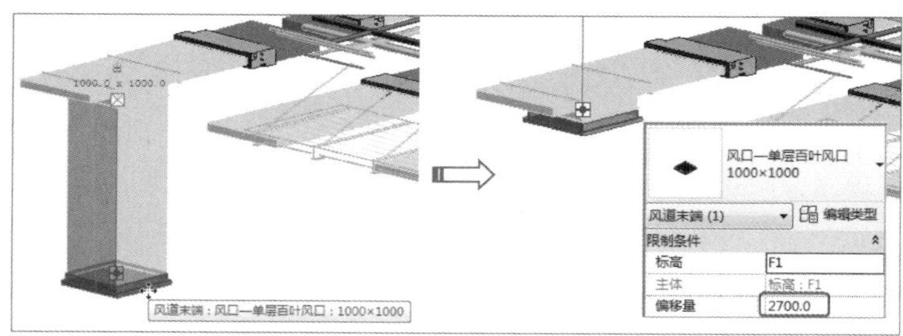

图 5-56 修改风口标高

09 继续完成其余送风口的安装。同理，在对称侧风机盘管的送风风管上也安装送风口，族类型为“风口－单层百叶风口 650×650”，如图 5-57 所示。

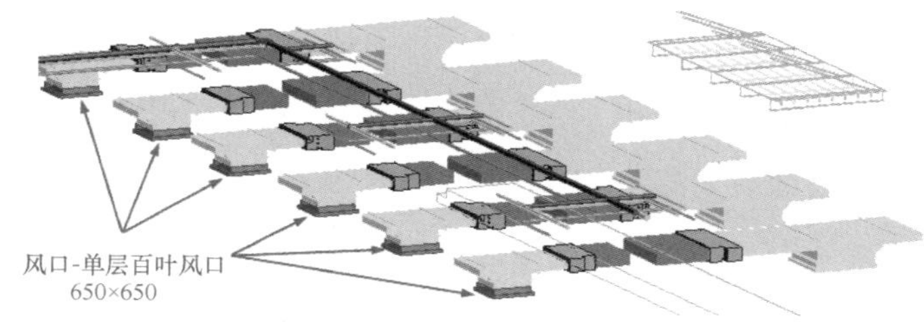

图 5-57 创建 650mm×650mm 的单层百叶风口

10 创建管道连接。利用【水系统】选项卡【连接】面板【自动连接】下拉列表中的【自动连接】工具，将主管（DN80 或 DN32）与分管（DN50 或 DN32）连接，如图 5-58 所示。同理，完成其余主管与分管的连接。

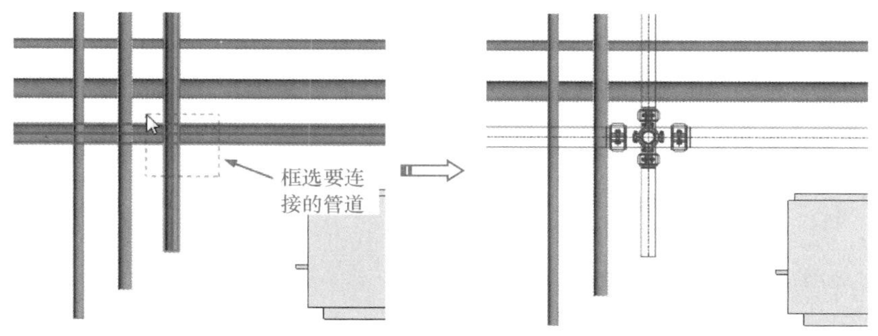

图 5-58 连接主管与分管

提示

如果不能创建连接，可以将分管缩回一段距离超出主管，即可连接，如图 5-59 所示。

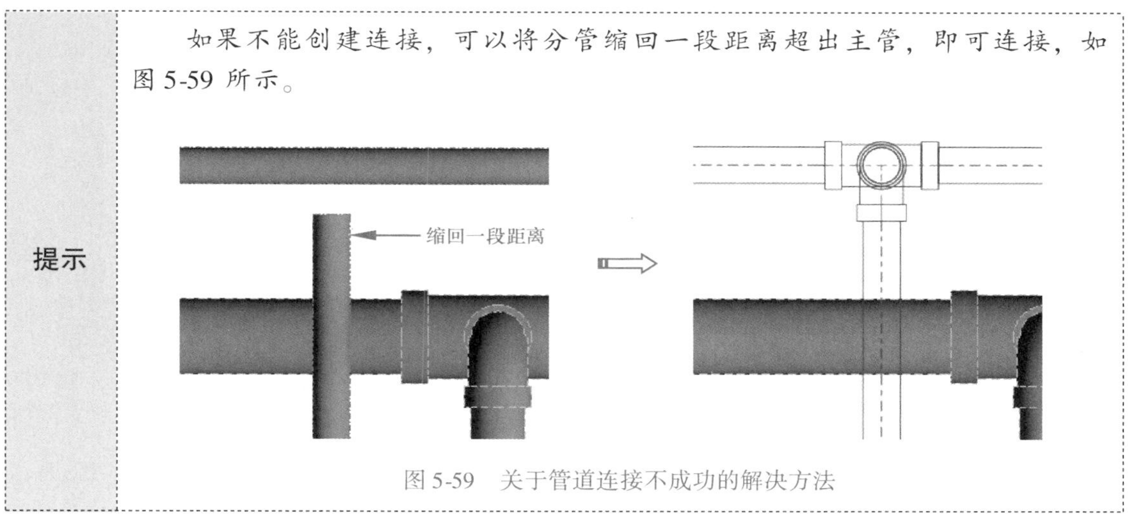

图 5-59 关于管道连接不成功的解决方法

11 拖动风机盘管中的“创建水管管道”符号来创建出水与进水管。切换到三维视图，以创建冷凝水水管为例，选中风机盘管，向前拖动到冷凝水分管旁边（暂不相交），如图 5-60 所示。

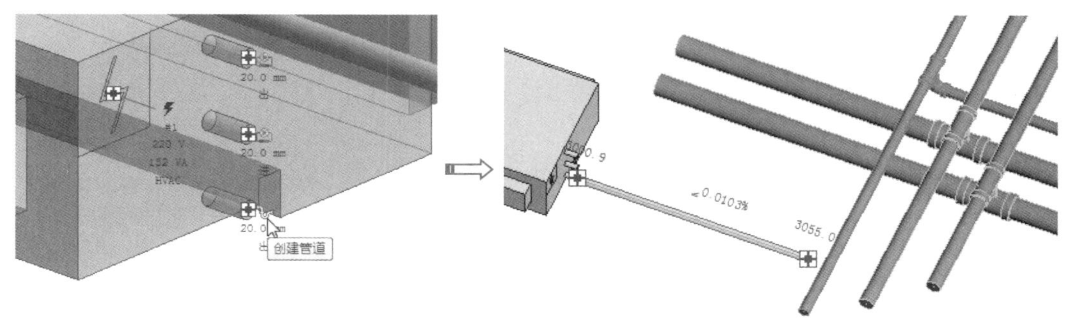

图 5-60 拖动风机盘管的冷凝水管道

12 其对称侧的风机盘管冷凝水出水口管道也需拖动，拖动到图 5-61 的位置。然后将分水管选中并拖动缩回一定距离，如图 5-62 所示。

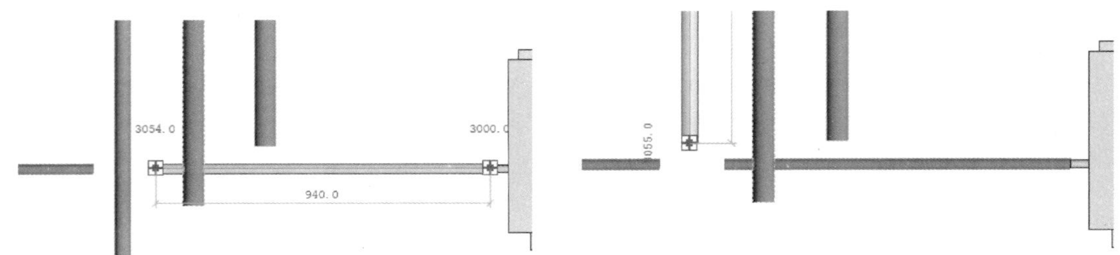

图 5-61 拖动对称侧冷凝水出水口管道　　图 5-62 缩回分水管

13 将冷凝水出水口管道拖动到与同直线上的冷凝水出口管道合并，形成完整管道，便于和冷凝水出水口管道进行三通管形式连接，如图 5-63 所示。

14 利用【水管自动连接】工具，创建三通连接，如图 5-64 所示。如果不使用此工具进行自动连接，也可以拖动分水管到冷凝水出水管道上形成相交，系统会自动创建连接。

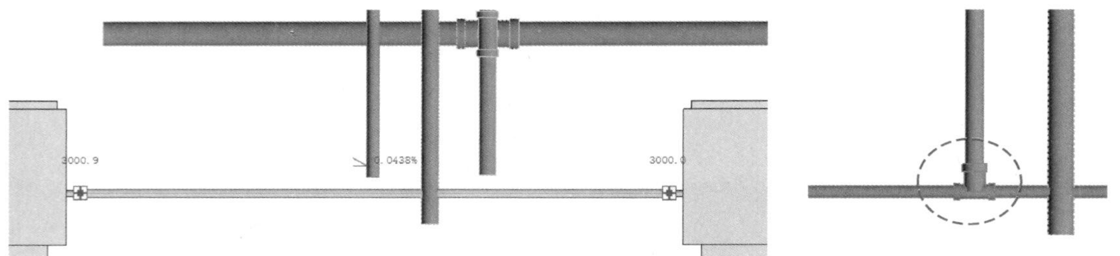

图 5-63 拖动冷凝水出水管进行合并　　图 5-64 自动连接分管与出水管

15 同理，创建冷水供水口管道与供水分管的连接。拖动冷水供水分管和回水分管，改变其端口位置，如图 5-65 所示。

16 拖动对称两侧的风机盘管的供水口管道，其中一管道端与分水管中心线对齐，如图 5-66 所示。

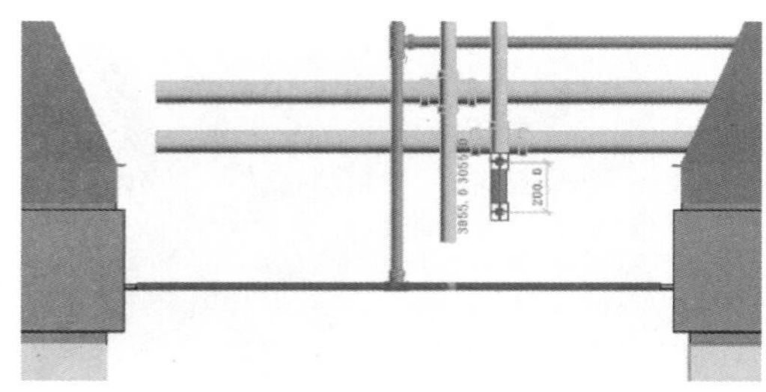

图 5-65 修改分水管的端口位置

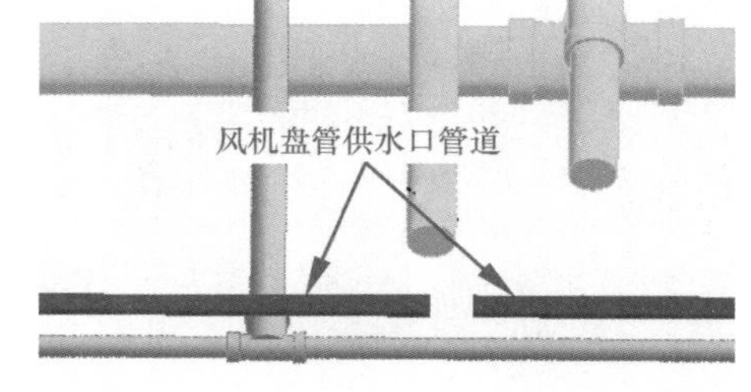

图 5-66 拖出风机盘管供水口管道

17 选中端口与分水管中心线对齐的供水口管道，然后在弹出的【修改 | 管道】上下文选项卡中单击【更改坡度】按钮，在供水口管道端点位置单击鼠标右键，选

中快捷菜单中的【绘制管道】命令，最后拖出管道与分水管相接，如图 5-67 所示。

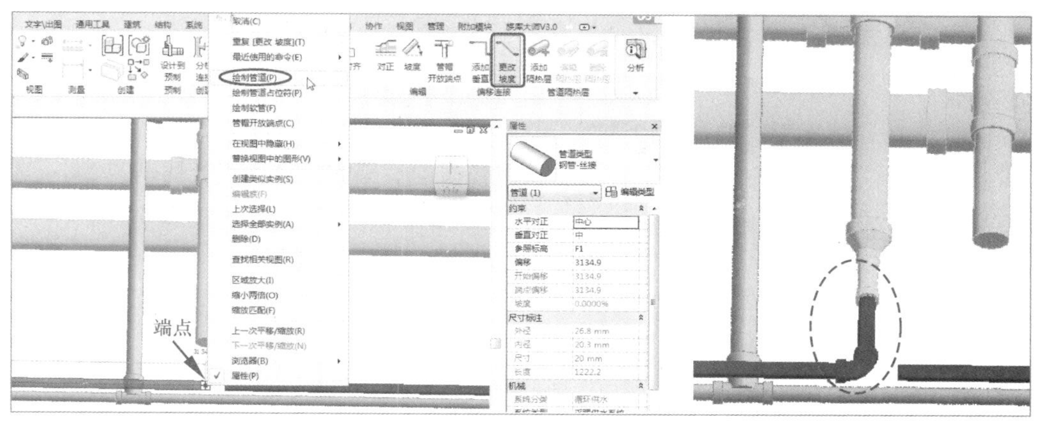

图 5-67　创建坡度管道与分水管相接

18 删除弯管接头，然后利用【水管自动连接】工具，创建三通管接头，如图 5-68 所示。

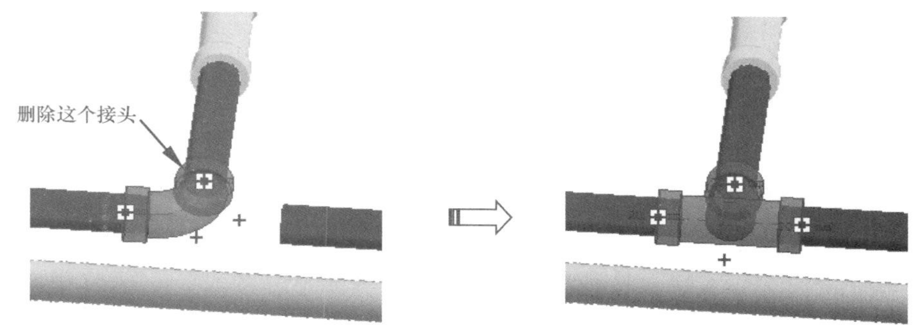

图 5-68　创建三通连接

提示	如果因距离太远连接不上，可以手动拖动管道进行相交连接。

19 同理，完成冷水回水管的最终连接，效果如图 5-69 所示。

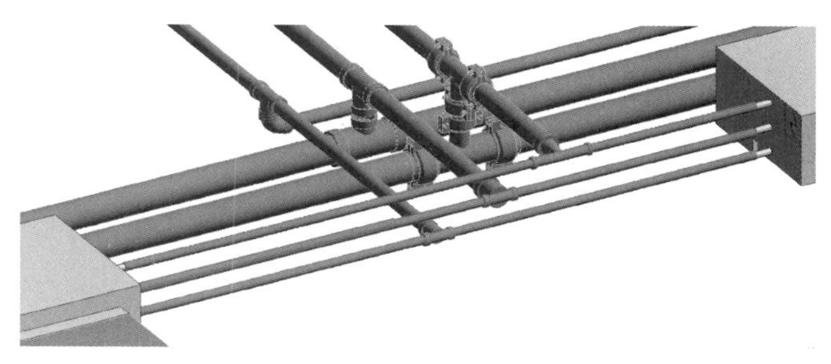

图 5-69　冷水回水管连接完成的效果

5.4 食堂大楼采暖系统设计案例

本例食堂大楼的采暖系统采用散热器采暖设计，主要由采暖供水干管、采暖回水干管、钢柱式散热器和管道阀门等设备组成。

食堂大楼的两层中均有采暖系统设计，这里仅以一层采暖系统的设计进行介绍。

5.4.1 采暖主管设计

一层采暖系统中，采暖供水干管和采暖回水干管接入钢柱式散热器，从室外的市政供热系统管道接入和输出采暖供水和回水。

建模时参照食堂大楼的“一层采暖平面布置图”进行设计，如图 5-70 所示。一层的采暖供水干管和回水干管包括主管和支管，建模过程如下。

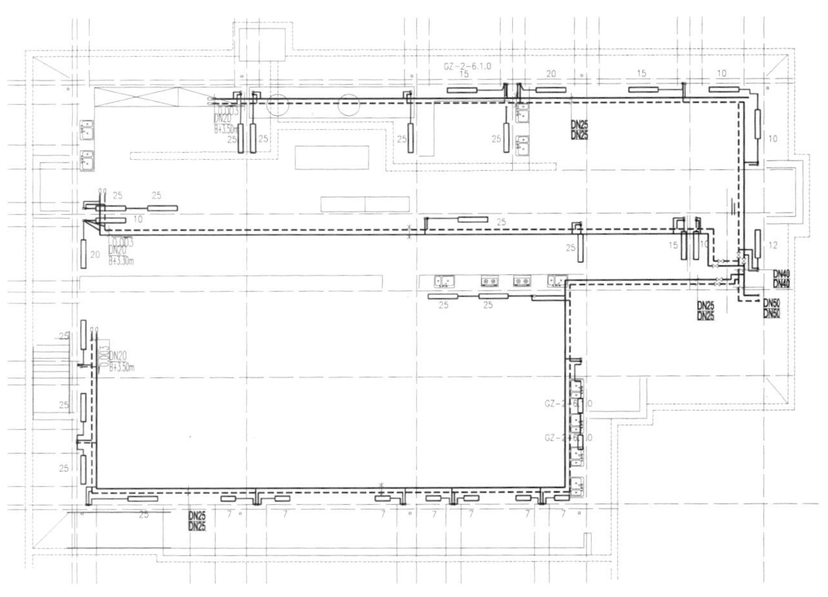

图 5-70　一层采暖平面布置图

01 在项目浏览器中切换到“02 防排烟”|“01 建模”|“建模-首层采暖风管平面图”视图。

02 在【快模】选项卡下单击【链接 CAD】按钮，将本例源文件夹中的“一层采暖系统平面布置图.dwg”图纸文件导入到项目中，然后将图纸中的轴网与链接的 Revit 模型中的轴网对齐，如图 5-71 所示。

03 在【采暖系统】选项卡的【绘制】面板中单击【绘制暖管】按钮，弹出【绘制暖管】对话框。设置系统类型及各项参数后，参照图纸中的绿色线（采暖供水干管线）来绘制连接市政供暖系统的管道（DN50）。同理，在【绘制暖管】对话框中修改管径值，并依次绘制出管径分别为 DN40、DN25 和 DN20 的供水干管，如图 5-72 所示。

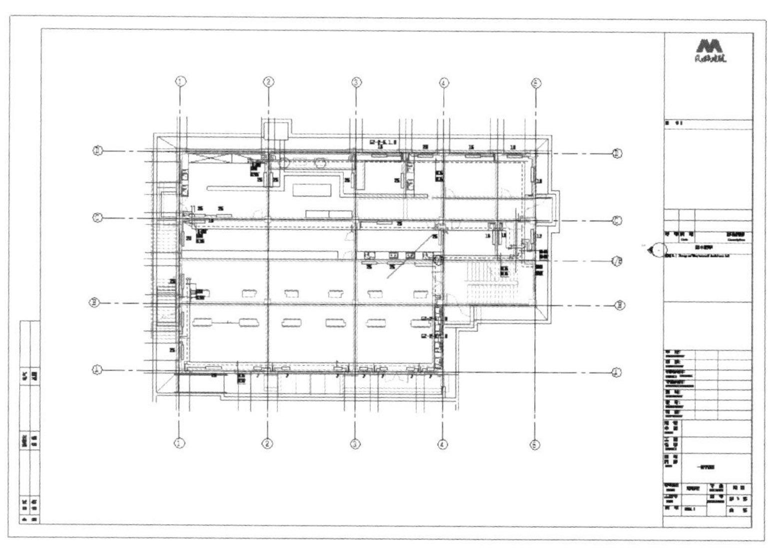

图 5-71　链接 CAD 图纸

提示　绘制一段管道后，可按 Esc 键结束这段管道的绘制。图 5-72 中用虚线框框住的管道是创建完成的结果，每一个虚线框内的管道都标注有管径。

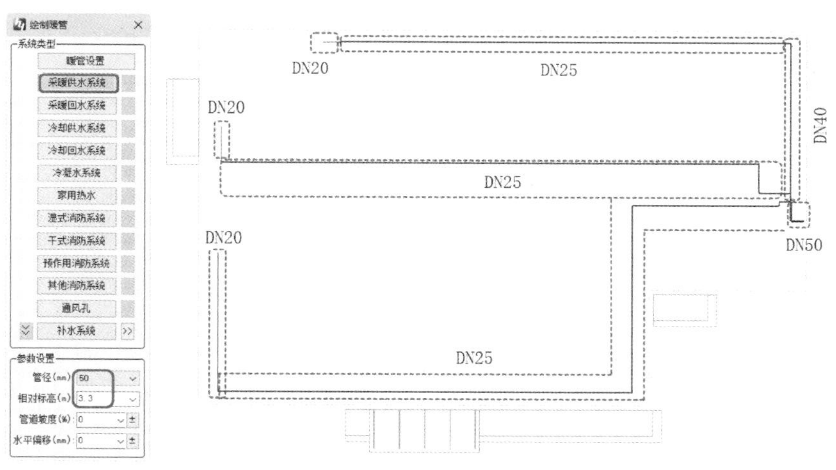

图 5-72　绘制采暖供水干管

04 管径不等的两条管线相接时，会自动创建二通管接头。但是三条管径不等的管线相交时，不会自动创建三通管接头，需要重新创建。图 5-73 为需要创建三通管接头的位置。

05 利用【水系统】选项卡下【连接】面板中的【自动连接】工具，框选三根管道，自动连接管道并创建三通管接头，如图 5-74 所示。

06 在【绘制暖管】对话框中选择【采暖回水系统】类型，再设置与采暖供水干管的参数来绘制采暖回水干管，如图5-75所示。

07 此时，绘制的采暖回水干管与采暖供水管道形成交叉，需要提升回水干管以避开供水干管，如图5-76所示。

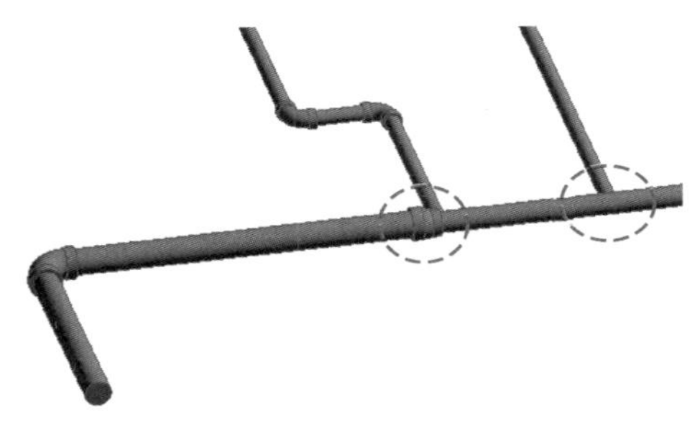

图5-73 需要创建三通管接头的位置

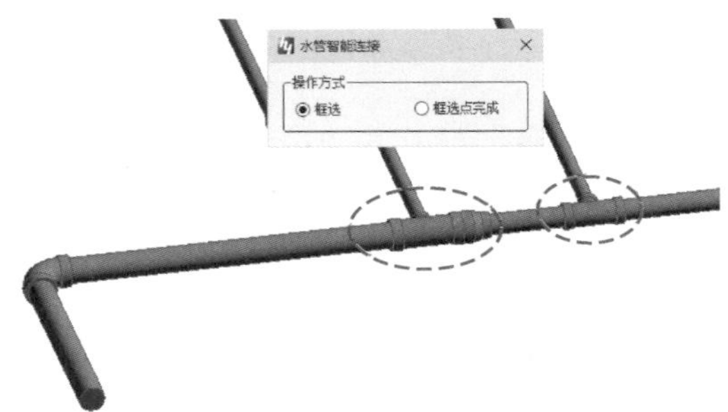

图5-74 自动连接管线创建三通管接头

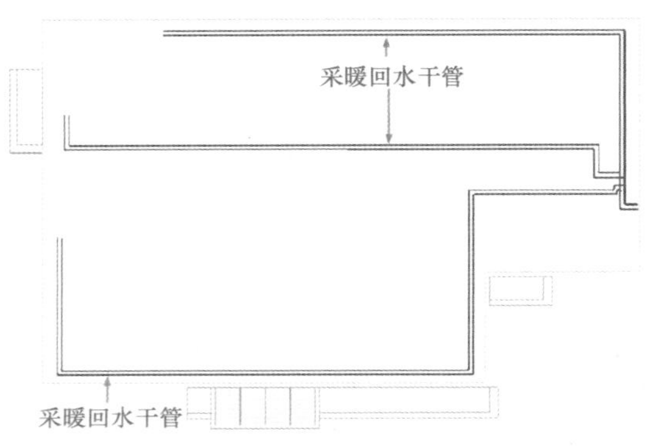

图5-75 绘制采暖回水干管

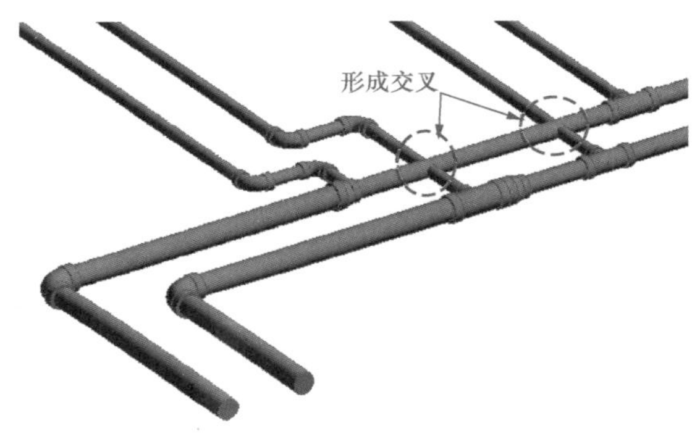

图5-76 回水干管与供水干管形成交叉

08 在【水系统】选项卡的【编辑】面板中单击【自动升降】按钮，框选形成交叉的回水干管和供水干管，弹出【自动升降】对话框。在对话框中设置【升降高度】和【水平间距】值，完成后单击【确定】按钮，如图5-77所示。

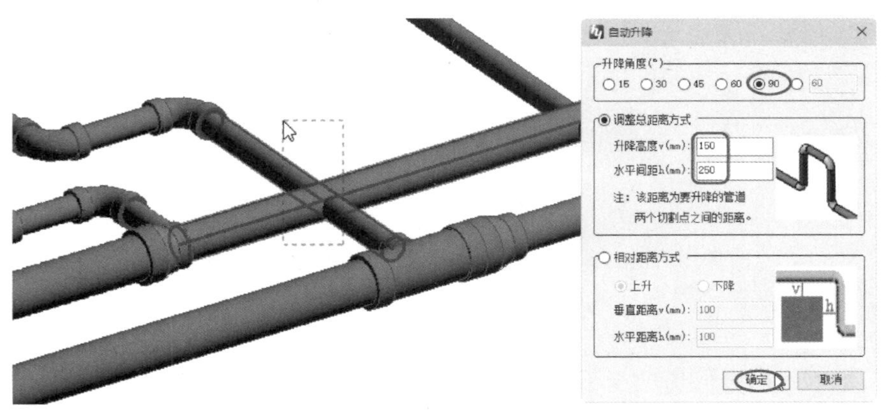

图5-77 设置管道升降选项及参数

09 自动完成管道的升降，如图 5-78 所示。同理，继续框选另一交叉处的管道并进行自动升降操作，完成结果如图 5-79 所示。最后，按 Esc 键结束操作。

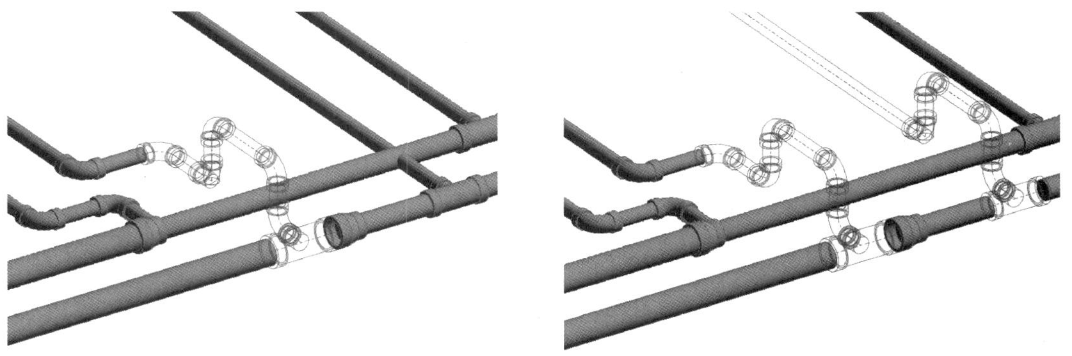

图 5-78　自动升降的结果　　　图 5-79　创建另一交叉管道的自动升降

10 在【水系统】选项卡的【阀件】面板中单击【水管阀件】按钮，在弹出的【水阀布置】对话框中双击第一个阀门族【闸阀】，然后将其布置到采暖供水干管和回水干管中，如图 5-80 所示。

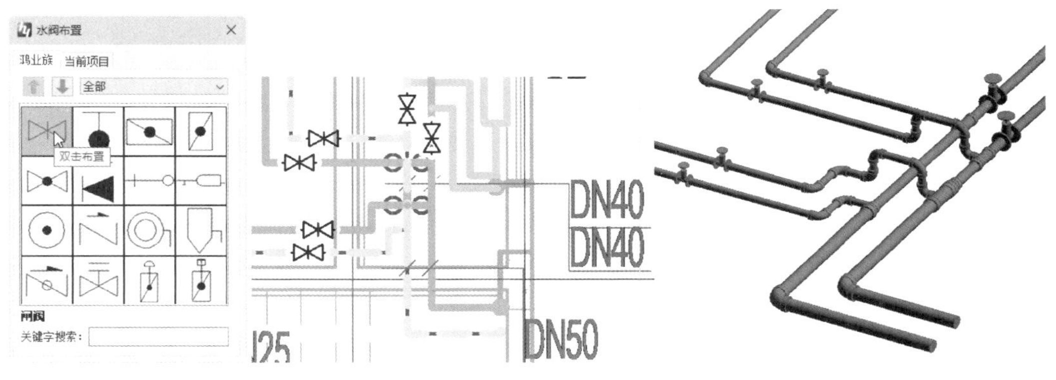

图 5-80　布置水管阀门

11 在【水阀布置】对话框中双击【自动排气阀 - 横管】族，然后将其布置到供水干管和回水干管的末端，如图 5-81 所示。

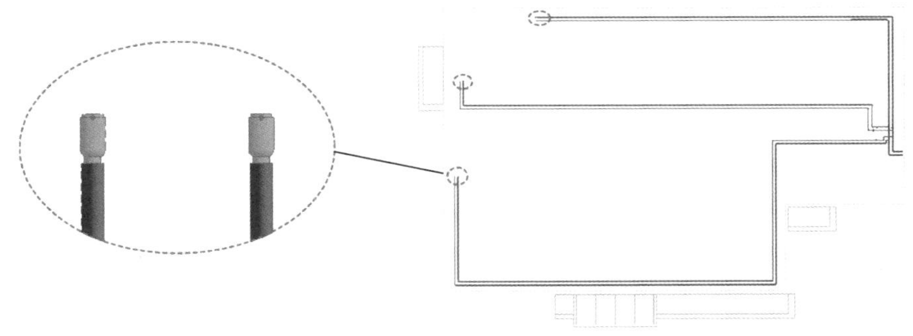

图 5-81　布置自动排气阀

12 在【采暖系统】选项卡的【绘制】面板中单击【绘制暖立管】按钮，弹出【创建暖立管】对话框。选择【采暖供水系统】类型，设置立管的顶部标高为3.3m，在供水干管起始端创建采暖供水立管。选择【采暖回水系统】类型，再创建采暖回水立管，结果如图5-82所示。

13 利用【水系统】选项卡中的【自动连接】工具，自动连接横管和立管，结果如图5-83所示。

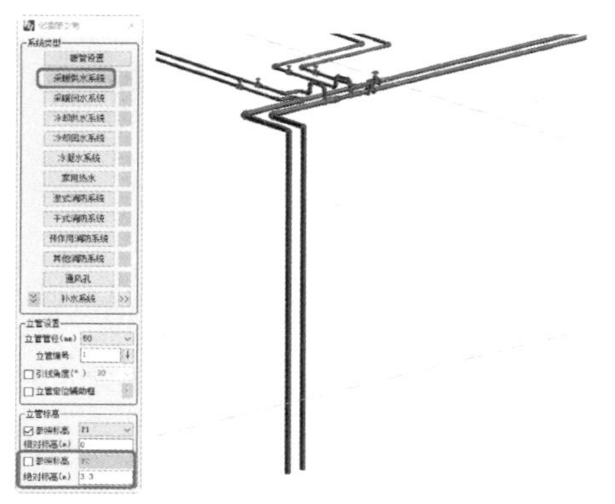

图5-82 创建供水和回水立管

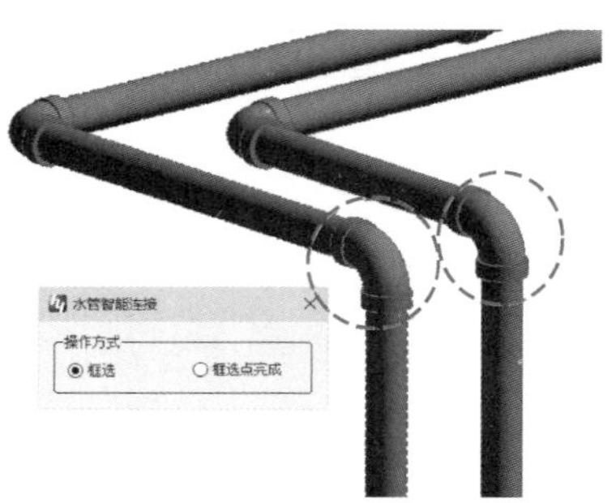

图5-83 自动连接横管与立管

5.4.2 采暖分管设计

分管部分包括支线横管、支线立管及散热器的输入与输出横管，支管横管与立管的管径均为DN20，散热器的输入与输出管道待散热器布置后再进行布置。

01 在【采暖系统】选项卡中单击【绘制暖管】按钮，在弹出的【绘制暖管】对话框中选择【采暖供水系统】类型，设置管径为20、相对标高为3.3，然后参照图纸绘制出供水支线管道，如图5-84所示。

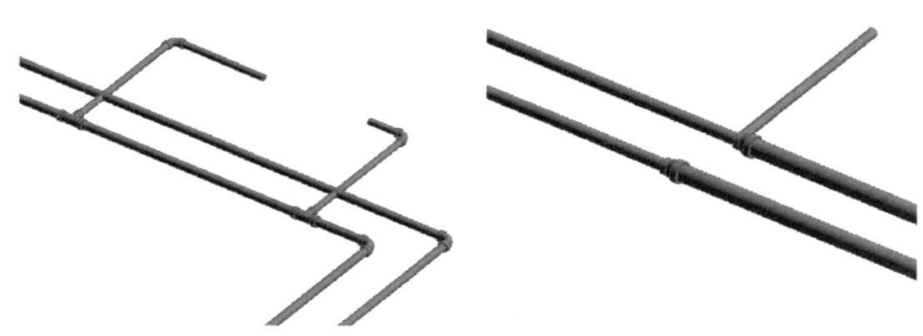

图5-84 绘制供水支管

02 同理，选择【采暖回水系统】类型，绘制出回水支管。但是许多供水支管或回水支管在多处位置与主管形成交叉，需要利用【自动升降】工具与【升降偏移】工具来提升支管以改道，如图5-85所示。

03 在供、回水支管的末端创建暖立管，管径为DN20，供水支管顶部标高为3300mm、底部标高为1000mm；回水支管顶部标高为3300mm、底部标高为170mm，创建完成的结果如图5-86所示。

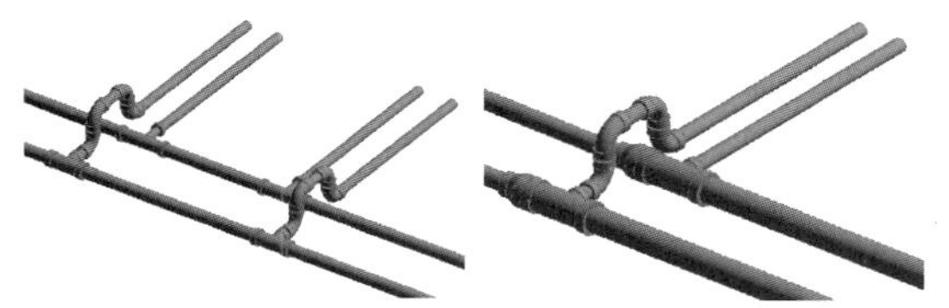

图 5-85　提升管道

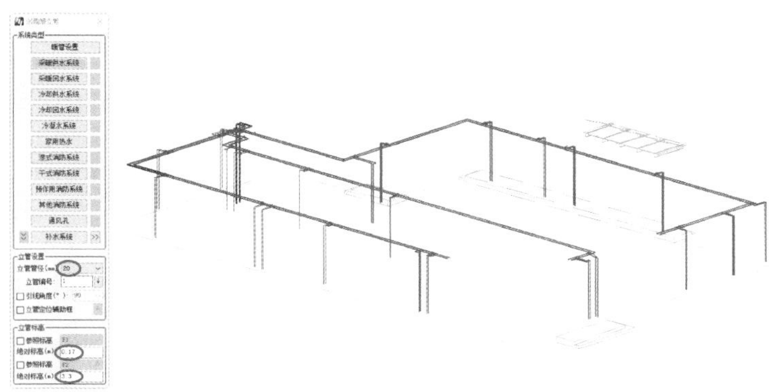

图 5-86　创建暖立管

5.4.3　布置散热器

本例选用钢制柱式散热器，散热片的片数根据图纸中所标注的数值来设定。

01　在【采暖系统】选项卡的【散热器采暖设计】面板中单击【布置散热器】按钮，弹出【散热器布置】对话框。

02　在【散热器布置】对话框中设置散热器出水口的形式为【左上出】和【左下进】，在【调整类型】选项组中单击【选择散热器】按钮，在弹出的【选择散热器】对话框中选择散热器类型，如图 5-87 所示。

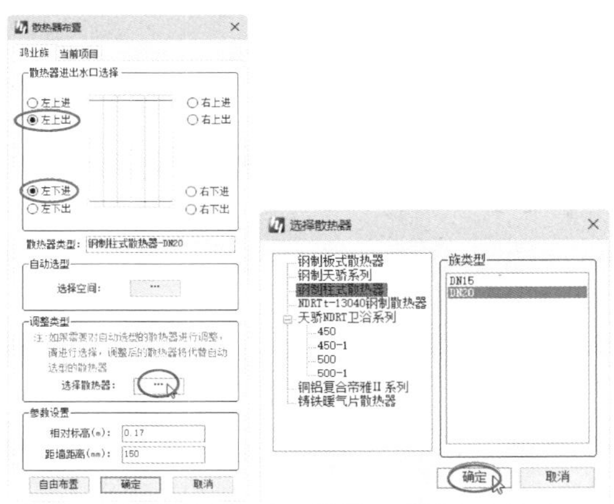

图 5-87　设置散热器参数和选择散热器类型

03 其余参数设置保持默认，单击【自由布置】按钮，在弹出的【布置方式】对话框中设置布置方式，单击【确定】按钮后，将25片散热器放置在视图中，放置时参照图纸，鉴于时间关系，将其余片数（如20片、15片、10片及7片）的散热器通通以25片的散热器替代，布置结果如图5-88所示。

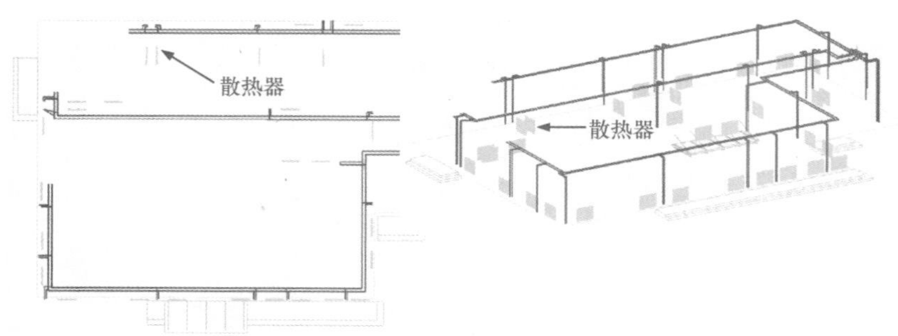

图5-88 布置散热器

04 切换到“三维视图：暖通”视图，选中一个散热器，单击散热器中出水口的管道端点，将出水管道拖曳至采暖回水支管的端点处，如图5-89所示。

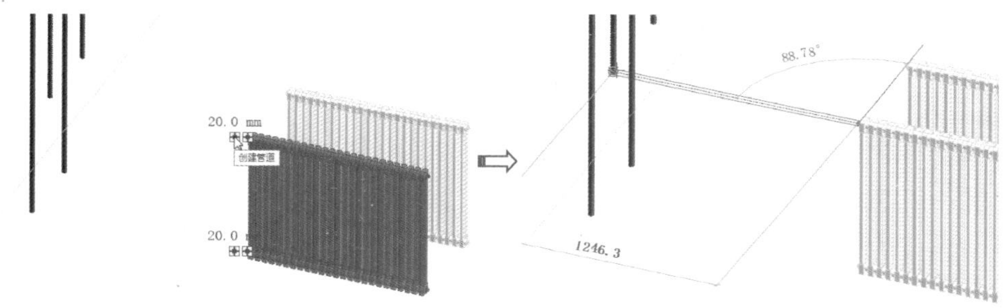

图5-89 拖曳出水管道至采暖回水支管的端点

05 自动创建管道连接，如图5-90所示。同理，拖曳进水口管道至采暖进水支管的端点处，自动创建管道连接，结果如图5-91所示。

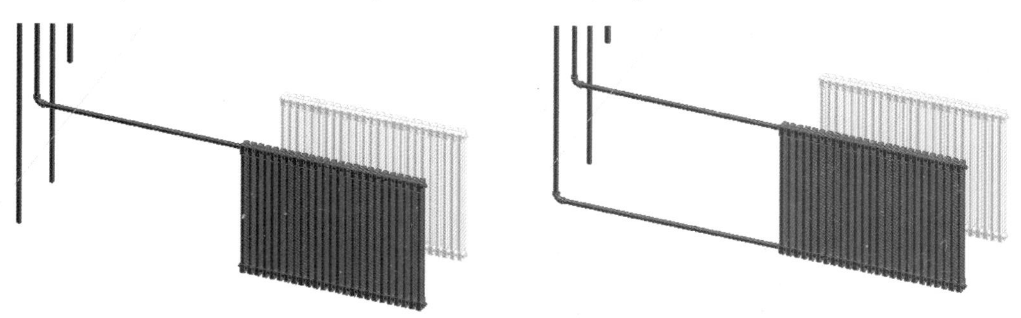

图5-90 自动创建管道连接

图5-91 创建进水支管和进水口管道的连接

06 用同样的方法完成其余散热器的管道连接，至此完成了食堂大楼一层的采暖系统设计。

第 6 章 建筑给排水设计

本章导读

给水排水工程是现代化城市建设中必要的市政基础工程，它从水源取水，由水厂净化处理后，经管道输配水系统送往用户的配水龙头、消火栓等用水设备。生产和生活消耗掉的污水和废水由排泄设备排入污水管道，经污水处理厂净化后，排放到水体中。本章重点介绍鸿业机电设计 2020 软件给排水专业设计模块的功能及实战应用案例。

案例展现

案　例　图	描　　述
	食堂给排水系统由供水和排水构成。从厨房给排水系统图中得知，给水是从底层的室外接入，通过闸阀、减压阀和倒流防止阀直接输送到 F3 楼层上的屋顶水箱
	食堂大楼排水系统的工作原理是从屋顶水箱接出多条水管，直通 F1 层的食堂厨房区域。排水是通过厨房地漏排出。厨房排水系统是由排水槽（方形槽）和排水管组成，排水槽是用砖砌成的，暂用较大直径的钢管来替代
	食堂大楼消防系统采用的是消防软管卷盘式灭火。消防卷盘系统由阀门、输入管路、轮辐、支承架、摇臂、软管及喷枪等部件组成，以水作灭火剂，能在迅速展开软管的过程中喷射灭火剂的灭火器具，一般安装在室内消火栓箱内，是新型的室内固定消防装置

6.1 建筑给排水设计基础

一般建筑给排水系统包括给水系统、排水系统和中水系统。

- 给水系统：通过管道及辅助设备，按照建筑物和用户的生产、生活和消防需要，有组织地输送到用水点的网络称为给水系统，包括生活给水系统、生产给水系统和消防给水系统。
- 排水系统：通过管道及辅助设备，把屋面的雨雪水，生活和生产产生的污水、废水及时排放出去的网络，称为排水系统。
- 建筑中水系统：将建筑内的冷却水、沐浴排水、盥洗排水和洗衣排水经过物理、化学处理，用于厕所冲洗便器、绿化、洗车、道路浇洒、空调冷却及水景等的供水系统称为建筑中水系统。

6.1.1 建筑给水系统的组成与给水方式

建筑给水系统是供应小区范围内和建筑内部的生活用水、生产用水和消防用水的一系列工程设施的组合。

1. 给水系统组成

建筑给水系统一般由以下几部分组成。

1）引入管——自市政给水管网将水引入室内的管段，也称进户管。

2）水表节点——指安装在引入管上的水表及其前后设置的阀门和泄水装置的总称。

3）给水管网——给水系统中水平干管、立管、支管的总称。

4）给水附件——管道系统中调节和控制水量的各类阀门、水龙头等的总称，包括控制附件和配水固件。

- 控制附件：闸阀、止回阀、截止阀等；
- 配水附件：淋浴器、水龙头、冲洗阀等。

5）升压和贮水设备——在室外管网压力不足或室内对安全用水、水压稳定有要求时，需设置水箱、水泵、气压给水装置、水池等增压和贮水设备。

6）消防设备——消火栓、报警阀、水流指示器、水泵结合器、喷头等。

7）给水局部处理设备——给水深处理构筑物和设备。

图 6-1 为常见的建筑给水系统组成。

2. 给水方式

供水方式即供水方案，取决于室内给水系统的需求和市政管网提供的水压、水量。典型的给水方式主要有以下几种。

（1）直接给水方式

给水系统的直接给水方式如图 6-2 所示。当室外管网的水压、水量能经常满足用水要求，建筑内部给水无特殊要求时，宜采用此种方式。

（2）设水箱给水方式

设水箱给水方式是将建筑内部给水系统与室外给水管网直接。设水箱给水方式分两种：

室外管网压力供水和高位水箱供水，如图 6-3a、b 所示。一般建筑物内水箱的容积不大于 $20m^3$。

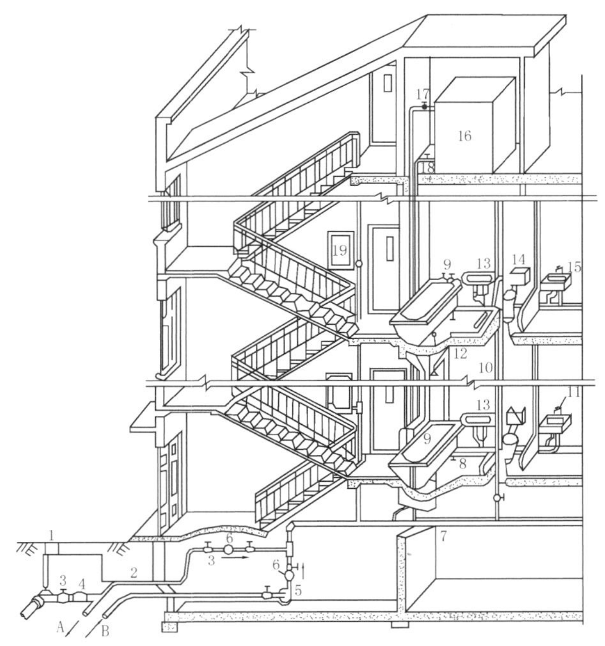

图 6-1　建筑给水系统组成

1. 阀门井　2. 引入管　3. 闸阀　4. 水表　5. 水泵　6. 止回阀　7. 干管　8. 支管　9. 浴盆　10. 立管　11. 水龙头　12. 淋浴器　13. 洗脸盆　14. 大便器　15. 洗涤盆　16. 水箱　17. 进水管　18. 出水管　19. 消火栓　A. 进入贮水池　B. 来自贮水池

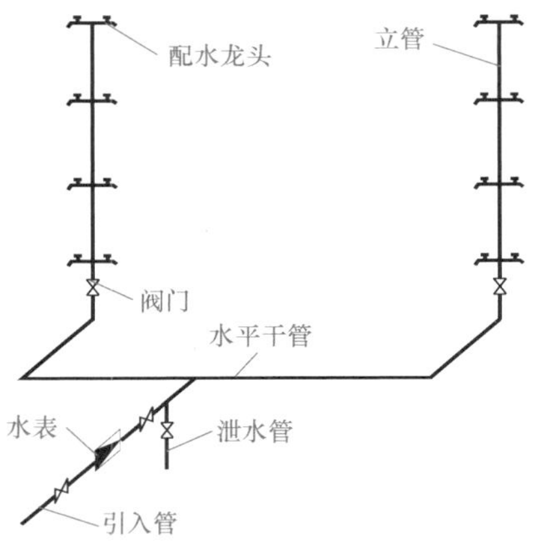

图 6-2　直接给水方式

（3）设水池、水泵和水箱的给水方式

设水池、水泵和水箱的给水方式如图 6-4 所示。当室外管网中的水压经常或周期性地低于建筑内部给水系统所需压力，建筑内部用水量较大且不均匀时，宜采用设置水泵和水箱的联合供水方式。

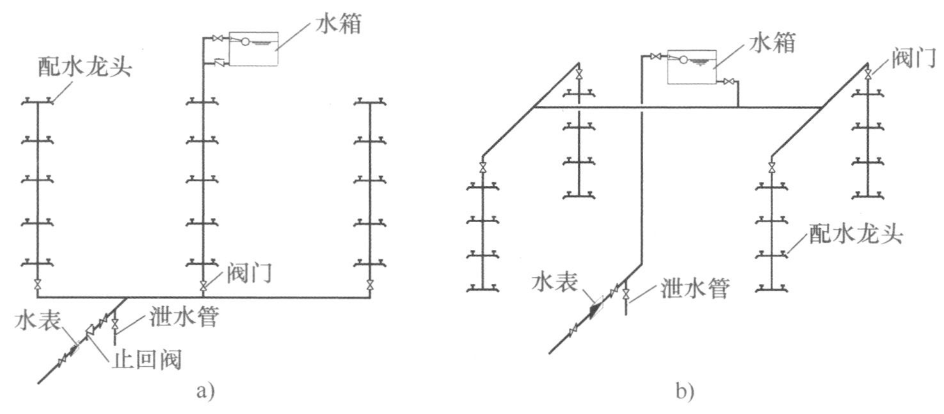

图 6-3　设水箱给水方式

(4) 分区给水方式

高层建筑常采用竖向分区的供水方式。若不分区，水压过高，会给建筑带来许多不利之处。可将高层建筑分上区和下区，两区之间设连通管和闸阀，如图 6-5 所示。

- 下区：直接供水。
- 上区：贮水池、水泵、水箱联合供水方式。

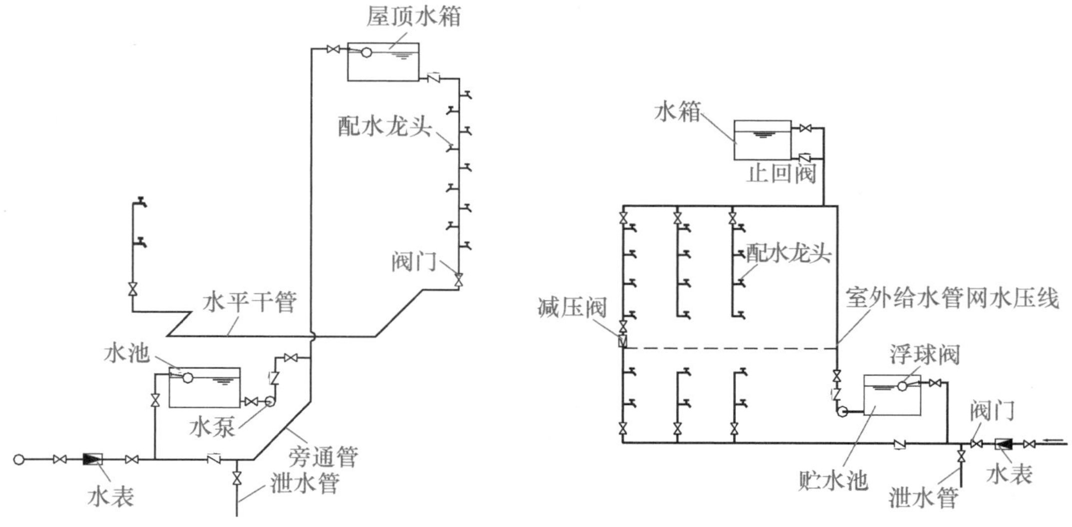

图 6-4　设水池、水泵、水箱的给水方式

图 6-5　分区给水方式

(5) 气压给水方式

当遇到设有贮水池、水泵和水箱给水方式的适用条件，且建筑物不宜设置高位水箱时，可采用气压给水方式，如图 6-6 所示。

(6) 设变频调速水泵的给水方式

变频调速水泵又称变频调速给水设备，是将单片机技术、变频技术和水泵机组相结合的给水设备。采用此给水方式的给水系统由贮水池、变频器、控制器、调速泵等组成，如图 6-7 所示。

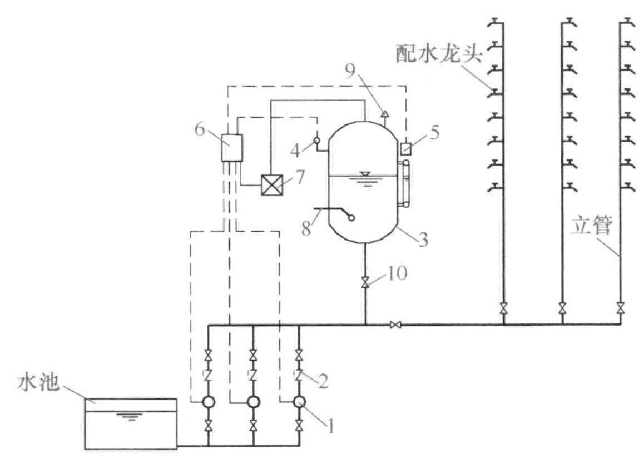

图 6-6　气压给水方式

1. 水泵　2. 止回阀　3. 气压水罐　4. 压力信号器　5. 液位信号器
6. 控制器　7. 补气装置　8. 排气阀　9. 安全阀　10. 阀门

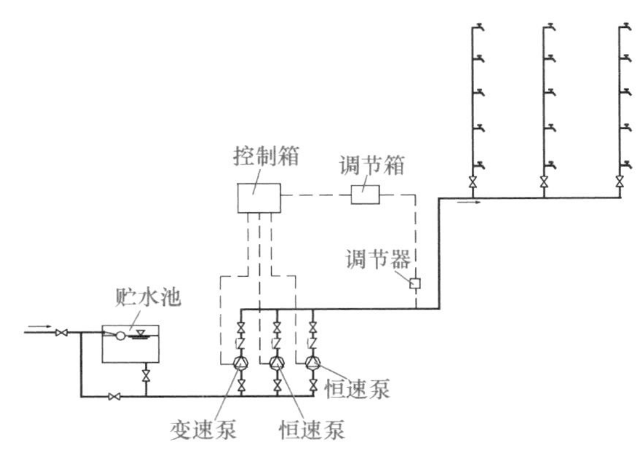

图 6-7　变频调速恒压给水方式

6.1.2　建筑排水系统

建筑室内排水系统分为生活污水排水系统、工业废水排水系统及屋面雨水排水系统 3 类。

- 生活污水排水系统：用于排除居住、公共建筑及工厂生活间的盥洗、洗涤和冲洗便器等污废水，可进一步分为生活污水排水系统和生活废水排水系统。
- 工业废水排水系统：用于排除生产过程中产生的工业废水。
- 屋面雨水排水系统：用于收集排除建筑屋面上的雨雪水。

排水系统是为了系统地排除污水而建设的一整套工程设施的统称。一套完整的排水系统组成，如图 6-8 所示。

（1）卫生器具和生产设备受水器

它们是用来承受用水和将用后的废水、废物排泄到排水系统中的容器。建筑内的卫生器具应具有内表面光滑、不渗水、耐腐蚀、耐冷热、便于清洁卫生、经久耐用等性质。

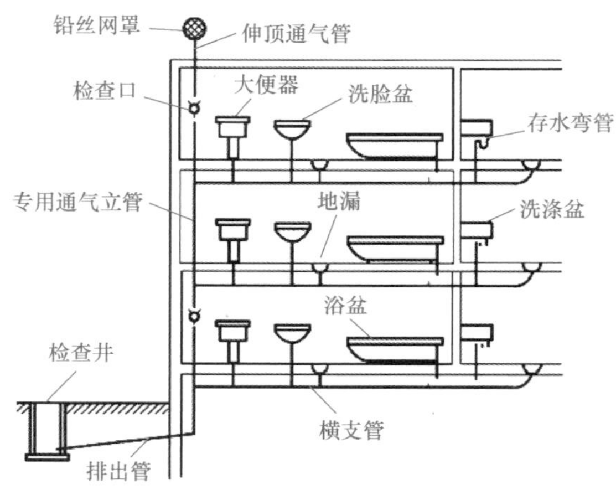

图 6-8　建筑排水系统组成

（2）排水管道

排水管道由器具排水管（连接卫生器具和横支管之间的一段短管，除坐式大便器外，其间含有一个存水弯管）、横支管、立管、埋设在地下的总干管和排出到室外的排出管等组成，其作用是将污（废）水迅速安全地排除到室外。

（3）通气管道

卫生器具排水时，需向排水管系补给空气，减小其内部气压的变化，防止卫生器具水封破坏，使水流畅通；将排水管系中的臭气和有害气体排到大气中时，需使管系内经常有新鲜空气和废气之间对流，可减轻管道内废气造成的锈蚀。

（4）清通设备

为疏通建筑内部排水管道，保障排水畅通，常需设置检查口、清扫口及带有清通门的90°弯头或三通接头、室内埋地横干管上的检查井等。

（5）提升设备

当建筑物内的污（废）水不能自流排至室外时，需设置污水提升设备。建筑内部污废水提升包括污水泵的选择、污水集水池容积确定和污水泵房设计，常用的污水泵有潜水泵、液下泵和卧式离心泵。

（6）污水局部处理构筑物

当室内污水未经处理不允许直接排入城市排水系统或水体时，需设置局部水处理构筑物。常用的局部水处理构筑物有化粪池、隔油井和降温池。

化粪池是一种利用沉淀和厌氧发酵原理去除生活污水中悬浮性有机物的最初级处理构筑物，由于目前我国许多小城镇还没有生活污水处理厂，所以建筑物卫生间内所排出的生活污水必须经过化粪池处理后才能排入合流制排水管道。

6.1.3　建筑中水系统

建筑中水系统是指民用建筑或建筑小区使用后的各种污、废水，经处理回用于建筑或建筑小区作为杂用水，如用于冲厕、绿化或洗车等。

建筑中水系统由原水系统、处理设施和管道系统组成。

1. 中水原水系统

中水原水系统指确定为中水水源的建筑物原排水的收集系统，分为污、废水合流系统和污、废水分流系统。一般情况下，推荐采用污、废水分流系统。

2. 中水处理设施

（1）预处理设施

- 化粪池：以生活污水为原水的中水系统，必须在建筑物的粪便排水系统中设置化粪池，使污水得到初级处理。
- 格栅：作用是截流中水原水中漂浮和悬浮的机械杂质，如毛发、布头和纸屑等。
- 调节池：作用是对原水流量和水质起调节均化作用，保证后续处理设备的稳定和高效运行。

（2）主要处理设施

- 沉淀池：通过自然沉淀或投加混凝剂，使污水中悬浮物借重力沉降作用从水中分离。
- 气浮池：通过进入污水后的压缩空气在水中析出的微波气泡，将水中比重接近于水的微小颗粒黏附，并随气泡上升至水面，形成泡沫浮渣而去除。
- 生物接触氧化池：在生物接触氧化池内设置填料，填料上长满生物膜，污水与生物膜相接触，在生物膜上微生物的作用下，分解流经其表面的污水中的有机物，使污水得到净化。
- 生物转盘：作用机理与生物接触氧化池基本相同，生物转盘每转动一周，即进行一次吸附—吸氧—氧化—分解过程，衰老的生物膜在二沉池中被截留。

（3）后处理设施

当中水水质要求高于杂用水时，应根据需要增加深度处理，即中水再经过后处理设施处理，如过滤、消毒等。消毒设备主要有加氯设备和臭氧发生器。

3. 中水管道系统

中水管道系统包括中水原水集水系统和中水供应系统。

- 中水原水集水系统：是指建筑内部排水系统排放的污废水进入中水处理站，同时设有超越管线，以便出现事故，可直接排放。
- 中水供应系统：原水经中水处理设施处理后成为中水，首先流入中水贮水池，再经水泵提升后与建筑内部的中水供水系统连接，建筑物内部的中水供水管网与给水系统相似。

6.1.4 鸿业机电 2020 给排水设计工具

在桌面上双击鸿业机电 2020 图标，打开鸿业机电 2020 启动界面，在启动界面的左下角须勾选【给排水】复选框，如图 6-9 所示。

在 Revit 2020 软件平台的主页界面中，单击【模型】选项组中的【新建】按钮，弹出【新建项目】对话框，在【样板文件】下拉列表中选择 BIMSpace 给排水样板，再单击【确定】按钮，进入给排水专业设计项目环境中，如图 6-10 所示。

图 6-11 为鸿业机电 2020 的给排水专业设计工具，分别在【给排水】选项卡和【消防系统】选项卡中。

图 6-9　鸿业机电 2020 启动界面

图 6-10　选择给排水样板

图 6-11　鸿业机电 2020 的给排水专业设计工具

6.2 食堂大楼建筑给排水设计案例

食堂大楼的建筑给排水系统包括室内给排水系统及室外给排水系统。本例的某大学食堂大楼模型，其建筑设计和结构设计部分已经创建完成，如图 6-12 所示。

食堂的给排水系统由供水和排水构成，图 6-13 为食堂大楼的建筑给排水系统工作原理图。

图 6-12　某大学食堂大楼

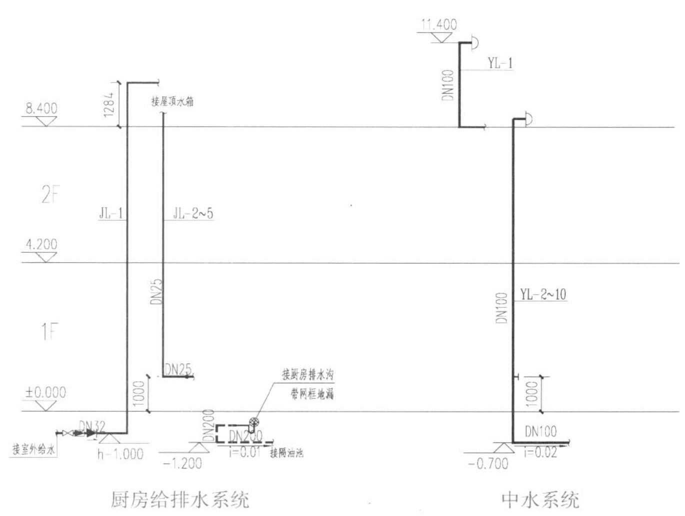

图 6-13　食堂给排水系统原理图

6.2.1　图纸整理与项目准备

通常情况下，我们可以结合已有图纸参考建模，同时使用 AutoCAD 打开一层给排水设计图进行参照，以保证设计的合理性，如图 6-14 所示。同时，建模时还要读给排水设计说明（附“模型 - 给排水”图纸）。

01 启动鸿业机电 2020，在 Revit 主页界面中选择“HYBIMSpace 给排水样板”样板文件，进入给排水专业设计项目环境中。

02 在项目浏览器中双击“01 给排水”|“01 建模”视图节点下的“楼层平面：建模-首层给排水平面图”视图，然后在【插入】选项卡中单击【链接 Revit】按钮，从本例源文件夹中打开“食堂大楼 .rvt”项目文件，如图 6-15 所示。

03 链接建筑模型后的给排水平面视图，如图 6-16 所示。

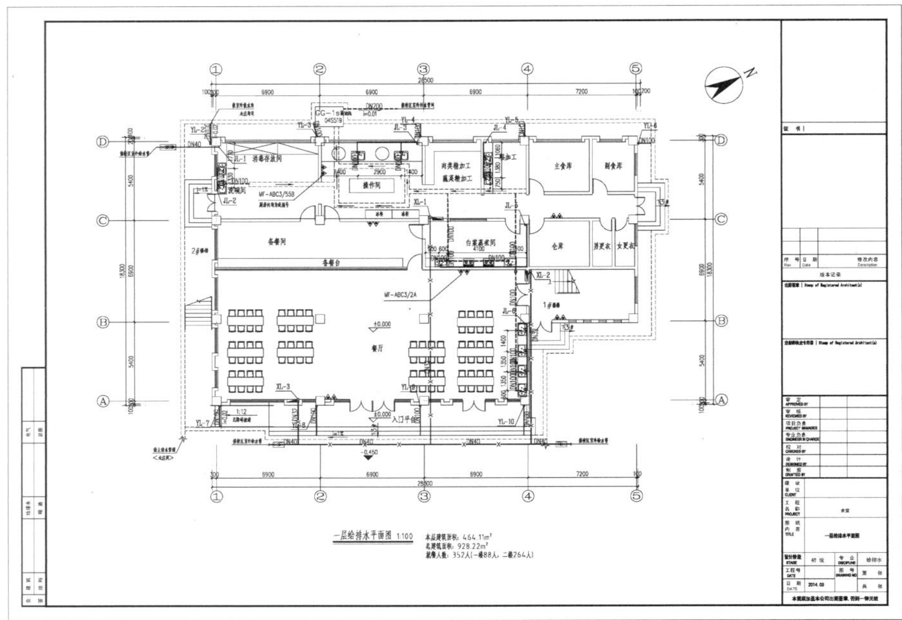

图 6-14　一层给排水设计图

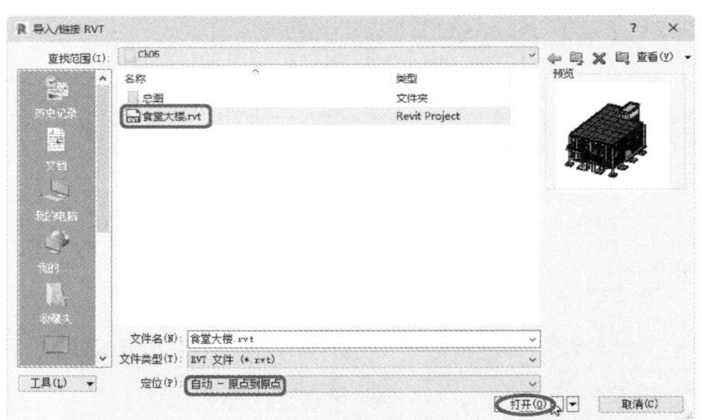

图 6-15　链接 Revit 模型

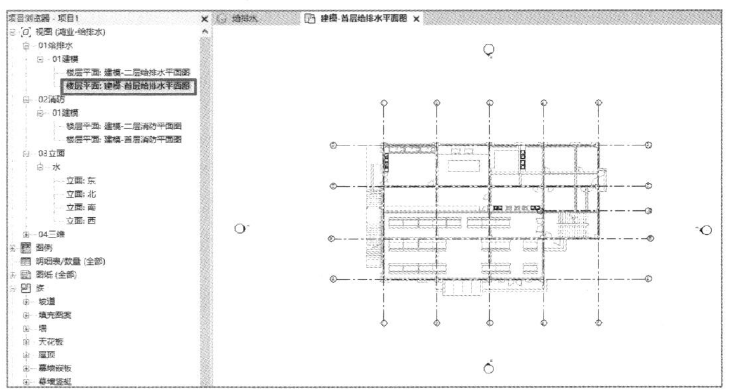

图 6-16　链接 RVT 模型后的给排水平面视图

04 切换视图到“03 立面”下的“立面：南”视图，可以看到链接模型的标高与项目标高对不上，需要重新创建消防给排水系统设计标高，如图 6-17 所示。可以链接模型的标高来创建项目新标高。

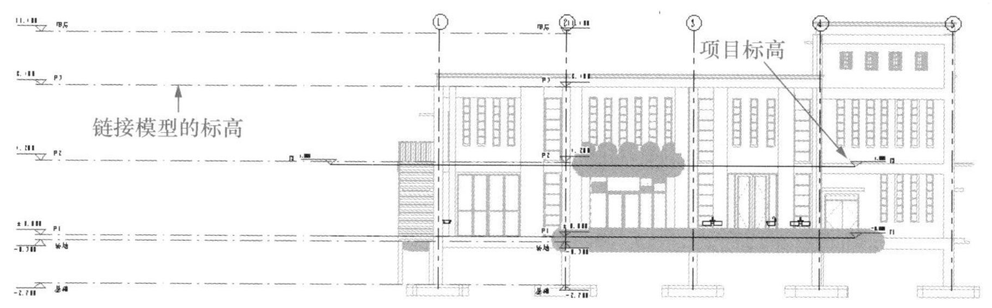

图 6-17 查看链接模型的标高

05 在【协作】选项卡的【坐标】面板中单击【复制/监视】中的【选择链接】按钮，然后选择南立面视图中的链接模型，随后弹出【复制/监视】上下文选项卡。

06 单击【复制】按钮，在选项栏中勾选【多个】复选框，然后框选视图中所有链接模型中的标高作为参考，如图 6-18 所示。框选后先单击选项栏的【完成】按钮，再单击上下文选项卡的【完成】按钮，完成标高的复制。

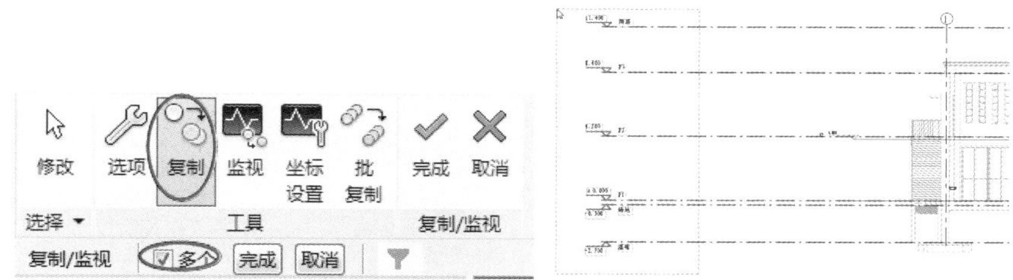

图 6-18 复制链接模型的标高

07 如果需要隐藏链接模型中的标高，可以通过【视图】选项卡的【可见性/图形】工具，将链接模型的标高隐藏，如图 6-19 所示。

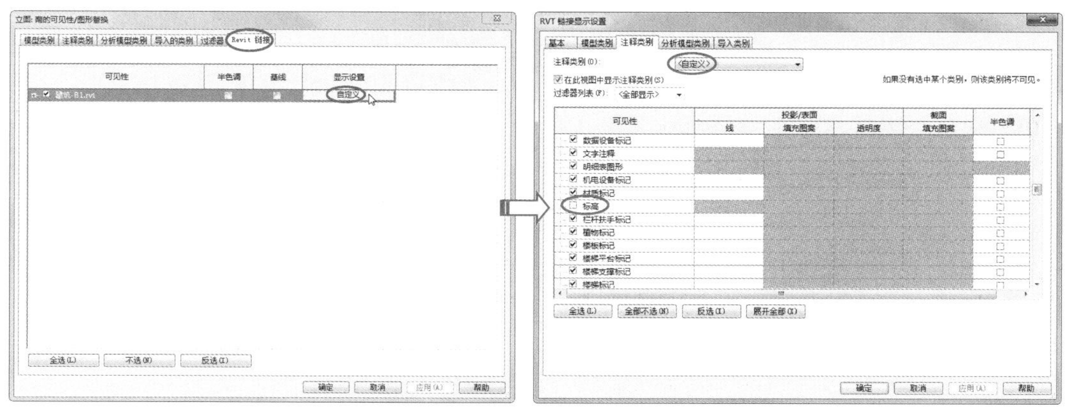

图 6-19 隐藏链接模型的标高

08 整理复制的新标高，如图 6-20 所示。

图 6-20 创建完成的给排水设计标高

09 由于默认的视图平面只有首层和二层的平面视图，需要创建其余标高（F3 和顶层）的平面视图。在【视图】选项卡的【创建】面板中单击【平面视图】下的【楼层平面】按钮 楼层平面，弹出【新建楼层平面】对话框。在标高列表中选择 F3 选项，单击【编辑类型】按钮，为新平面选择视图样板为【HY－给排水平面建模】，最后单击【确定】按钮完成新平面的创建，如图 6-21 所示。

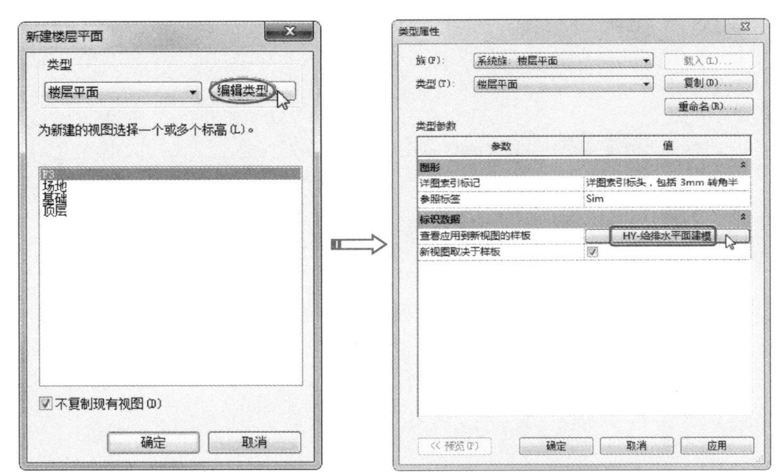

图 6-21 新建消防楼层平面

10 在项目浏览器中重命名新建的楼层平面，如图 6-22 所示。

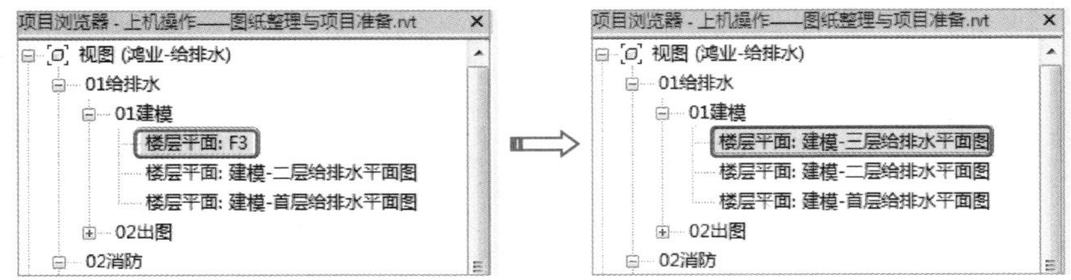

图 6-22 重命名新平面

11 用同样的方法，创建顶层的给排水平面视图。

6.2.2 食堂大楼给水系统设计

从厨房给排水系统图中得知，给水是从底层的室外接入，通过闸阀、减压阀和倒流防止阀直接输送到 F3 楼层上的屋顶水箱。

给水系统的设计流程如下。

01 切换到“01 给排水”|“01 建模”视图节点下的“楼层平面：建模-首层给排水平面图”视图。

02 在【快模】选项卡下单击【链接 CAD】按钮，将本例源文件夹中的“一层给排水平面布置图 . dwg”图纸文件导入到项目中，如图 6-23 所示。

03 利用【修改】上下文选项卡中的【对齐】工具，对齐图纸中的轴线与链接模型楼层平面图中的轴线，如图 6-24 所示。

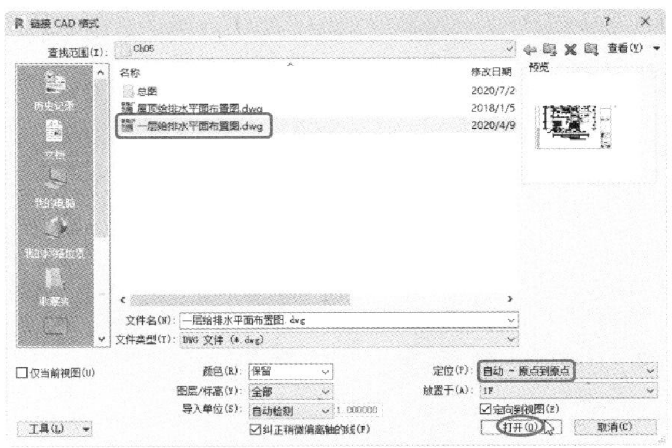

图 6-23　链接 CAD 图纸文件

图 6-24　对齐图纸与链接的模型

> **提示**　进行对齐操作之前，要先将链接的 CAD 图纸解锁（选中图纸，单击【修改】上下文选项卡中的【解锁】按钮），否则不能移动图纸。

04 切换视图为“楼层平面：建模-首层给排水平面图”。

05 在【给排水】选项卡的【管道设计】面板中单击【绘制横管】按钮，弹出【绘制横管】对话框，单击【水管设置】按钮，弹出【水管设置】对话框，设置【给水】系统类型的管道类型为【内外热镀锌钢管－丝接与卡箍】，设置后单击【确定】按钮，如图6-25所示。

水管设置

当前项目：　导入标准　导出标准　鸿业标准

系统类型	缩写	管道类型	线颜色	线型	线宽	系统分类	系统组名
给水							
给水	J	内外热镀锌钢管-丝	RGB 000 255 000	默认	12	家用冷水	给水
低区给水	J1	PPR-热熔	RGB 000 255 000	默认	12	家用冷水	给水
中区给水	J2	PPR-热熔	RGB 000 255 000	默认	12	家用冷水	给水
高区给水	J3	PPR-热熔	RGB 000 255 000	默认	12	家用冷水	给水
热给水							
中区热给水	RJ2	PPR-热熔	RGB 000 000 255	默认	12	家用热水	热给水
低区热给水	RJ1	PPR-热熔	RGB 000 000 255	默认	12	家用热水	热给水
高区热给水	RJ3	PPR-热熔	RGB 000 000 255	默认	12	家用热水	热给水
热给水	RJ	PPR-热熔	RGB 000 000 255	默认	12	家用热水	热给水
热回水							
热回水	RH	PPR-热熔	RGB 000 255 255	默认	12	家用热水	热回水
中区热回水	RH2	PPR-热熔	RGB 000 255 255	默认	12	家用热水	热回水
高区热回水	RH3	PPR-热熔	RGB 000 255 255	默认	12	家用热水	热回水
低区热回水	RH1	PPR-热熔	RGB 000 255 255	默认	12	家用热水	热回水
中水							
中水	Z	PPR-热熔	RGB 000 204 153	默认	12	家用冷水	中水

新建系统　删除系统　上移　下移　确定　取消

图6-25　设置给水系统的管道类型

06 首先设置对话框的选项及参数，然后绘制管道的起点与终点，按Esc键结束绘制，并自动创建管道，如图6-26所示。

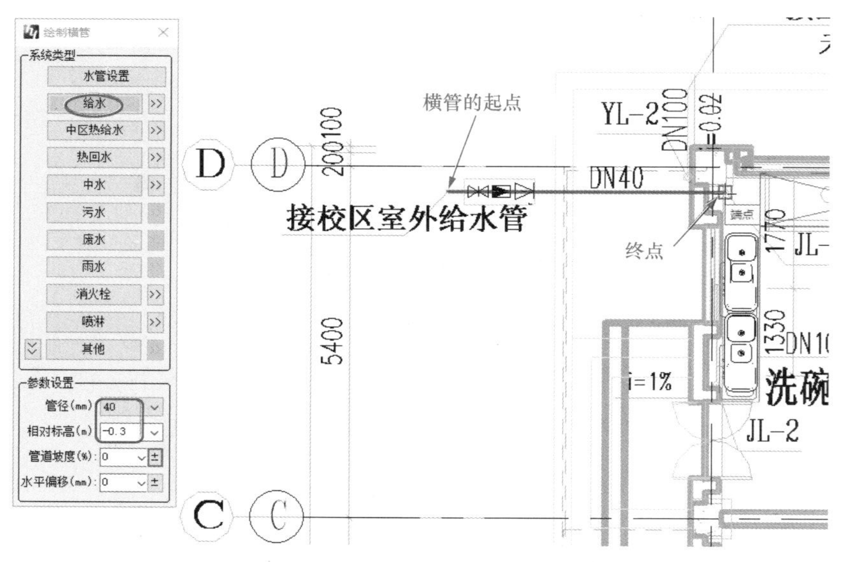

图6-26　绘制横管

07 切换到“三维视图：消防”或者“三维视图：水”视图，查看管道的创建效果，如图6-27所示。

08 由于F3楼层上还没有安装水箱，故不清楚给水立管的标高，所有要先安装水箱。

切换到“建模-三层给排水平面图”平面视图，然后链接本源文件夹中的“屋顶给排水平面布置图.dwg”CAD 图纸文件，并通过【对齐】操作将图纸的轴网与项目的轴网对齐，如图 6-28 所示。

图 6-27　查看水管三维效果

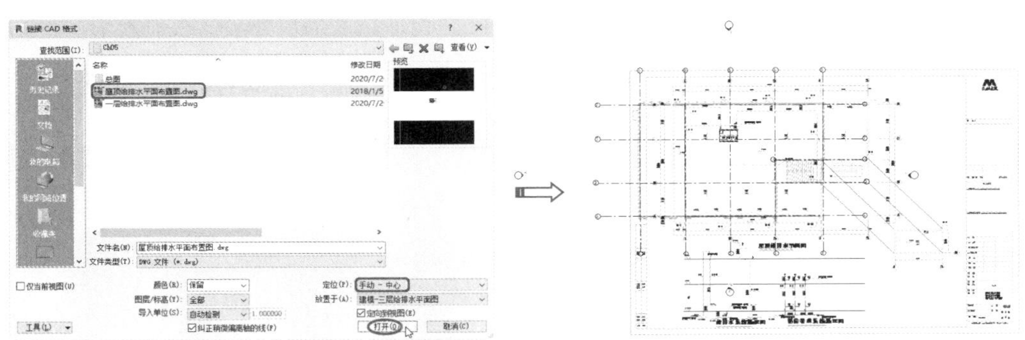

图 6-28　链接 CAD 图纸并对齐链接模型

09　在【建筑】选项卡的【构建】面板中单击【构件】按钮，然后通过【载入族】工具将本例源文件夹中的【膨胀水箱－方形 5.0 立方米】族载入到当前项目环境中，再将其放置于屋顶给排水平面图中的水箱标记位置，如图 6-29 所示。

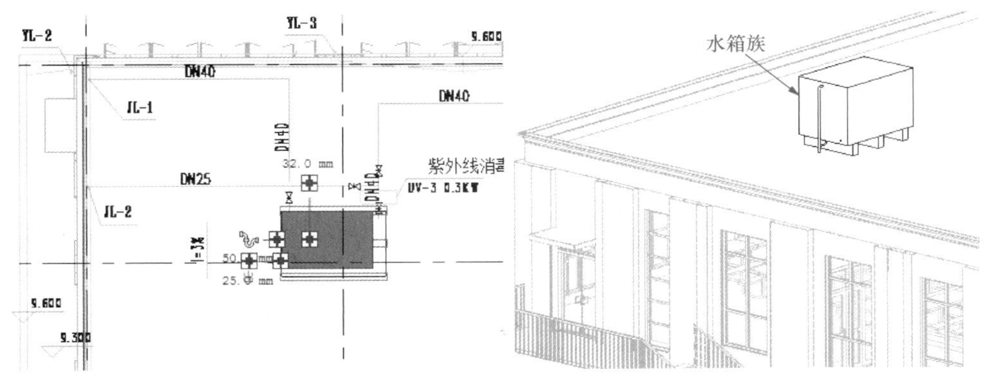

图 6-29　放置水箱族

10 编辑水箱的类型属性参数，重命名并设置新的水箱长度和宽度，以及溢流水管直径等参数，如图 6-30 所示。

11 在“建模-三层给排水平面图”中，利用【给排水】选项卡中的【绘制横管】工具，绘制 F3 楼层上的水管，如图 6-31 所示。

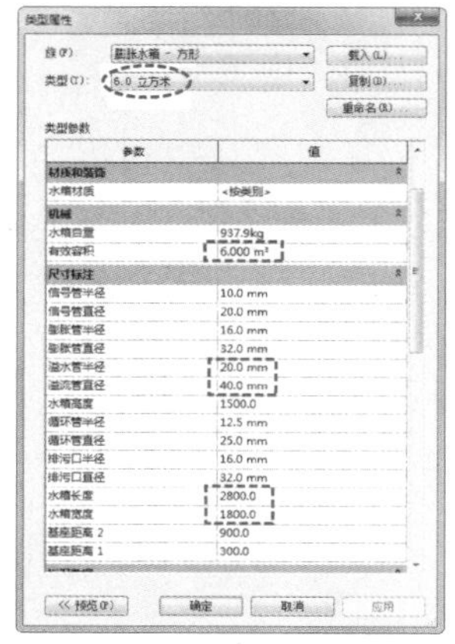

图 6-30　设置水箱参数

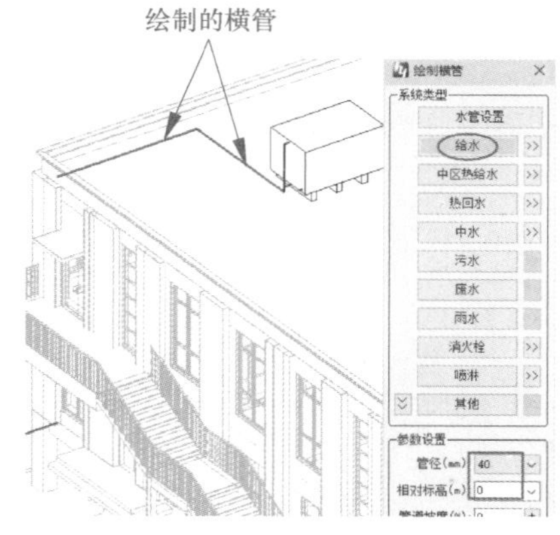

图 6-31　绘制 F3 楼层上的水管

12 单击【创建立管】按钮，在弹出的【创建立管】对话框中单击【水管设置】按钮，弹出【水管设置】对话框。设置给水系统的管道类型，如图 6-32 所示。

水管设置

当前项目：　导入标准　导出标准　鸿业标准

系统类型	缩写	管道类型	线颜色	线型	线宽	系统分类	系统组名
给水							
给水	J	内外热镀锌钢管-丝	RGB 000 255 000	默认	12	家用冷水	给水
低区给水	J1	PPR-热熔	RGB 000 255 000	默认	12	家用冷水	给水
中区给水	J2	PPR-热熔	RGB 000 255 000	默认	12	家用冷水	给水
高区给水	J3	PPR-热熔	RGB 000 255 000	默认	12	家用冷水	给水
热给水							
中区热给水	RJ2	PPR-热熔	RGB 000 000 255	默认	12	家用热水	热给水
低区热给水	RJ1	PPR-热熔	RGB 000 000 255	默认	12	家用热水	热给水
高区热给水	RJ3	PPR-热熔	RGB 000 000 255	默认	12	家用热水	热给水
热给水	RJ	PPR-热熔	RGB 000 000 255	默认	12	家用热水	热给水
热回水							
热回水	RH	PPR-热熔	RGB 000 255 255	默认	12	家用热水	热回水
中区热回水	RH2	PPR-热熔	RGB 000 255 255	默认	12	家用热水	热回水
高区热回水	RH3	PPR-热熔	RGB 000 255 255	默认	12	家用热水	热回水
低区热回水	RH1	PPR-热熔	RGB 000 255 255	默认	12	家用热水	热回水
中水							
中水	Z	PPR-热熔	RGB 000 204 153	默认	12	家用冷水	中水

新建系统　删除系统　上移　下移　确定　取消

图 6-32　设置给水系统的管道类型

13 在三层给排水平面图上绘制给水系统的立管，如图 6-33 所示。

14 利用【绘制横管】工具，在三层给排水平面图上绘制流向一层厨房的水管横管（管径为 25mm），由于载入的水箱构件族与设计图的水箱不一致，可以根据水箱族的出水口位置调整水管线路，绘制完成的结果如图 6-34 所示。

15 利用【创建立管】工具，绘制三层到一层的立管，直径为 25mm，如图 6-35 所示。

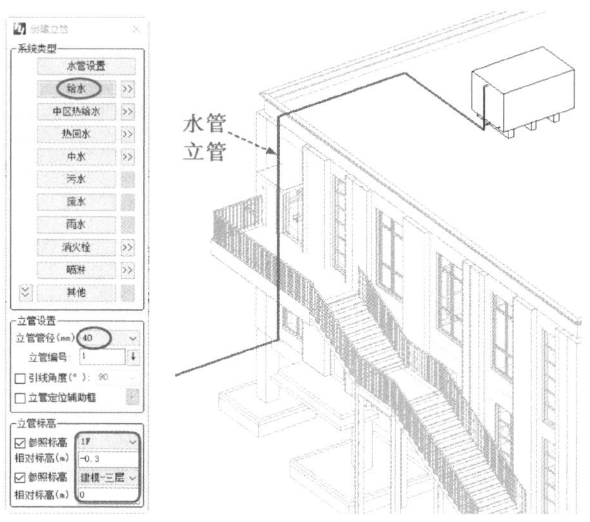

图 6-33　绘制立管

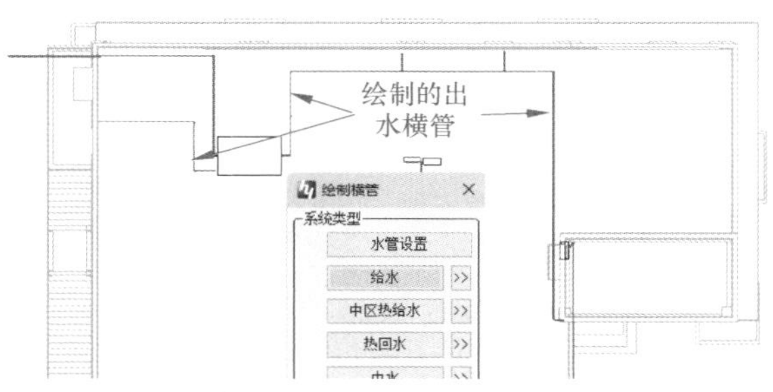

图 6-34　绘制出水横管

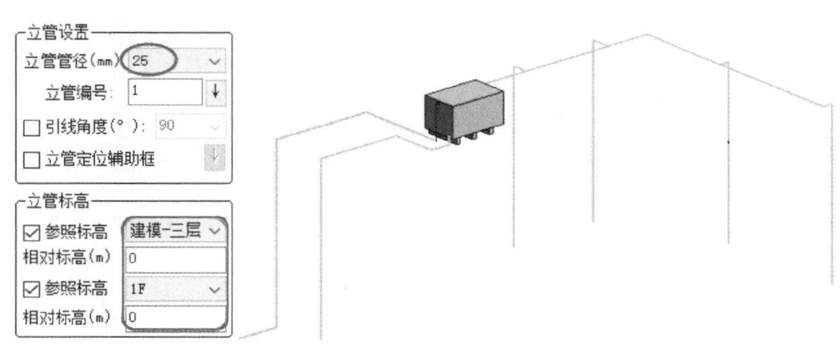

图 6-35　创建出水立管

16　继续创建立管，在三层创建水箱出水口位置的立管，如图 6-36 所示。

17　水管绘制完成后需要利用【管线调整】选项卡下【管道】面板中的【水管自动连接】工具，为同平面的水管进行连接，如图 6-37 所示。

18　在【给排水】选项卡的【管线设计】面板中单击【横立连接】按钮，对所有横管与立管进行连接，连接时请注意横管与立管的直径，入水管道直径是40mm，而出水管道直径则是25mm，如图6-38所示。

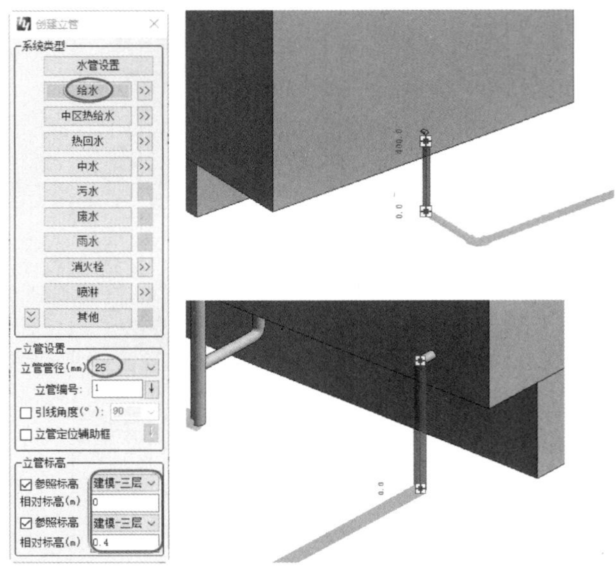

图6-36 创建水箱出水口立管

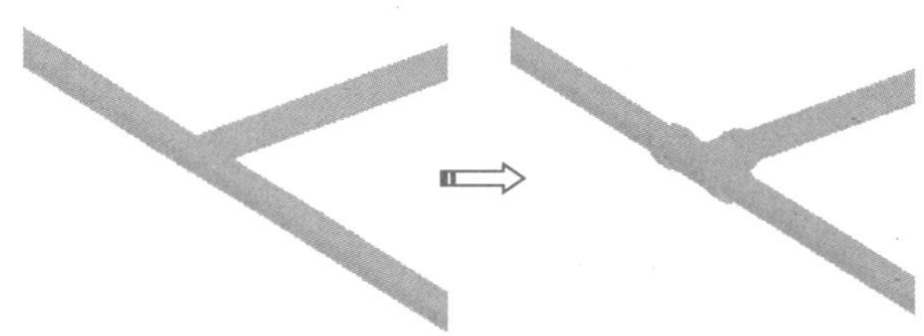

图6-37 自动连接

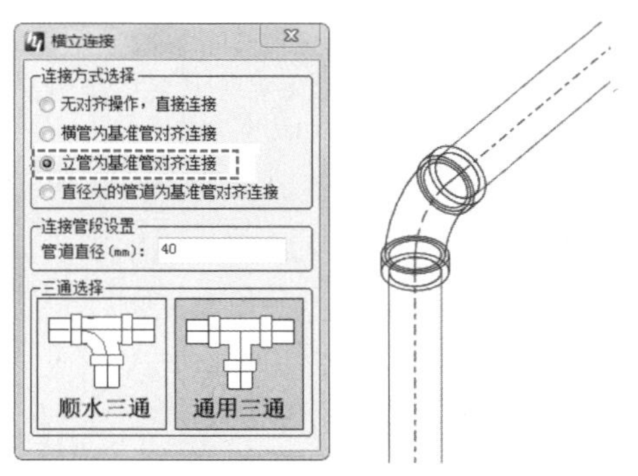

图6-38 横管与立管的连接

19 切换视图为“首层给排水平面图”。由于厨房中的用水设施比较多，下面以“白案蒸煮间”的厨房水槽设施为例，介绍厨房水槽的进水与出水管道及管件的安装。

利用【绘制横管】工具，从立管位置开始绘制，如图 6-39 所示。

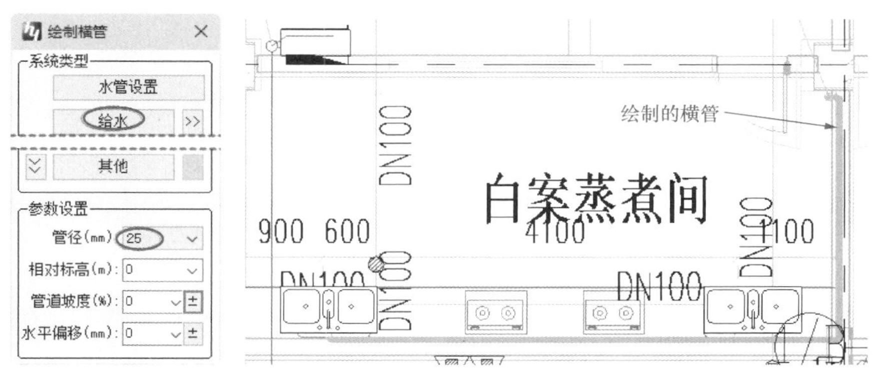

图 6-39 绘制横管

提示

绘制总管与水槽连接部分的分水管时，要对准水槽的水龙头起始端，如图 6-40 所示。

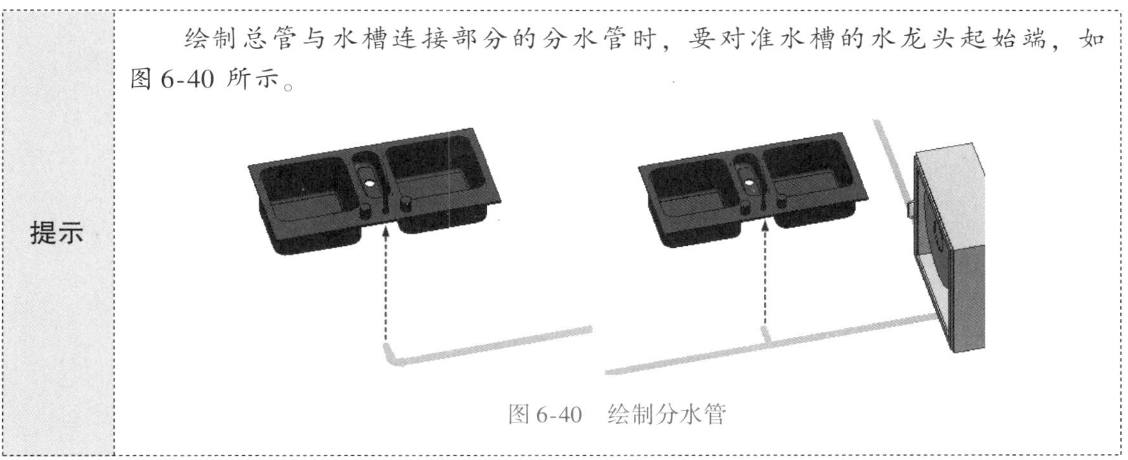

图 6-40 绘制分水管

20 利用【创建立管】工具，绘制分管与水龙头连接部分的管道，如图 6-41 所示。

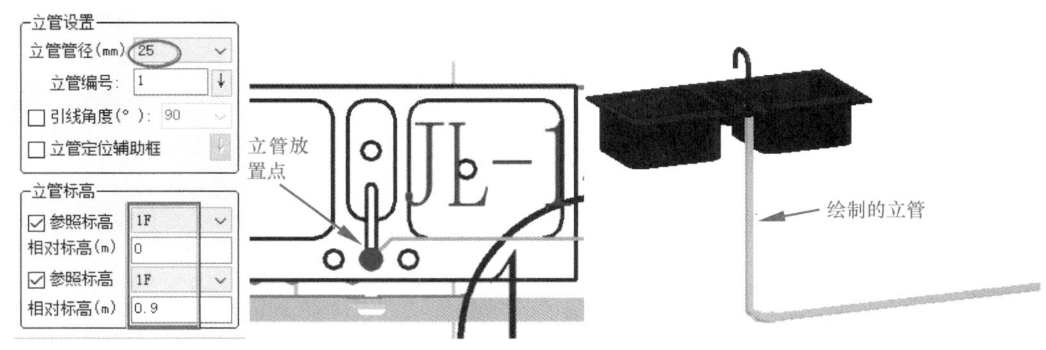

图 6-41 绘制立管

21 切换到“三维视图：水”视图，利用【横立连接】工具创建横管与立管的连接。利用【自动连接】工具完成总管与分管的连接，如图 6-42 所示。

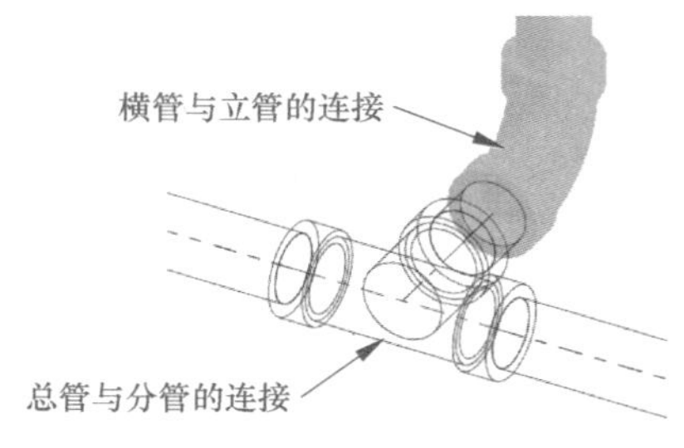

图 6-42　管的连接

6.2.3　食堂大楼排水系统设计

食堂大楼排水系统的工作原理是从屋顶水箱接出多条水管，直通 F1 层的食堂厨房区域。排水是通过厨房地漏排除。厨房排水系统是由排水槽（方形槽）和排水管组成，图 6-43 为排水示意平面图。排水槽是用砖砌成的，暂用较大直径的钢管来替代。

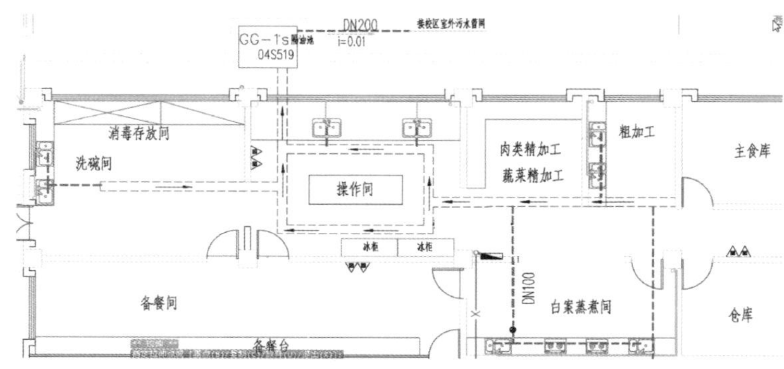

图 6-43　厨房废水排除示意图

排水系统的设计流程如下。

01　切换到“建模-首层给排水平面图”，单击【绘制横管】按钮，在弹出的【绘制横管】对话框中单击【水管设置】按钮，接着在【水管设置】对话框中设置【污水】和【废水】系统类型的管道类型为【内外热镀锌钢管－丝接与卡箍】，完成后单击【确定】按钮，如图 6-44 所示。

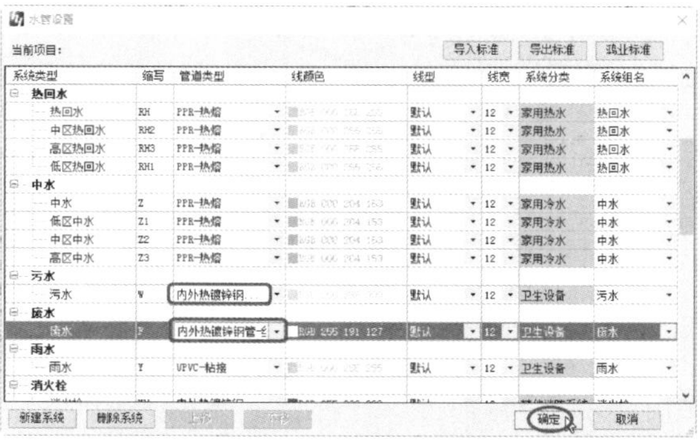

图 6-44　水管设置

02 返回到【绘制横管】对话框，选择【废水】系统类型，接着设置横管参数，随后在首层给排水平面图中绘制排水槽部分的管道，如图 6-45 所示。

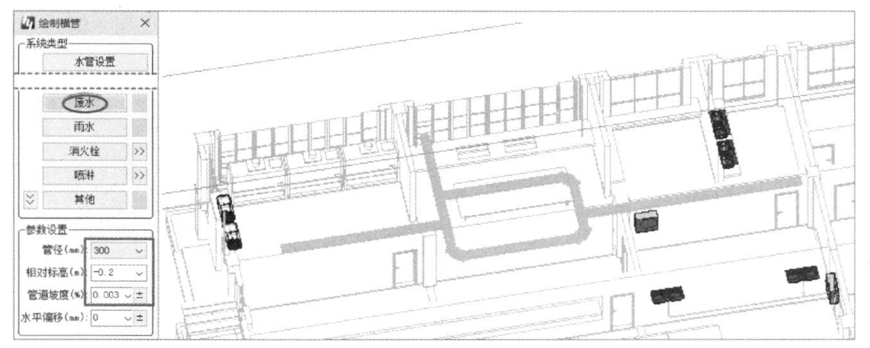

图 6-45　绘制排水槽（以横管替代）

03 利用【自动连接】工具，连接排水槽管道，如图 6-46 所示。

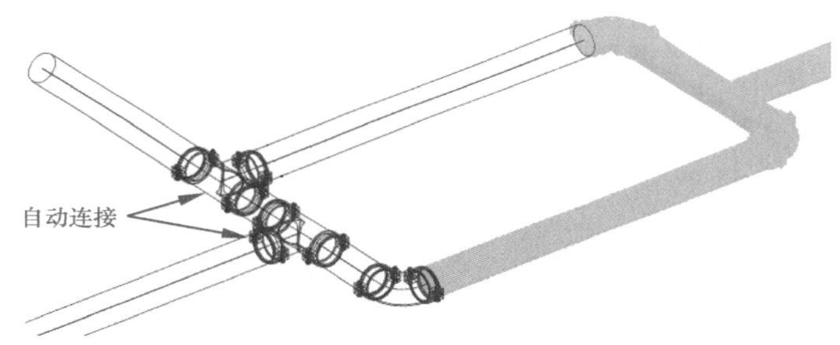

图 6-46　自动连接水管

04 在“白案蒸煮间”房间中绘制洗手水槽到排水槽之间的排水管，如图 6-47 所示。

05 利用【水管自动连接】工具，连接管道，如图 6-48 所示。

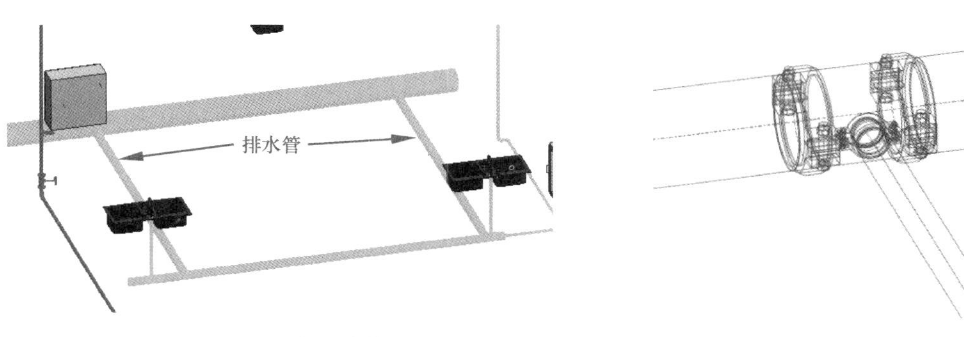

图 6-47　绘制排水管

图 6-48　连接排水管

06 利用【创建立管】工具，在两个洗手水槽内的排水孔位置绘制 4 条立管，如图 6-49 所示。

07 厨房中其余排水系统的管道也按此方法进行绘制。

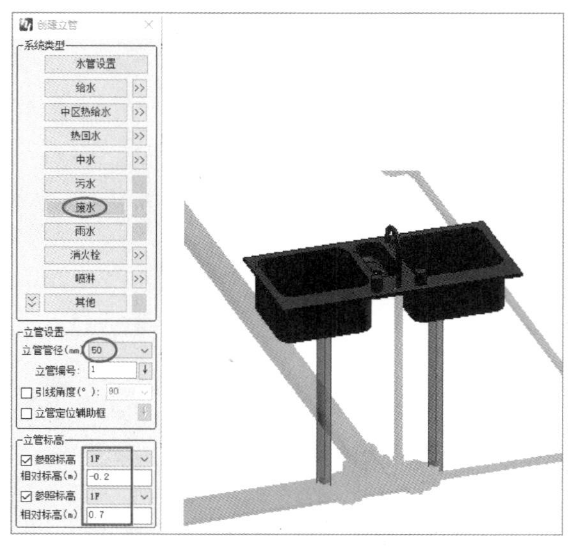

图 6-49　绘制立管

6.3 食堂大楼消防系统设计案例

食堂大楼消防系统采用的是消防软管卷盘式灭火。消防卷盘系统由阀门、输入管路、轮辐、支承架、摇臂、软管及喷枪等部件组成，以水作灭火剂，是能在迅速展开软管的过程中喷射灭火剂的灭火器具，一般安装在室内消火栓箱内，是新型的室内固定消防装置，图 6-50 为本例消防卷盘系统原理图。

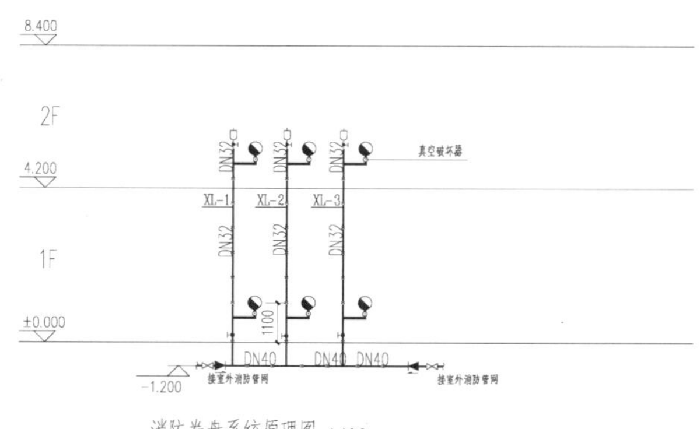

图 6-50　食堂大楼的消防卷盘系统原理图

从设计原理图得知，食堂一楼与二楼各 3 个卷盘，整个消防灭火用水是从楼外的管道接入。消防管道线路中安装有截止阀、闸阀、倒流防止器、消防卷盘等管道附件。

01　切换到 “02 消防”|“01 建模”|“建模-首层消防平面图” 视图。

提示	消防卷盘系统的平面布置也在一层给排水平面布置图中。

02 通过 AutoCAD 2020 软件打开“一层给排水平面布置图 . dwg”图纸，将图框中的“图纸内容”改为“图名”，以便能让蜘蛛侠 BIM 机电软件识别图纸，如图 6-51 所示。

图 6-51　修改图框中的图纸命名

提示	不同的图纸模板，其图框内的图纸名会有所不同。目前鸿业机电软件仅能识别出命名为“图名”的图纸图框。如果是其他名称，请使用者提前修改图框命名。

03 在【快模】面板中单击【图纸处理】按钮，从本例源文件夹中打开“一层给排水平面布置图 . dwg”图纸文件，如图 6-52 所示。

图 6-52　打开 CAD 图纸

04 弹出【图纸拆分】对话框。在【图纸列表】列表中拖曳“一层给排水平面图”到右侧【楼层与图纸】列表中序列号为 5、楼层名称为“建模-首层消防平面图”的对应楼层中，如图 6-53 所示。

05 单击【确定】按钮完成图纸的导入。再利用【修改】上下文选项卡中的【对齐】工具，对齐图纸中的轴线与链接模型楼层平面图中的轴线。

06 单击【快模】选项卡【给排水】面板中的【喷淋快模】按钮，从源文件夹中打开“一层给排水平面布置图 . dwg”图纸文件，弹出【读取 DWG 数据】对话框，如图 6-54 所示。

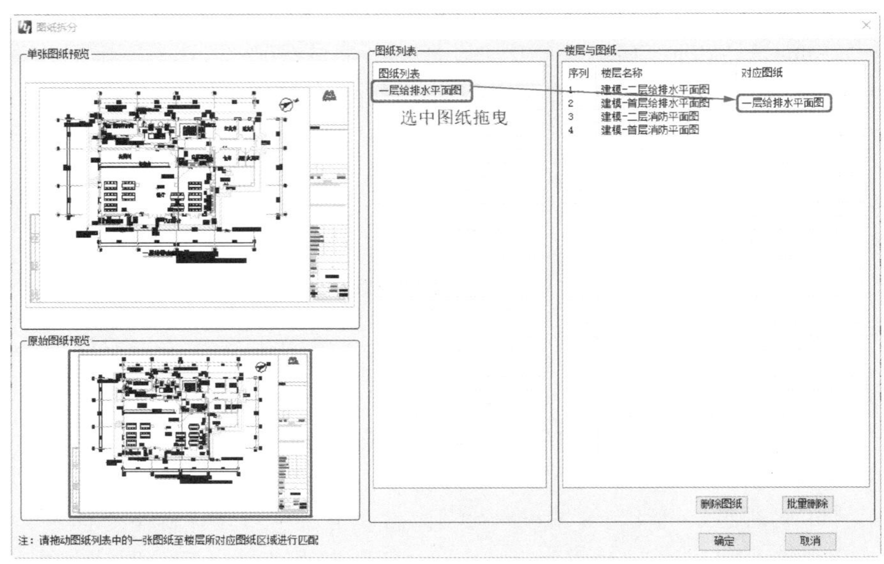

图 6-53　图纸拆分操作

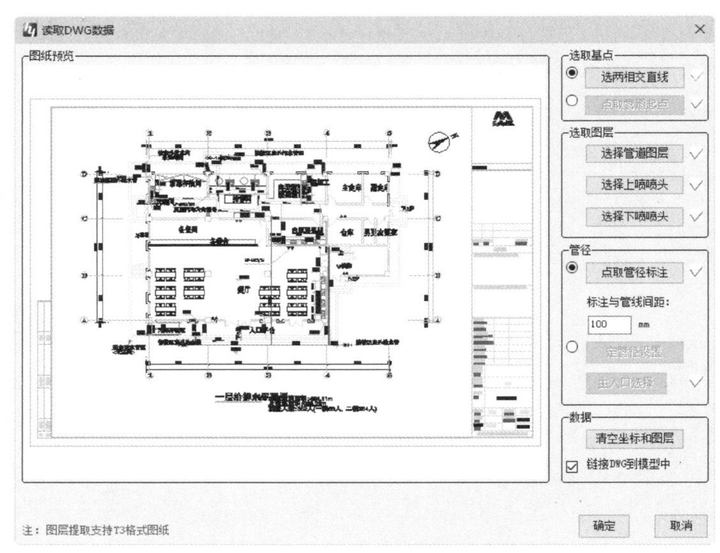

图 6-54　【读取 DWG 数据】对话框

07 取消【链接 DWG 到模型中】复选框的勾选。在【选取基点】选项组中单击【选两相交直线】单选按钮，并在左侧的图纸预览区域中选择两条相互交叉的喷淋管线，随后会自动生成一个基点，此基点是管道字段生成的起点，如图 6-55 所示。

提示　在图纸预览区域中，用户可以按下鼠标中键平移视图、滚动鼠标中键缩放视图。

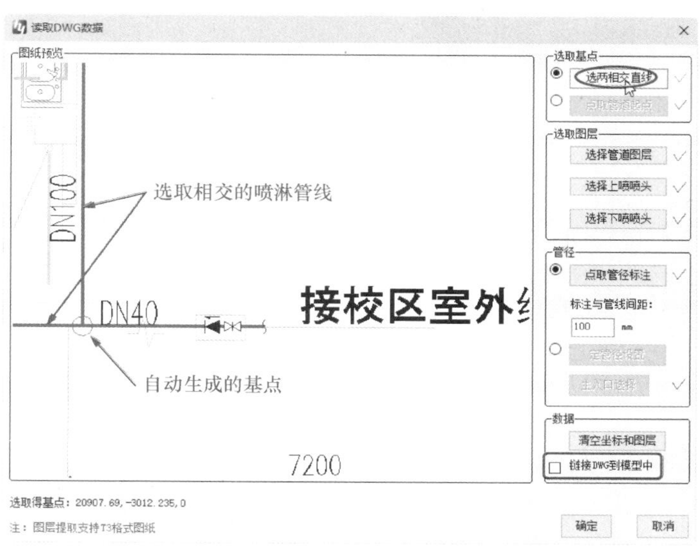

图 6-55 选取喷淋管道的生成起点

08 在【选取图层】选项组中单击【选取管道图层】按钮，然后在图纸预览区域中选取喷淋管线，如图 6-56 所示。

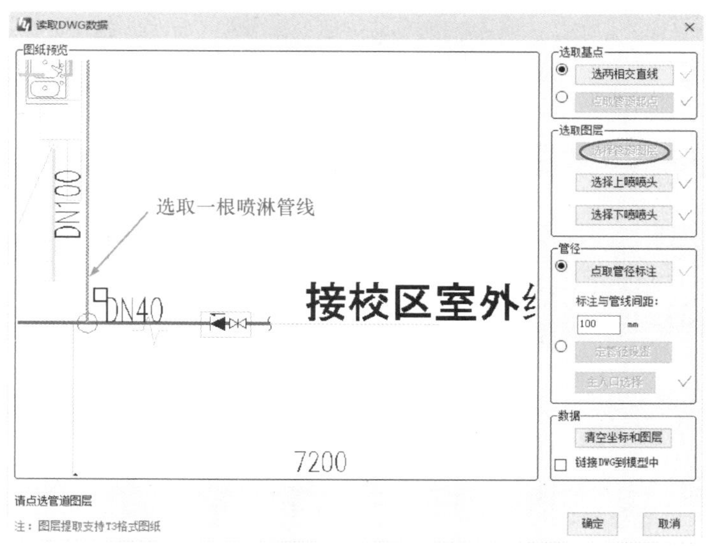

图 6-56 选取管线

09 在【管径】选项组中单击【点取管径标注】按钮，接着在图纸预览区域中选取喷淋管道标注，如 DN40，系统会自动收集所有标注信息，如图 6-57 所示。

10 单击对话框中的【确定】按钮，将弹出【喷头及管道设置】对话框。选择【系统类型】为【喷淋】，其余选项保留默认设置，单击【确定】按钮后到楼层平面视图中选取放置点（此点与先前【读取 DWG 数据】对话框中设置的基点为同一点），如图 6-58 所示。

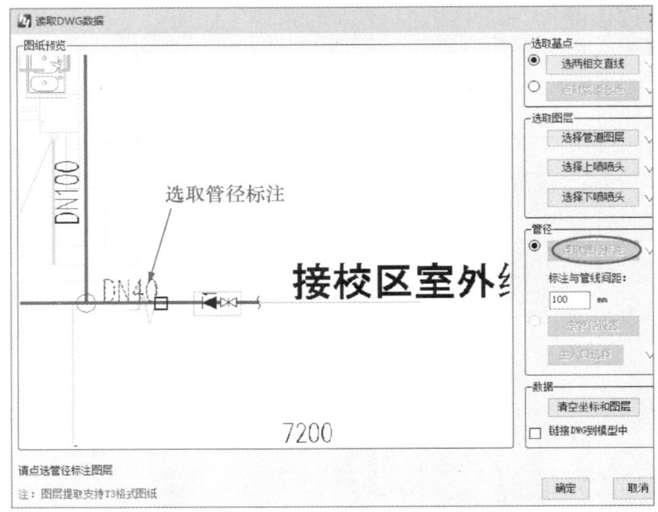

图 6-57　选取管径标注

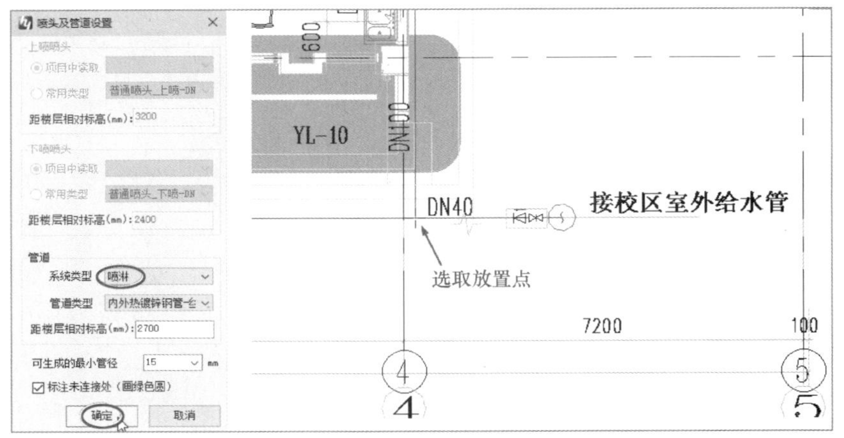

图 6-58　选取放置点

11 自动创建消防管道及接头。切换视图为“三维视图：消防”，即可查看效果，如图 6-59 所示。

12 由于消防管道默认创建在 F1 层，需要在【属性】面板中将自动创建的管道调整标高为“场地”，如图 6-60 所示。

13 切换到“建模-首层消防平面图”视图。接下来要绘制的立管是连通到二层食堂餐厅的消防管道。在【给排水】选项卡中单击【创建立管】按钮，在弹出的【创建立管】对话框中设置立管选项及参数，然后在首层消防平面图中放置立管，如图 6-61 所示。

14 在其余消防卷盘位置放置立管，不再放置立管时须按 Esc 键结束操作。创建完成的效果，如图 6-62 所示。

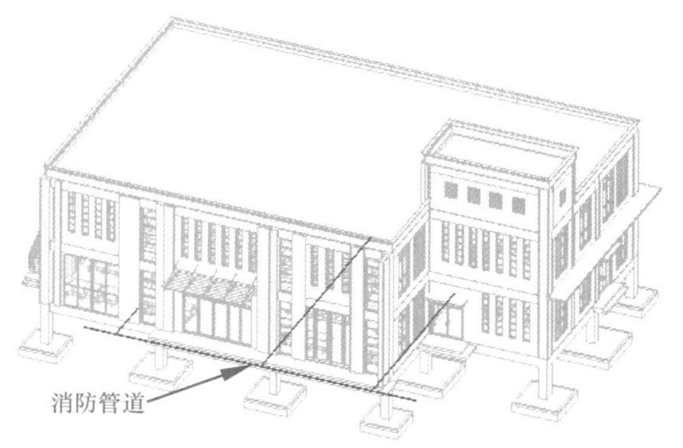

图 6-59　自动创建的消防管道

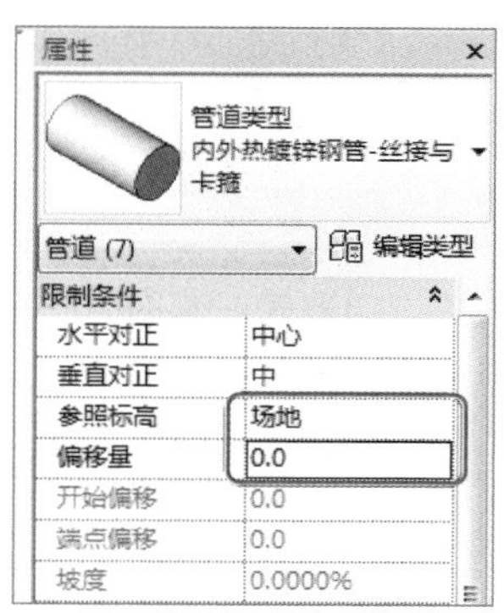

图 6-60　设置消防管道标高

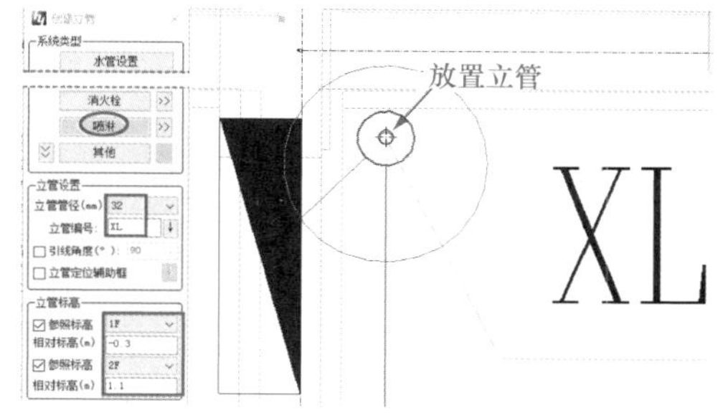

图 6-61　设置立管参数并放置立管

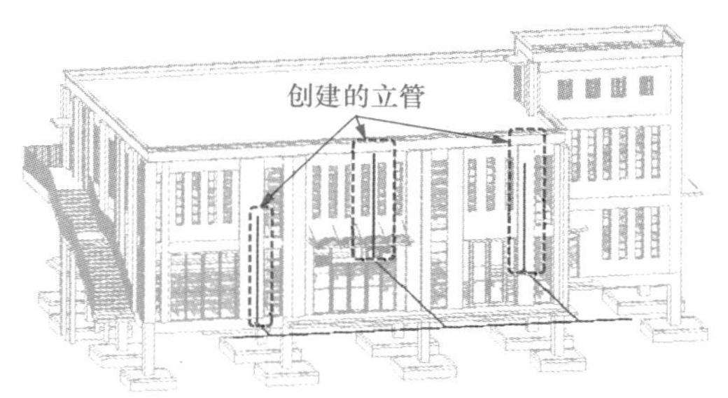

图 6-62　创建完成的立管

15 连接消防卷盘的横管已经在前面的喷淋快模过程中自动创建。只需要选中三条横管修改其标高即可，如图 6-63 所示。用同样的方法，绘制另外两处消防横管。

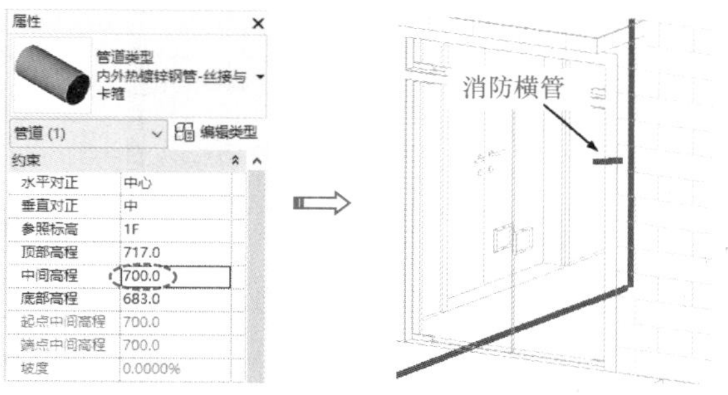

图 6-63　修改连接消防卷盘的横管标高

16 结合“一层给排水平面布置图”，可知消防横管与立管交汇处需要安装管件接头，一接给水管道、二接楼上消防管道、三接消防卷盘。在【管线调整】选项卡的【管道】面板中单击【横立连接】按钮，在弹出的【横立连接】对话框中选择【立管为基准管对齐连接】连接方式，选择【通用三通】选项，然后选取横管进行连接，如图 6-64 所示。

17 继续进行横立连接，选择横管与立管进行连接，如图 6-65 所示。同理，在另两处创建横立连接。

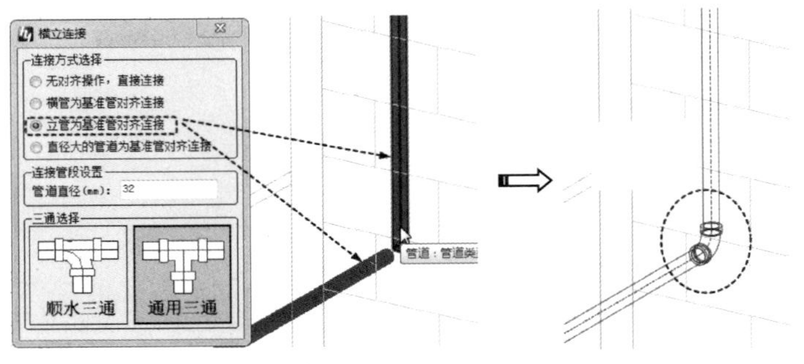

图 6-64　创建横立连接

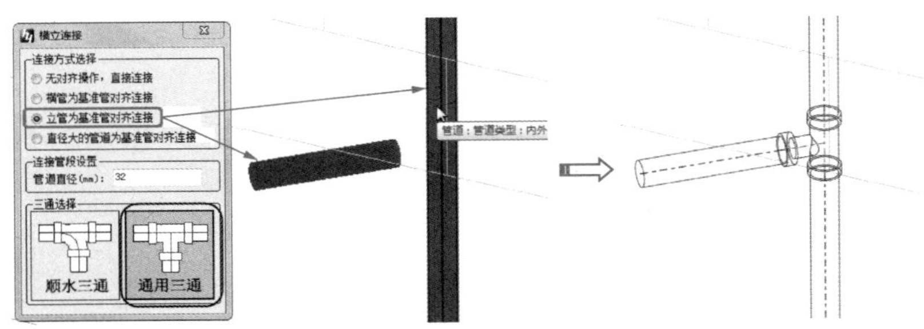

图 6-65　创建横立连接

18 安装截止阀。在【给排水】选项卡的【阀件与附件】面板中单击【水管阀件】按钮，弹出【水阀布置】对话框。在对话框中双击【截止阀】阀件类型，然后在一层的立管上放置截止阀，如图 6-66 所示。

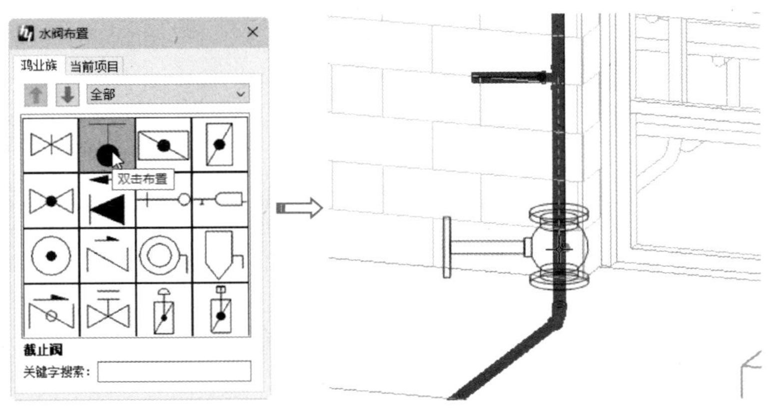

图 6-66　放置截止阀

19 用同样的操作方法，再在室外接校区给水管处安装倒流防止阀和闸阀，如图 6-67 所示。

20 在【插入】选项卡下单击【载入族】按钮，从本例源文件夹中载入"消防卷盘箱－明装 . rfa"族文件。

21 在【建筑】选项卡的【构建】面板中单击【构件】按钮，然后将载入的消防卷盘族放置在首层给排水平面图中（消防卷盘标记位置），卷盘的标高默认为 700mm，可以适当调整标高，如图 6-68 所示。

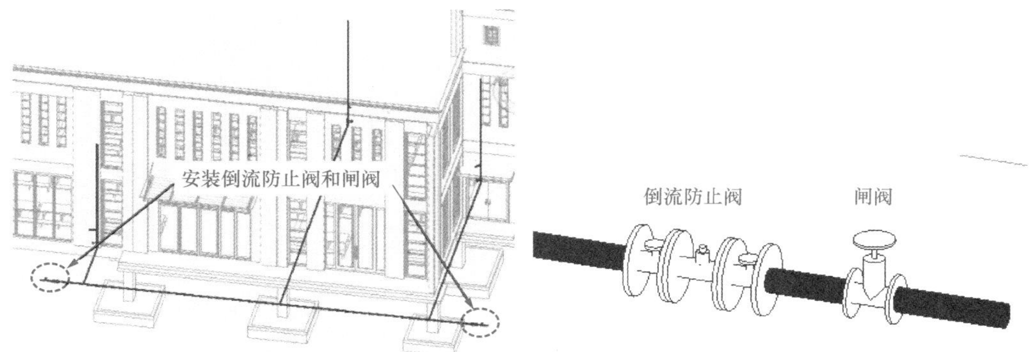

图 6-67　安装倒流防止阀和闸阀

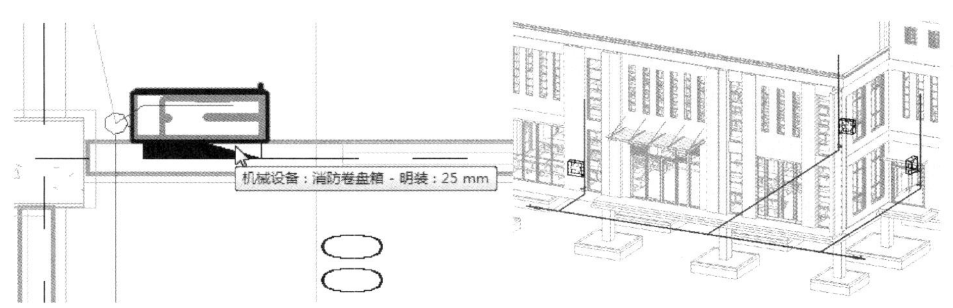

图 6-68　完成首层的消防卷盘系统设计

22 横管与卷盘之间的真空破坏器，读者可以自行安装。至此，完成了一层消防卷盘系统设计。二层的消防卷盘系统设计方法完全相同，读者可自行完成。

第 7 章

建筑电气设计

本章导读

建筑电气设计是建筑设计元素之一，在建筑中起到了非常重要的作用。对于高层民用建筑来说，建筑电气设计的内容包括强电系统设计和弱电系统设计。本章重点介绍鸿业机电设计 2020 软件电气专业设计模块的功能及实战应用案例。

案例展现

案　例　图	描　　述
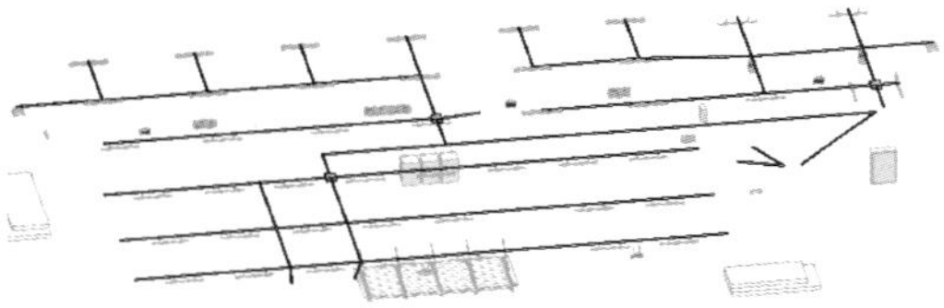	食堂大楼的强电设计主要是指照明系统设计。设计流程是：先按照照明系统线路立面图中的线路标高载入相应的照明设备元件，然后绘制线路及电线管等
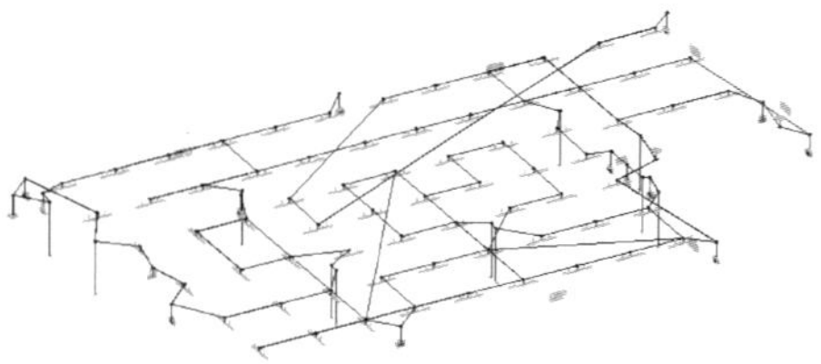	二层的照明系统设计内容与一层相似，所用的电气族与一层中的相同
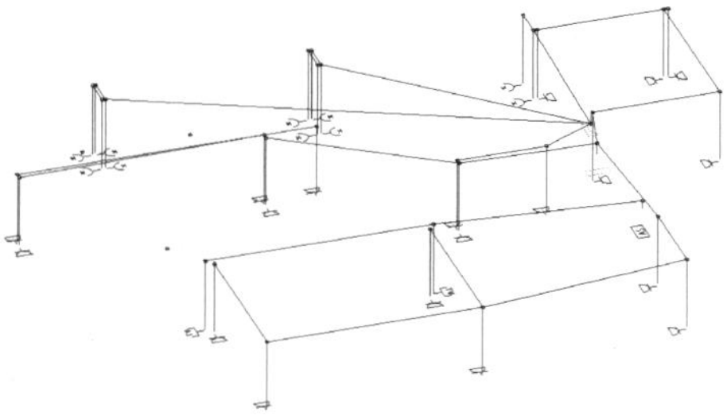	食堂大楼的弱电设计主要是指有线电视系统的设计。弱电设计将用到鸿业机电 2020 电气专业模块中的快模工具，该工具可以快速创建给排水、暖通和电气系统

7.1 建筑电气设计基础

建筑电气工程主要是应用于工业和民用建筑领域的动力、照明、电气设备、防雷接地等，包括各种动力设备、照明灯具、电器以及各种电气装置的保护接地、工作接地、防静电接地等。

7.1.1 建筑电气设计内容

建筑电气设计的内容包括强电和弱电两部分。

建筑强电部分如下。

- 供电系统。
- 照明系统。
- 电力系统（动力系统）。
- 低压配电线路。
- 建筑物防雷、接地系统。

建筑弱电部分如下。

- 火灾报警系统。
- 电话系统。
- 广播音响系统。
- 有线电视系统。
- 安全防范系统。
- 智能建筑自动化系统。

7.1.2 鸿业机电 2020 电气设计工具

在桌面上双击鸿业机电 2020 图标，打开鸿业机电 2020 启动界面，在启动界面的左下角要勾选【电气】复选框，如图 7-1 所示。

图 7-1　鸿业机电 2020 启动界面

在 Revit 2020 软件平台的主页界面中，单击【模型】选项组中的【新建】按钮，弹出【新建项目】对话框，在【样板文件】下拉列表中选择 BIMSpace 电气样板，再单击【确定】按钮，进入电气专业设计项目环境中，如图 7-2 所示。

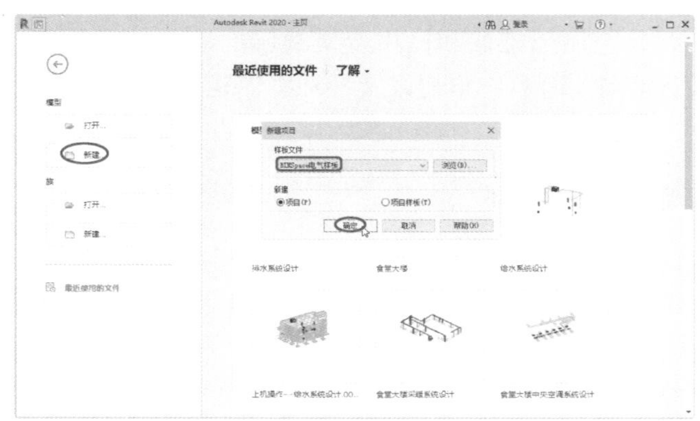

图 7-2　选择电气样板

图 7-3 为鸿业机电 2020 的电气专业设计工具，分别在【强电】选项卡、【弱电】选项卡和【线管桥架 \ 电缆敷设】选项卡中。

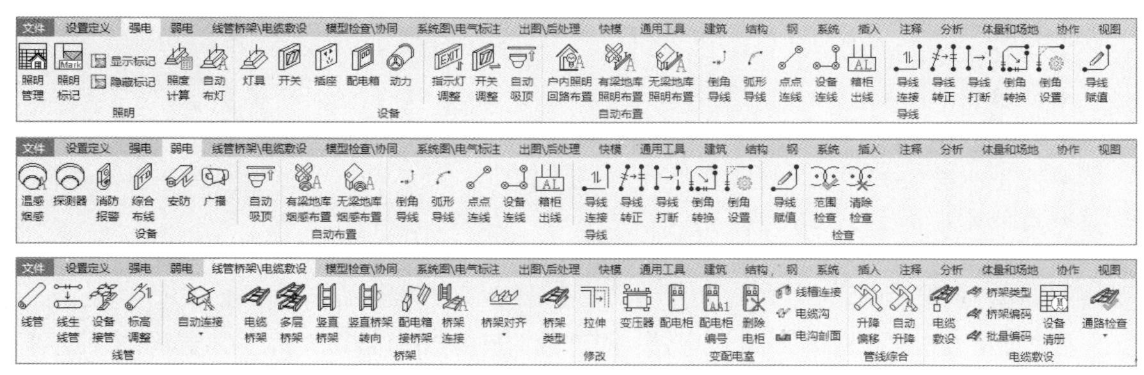

图 7-3　鸿业机电 2020 的电气专业设计工具

7.2 食堂大楼强电设计案例

本例食堂大楼的强电设计主要是指照明系统设计。照明系统设计流程是：先按照照明系统线路立面图中的线路标高载入相应的照明设备元件，然后绘制线路、线管及电缆桥架等。

值得注意的是，在实际照明系统安装过程中，很多线路是走暗线，也就是暗装，但为了表达清晰的线路，同时，暗装的设备需要选择墙体，在电气项目中没有建筑模型，仅仅是链接的模型，所以还不能采用暗装的设备，因此本例将完全采用明装的形式，直接选取墙面即可。

食堂大楼的照明线路连接系统，如图 7-4 所示。

表 7-1 为常用电气图例符号。

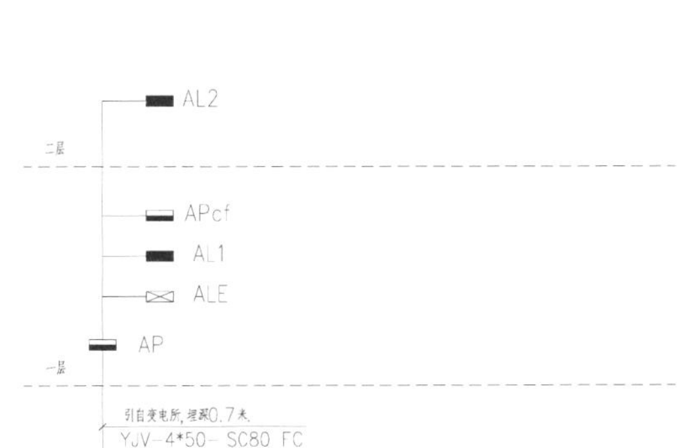

图 7-4　照明线路连接系统图

表 7-1　常用电气图例符号

类别	图　例	名　称	备注	类别	图　例	名　称	备注
变压器		双绕组变压器	形式 1	组件及部件		电源自动切换箱	
			形式 2		MDF	总配线架	
		三绕组变压器	形式 1		IDF	中间配线架	
			形式 2			壁龛交接箱	
		电流互感器	形式 1			室内分线盒	
			形式 2			室外分线盒	
	TV	电压互感器	形式 1			分线盒的一般符号	
	TV		形式 2			插座箱（板）	
组件及部件		屏、台、箱柜一般符号				消火栓	
		动力配电箱				手动火灾报警按钮	
		照明配电箱				火灾报警电话机（对讲电话机）	
		事故照明配电箱				火灾报警控制器	

（续）

类别	图例	名称	备注	类别	图例	名称	备注
控制、记忆信号电路的器件		感光火灾探测器		电力电路的开关和保护器件		开关的一般符号（动断触点）	
		气体火灾探测器（点式）				隔离开关	
	CT	缆式线型定温探测器				接触器（在非动作位置触点断开）	
		感温探测器				熔断器一般符号	
		感烟探测器				熔断器式开关	
		水流指示器				熔断器式隔离开关	
传输通道、波导、天线与关联元器件		天线一般符号				断路器	形式 1
		电线、电缆、母线、传输通路的一般符号					形式 2
		表示 3 根导线与 n 根导线的一般符号	3 根导线			开关一般符号	
	3		3 根导线			单极开关	
	n		n 根导线			单极开关（暗装）	
	F	电话线路				双极开关	
	V	视频线路				双极开关（暗装）	
	B	广播线路				三极开关	
		接地装置	有接地极			三极开关（暗装）	
			无接地极		t	单极限时开关	
		放大器一般符号				SPD 浪涌保护器	
		分配器，两路，一般符号		插座		单相插座	
		三路分配器				单相插座（暗装）	
		匹配终端				单相插座（密闭防水）	
		四路分配器				单相插座（防爆）	

（续）

类别	图　例	名　称	备注
插座		带保护接点单相插座	
		带接地插孔的单相插座（暗装）	
		带接地插孔的单相插座（密闭防水）	
		带接地插孔的单相插座（防爆）	
		带接地插孔的三相插座	
		带接地插孔的三相插座（暗装）	
		TP—电话	电信插座的一般符号可用以文字或符号区别
		FX—传真	
		M—传声器	
		FM—调频	
		TV—电视	
灯具		顶棚灯	
		花灯	
测量设备、试验设备	V	指示式电压表	
	cosφ	功率因数表	
	Wh	有功电能表（瓦时计）	
	A	指示式电流表	
		调光器	

类别	图　例	名　称	备注
灯具		弯灯	
		球型灯	
		荧光灯的一般符号	单管
			二管
			三管
			五管
		密闭灯	
		防爆灯	
		事故照明灯	
信号器件		扬声器	
		传声器	
		电铃	
	EEL	应急疏散指示标志灯	
	EL	应急疏散照明灯	

7.2.1 一层强电设计

图 7-5 为一层照明系统线路及设备布置图。

在图 7-5 一层照明系统线路及设备布置图中，各电气符号图例表示的含义如下。

- ：SPD 浪涌保护器。

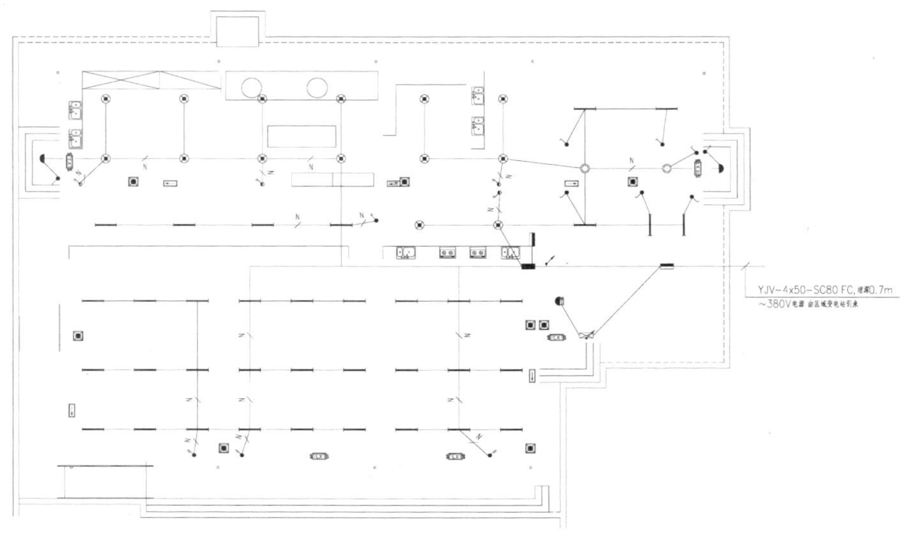

图 7-5　一层照明系统线路及设备布置图

- TV：电视机。
- ：组合开关箱。
- 防水防尘灯、应急照明灯、防爆灯、暗装双极开关、防爆双极开关、暗装三极开关、吸顶灯、吸顶灯 + 声光延时开关、E 出口指示灯、接线端子、双向疏散指示灯、单向疏散指示灯、单管荧光灯。

1. 链接模型和链接 CAD 图纸

01 启动鸿业机电 2020，在主页界面中选择“HYBIMSpace 电气样板”样板文件后自动创建电气设计项目。

02 在【插入】选项卡下单击【链接 Revit】按钮，从本例源文件夹中打开“食堂大楼 .rvt”项目文件，如图 7-6 所示。

图 7-6　链接 Revit 模型

03 链接后的建筑模型与视图如图 7-7 所示。

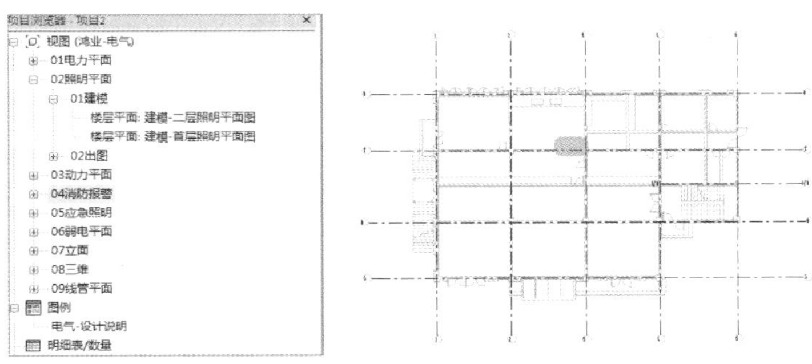

图 7-7　链接 RVT 模型后的电气视图

04　切换到“02 照明平面”|“01 建模”视图节点下的“楼层平面：建模-首层照明平面图”视图。

05　在【插入】选项卡下单击【链接 CAD】按钮，将本例源文件夹中的“一层电气照明系统布置图 . dwg”图纸文件导入到项目中。再利用【修改】上下文选项卡中的【对齐】工具，对齐图纸中的轴线与链接模型楼层平面图中的轴线。

2. 载入照明设备族

01　通过网页端鸿业云族 360（http://www. yunzu360. com/），依次载入以下电气族。

- AL1：【族分类】|【电气】|【箱柜】|【照明配电箱】|【家用配电箱 BP2-20】，如图 7-8 所示。

图 7-8　从云族 360 网页端下载电气族

- AP：【族分类】|【电气】|【箱柜】|【照明配电箱】|【箱柜 – 动力配电箱 – PB10 动力配电箱明装】；
- ALE：【族分类】|【电气】|【箱柜】|【应急照明箱】|【应急照明箱】；
- 防水防尘灯：【族分类】|【电气】|【灯具】|【防尘防水荧光灯】|【防水防尘灯】；
- 应急照明灯：【族分类】|【电气】|【灯具】|【备用照明灯】|【应急灯-备用照明灯】；
- 防爆灯：【族分类】|【电气】|【灯具】|【防爆灯】|【防爆灯-整体式隔爆型】；

- 吸顶灯：【族分类】|【电气】|【灯具】|【吸顶灯】|【吸顶灯（卫生间用）】；
- 吸顶灯＋声光延时开关：用【族分类】|【电气】|【灯具】|【环形管吸顶灯】族替代；
- E 出口指示灯：【族分类】|【电气】|【灯具】|【安全出口指示灯】|【指示灯-安全出口指示灯】；
- 单向疏散指示灯：【族分类】|【电气】|【灯具】|【右向疏散指示灯】|【单向疏散指示灯（右）】；
- 双向疏散指示灯：目前没有此族，暂用【单向疏散指示灯】替代；
- 单管荧光灯：【族分类】|【电气】|【灯具】|【单管荧光灯】|【嵌入式单管荧光灯】；
- 暗装双极开关：【族分类】|【电气】|【开关】|【密闭开关】|【普通开关－密闭开关－基于面】；
- 防爆双极开关：【族分类】|【电气】|【开关】|【防爆开关】|【普通开关－防爆开关－基于面】；
- 暗装三极开关：【族分类】|【电气】|【开关】|【三极开关】|【三极翘板开关明装】；
- 接线端子：【族分类】|【电气】|【通讯】|【接线盒】|【线管接线盒－三通】。

提示 上述族除了在云族 360 官网中下载使用外，还可以直接使用【强电】选项卡下【设备】面板中的【灯具】【开关】【插座】【配电箱】和【动力】等工具来插入相关电气族。

02 切换视图为“三维视图：电气三维”，然后调节剖面框到二层标高的底部，能完全显示一层的室内情况即可，如图 7-9 所示。

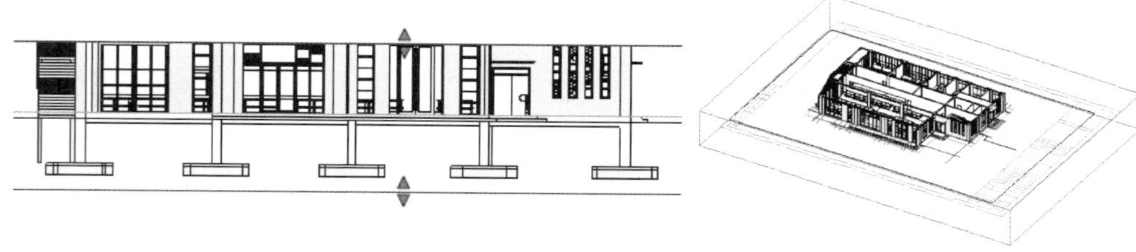

图 7-9　调整剖面框

3. 放置配电箱族

01 放置 AP 电力配电箱，此类型配电箱在照明图中有两个，且标高不一致。一个是楼梯间接室外变电所线路，标高大致在 800mm 位置；另一个是室内的 3200mm 标高位置，标高在 3644mm 位置。

02 在【建筑】选项卡下单击【构件】按钮，然后在【属性】面板中找到载入的【箱柜－动力配电箱－PB10 动力配电箱暗装】族，型号为 PB11，标高暂定为 3200mm（稍后等线路安装后再调试标高即可），将此配电箱放置到楼梯间相邻的房间墙壁上，如图 7-10 所示。

03 同理，再放一个动力配电箱（型号为 16），暂放置在楼梯间楼梯平台且标高为 800mm 的位置，如图 7-11 所示。

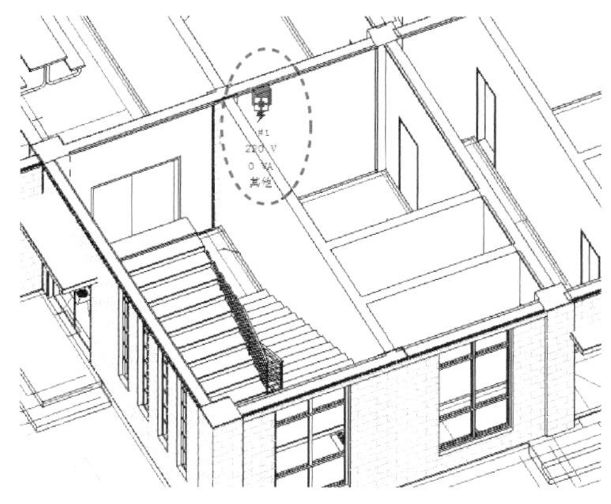

图 7-10　放置室内的 AP 电力配电箱

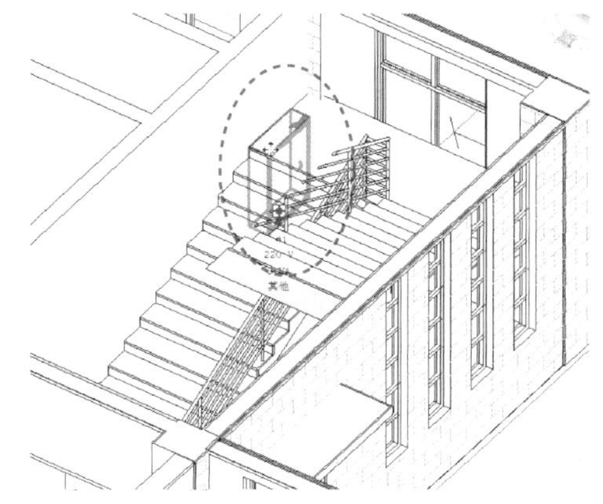

图 7-11　放置楼梯间的 AP 电力配电箱

04 放置 AL 和 ALE 配电箱。AL 配电箱（【家用配电箱 BP2-20】族）在标高 2700mm 的位置，ALE 配电箱（【应急照明箱】族）在标高 1900mm 的位置，操作方法同上步骤。放置效果如图 7-12 所示。

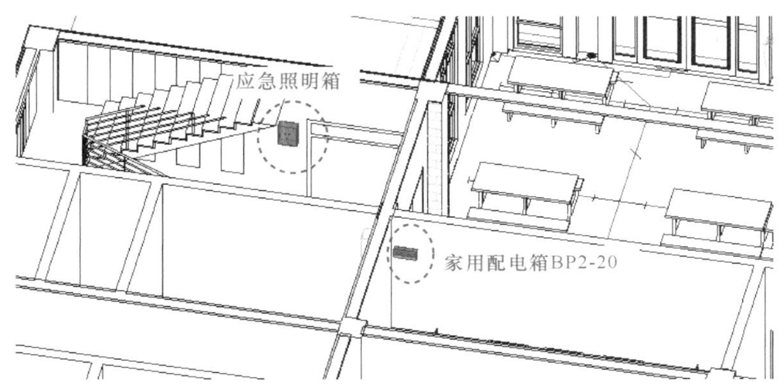

图 7-12　放置 AL 和 ALE 配电箱

4. 放置疏散指示灯

01 疏散指示灯包括出口指示灯、单向疏散指示灯和双向疏散指示灯。单击【构件】按钮，从【属性】面板中找到【指示灯-安全出口指示灯】族，将其放置在三维视图中相应的门上方，标高自定义，如图 7-13 所示。

提示	基于面的族在放置墙面时，在【属性】面板中设置标高偏移量后，再选择该墙面的墙底边线进行放置，否则不会放置在该墙面上。

02 将【单向疏散指示灯】族放置在厨房墙壁上（放置 4 个），标高为 2800mm，如图 7-14 所示。

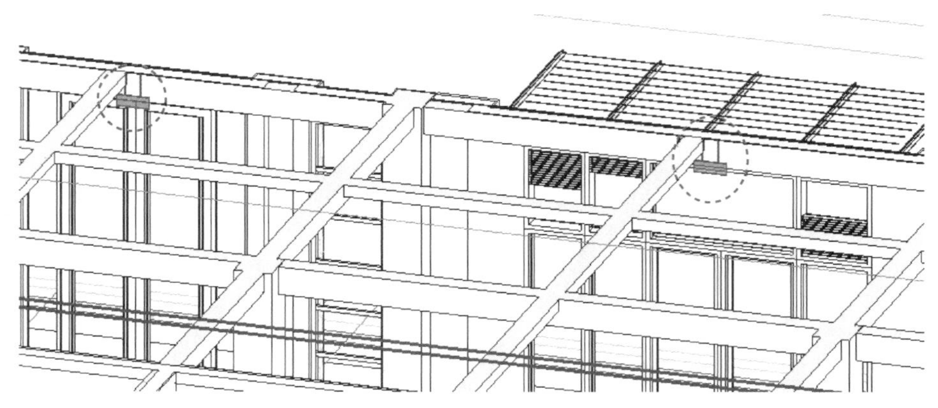

图 7-13　放置出口指示灯

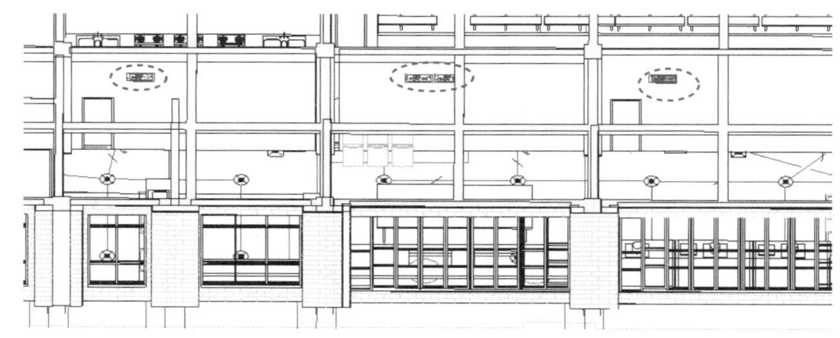

图 7-14　放置疏散指示灯

5. 安装顶棚的灯

01 放置◉防水防尘灯。切换视图到“三维视图：电力、照明”中，然后依次放置“防水防尘灯-标准”族在图纸中的◉标记上，且标高偏移量设为3600mm，如图 7-15 所示。

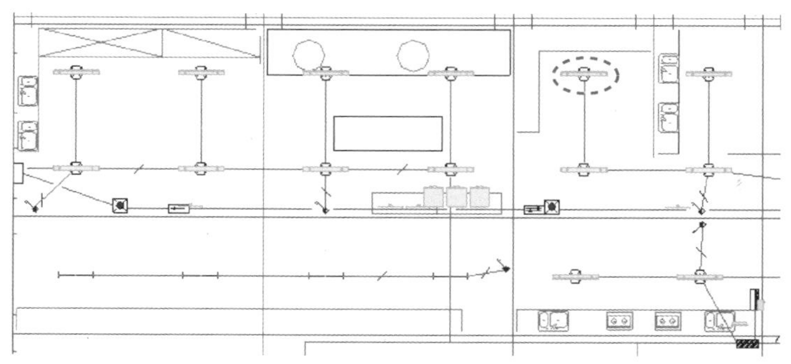

图 7-15　放置防水防尘灯族

02 同理，将其余的灯（除应急照明灯外）按族类型逐一放置在视图中。

> **提示**
>
> 在放置单管荧光灯、吸顶灯时，需要切换视图到“三维视图：电气三维”中手动绘制顶棚轮廓来创建顶棚，仅在有单管荧光灯的房间绘制，如图 7-16 所示。
>
> 图 7-16 手动绘制顶棚轮廓创建顶棚

03 切换到“三维视图：电气三维”视图，放置应急照明灯，标高高度与疏散指示灯相同（2800mm）。同理，最后将开关放置到相应的位置，标高统一为 1200mm。

6. 绘制顶棚上灯与灯之间的线路

01 在【强电】选项卡的【自动布置】面板中单击【设备连线】按钮，弹出【设备连线】对话框。

02 设置导线和保护管参数及选项，然后局部范围框选相同的灯具进行线路的创建，如图 7-17 所示。图纸中没有线路的设备不要进行框选。

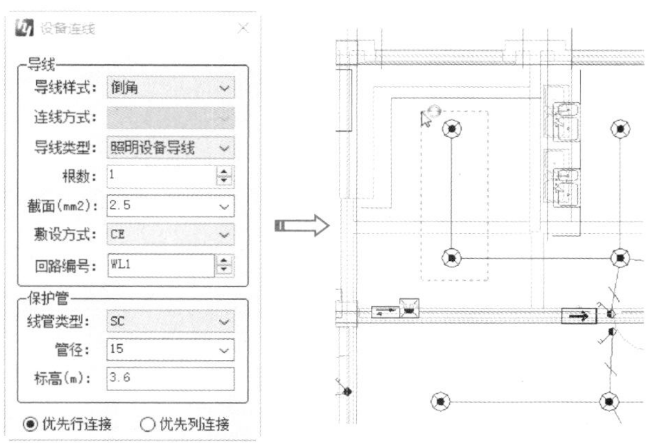

图 7-17 框选设备连线

03 对于无法进行框选的设备之间的线路，可用【点点连线】方式来创建。在【自动布置】面板中单击【点点连线】按钮，弹出【点点连线】对话框。在对话框中设置图 7-18 所示的参数及选项后，在视图中手动选取两个灯具来创建连线。

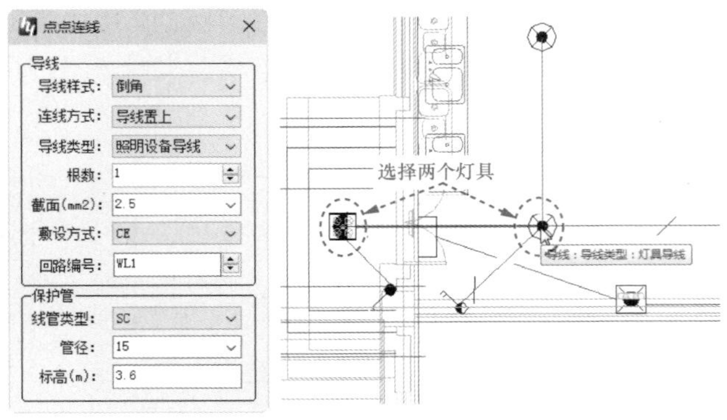

图 7-18　创建点点连线

04 对于不在设备上的主线路，可以利用【倒角导线】方法创建。在【自动布置】面板中单击【倒角导线】按钮 倒角导线 后，在【属性】面板中选择导线类型为“灯具导线”，然后绘制线路，如图 7-19 所示。

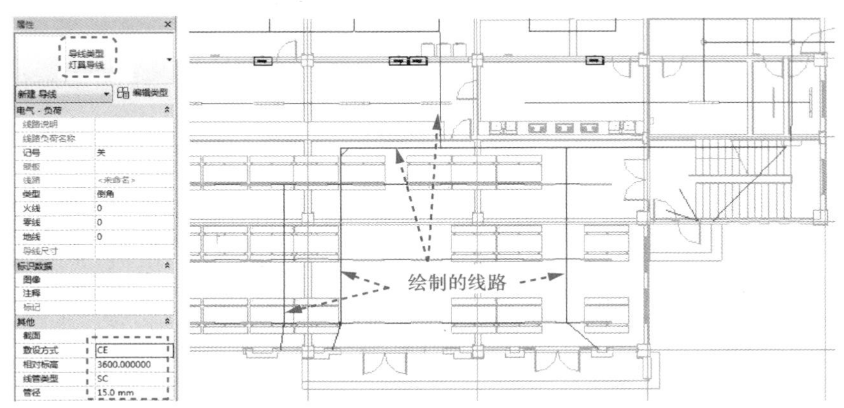

图 7-19　手动绘制线路

05 在【线管桥架\电缆敷设】选项卡的【线管】面板中单击【线管】按钮，接着在【属性】面板中选择 SC 材料的带配件线管，然后按照前面创建的连线，依次创建线管。创建的线管在电气三维视图中可见，如图 7-20 所示。

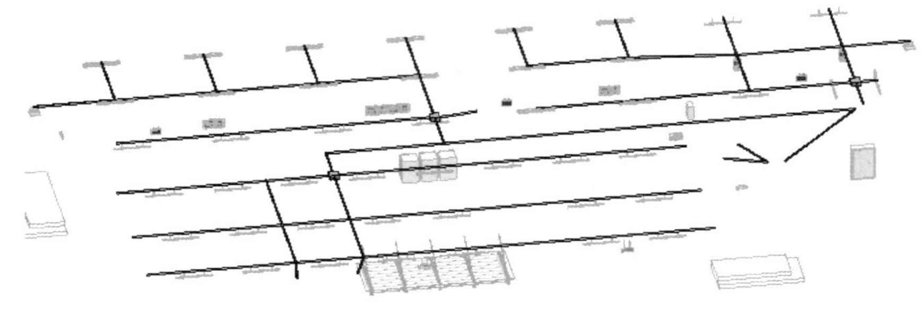

图 7-20　绘制线管

06 同理，绘制灯具线路到开关之间的连线及线管，并绘制应急配电箱与应急照明灯、疏散指示灯、安全出口指示灯之间的连线及线管。

7.2.2 二层强电设计

二层照明系统的设计内容与一层相似，所用的电气族与一层中的相同，照明系统的线路及设备布置如图 7-21 所示。

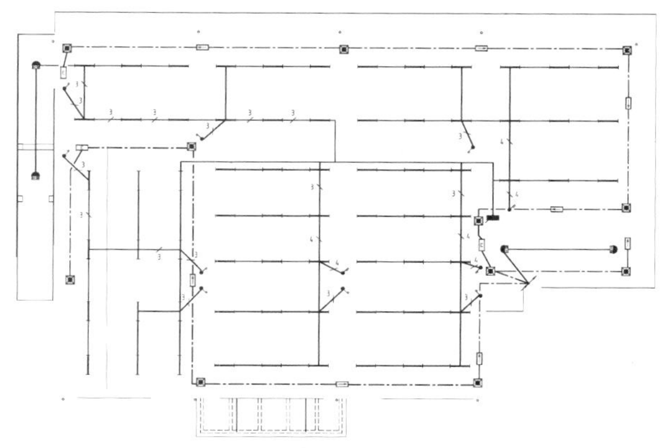

图 7-21　二层照明系统的线路及设备布置图

1. 放置电气族

01 切换到“楼层平面：建模-二层照明平面图”视图。在【插入】选项卡下单击【链接 CAD】按钮，将本例源文件夹中的“二层电气照明系统布置图 .dwg”图纸文件导入到项目中。再利用【修改】上下文选项卡下的【对齐】工具，对齐图纸中的轴线与链接模型楼层平面图中的轴线。

02 二层仅有一个照明配电箱 AL2，布置在二楼楼梯间的角落，其标高为 5600mm。在【建筑】选项卡下单击【构件】按钮，在【属性】面板中找到载入的【家用配电箱 BP2-20】族，【标高】设为“标高 2”、【标高中的高程】设为 1400mm，然后将此配电箱放置到楼梯间角落，如图 7-22 所示。

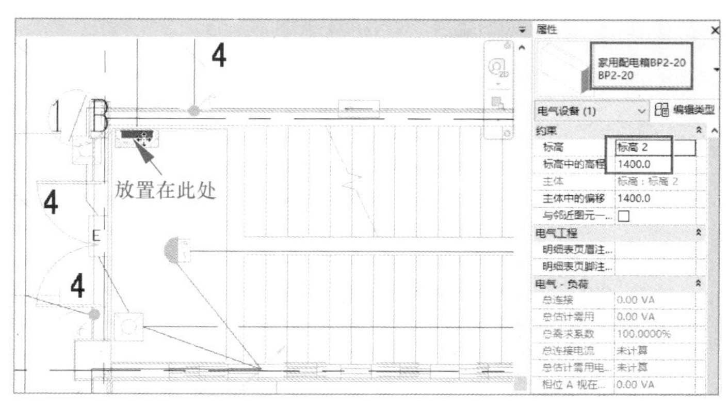

图 7-22　放置照明配电箱族

03 在二楼楼梯间的内外墙面上放置4盏应急照明灯，标高高度为“标高2”之上的2800mm位置，如图7-23所示。接着再在二楼饭厅的其他墙面上放置应急照明灯，放置时可按空格键调整放置方向。

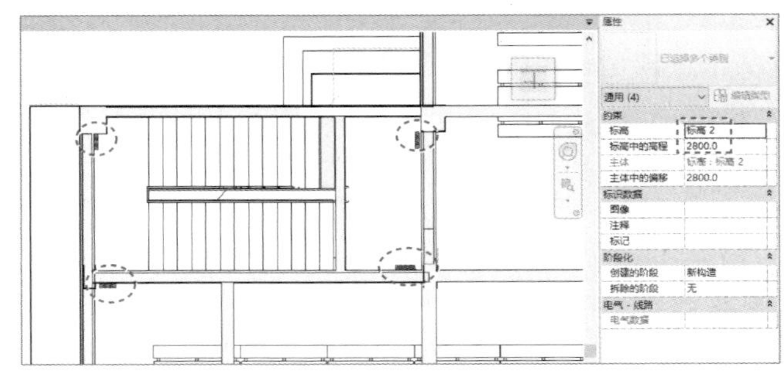

图7-23　放置应急照明灯

04 食堂二层只有出口指示灯和单向疏散指示灯，没有双向疏散指示灯。这时，我们可以单击【构件】按钮，从【属性】面板中找到【指示灯-安全出口指示灯】族，将其放置在三维视图中相应的门上方，标高自定义（高于门框即可），如图7-24所示。

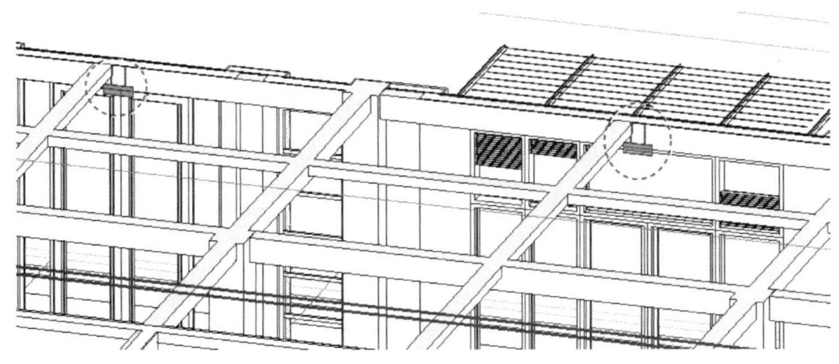

图7-24　放置出口指示灯

05 将“单向疏散指示灯”族放置在墙壁上（放置6个），标高为2800mm，如图7-25所示。

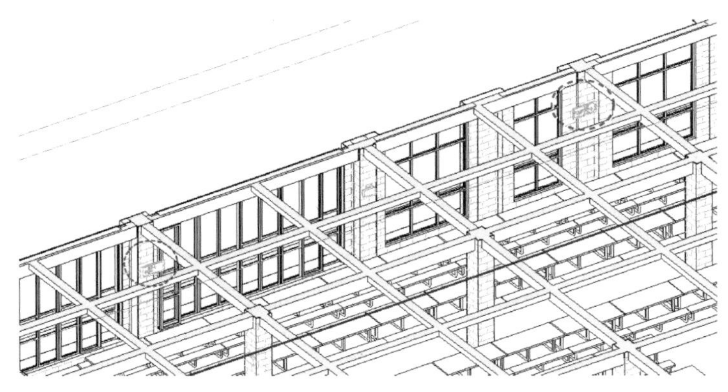

图7-25　放置单向疏散指示灯

06 将吸顶灯放置在楼梯间顶棚和室外楼梯的顶棚上，标高为 4000mm。

07 切换为“三维视图：电气三维”视图，利用【建筑】选项卡下的【顶棚】工具绘制顶棚轮廓来创建顶棚，如图 7-26 所示。

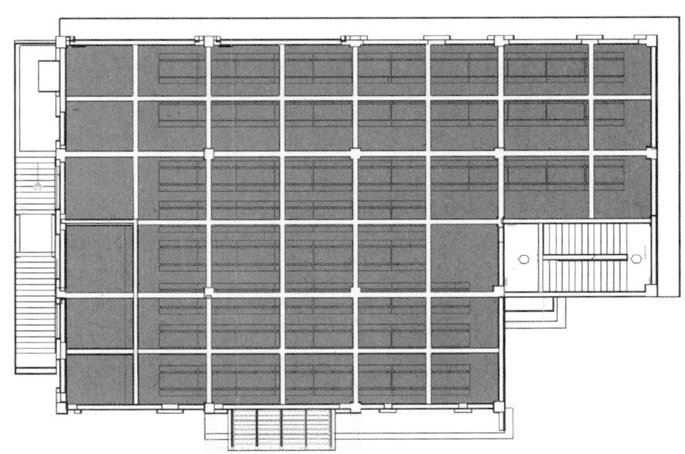

图 7-26　绘制顶棚轮廓创建顶棚

08 将“二层电气照明系统布置图 . dwg”图纸的标高改为标高 2 楼层的 3600mm，然后单击【构件】按钮，将“嵌入式单管荧光灯”族放置在顶棚上，如图 7-27 所示。

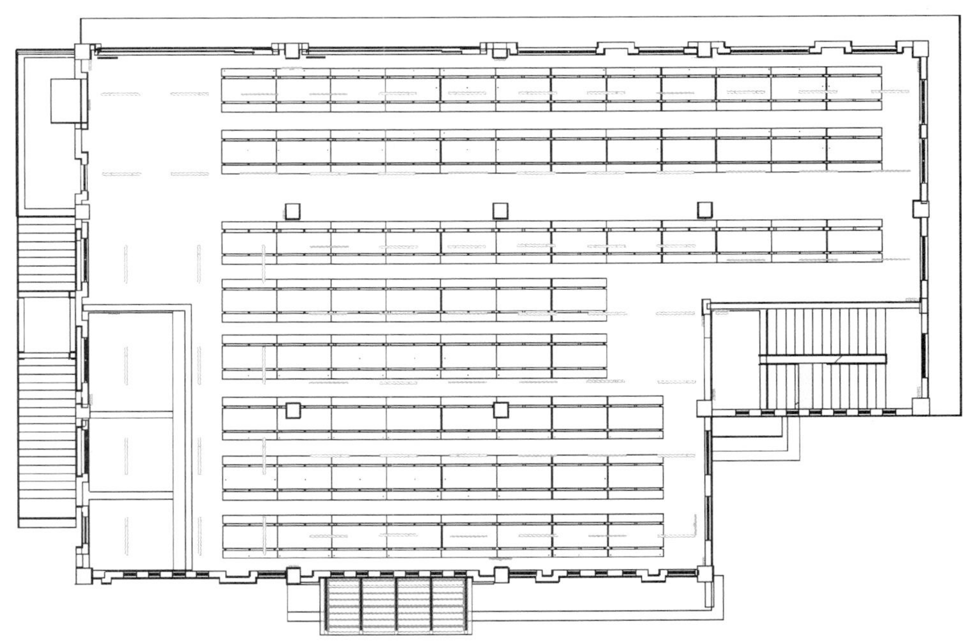

图 7-27　放置“嵌入式单管荧光灯”族

09 切换到“楼层平面：建模-二层照明平面图”视图，将开关（“三极翘板开关明装”族）放置到相应的位置，标高统一为1200mm。

2. 绘制电气线路

01 切换到“楼层平面：建模-二层照明平面图”视图。

02 在【强电】选项卡下的【自动布置】面板中单击【设备连线】按钮，弹出【设备连线】对话框。

03 设置导线和保护管参数及选项，然后框选二层的所有灯具进行线路的创建，如图7-28所示。最后参照图纸需要，将多余的线路删除。没有连接的设备用【点点连线】工具进行手动连接。

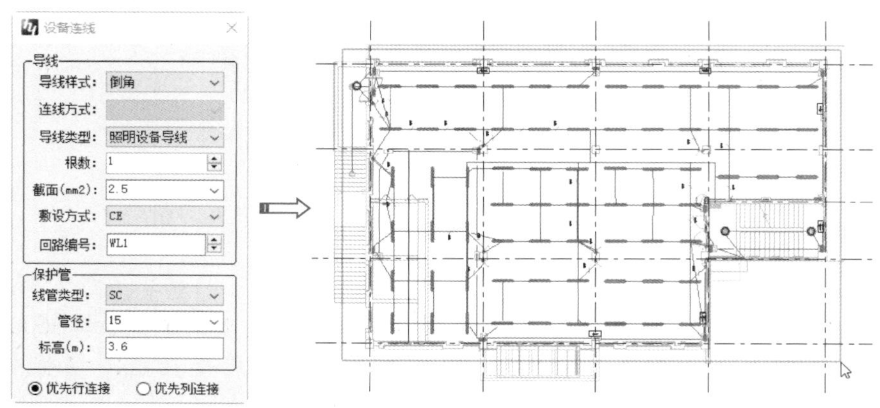

图7-28 框选设备连线

04 在【线管桥架\电缆敷设】选项卡下的【线管】面板中单击【线管】按钮，弹出【线生线管设置】对话框。设置线管参数及标高，然后在视图中框选上步骤创建的线路，在选项栏中单击【完成】按钮，随后系统自动生成线管，如图7-29所示。

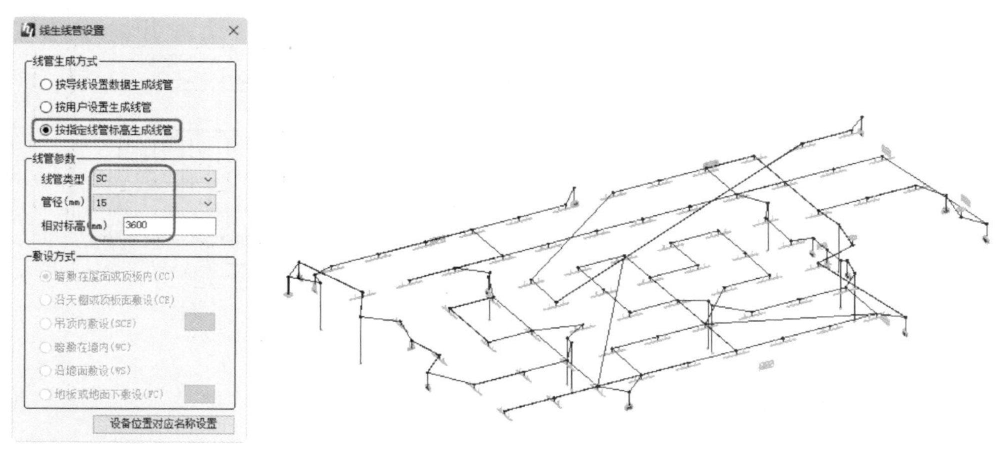

图7-29 自动生成线管

05 至此，完成了食堂大楼一二层的强电设计。

7.3 食堂大楼弱电设计案例

食堂大楼的弱电设计主要是指有线电视系统的设计。本例的弱电设计将用到鸿业机电 2020 电气专业模块中的快模工具，该工具可以快速创建给排水、暖通和电气系统。

图 7-30 为弱电系统原理图，从系统图中可知，一层和二层中布置的设备有有线电视插座、SPD 浪涌保护器、接地和有线电视配电箱柜等。

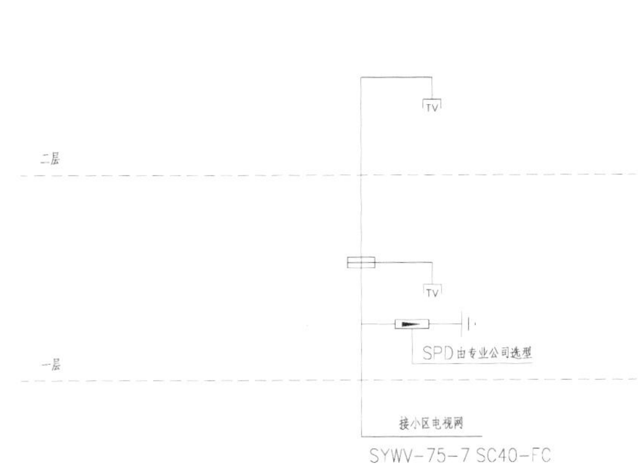

图 7-30　弱电系统原理图

图 7-31 为一层弱电系统布置平面图。

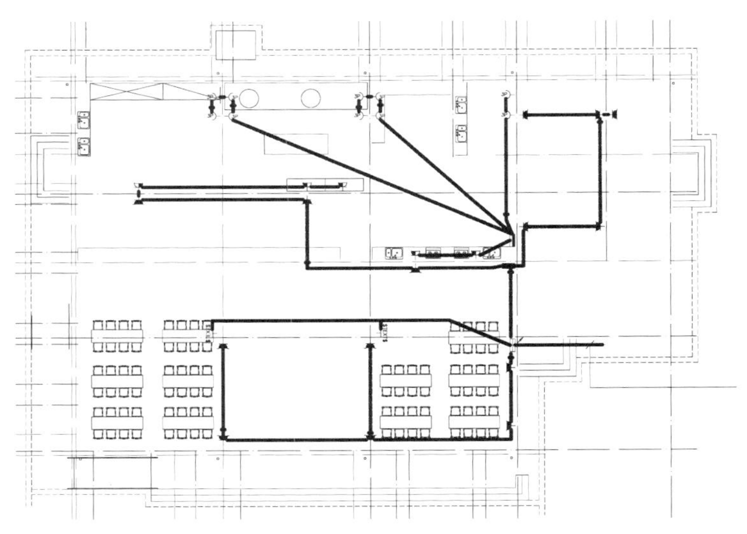

图 7-31　一层弱电系统布置平面图

图 7-32 为二层弱电系统布置平面图。

对于食堂大楼的弱电设计，我们将使用鸿业机电 2020 的快模工具来快速建立弱电系统的三维模型。

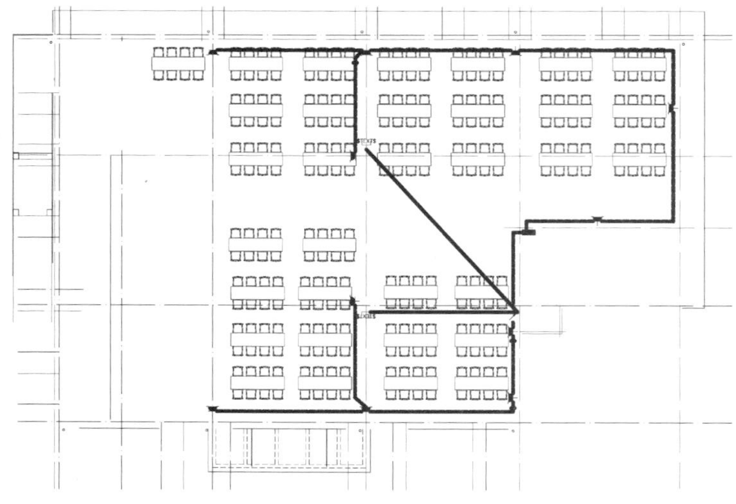

图 7-32　二层弱电系统布置平面图

01 切换到“06 弱电平面”|“01 建模”|“楼层平面：建模-首层弱电平面图”视图。

02 在【插入】选项卡下单击【链接 CAD】按钮，将本例源文件夹中的“一层弱电系统布置图.dwg”图纸文件导入到项目中。再利用【修改】上下文选项卡中的【对齐】工具，对齐图纸中的轴线与链接模型楼层平面图中的轴线，如图 7-33 所示。

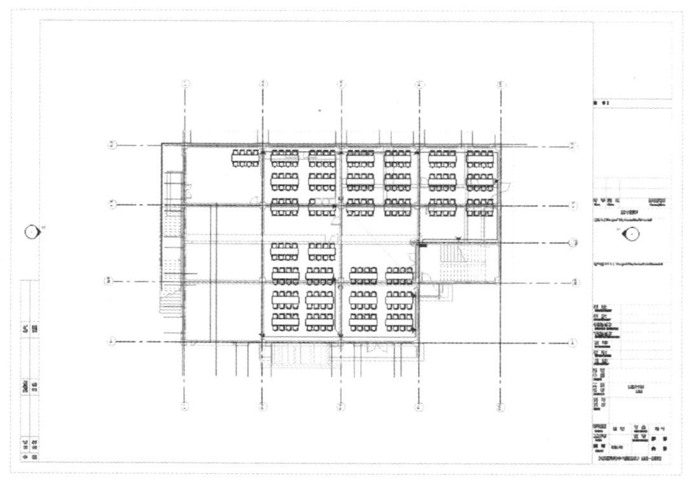

图 7-33　链接的 CAD 图纸

03 在【快模】选项卡中单击【配电箱快模】按钮，弹出【配电箱快模】对话框。选择【动力配电箱】族，设定标高为 3.6m，然后在图纸中拾取“动力配电箱”图块，随后系统自动载入动力配电箱族到当前项目中，如图 7-34 所示。

04 在【配电箱快模】对话框中选择【照明配电箱】族，标高设为 2.8m，然后将其布置到图纸中对应的位置上。同理，将【信号箱】族（替代“有线电视配电箱柜”）

也插入到图纸中对应位置（其标高设为2.7m）。

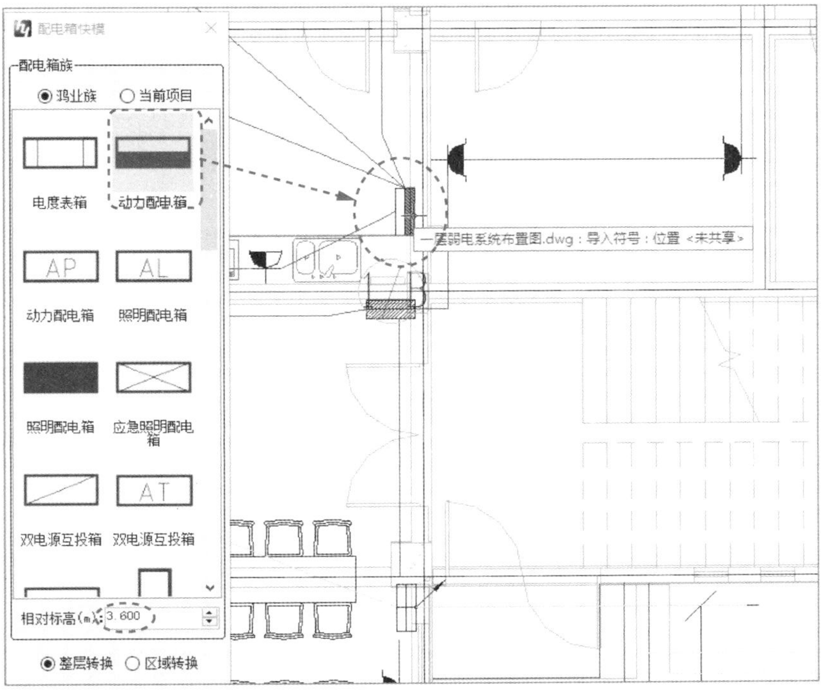

图7-34　载入配电箱族

提示	步骤03和步骤04中添加的配电箱，其实在与强电设计时插入的配电箱是相同的，本不应该再添加配电箱，只是为了介绍【配电箱快模】工具的应用才重复添加配电箱的。

05　在【快模】选项卡下单击【插座快模】按钮，弹出【插座快模】对话框。首先选择【暗装单相二、三孔插座】族，设定标高为1.3m，然后在图纸中拾取插座图块，随后系统自动载入动力配电箱族到当前项目中，如图7-35所示。

06　在【插座快模】对话框中选择【单相防爆插座】族，在图纸中拾取插座图块，完成插座快模操作。最后拾取3P图块，将“三相暗敷插座”族（替代3P三相插座）插入到项目中，最终自动插入的插座效果如图7-36所示。

07　安装TV闭路电视插座。【插座快模】对话框中并没有此族，可以采用插入“构件”族的方式，将本例源文件夹中的“闭路电视插座.rfa”插入到项目中，如图7-37所示。

08　在首层弱电平面图视图中若看不见插座、配电箱等设备，可以在【视图】选项卡中单击【可见性/图形】按钮，在弹出的【楼层平面：建模-首层弱电平面图的可见性/图形替换】对话框的【可见性】列表中勾选【电气装置】和【电气设备】复选框，单击【确定】按钮，即可看见插座、配电箱等设备，如图7-38所示。

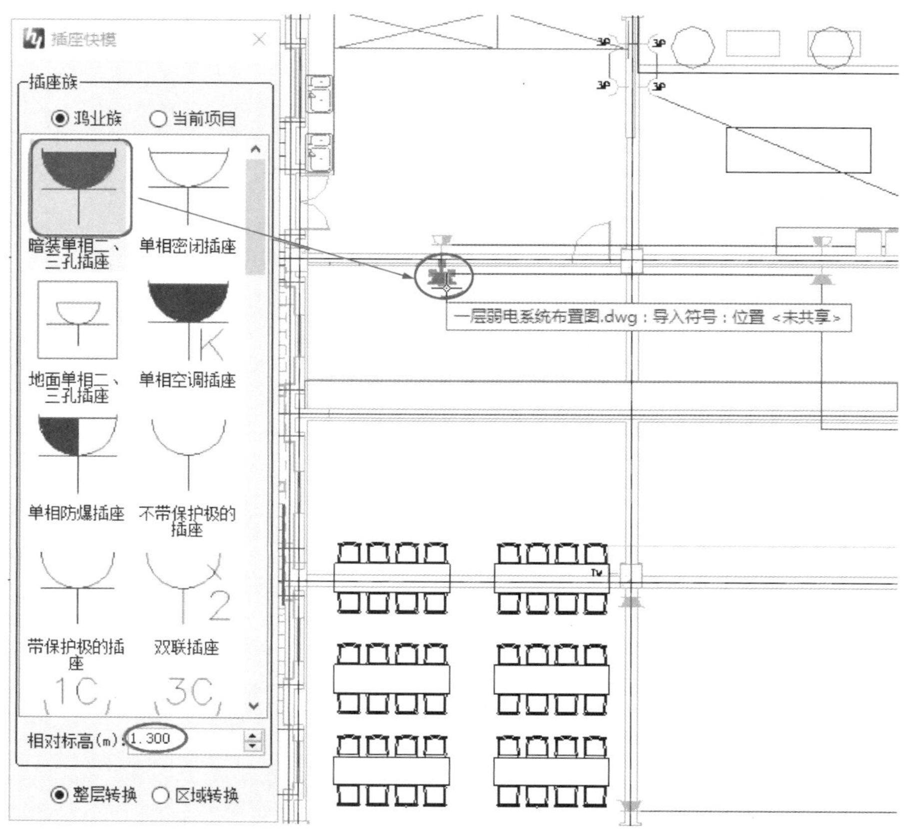

图 7-35 插座快模

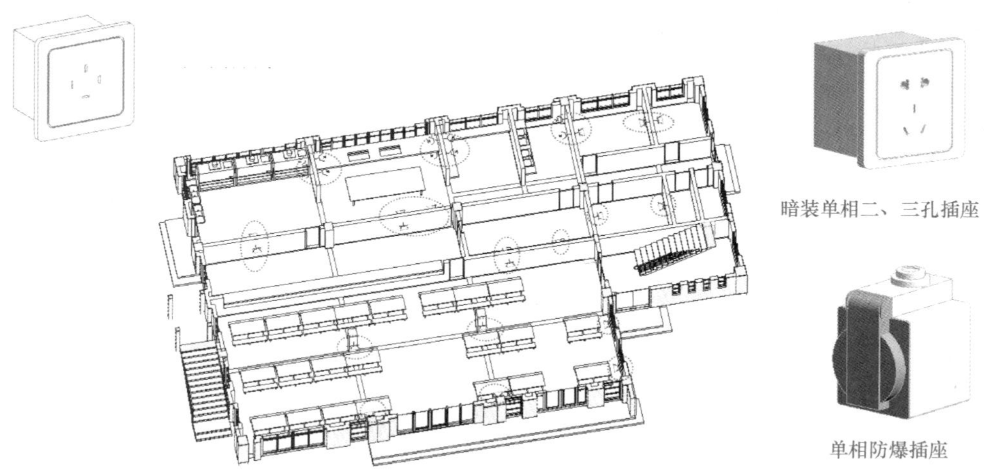

图 7-36 插座快模完成的效果

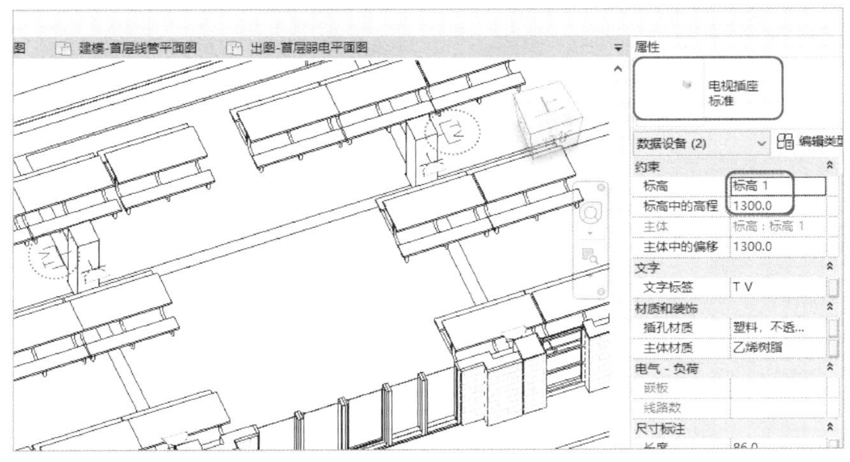

图 7-37　插入电视插座族

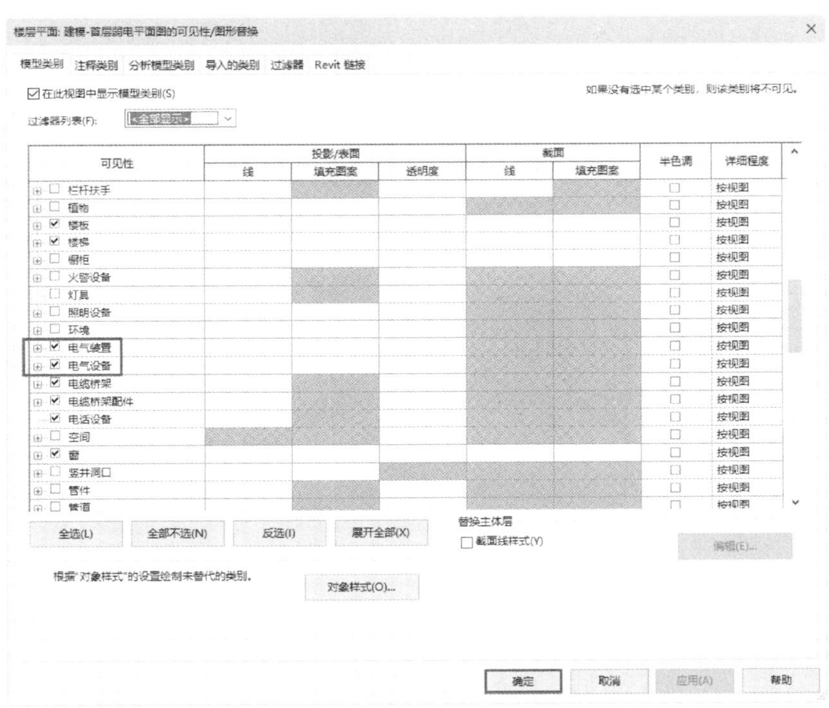

图 7-38　设置电气设备、电气装置的可见性

09 在【弱电】选项卡的【自动布置】面板中单击【设备连线】按钮，框选所有的弱电电气设备（插座和配电箱），系统自动创建导线，如图 7-39 所示。

10 从“设备连线”的效果看，很多导线是错乱的，需要清理掉重新创建导线。图 7-40 为项目中创建的导线（下左图）和图纸中的插座导线（下右图）的对比效果。

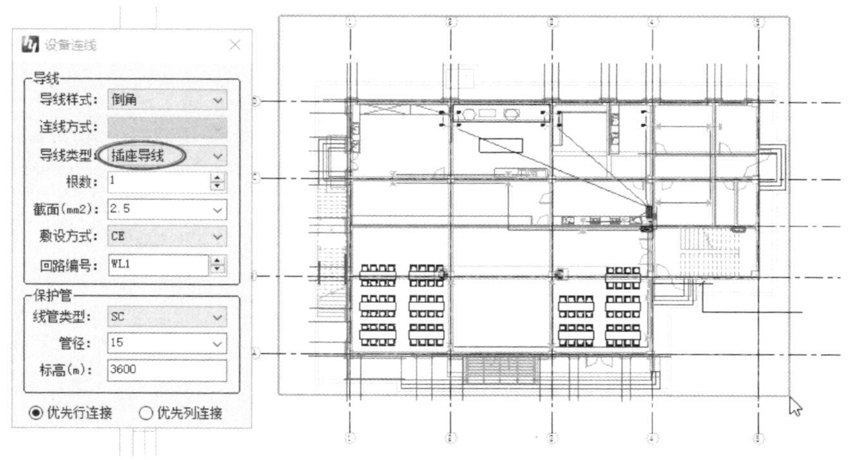

图 7-39　在设备之间创建导线

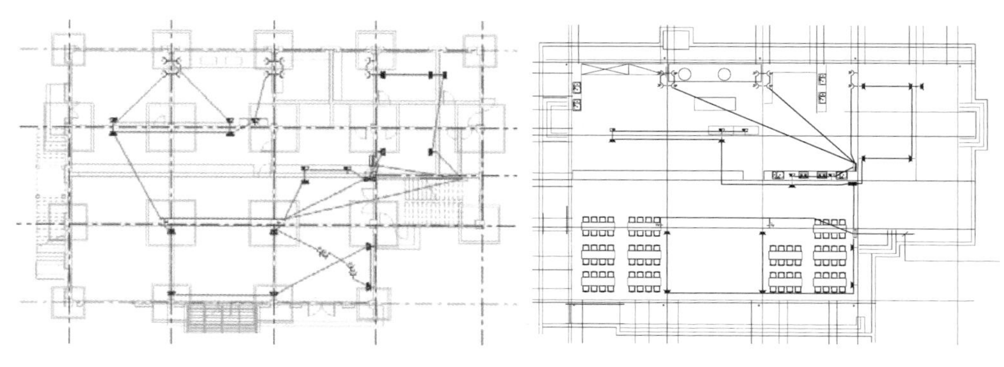

以“设备连线”创建的导线　　　　图纸中的插座导线

图 7-40　创建的导线与图纸中的导线对比

提示

如果创建的导线看不见，可通过设置插座导线的可见性来显示，如图 7-41 所示。

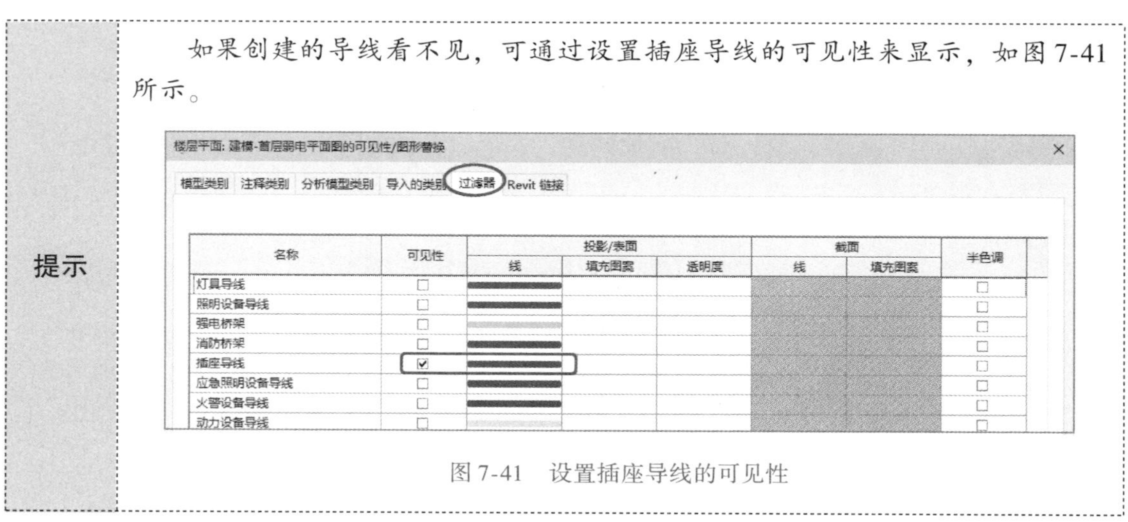

图 7-41　设置插座导线的可见性

11　参考图纸，删除多余或不正确的导线，以【点点连线】工具重新创建导线，修改结果如图 7-42 所示。

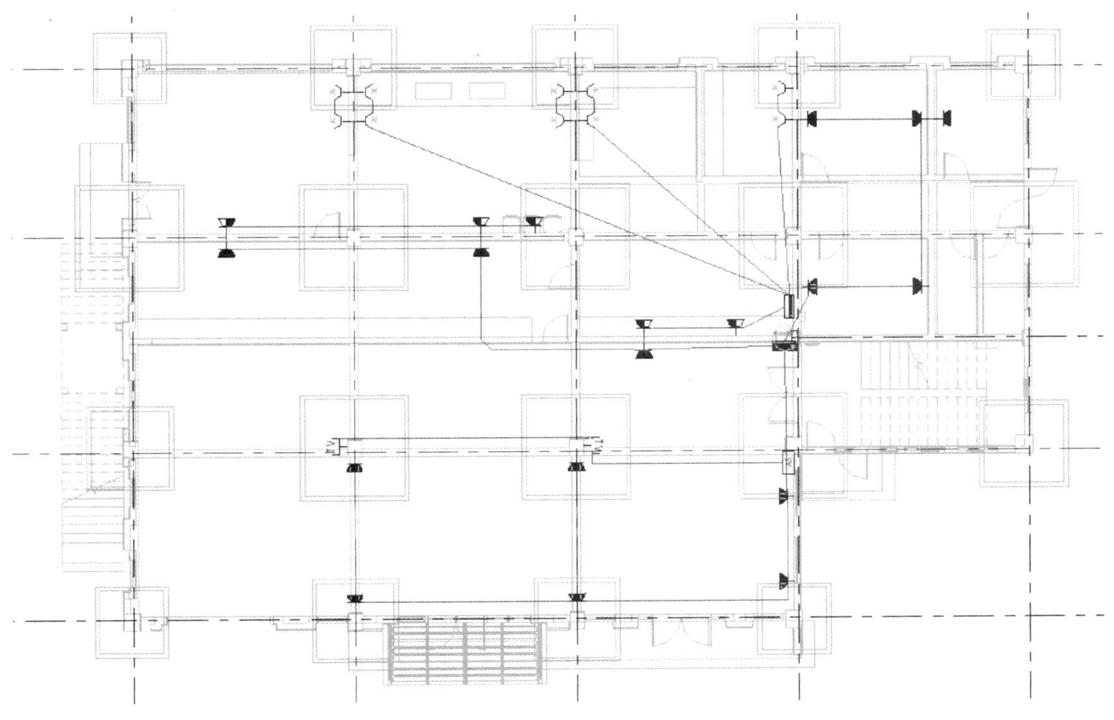

图 7-42　重新创建并修改导线的结果

12　在【线管桥架\电路敷设】选项卡下单击【线生线管】按钮，然后框选所有导线来创建线管，在选项栏中单击【完成】按钮，即可创建线管，如图 7-43 所示。

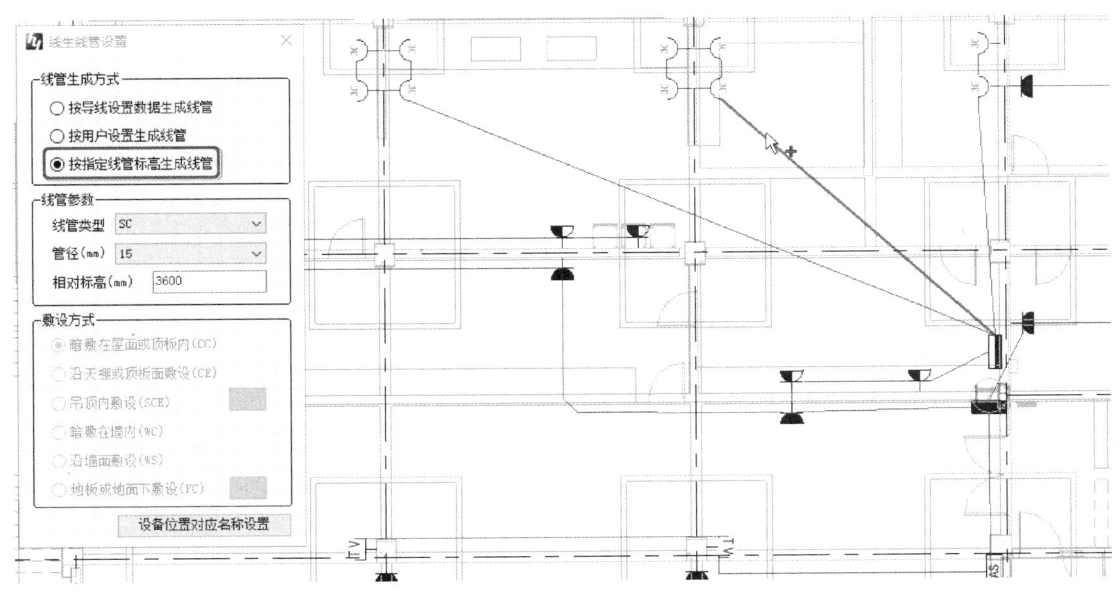

图 7-43　选取导线创建线管

13 至此，完成了食堂大楼一层的弱电系统设计，结果如图 7-44 所示。二层的弱电设计过程与一层完全相同，这里不再赘述。

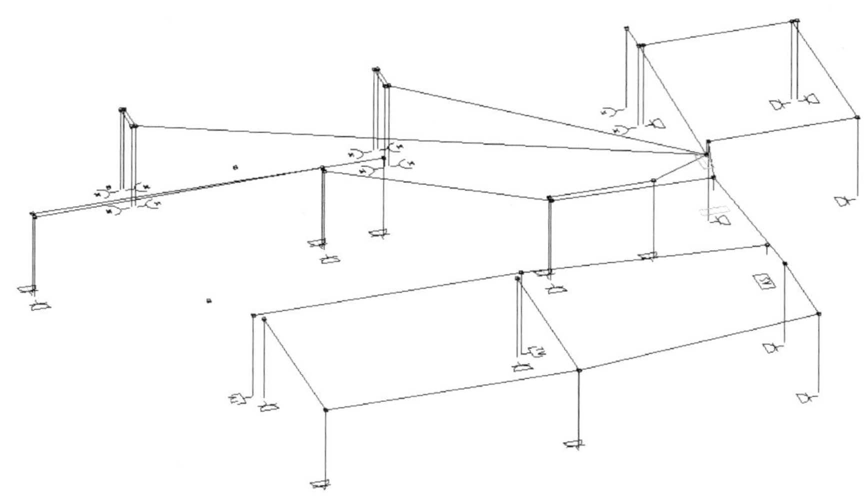

图 7-44　食堂大楼一层的弱电系统

第 8 章

制作 MEP 机电设计工程图

本章导读

本章将完美结合 Revit 和鸿业机电 2020 软件的工程图设计功能，进行建筑给排水、暖通及电气等相关专业的施工图设计。

案例展现

案 例 图	描 述
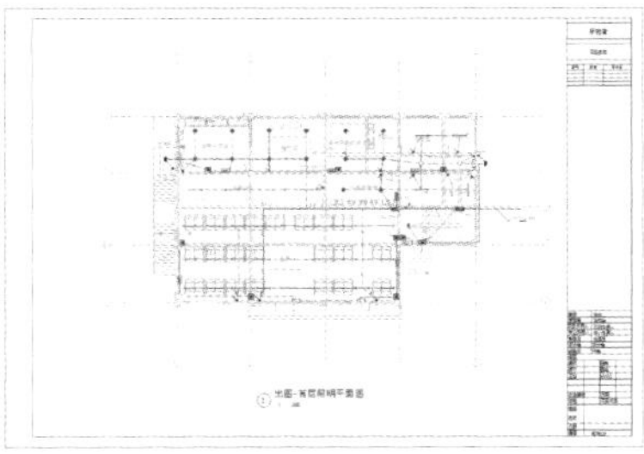	电气施工图是用电气图形符号、带注释的围框以及简化外形表示电气系统或设备中组成部分之间相互关系及其连接关系的一种图。常见的建筑电气施工图纸内容包括首页、系统图、平面图、电气原理接线图、设备布置图、安装接线图及详图等
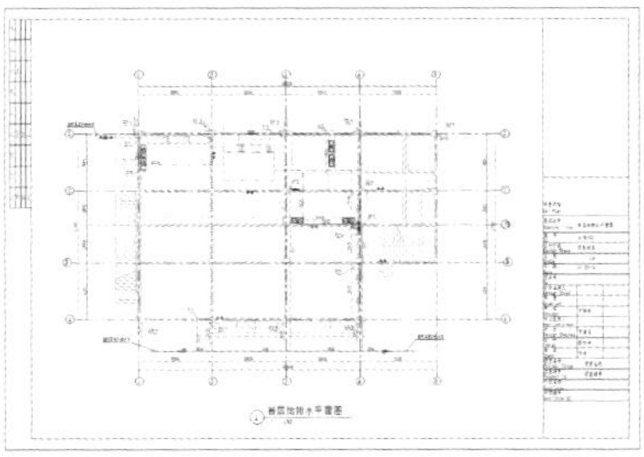	一般建筑给排水系统包括给水系统、排水系统和中水系统。 建筑给排水施工图既是工程项目施工合同的组成部分，又是组织施工的重要依据，还是确定工程造价和预算的主要依据材料
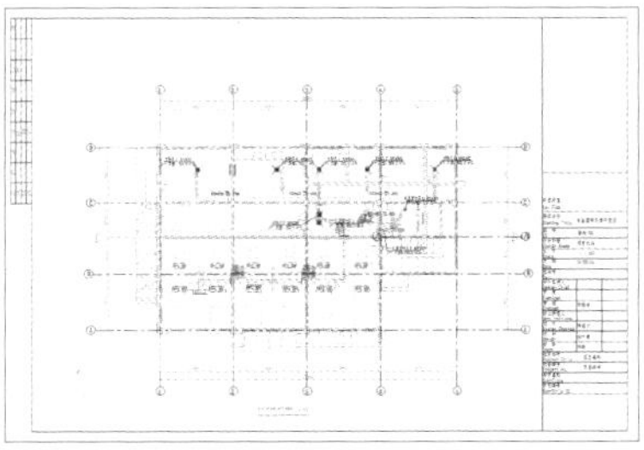	常见的暖通设计施工图纸有采暖平面图、供热平面图、空调风管平面图和空调水管平面图等。建筑暖通施工图与给排水施工图的图样大体相同，一般包括设计、施工说明、图例、设备材料表、平面图、详图、系统图和流程图等

8.1 建筑电气施工图

电气施工图是用电气图形符号、带注释的围框以及简化外形表示电气系统或设备中组成部分之间相互关系及其连接关系的一种图。

8.1.1 建筑电气施工图的组成与内容

常见的建筑电气施工图纸内容包括首页、系统图、平面图、电气原理接线图、设备布置图、安装接线图及详图等。

- 首页：电气图纸的首页主要有图纸目录、施工设计总说明、电气图例及材料表等。
- 系统图：电气系统图是表现整个工程项目或一部分项目供电方式的图纸，集中反映了电气工程的规模。
- 平面图：是表现电气设备与线路平面布置的图纸，它是进行电气安装的重要依据。电气平面图包括电气总平面图、电力平面图、照明平面图、变电所平面图、防雷与接地平面图等。
- 电气原理接线图：是表现某设备或系统电气工作原理的图纸，用来指导设备与系统的安装、接线、调试、使用与维护。电气原理接线图包括整体式原理接线图和展开式原理接线图两种。
- 设备布置图：是表现各种电气设备之间的位置、安装方式和相互关系的图纸。设备布置图主要由平面图、立面图、断面图、剖面图及构件详图等组成。
- 安装接线图：是表现设备或系统内部各种电气元件之间连线的图纸，用来指导接线与查线，它与原理图相对应。
- 详图：是表现电气工程中某一部分或一部件的具体安装要求与做法的图纸，其中一部分的大样图选用的是国家标准图。

8.1.2 建筑电气施工图的相关规定

在建筑电气施工图的一般规定中，图纸幅面、尺寸标注、文字字体等内容与建筑制图一般规定是相同的，下面介绍建筑电气施工图的其他规定。

1. 照明灯具的标注形式

照明灯具按图 8-1 的形式进行标注。

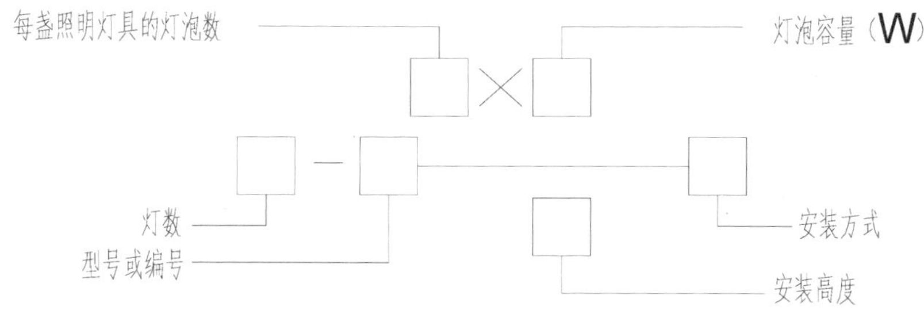

图 8-1 照明灯具的标注形式

型号或编号常用拼音字母表示。灯数表明有 n 组相同的灯具，安装方式见表 8-1。

表 8-1 灯具安装方式文字符号

名　称	新 符 号	旧 符 号	名　称	新 符 号	旧 符 号
线吊式、自在器线吊式	SW		顶棚内安装	CR	DR
管吊式	DS	G	墙壁内安装	WR	BR
壁装式	W	B	支架上安装	S	J
吸顶式	C 或—	D 或—	柱上安装	CL	Z
链吊式	CS	L	座装	HM	ZH
嵌入式	R	R			

安装高度是指从地面到灯具的高度，单位为米（m），若为吸顶安装，安装高度及安装方式可简化为“—”。照明灯具的文字标注格式为：

$$a-b\frac{c\times d\times L}{e}f$$

其中 a——同一个平面内，同种型号灯具的数量；

b——灯具的型号；

c——每盏照明灯具中光源的数量；

d——每个光源的容量（W）；

e——安装高度（m）；

f——安装方式；

L——光源种类（常省略不标）。

2. 配电线路的标注形式

配电线路的标注用以表示线路敷设方式及部位，可采用英文字母来表示。配电线路的常见标注形式为：

$$a-b(c\times d)e-f$$

其中 a——线路编号；

b——导线型号；

c——导线根数；

d——导线截面积（mm^2）；

e——穿线管管径（mm）；

f——导线敷设方式及部位。

需标注引入线路规格时的标注形式为：

$$a\frac{b-c}{d(e\times f)-g}$$

其中 a——设备编号；

b——设备型号；

c——设备功率（kW）；

d——导线型号；

e——导线根数；

f——导线截面积（mm^2）；

g——导线敷设方式及部位。

线路敷设方式文字符号和线路敷设部位的文字符号及含义，见表8-2和表8-3。

表8-2　线路敷设方式文字符号

敷设方式	新符号	旧符号	敷设方式	新符号	旧符号
穿焊接钢管敷设	SG	G	电缆桥架敷设	CT	—
穿电线管敷设	MT	DG	金属线槽敷设	MR	GC
穿硬塑料管敷设	PC	VG	塑料线槽敷设	PR	XC
穿阻燃半硬聚氯乙烯管敷设	FPC	ZYG	直埋敷设	DB	—
穿聚氯乙烯塑料波纹管敷设	KPC	—	电缆沟敷设	TC	—
穿金属软管敷设	CP	—	混凝土排管敷设	CE	—
穿扣压式薄壁钢管敷设	KBG	—	钢索敷设	M	—

表8-3　线路敷设部位文字符号

敷设方式	新符号	旧符号	敷设方式	新符号	旧符号
沿或跨梁（屋架）敷设	AB	LM	暗敷设在墙内	WC	QA
暗敷设在梁内	BC	LA	沿顶棚或顶板面敷设	CE	PM
沿或跨柱敷设	AC	ZM	暗敷设在屋面或顶板内	CC	PA
暗敷设在柱内	CLC	ZA	吊顶内敷设	SCE	—
沿墙面敷设	WS	QM	地板或地面下敷设	F	DA

用电设备的文字标注格式为：$\frac{a}{b}$

其中　a——设备编号；

b——额定功率（kW）。

动力和照明配电箱的文字标注格式为：$a\frac{b}{c}$

其中　a——设备编号；

b——设备型号；

c——设备功率（kW）。

例如：$5\frac{\mathrm{XL-10}}{16.0}$表示配电箱的编号为5，其型号为XL－10，配电箱的容量为16.0kW。

3. 图线

绘制电气图所用的各种线条统称为图线，常用图线的形式及应用如表8-4所示。

表8-4　图线形式及应用

图线名称	图线形式	图形应用	图线名称	图线形式	图形应用
粗实线	————	电气线路，一次线路	点画线	—— — ——	控制线
细实线	————	二次线路，一般线路	双点画线	—— - - ——	辅助围框线
虚线	— — — — —	屏蔽线路，机械线路			

8.1.3　利用鸿业机电 2020 绘制建筑电气施工图

鸿业机电 2020 的工程施工图设计功能非常强大，操作也十分简便。这是由于鸿业机电 2020 所提供的项目样板文件中已经为施工图的设计和打印出图做好了充分准备。本例的建筑电气施工图的参考模型仍然为食堂大楼，也就是将前几章中的暖通设计、给排水设计和电气设计的完成项目作为施工图设计的原型。

> **提示**　要想快速创建施工图，在机电设计建模时，不管是强电部分还是弱电部分，尽量利用鸿业机电 2020【强电】选项卡或【弱电】选项卡【设备】面板中的设备工具来添加设备，因为这些设备在放置族时就考虑到了施工图的输出，也就是每一个三维族都有一个二维图例，这是外部载入族所不具备的能力。

1. 创建照明系统布置平面图

01 打开本例源文件“食堂大楼一层强电设计.rvt”。

02 切换到“02 照明平面”|“01 建模”|“楼层平面：建模-首层照明平面图”，如图 8-2 所示。视图平面中显示食堂大楼一层完整的照明系统设计内容。

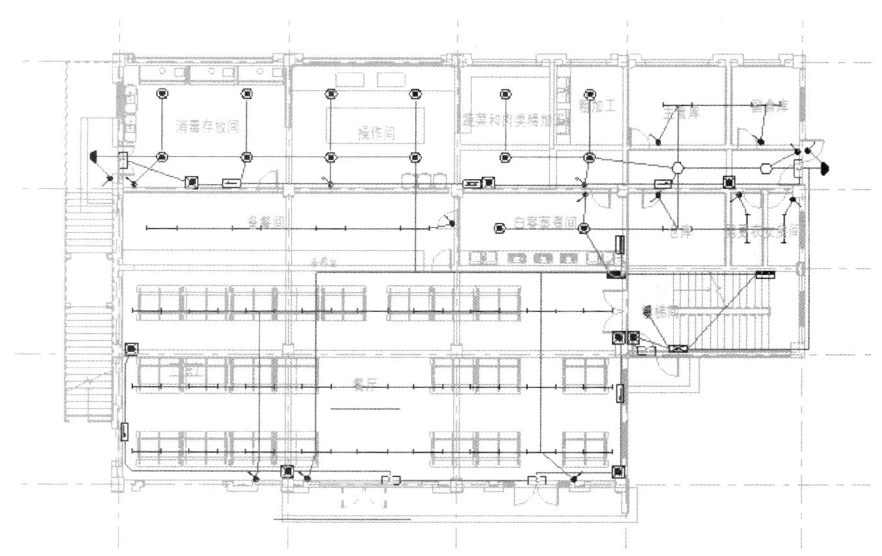

图 8-2　显示一层照明系统设计内容

03 切换到“02 照明平面”|“02 出图”|“楼层平面：建模-首层照明平面图”，可以很清楚地看到照明设备及线管的布置，如图 8-3 所示。

04 在“02 照明平面”|“02 出图”|“楼层平面：建模-首层照明平面图”视图平面中，设备之间的线管是不能进行导线标注的。将“02 照明平面”|“01 建模”|“楼层平面：建模-首层照明平面图”视图平面进行复制，如图 8-4 所示。

05 将“02 照明平面”|“02 出图”|“楼层平面：建模-首层照明平面图”视图平面删除。然后重命名复制的视图平面为“楼层平面：出图-首层照明平面图”。在【属性】面板中将复制的视图进行视图分类选择，结果如图 8-5 所示。

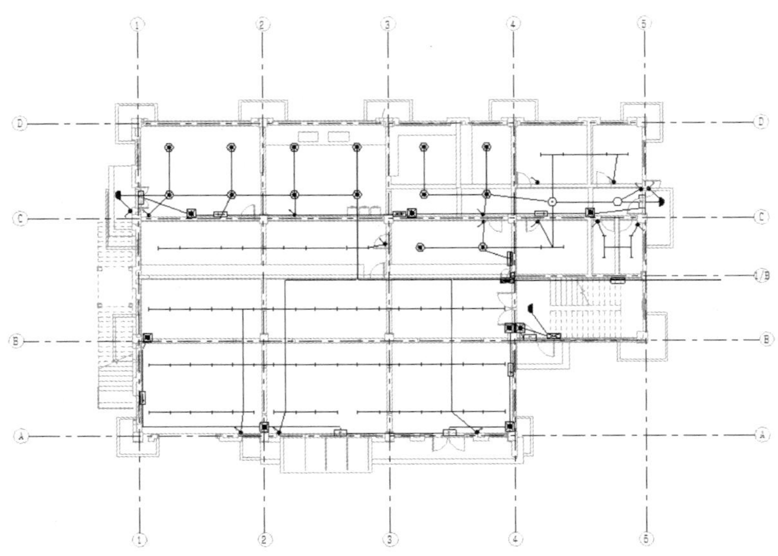

图 8-3　“02 出图”|“楼层平面：建模-首层照明平面图” 视图平面

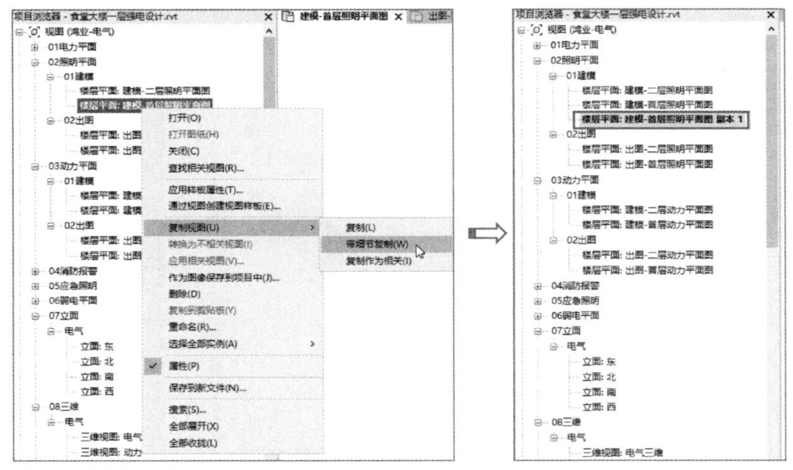

图 8-4　复制视图平面

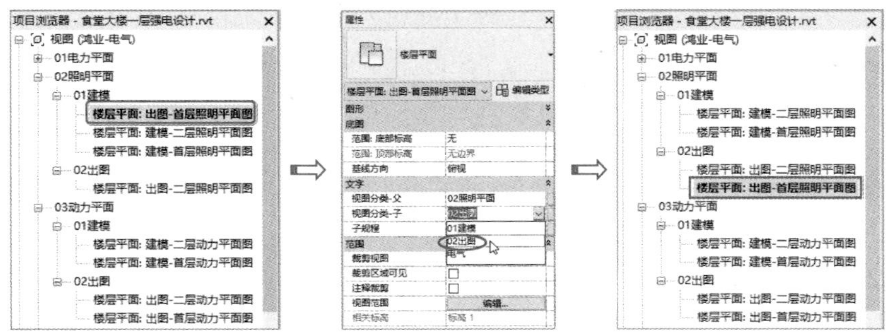

图 8-5　设置视图分类

06 在【系统图\电气标注】选项卡的【导线标注】面板中单击【引线符号】按钮，弹出【引线符号】对话框。在对话框中选择第一种管线引向符号，然后在楼梯间位置放置两个管线引向标记，如图 8-6 所示。放置时若方向不正确，可按键盘上的空格键调整。放置完成后，按 Esc 键结束放置。

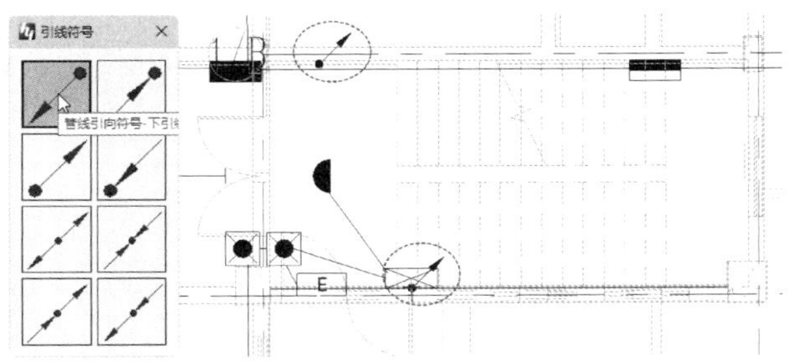

图 8-6　放置管线引向符号

07 在【导线标注】面板中单击【根数标注】按钮，弹出【导线根数标注】对话框。保留对话框中的默认设置，然后在平面视图中依次单击线管图元来创建标注，如图 8-7 所示。另外有几根导线需要标注为 4，在【导线根数标注】对话框的【根数】选项组中选择【多根】单选按钮，输入根数为 4，然后选取导线标注即可。

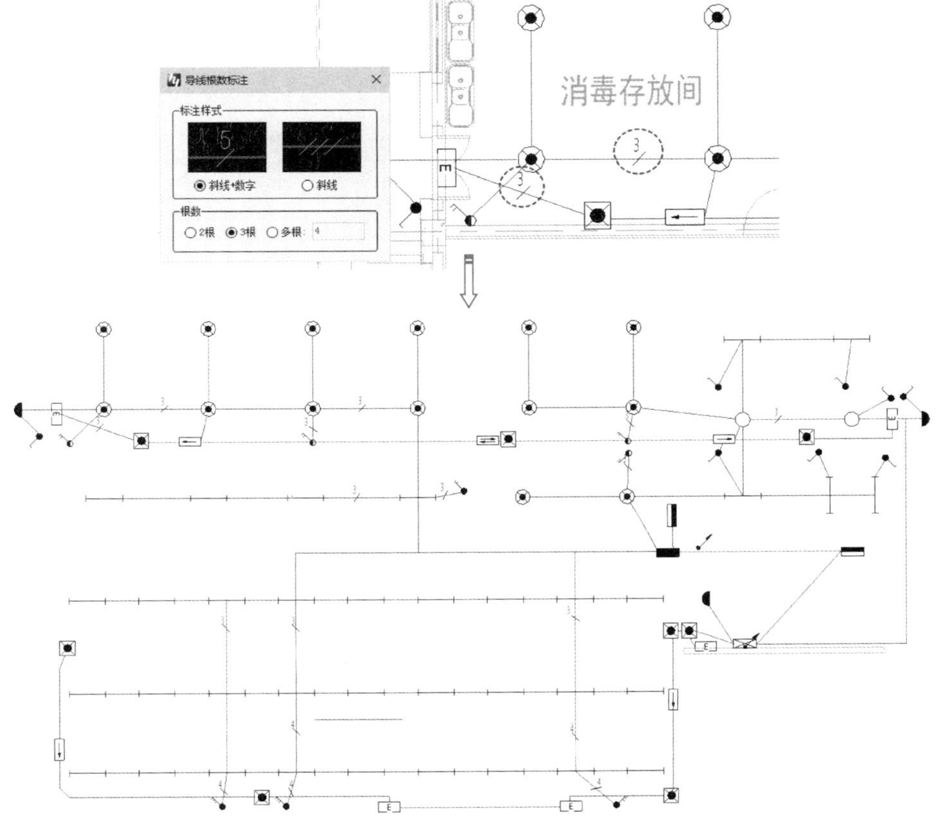

图 8-7　标注导线根数

08 单击【回路标注】按钮，弹出【导线回路标注】对话框。选择【手动指定导线回路】单选按钮，选择【引线标注】标注方式，选择【短斜线】引线符号类型，接着选取最右侧的水平导线进行标注。双击回路标注，然后修改标注文字为“YJV－4×50－SC80F，埋深0.7”，如图8-8所示。

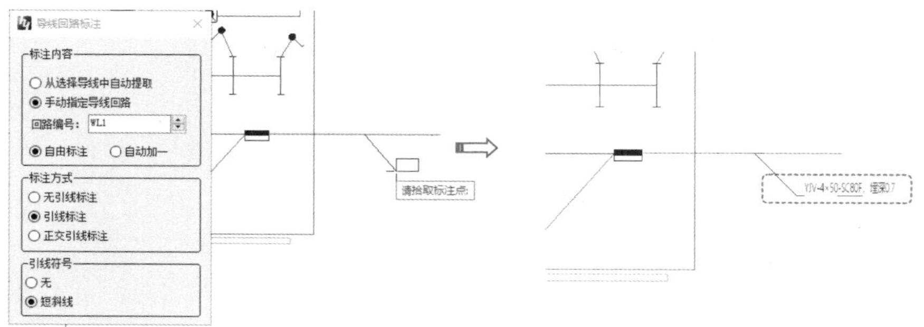

图8-8 导线回路标注

09 单击【配电箱】按钮，在弹出的【配电箱编号标注】对话框中选择【手动指定配电箱编号】单选按钮，输入“APcf”箱柜编号，然后选取动力配电箱进行标注，如图8-9所示。

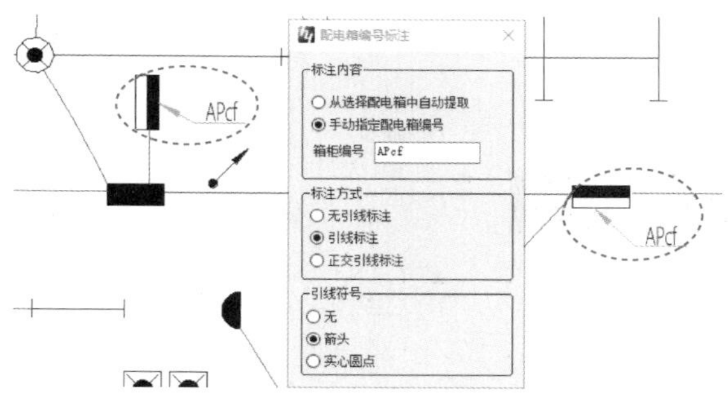

图8-9 标注动力配电箱

10 标注照明配电箱（箱柜编号AL1）和事故照明配电箱（箱柜编号ALE），如图8-10所示。

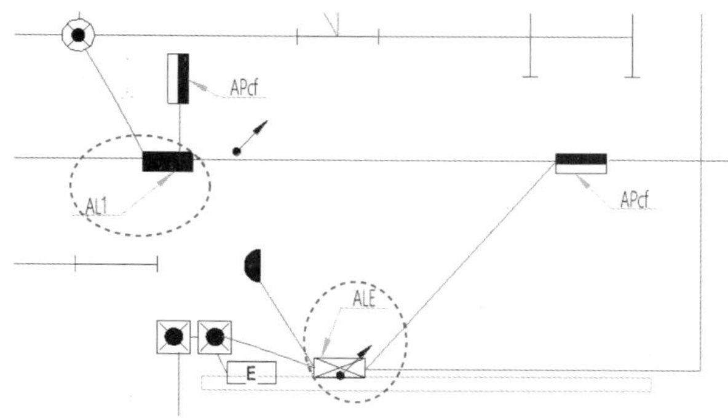

图8-10 标注其余配电箱

11 单击【灯具标注】按钮，弹出【灯具标注】对话框。在对话框中设置标注方式为【无引线标注】后，依次选取视图平面中的灯具族来创建灯具标记，如图 8-11 所示。

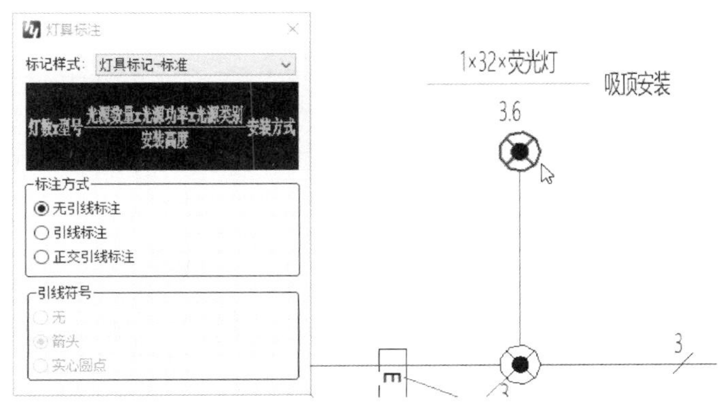

图 8-11　创建灯具标记

12 在【视图】选项卡下单击【图纸】按钮，弹出【新建图纸】对话框。在对话框中单击【载入】按钮，从系统库中载入 A2 公制标题栏族，如图 8-12 所示。

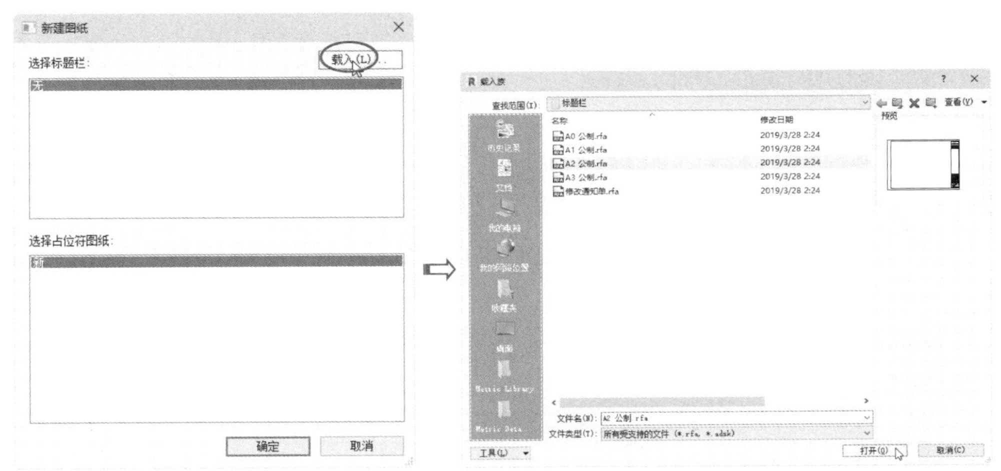

图 8-12　载入标题栏族

13 单击【新建图纸】对话框中的【确定】按钮，完成新建图纸操作。新建的图纸会在项目浏览器中的“图纸（全部）”视图节点下显示，如图 8-13 所示。

14 在新建的图纸视图中，单击【视图】选项卡下【图纸组合】面板中的【视图】按钮，从弹出的【视图】对话框中选择“楼层平面：出图-首层照明平面图”视图，然后单击【在图纸中添加视图】按钮，将选择的视图插入到“A2 公制标题栏”图纸中，如图 8-14 所示。

15 切换到“楼层平面：出图-首层照明平面图”视图平面，接着在【视图】选项卡下【图形】面板中单击【可见性/图形】按钮，在弹出的可见性/图形替换对话框的

【注释类别】选项卡中取消【立面】复选框的勾选，单击【确定】按钮后，新建的图纸视图中的立面图标记不再显示，如图 8-15 所示。

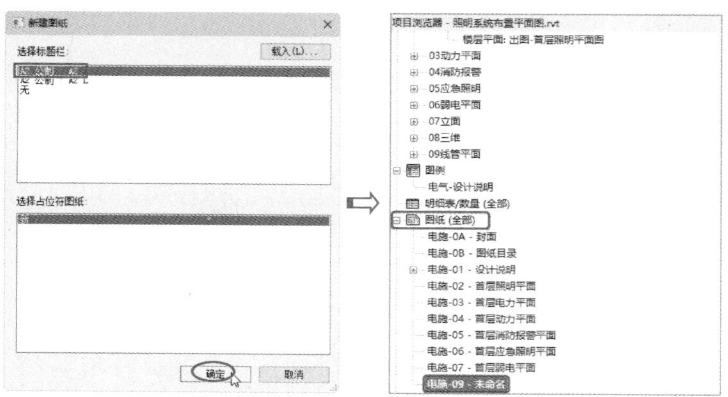

图 8-13　完成图纸的新建

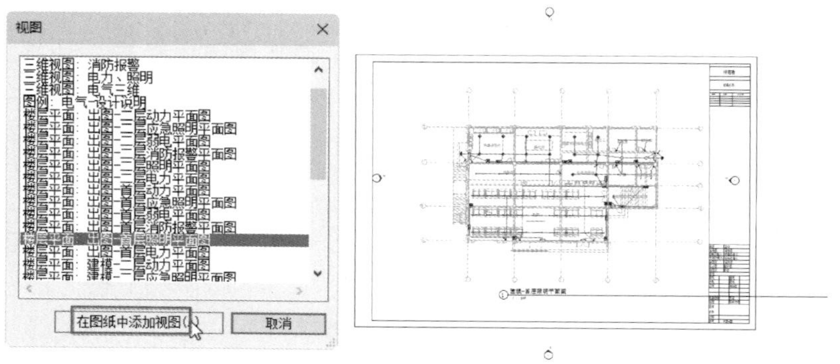

图 8-14　在图纸中插入视图

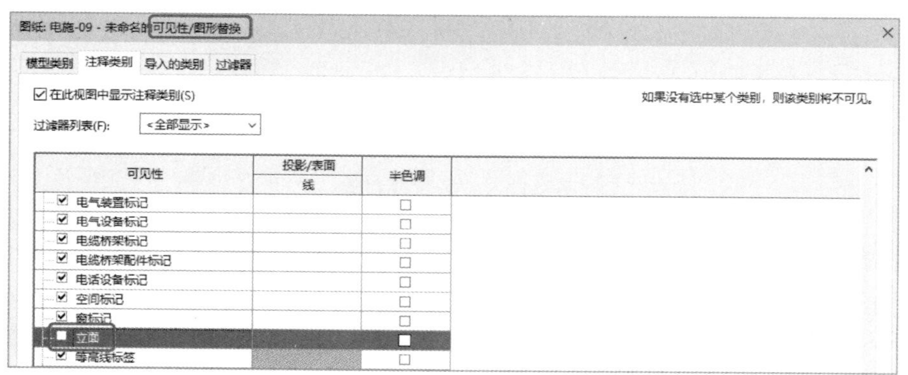

图 8-15　关闭立面图标记

16　将自动创建的图纸标题拖曳到图纸图框中，并在【属性】面板中选择【没有线条的标题】类型，如图 8-16 所示。

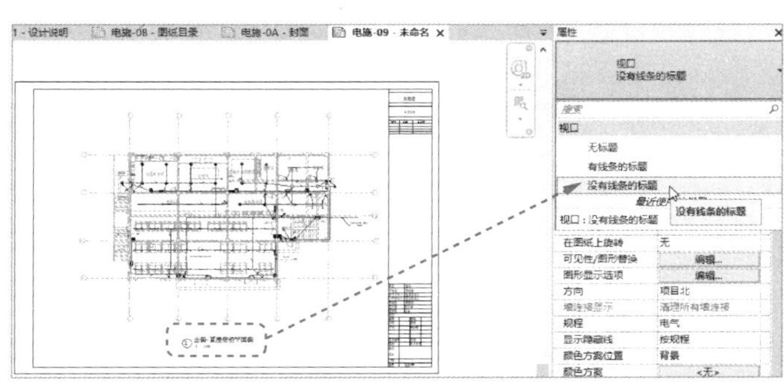

图 8-16　修改图纸标题

2. 导出 CAD 图纸文件

在 Revit 中完成所有图纸的布置之后，可以将生成的文件导出为 DWG 格式的 CAD 文件，供其他用户使用。

01 在菜单栏选择【文件】|【导出】|【选项】|【导出设置 DWG/DXF】选项，弹出【修改 DWG/DXF 导出设置】对话框，如图 8-17 所示。

图 8-17　执行导出命令打开【修改 DWG/DXF 导出设置】对话框

提示	由于在 Revit 中使用的是构建类别的方式管理对象，而在 DWG 图纸中是使用图层方式进行管理，因此必须在【修改 DWG/DXF 导出设置】对话框中对构建类别以及 DWG 中的图层进行映射设置。

02 单击对话框左下角的【新建导出设置】图标，创建新的导出设置，如图 8-18 所示。

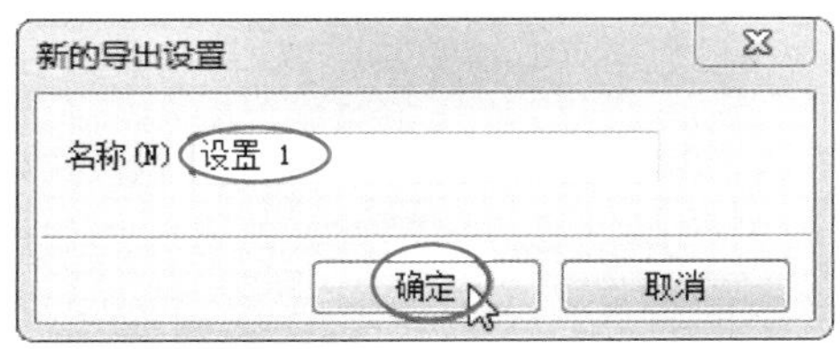

图 8-18　新建导出设置

03 在【层】选项卡下选择【根据标准加载图层】列表中的【从以下文件加载设置】选项，在打开的【导出设置-从标准载入图层】对话框中单击【是】按钮，打开【载入导出图层文件】对话框，如图 8-19 所示。

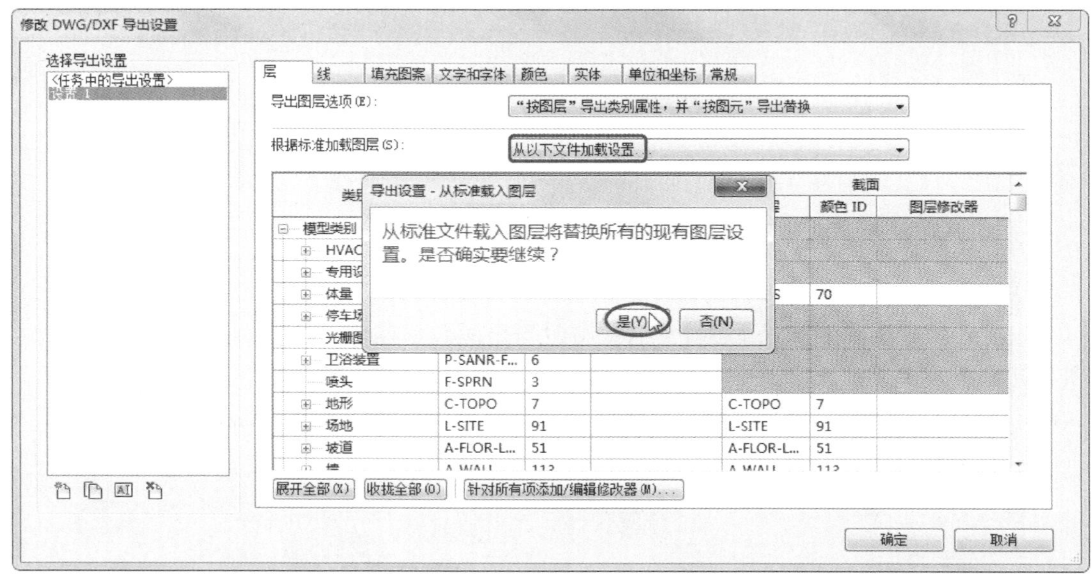

图 8-19　加载图层操作

04 选择光盘源文件夹中的 exportlayers-dwg-layer. txt 文件，单击【打开】按钮，打开此输出图层配置文件。其中，exportlayers-dwg-layer. txt 文件中记录了如何从 Revit 类型转出为天正格式的 DWG 图层的设置。

提示 在【修改 DWG/DXF 导出设置】对话框中，还可以对【线】【填充图案】【文字和字体】【颜色】【实体】【单位和坐标】以及【常规】选项卡中的选项进行设置，这里就不再一一介绍。

05 单击【确定】按钮，完成 DWG/DXF 的映射选项设置，接下来即可将图纸导出为 DWG 格式的文件。

06 在菜单栏中选择【导出】|【CAD 格式】|【DWG】选项，打开【DWG 导出】对话框。设置【选择导出设置】列表中的选项为刚刚设置的“设置 1”，选择【导出】为【<任务中的视图/图纸集>】选项，选择【按列表显示】选项为【模型中的图纸】，如图 8-20 所示。

07 单击 下一步(X)... 按钮，打开【导出 CAD 格式 - 保存到目标文件夹】对话框。选择保存 DWG 格式的版本，取消勾选【将图纸上的视图和链接作为外部参照导出】复选框，单击【确定】按钮，导出为 DWG 格式文件，如图 8-21 所示。

08 这时，打开放置 DWG 格式文件所在的文件夹，双击其中一个 DWG 格式的文件，即可在 AutoCAD 中将其打开，并进行查看与编辑，如图 8-22 所示。

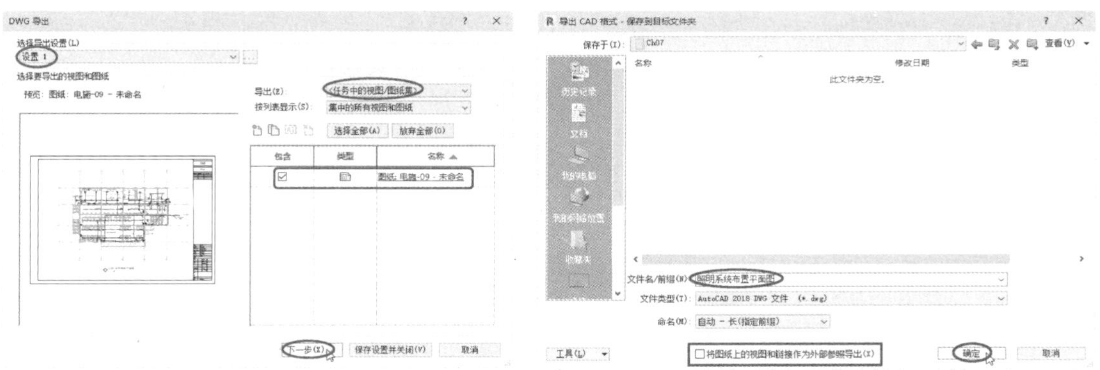

图8-20 设置DWG导出选项　　　　图8-21 导出DWG格式

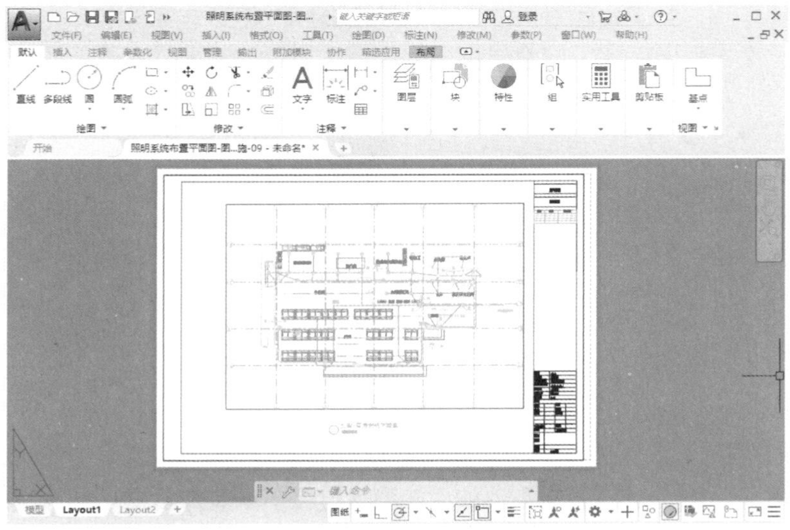

图8-22 在AutoCAD中打开图纸

8.2 给排水设计施工图

一般建筑给排水系统包括给水系统、排水系统和中水系统。

- 给水系统：通过管道及辅助设备，按照建筑物和用户的生产、生活、消防需要，有组织地输送到用水点的网络称为给水系统，包括生活给水系统、生产给水系统和消防给水系统。
- 排水系统：通过管道及辅助设备，把屋面雨雪水、生活和生产产生的污水、废水及时排放出去的网络，称为排水系统。
- 建筑中水系统：将建筑内的冷却水、沐浴排水、盥洗排水，洗衣排水经过物理、化学处理，用于厕所冲洗便器、绿化、洗车、道路浇洒、空调冷却及水景等的供水系统称为建筑中水系统。

8.2.1 给排水施工图的组成与内容

建筑给排水施工图既是工程项目施工合同的组成部分，又是组织施工的重要依据，还是确定工程造价和预算的主要依据材料。

建筑给排水施工图按设计任务要求，应包括图纸目录、平面布置图、系统图、施工详图（大样图）、设计施工说明及主要设备材料表等。

1. 图纸目录

图纸目录列出图纸内容名称、图号、张数和图幅及相应的顺序号，以便识读图时查找。

2. 设计说明及主要材料设备表

图纸中无法表达或表达不清而又必须为施工技术人员所了解的内容，可在设计说明中写出。设计说明应表达如下内容：设计概况、设计内容、引用规范、施工方法等；施工中特殊情况的技术处理措施；施工方法要求严格必须遵循的技术规程、规定等。工程中选用的主要材料及设备，应列表注明。表中应列出材料的类别、规格、数量，设备的品种、规格和主要尺寸。

3. 给水、排水平面图

给水、排水平面图应表达给水、排水管线和设备附件的平面布置情况。

建筑内部给排水，以选用的给排水方式来确定平面布置图的数量。底层及地下室必绘；顶层若有水箱等设备，也须单独给出；建筑物中间各层，如卫生设备或用水设备的种类、数量和位置均相同，可绘一张标准层平面图，否则，应逐层绘制。一张平面图上可以绘制几种类型管道，若管线复杂，也可分别绘制，以图纸能清楚表达设计意图而图纸数量又较少为原则。平面图中应突出管线和设备，即用粗线表示管线，其余均为细线。平面图的比例一般与建筑图一致，常用的比例为1:100。

给排水平面图应表达如下内容：用水房间和用水设备的种类、数量、位置等；各种功能的管道、管道附件、卫生器具、用水设备，如消火栓箱、喷头等，均应用图例表示；各种横干管、立管、支管的管径、坡度等均应标出；各管道、立管均应编号标明。

4. 系统图

给排水系统图，也称给排水轴测图，应表达出给排水管线和设备附件在建筑中的空间布置情况。系统图一般应按给水、排水、中水、热水供应、消防等各系统单独绘制，以便于安装施工和造价计算使用。其绘制比例应与平面图一致。

给排水系统图应表达如下内容：各种管道的管径、坡度；支管与立管的连接处、管道各种附件的安装标高；各立管的编号应与平面图一致。

系统图中对用水设备及卫生器具的种类、数量和位置完全相同的支管、立管可不重复完全绘制，但应用文字标明。当系统图立管、支管在轴测方向重复交叉影响视图时，可标号断开移至空白处绘制。

建筑居住小区的给排水管道，一般不绘系统图，但应绘管道纵断面图。

5. 详图

凡平面图、系统图中局部构造因受图面比例影响而表达不完善或无法表达时，必须绘制施工详图，详图中应尽量详细注明尺寸。

施工详图首先应采用标准图、通用施工详图，如卫生器具安装、排水检查井、阀门井、水表井、雨水检查井、局部污水处理构筑物等，均有各种施工标准图。

8.2.2 建筑给排水制图的一般规定

要设计建筑给排水工程图，就要遵循给排水制图的国家相关标准，确保建筑的安全、经济、适用等。

1. 图纸

图线的宽度 b，应根据图纸的类别、比例和复杂程度，按《房屋建筑制图统一标准》中第 3.0.1 条的规定选用。线宽 b 宜为 0.7mm 或 1.0mm。

给水、排水专业制图，常用的各种线型宜符合表 8-5 的规定。

表 8-5　给排水制图线型

名　称	线　型	线　宽	用　途
粗实线		b	新设计的各种排水和其他重力流管线
粗虚线		b	新设计的各种排水和其他重力流管线的不可见轮廓线
中粗实线		0.75b	新设计的各种给水和其他压力流管线；原有的各种排水和其他重力流管线
中粗虚线		0.75b	新设计的各种给水和其他压力流管线及原有的各种排水和其他重力流管线的不可见轮廓线
中实线		0.50b	给水排水设备、零（附）件的可见轮廓线；总图中新建的建筑物和构筑物的可见轮廓线；原有的各种给水和其他压力流管线
中虚线		0.50b	给水和排水设备、零（附）件的不可见轮廓线；总图中新建的建筑物和构筑物的不可见轮廓线；原有的各种给水和其他压力流管线的不可见轮廓线
细实线		0.25b	建筑的可见轮廓线；总图中原有的建筑物和构筑物的可见轮廓线；制图中的各种标注线
细虚线		0.25b	建筑的不可见轮廓线；总图中原有的建筑物和构筑物的不可见轮廓线
单点画线		0.25b	中心线、定位轴线
折断线		0.25b	断开界线
波浪线		0.25b	平面图中水面线；局部构造层次范围线；保温范围示意线等

2. 比例

给水、排水专业制图常用的比例，宜符合表 8-6 的规定。

表 8-6　给排水制图常用比例

名　称	比　例	备　注
区域规划图、区域位置图	1:50000、1:25000、1:10000 1:5000、1:2000	宜与总图专业一致
总平面图	1:1000、1:500、1:300	宜与总图专业一致
管道纵断面图	纵向：1:200、1:100、1:50 横向：1:1000、1:500、1:300	

（续）

名　　称	比　　例	备　　注
水处理厂（站）平面图	1:500、1:200、1:100	
水处理构筑物、设备间、卫生间、泵房平、剖面图	1:100、1:50、1:40、1:30	
建筑给排水平面图	1:200、1:150、1:100	宜与建筑专业一致
建筑给排水轴测图	1:150、1:100、1:50	宜与相应图纸一致
详图	1:50、1:30、1:20、1:10、1:5、1:2、1:1、2:1	

在管道纵断面图中，可根据需要对纵向与横向采用不同的组合比例。在建筑给排水轴测图中，如局部表达有困难，该处可不按比例绘制。水处理流程图、水处理高程图和建筑给排水系统原理图均不按比例绘制。

3. 标高

标高符号及一般标注方法应符合房屋建筑制图的统一标准。

室内工程应标注相对标高；室外工程宜标注绝对标高，当无绝对标高资料时，可标注相对标高，但应与总图专业一致。

压力管道应标注管中心标高；沟渠和重力流管道宜标注沟（管）内底标高。在下列部位应标注标高。

- 沟渠和重力流管道的起讫点、转角点、连接点、变坡点、变尺寸（管径）点及交叉点。
- 压力流管道中的标高控制点。
- 管道穿外墙、剪力墙和构筑物的壁及底板等处。
- 不同水位线处。
- 构筑物和土建部分的相关标高。

标高的标注方法应符合下列规定。

- 平面图中，管道标高应按图 8-23 所示的方式标注。

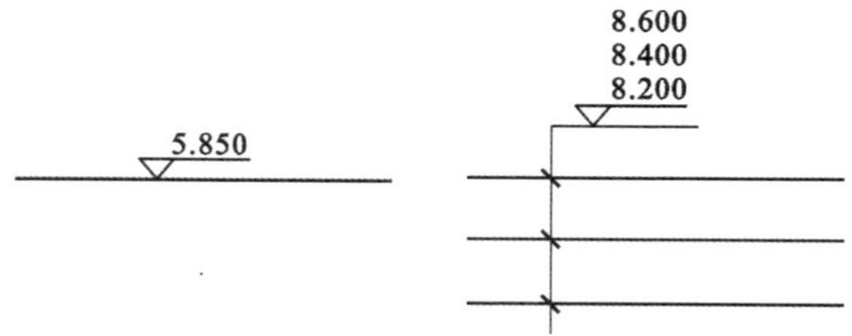

图 8-23　平面图中管道标高标注

- 平面图中，沟渠标高应按图 8-24 所示的方式标注。
- 剖面图中，管道及水位的标高应按图 8-25 所示的方式标注。
- 轴测图中，管道标高应按图 8-26 所示的方式标注。

在建筑工程中，管道也可标注相对本层建筑地面的标高，标注方法为 h + ×. × × ×，h

表示本层建筑地面标高（如 h +0.250）。

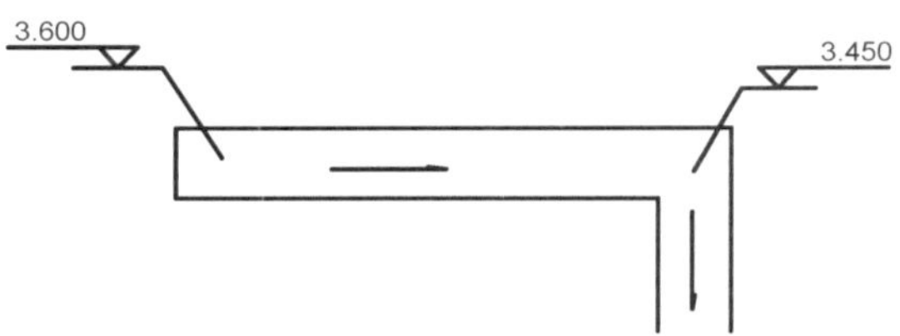

图 8-24　平面图中沟渠标高标注

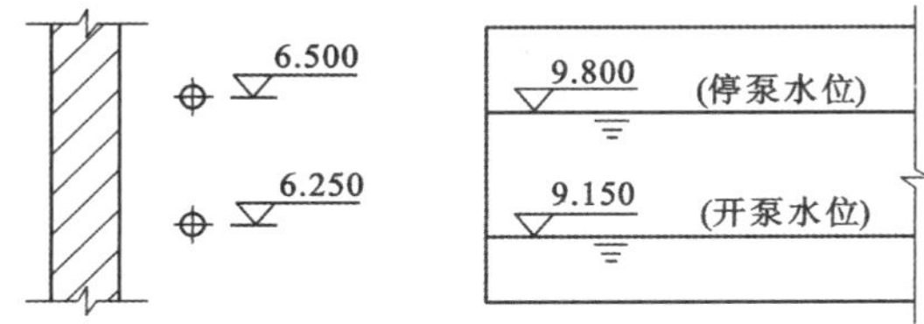

图 8-25　剖面图中管道及水位的标高标注

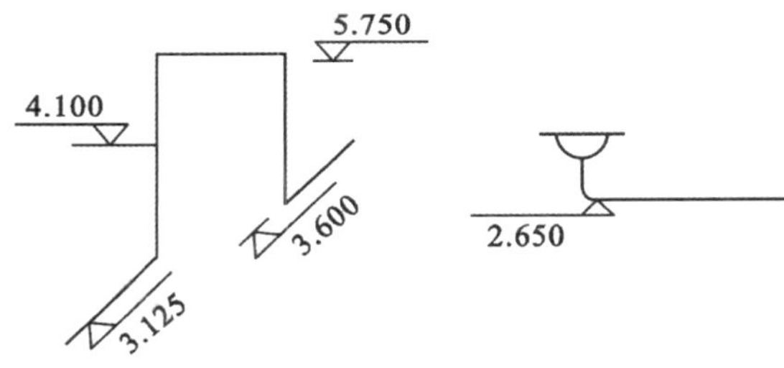

图 8-26　轴测图中管道标高标注

4. 管径

管径应以 mm 为单位，管径的表达方式应符合下列规定。

- 水煤气输送钢管（镀锌或非镀锌）和铸铁管等管材，管径宜以公称直径 DN 表示（如 DN15、DN50）。
- 无缝钢管、焊接钢管（直缝或螺旋缝）、铜管和不锈钢管等管材，管径宜以外径 D × 壁厚表示（如 D108 ×4、D159 ×4.5 等）。
- 钢筋混凝土（或混凝土）管、陶土管、耐酸陶瓷管和缸瓦管等管材，管径宜以内径 d 表示（如 d230、d380 等）。
- 塑料管材，管径宜按产品标准的方法表示。
- 当设计均用公称直径 DN 表示管径时，应有公称直径 DN 与相应产品规格对照表。

管径的标注方法应符合下列规定。

- 单根管道时，管径应按图 8-27 的方式标注。

图 8-27　单管管径标注

- 多根管道时，管径应按图 8-28 的方式标注。

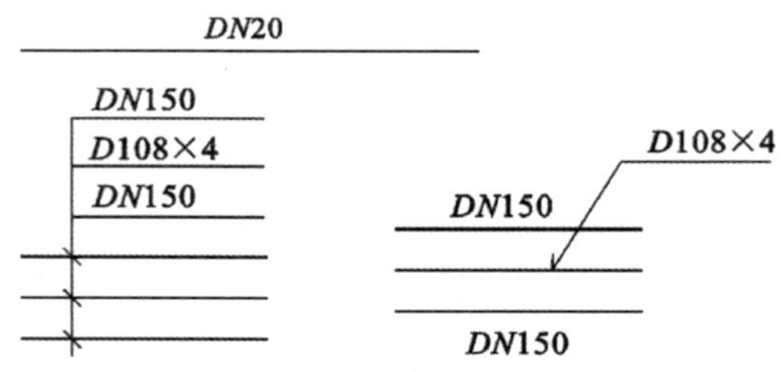

图 8-28　多管管径标注

- 当建筑物的给水引入管或排水排出管的数量超过 1 根时，宜进行编号，编号宜按图 8-29 的方法表示。

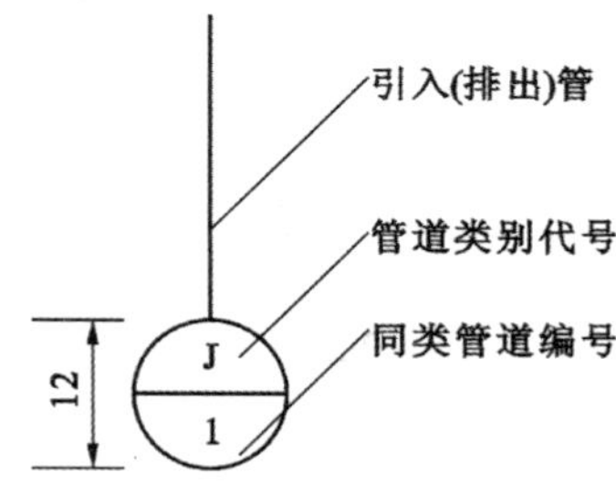

图 8-29　给排水管编号表示方法

5. 编号

建筑物内穿越楼层的立管，其数量超过 1 根时宜进行编号，编号宜按图 8-30 所示的方法表示。

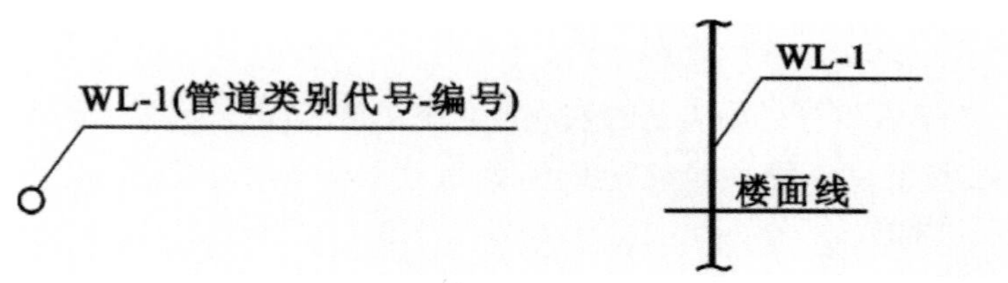

平面图中的表示　　剖面图、原理图及轴测图中的表示

图 8-30　立管编号表示法

在总平面图中，当给排水附属构筑物的数量超过 1 个时，宜进行编号。

- 编号方法为：构筑物代号 – 编号。
- 给水构筑物的编号顺序宜为：从水源到干管，再从干管到支管，最后到用户。
- 排水构筑物的编号顺序宜为：从上游到下游，先干管后支管。
- 当给排水机电设备的数量超过 1 台时，宜进行编号，并应有设备编号与设备名称对照表。

6. 图例

建筑给水排水施工图中的管道、给排水附件、卫生器具、升压和贮水设备以及给排水构造物等都是用图例符号表示的，在识读施工图时，必须明白这些图例符号。现将常用图例符号列于表 8-7 中。

表 8-7 常用给排水图例符号

序号	名称	图例	序号	名称	图例	序号	名称	图例
1	给水管	J	35	弧形伸缩器		69	浮球阀	
2	排水管	P	36	刚性防水套管		70	水龙头	
3	污水管	W	37	柔性防水套管		71	延时自闭冲洗阀	
4	废水管	F	38	软管		72	泵	
5	消火栓给水管	XH	39	可挠曲橡胶接头		73	离心水泵	
6	自动喷水灭火给水管	ZP	40	管道固定支架		74	管道泵	
7	热水给水管	RJ	41	保温管		75	潜水泵	
8	热水回水管	RH	42	法兰连接		76	洗脸盆	
9	冷却循环给水管	XJ	43	承插连接		77	立式洗脸盆	
10	冷却循环回水管	XH	44	管堵		78	浴盆	
11	冲霜水给水管	CJ	45	乙字管		79	化验盆 洗涤盆	
12	冲霜水回水管	CH	46	室外消火栓		80	盥洗槽	
13	蒸汽管	Z	47	室内消火栓（单口）		81	拖布池	
14	雨水管	Y	48	室内消火栓（双口）		82	立式小便器	
15	空调凝结水管	KN	49	水泵接合器		83	挂式水便器	
16	暖气管	N	50	自动喷淋头		84	蹲式大便器	
17	坡向		51	闸阀		85	坐式大便器	
18	排水明沟	坡向	52	截止阀		86	小便槽	
19	排水暗沟	坡向	53	球阀		87	化粪池	HC
20	清扫口		54	隔膜阀		88	隔油池	YC
21	雨水斗	YD	55	流动阀		89	水封井	
22	圆形地漏		56	气动阀		90	阀门井 检查井	
23	方形地漏		57	减压阀		91	水表井	
24	存水管		58	旋塞阀		92	雨水口（单箅）	
25	透气帽		59	温度调节阀		93	流量计	
26	喇叭口		60	压力调节阀		94	温度计	
27	吸水喇叭口		61	电磁阀		95	水流指示器	
28	异径管		62	止回阀		96	压力表	
29	偏心异径管		63	消声止回阀		97	水表	
30	自动冲洗水箱		64	自动排气阀		98	除垢器	
31	淋浴喷头		65	电动阀		99	疏水器	
32	管道立管		66	湿式报警阀		100	Y 型过滤器	
33	立管检查口		67	法兰止回阀				
34	套管伸缩器		68	消防报警阀				

8.2.3 利用鸿业机电 2020 绘制建筑给排水施工图

在电气施工图的设计过程中，是采用鸿业机电 2020 的图纸创建功能和 Revit 的出图功能来完成整个设计的。在建筑给排水施工图的设计中，我们将完全适应鸿业机电 2020 的图纸设计功能来快速完成图纸的创建与导出。

食堂大楼一层的给排水设计内容包括给水系统、排水系统和消防系统，在 Revit 中也是分类创建的三维模型。所以在创建施工图时，需要叠加视图才能完成施工图的设计。

1. 创建给排水施工图

01 启动鸿业机电 2020，在启动界面中要勾选【给排水】模块复选框。

02 打开本例源文件“食堂大楼一层给排水设计 .rvt”，打开的模型中已经完成了食堂大楼的给排水系统设计，如图 8-31 所示。

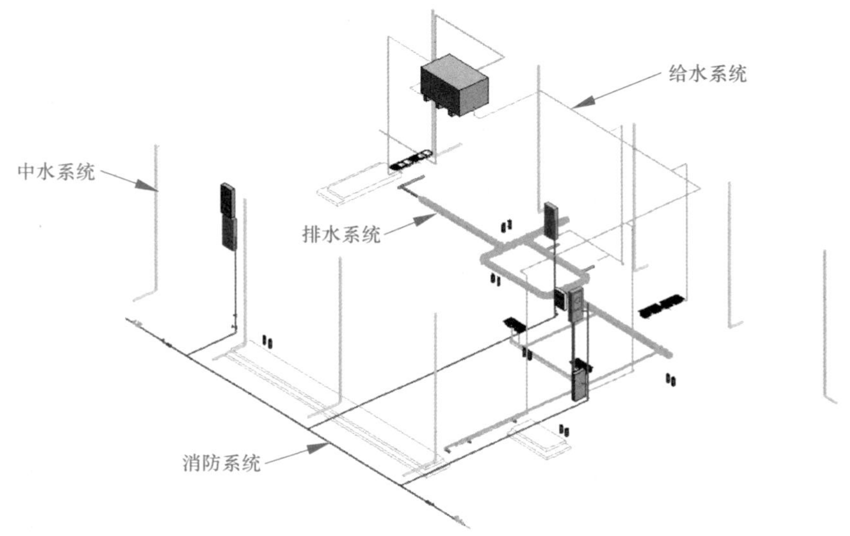

图 8-31　食堂大楼一层的给排水系统

03 切换到“01 给排水”|“02 出图”|“楼层平面：出图-首层给排水平面图”视图平面。在【建筑】选项卡下单击【轴网】按钮，在视图平面中参考链接模型来创建新的轴网，如图 8-32 所示。

04 在【协作】选项卡下【复制/监视】列表中单击【选中链接】按钮，然后在视图平面中选中链接的“食堂大楼 .rvt”模型，如图 8-33 所示。

05 在随后弹出的【复制/监视】上下文选项卡中单击【复制】按钮，然后到视图平面中依次选取轴线进行复制，如图 8-34 所示。

06 单击【复制/监视】上下文选项卡中的【完成】按钮结束操作。

07 在【出图\后处理】选项卡的【通用标注】面板中单击【轴网标注】按钮，弹出【轴网标注】对话框。保留对话框中的默认设置，在视图平面中选取①、⑤轴线及Ⓐ、Ⓓ进行轴线标注，如图 8-35 所示。

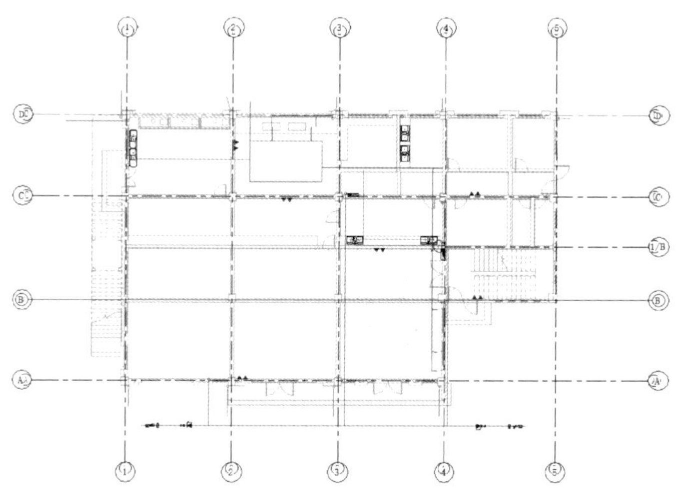

图 8-32　创建轴网

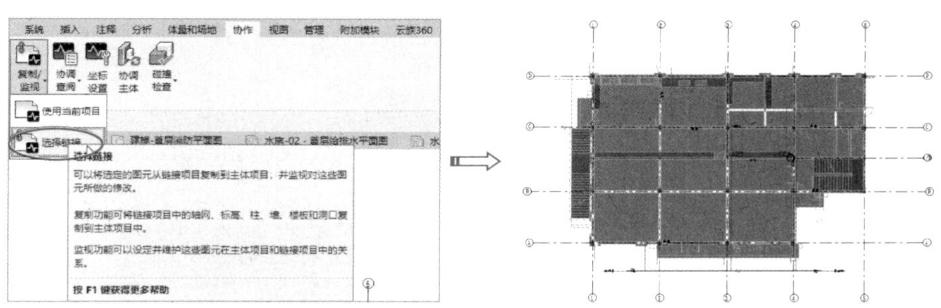

图 8-33　执行【选择链接】命令

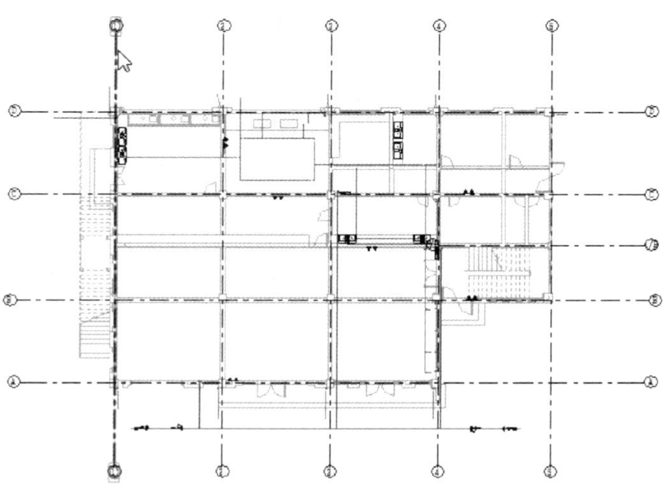

图 8-34　选取要复制的图元

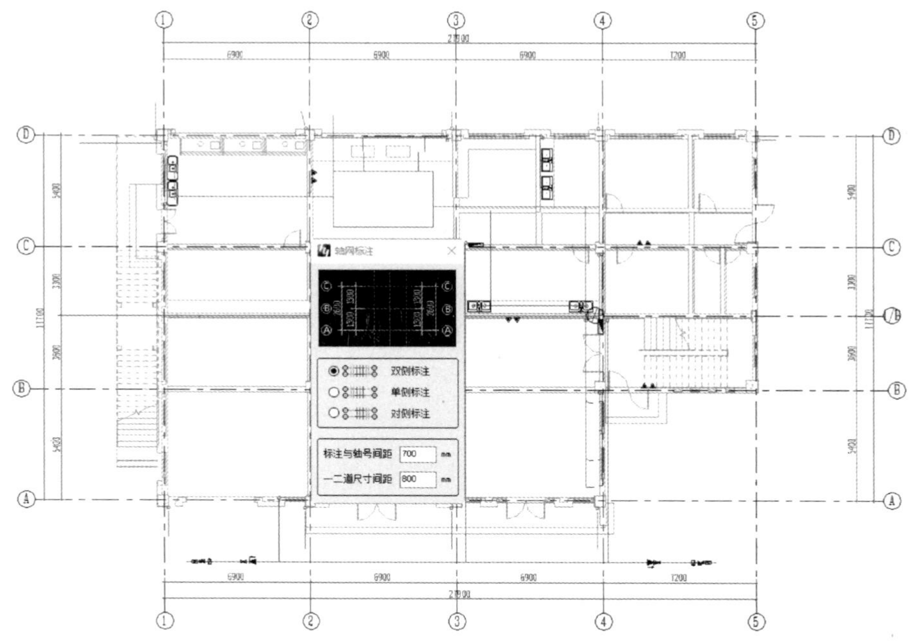

图 8-35　标注轴网

08　在【专业标注】选项卡下的【水系统标注】中单击【立管标注】按钮，弹出【立管标注】对话框。单击【同系统递增】单选按钮，其余选项保留默认设置，选取视图平面中的中水系统立管进行标注，结果如图 8-36 所示。

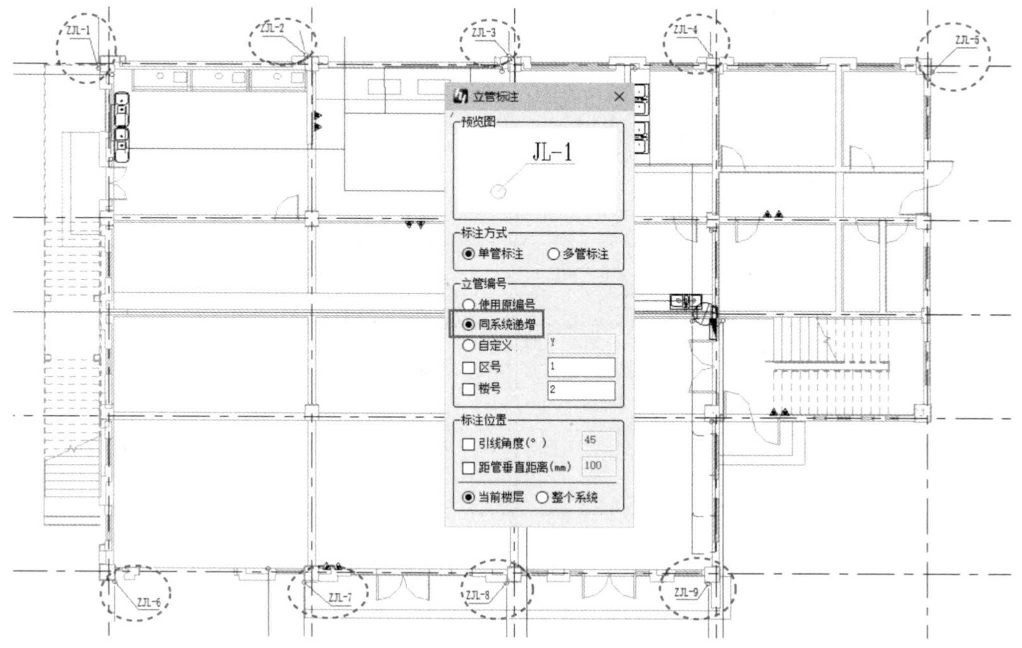

图 8-36　标注中水系统立管

09 标注给水系统和排水系统立管，如图 8-37 所示。

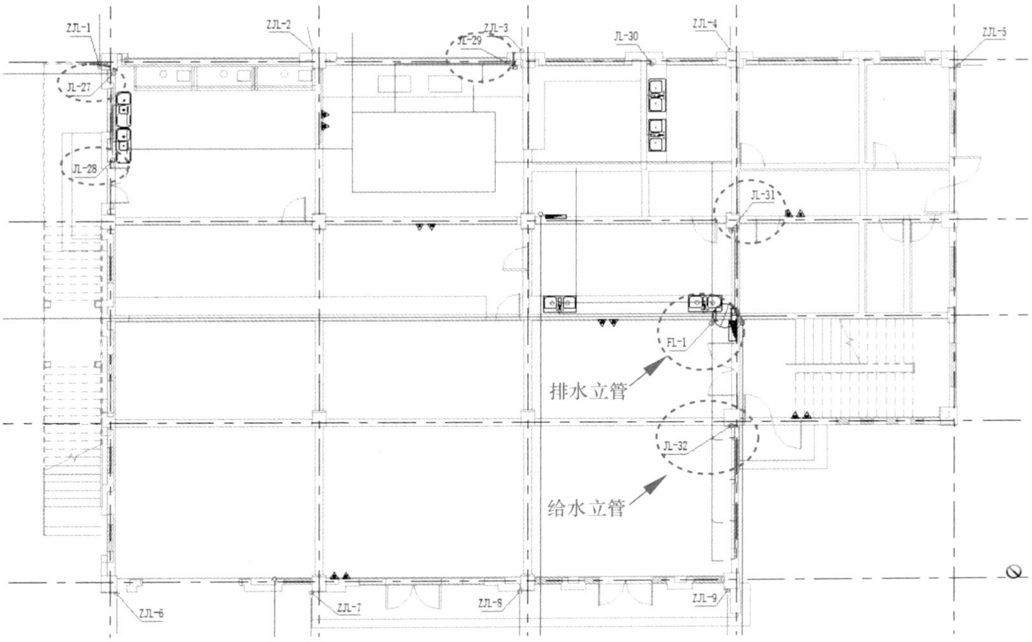

图 8-37　标注给排水系统立管

10 标注消防系统立管，如图 8-38 所示。完成后按 Esc 键，结束立管标注的操作。

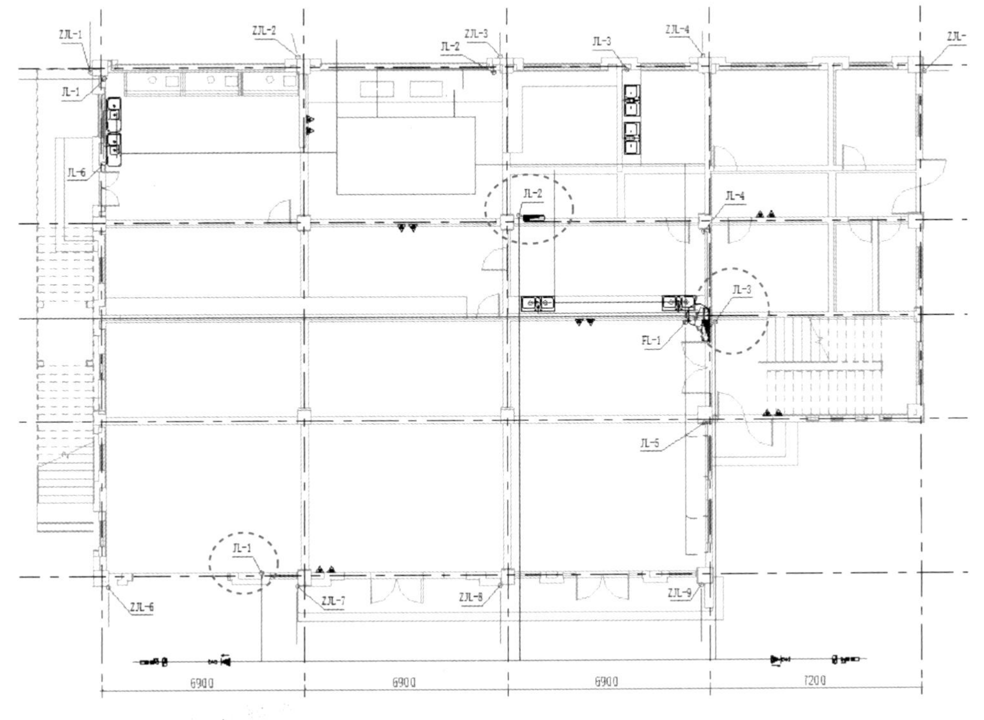

图 8-38　标注消防系统立管

11 单击【管径标注】按钮，在弹出的【管径标注】对话框中设置管径为32（未注写单位的默认为mm），其余选项保留默认，然后依次选取消防系统（室内部分）的横管进行标注，如图8-39所示。

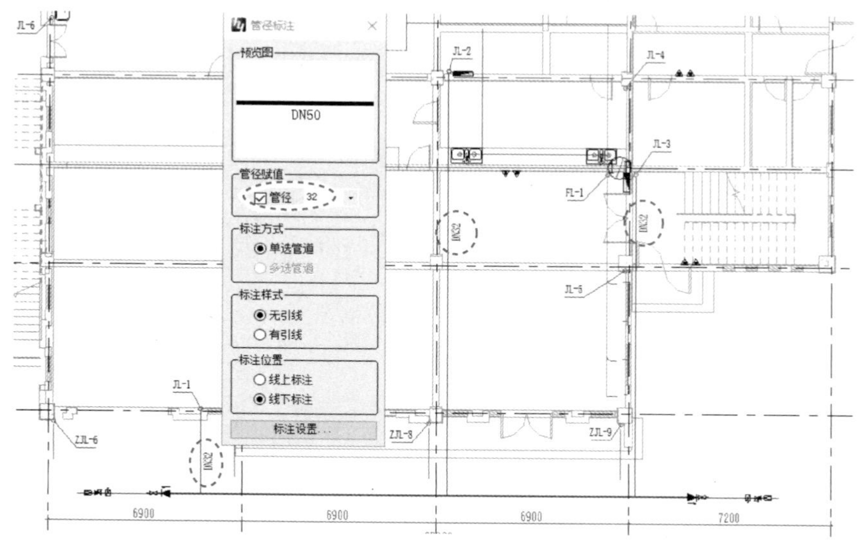

图8-39　标注消防系统（室内部分）横管

12 以相同的管径（32）选取给水系统（室内部分）的横管进行标注，如图8-40所示。

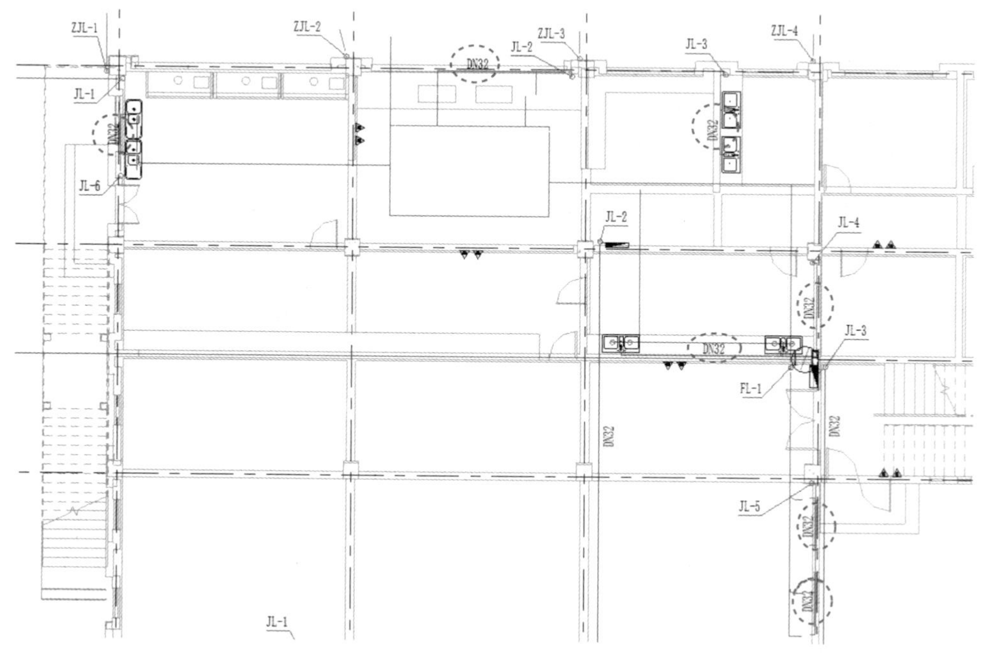

图8-40　标注给水系统（室内部分）横管

13　在【管径标注】对话框中重新设置管径为 40，然后选取给水系统（室外部分）和消防系统（室外部分）的横管进行标注，如图 8-41 所示。

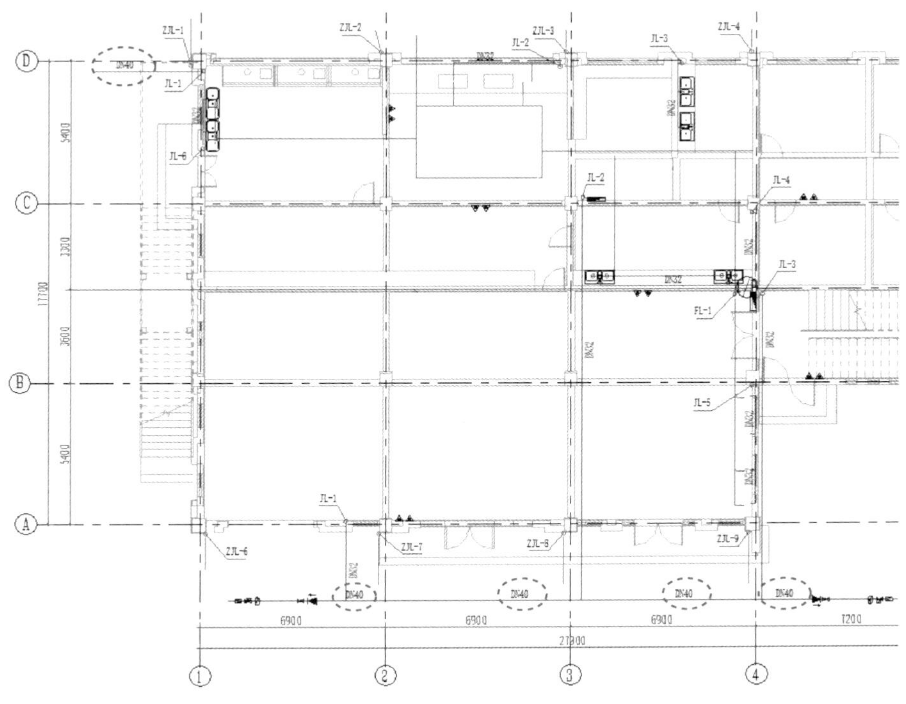

图 8-41　标注给水系统与消防系统室外部分的横管

14　在【管径标注】对话框中设置管径为 100，选取中水系统与排水系统的横管进行标注，如图 8-42 所示。

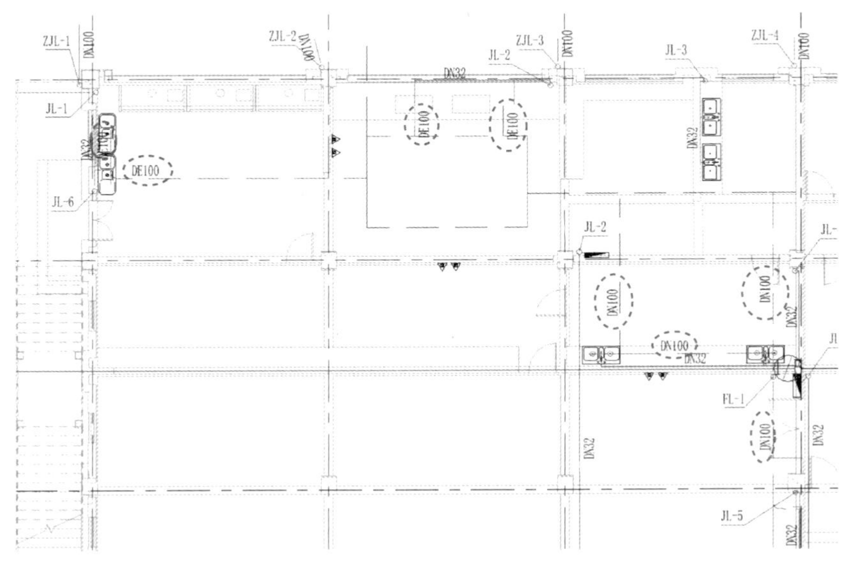

图 8-42　标注中水系统与排水系统的横管

15 在【出图\后处理】选项卡中单击【引线标注】按钮，弹出【引线标注】对话框。在【线上文字】文本框内输入“接校区室外给水管”，取消勾选【共用引线】复选框，然后在视图平面中选取室外给水管进行标注，如图 8-43 所示。

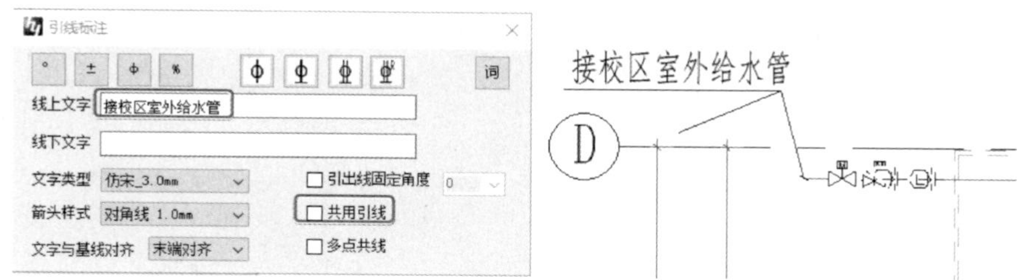

图 8-43　引线标注

16 选取消防系统横管（室外部分）的两端进行引线标注，如图 8-44 所示。

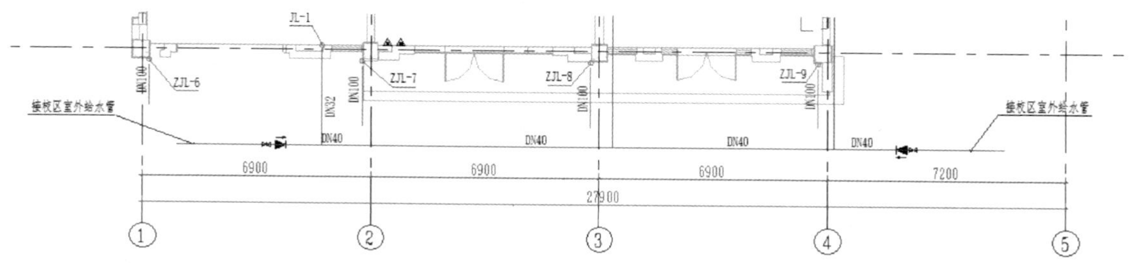

图 8-44　引线标注消防系统横管

2. 出图

01 在项目浏览器“图纸”节点下选择【水施－02－首层给排水平面图】并单击鼠标右键，然后选择快捷菜单中的【添加视图】命令，弹出【视图】对话框。在视图列表中选择【楼层平面：出图-首层给排水平面图】视图选项，再单击【在图纸中添加视图】按钮，完成视图的添加，如图 8-45 所示。

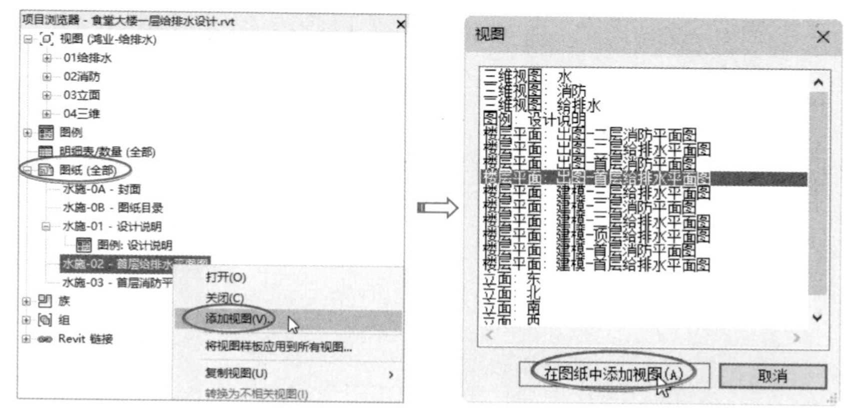

图 8-45　在图纸中添加视图

02【水施-02-首层给排水平面图】图纸中添加的视图，如图 8-46 所示。

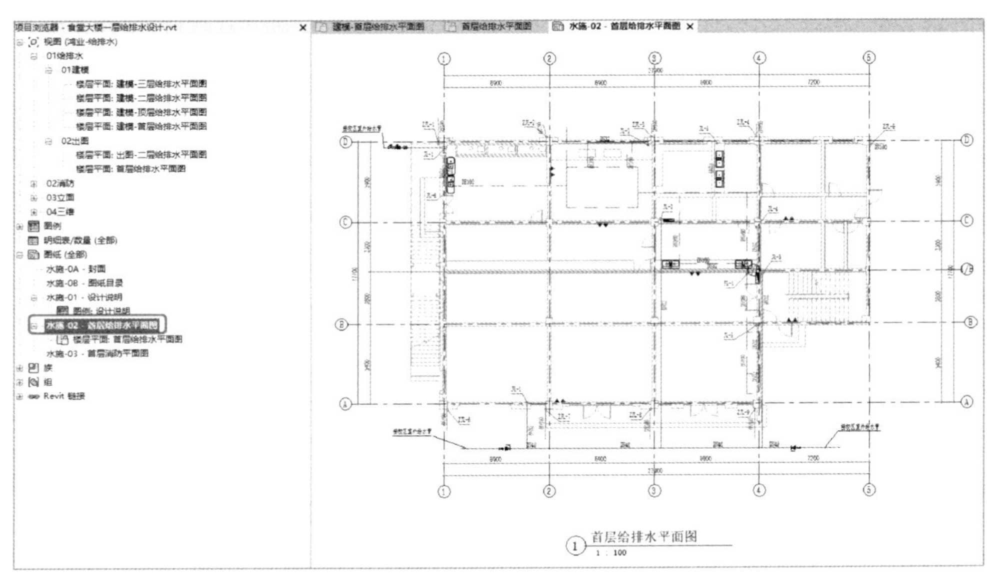

图 8-46　添加的视图

03 在【出图\后处理】选项卡的【布图打印】面板中单击【插入图框】按钮，弹出【插入图框】对话框。选择【A2】图幅和【横式】布局，单击【插入】按钮，往图纸中插入图框，如图 8-47 所示。

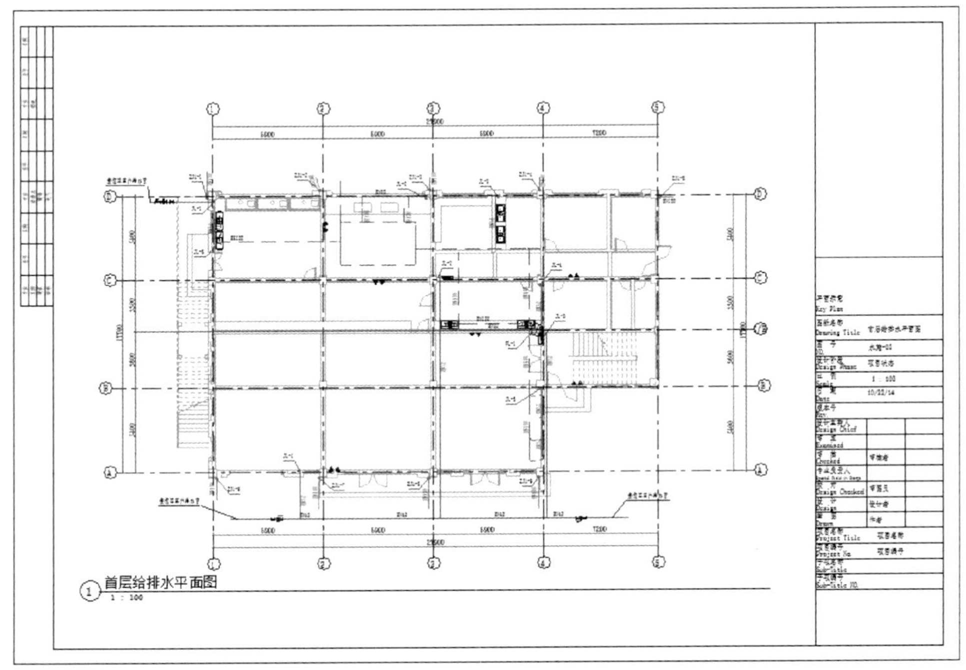

图 8-47　插入图框

提示

如果插入图框后看不见图纸、图框和视图，可以在图形区窗口的右上角选择【缩放全部以匹配】选项来调整视图，如图 8-48 所示。

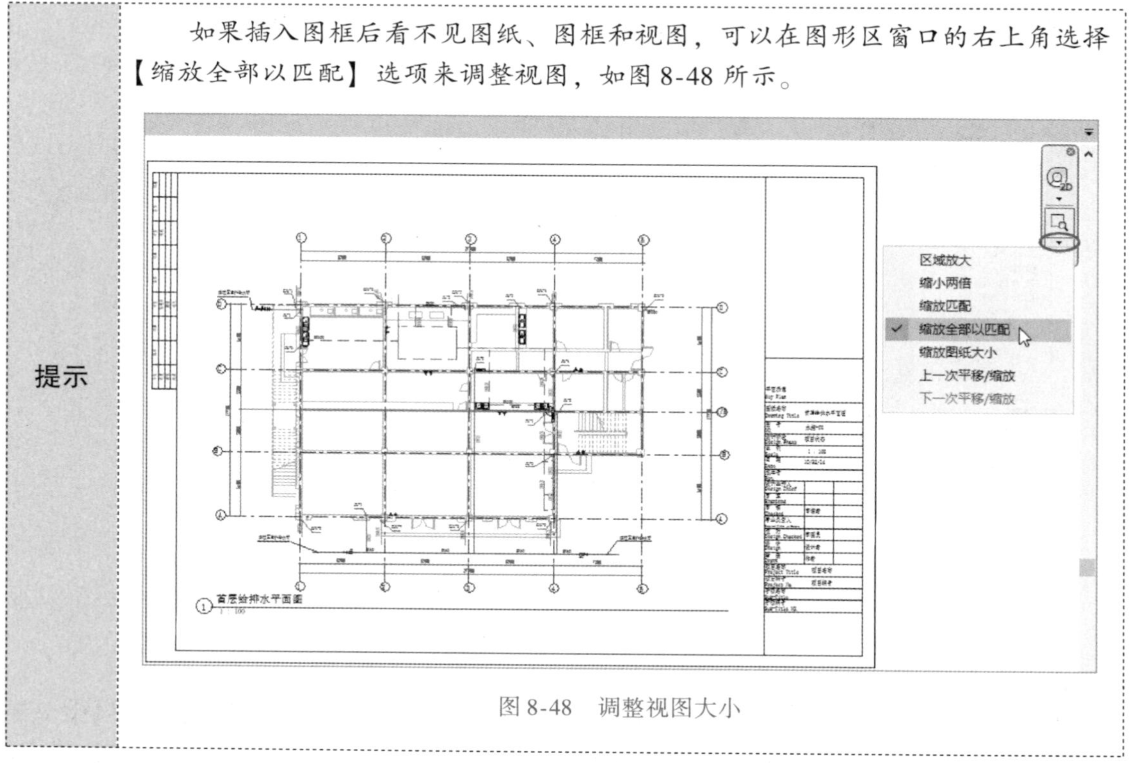

图 8-48　调整视图大小

04 插入图框后，会发现图标题中的横线太长了，可以激活视口来显示横线的端点，如图 8-49 所示。再拖动端点来改变横线的长度，修改后调整图标题的位置。

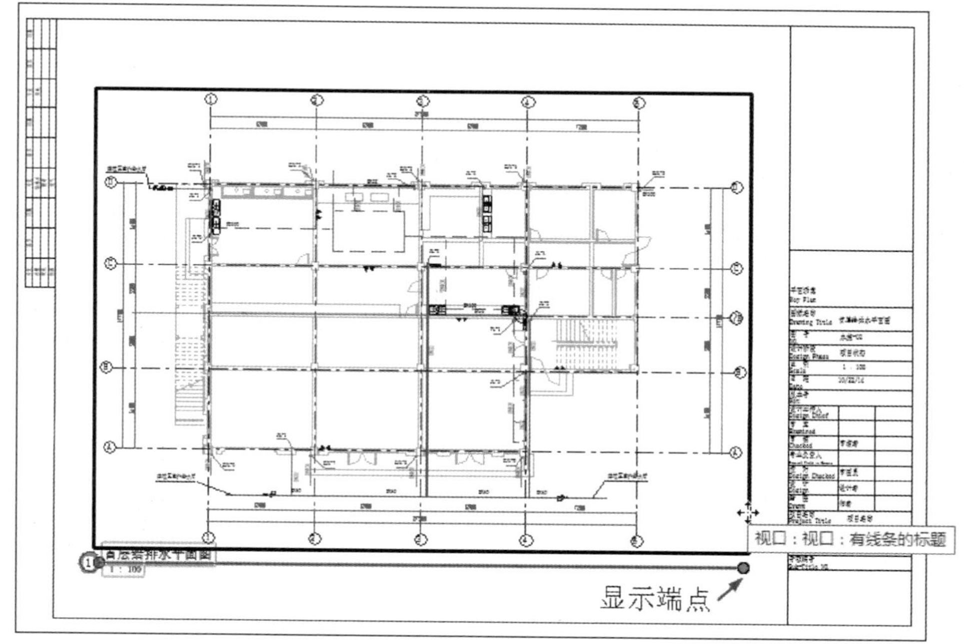

图 8-49　激活视口显示标题横线的端点

05 至此，完成了食堂大楼一层的给排水施工图，如图 8-50 所示。最后将其导出为 .dwg 格式的 CAD 文件。

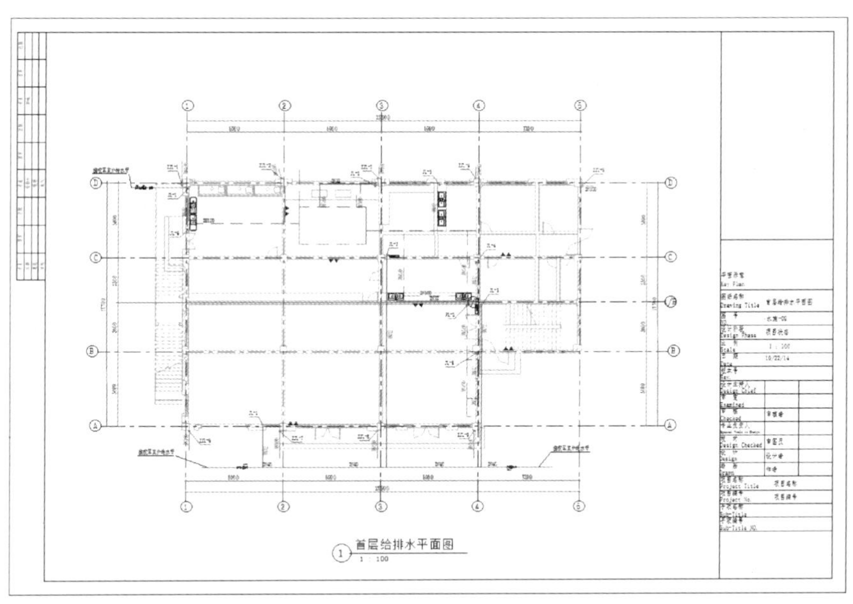

图 8-50　完成的一层给排水施工图

8.3 暖通设计施工图

常见的暖通设计施工图图纸主要有采暖平面图、供热平面图、空调风管平面图和空调水管平面图。

8.3.1 暖通施工图的组成与内容

建筑暖通施工图与给排水施工图的图样大体相同，一般有设计、施工说明、图例、设备材料表、平面图、详图、系统图和流程图等。

1. 设计施工说明

设计说明包括设计概况、设计参数、冷热源情况、冷热媒参数、空调冷热负荷及负荷指标、水系统总阻力、系统形式和控制方法等内容。

2. 施工说明

施工说明包括的内容有：使用管道、阀门附件、保温等的材料，系统工作压力和试压要求；施工安装要求及注意事项；管道容器的试压和冲洗等；标准图集的采用。

3. 图例

图例是用表格的形式列出该系统中使用的图形符号或文字符号，其目的是使读图者容易读懂图样。

4. 设备材料表

设备材料表一般都要列出系统主要设备及主要材料的规格、型号、数量和具体要求。但是表中的数量一般只作为概算估计数，不作为设备和材料的供货依据。

5. 暖通平面图

暖通平面图中包含的内容有：建筑轮廓、主要轴线、轴线尺寸、室内外地面标高和房间名称。

平面图上应标注风管水管规格、标高及定位尺寸，各类空调、通风设备和附件的平面位置，设备、附件、立管的编号。

6. 暖通系统图

在小型空调系统中，当平面图不能表达清楚时，绘制系统图，比例宜与平面图一致，按45度或30度轴测投影绘制；系统图绘出设备、阀门、控制仪表、配件、标注介质流向、管径及设备编号、管道标高。

7. 暖通系统原理图

在大型空调系统中，当管道系统比较复杂时，绘制流程图（包括冷热源机房流程图、冷却水流程图、通风系统流程图等）时，流程图可不按比例，但管路分支应与平面图相符，管道与设备的接口方向与实际情况相符。系统图绘出设备、阀门、控制仪表、配件、标注介质流向、管径及立管、设备编号。

8. 大样图

包括有通风、空调、制冷机房等大样图。

绘出通风、空调、制冷设备的轮廓位置及编号，注明设备和基础距墙或轴线的尺寸，连接设备的风管、水管的位置走向；注明尺寸、标高、管径。

8.3.2 利用鸿业机电 2020 绘制建筑暖通施工图

本例食堂大楼的暖通设计内容包括采暖系统设计、通风系统设计和中央空调系统设计。暖通施工图设计与给排水施工图、电气施工图的设计过程完全相同。暖通施工图中的标注包括风管标注、风口标注、设备标注及设备参数标注等。

下面以食堂大楼一层的“首层空调风管平面图”为例，介绍详细设计过程。

01 启动鸿业机电 2020，在启动界面勾选【暖通】复选框。

02 打开本例源文件“食堂大楼暖通设计.rvt”。

03 切换到“01 空调风管”|“01 建模”|“出图-首层空调风管平面图”视图平面。

04 利用【协作】选项卡下【复制/监视】列表中的【选中链接】工具，复制链接模型“食堂大楼.rvt”中的轴网。

05 在【专业标注】选项卡下的【风系统标注】面板中单击【风管标注】按钮，弹出【风管标注】对话框。在对话框中单击【标注设置】按钮，在弹出的【标注设置】对话框中设置【风管标注】选项卡下的选项及参数，如图 8-51 所示。

06 单击【标注设置】对话框的【确定】按钮后，接着在视图平面中框选通风系统的

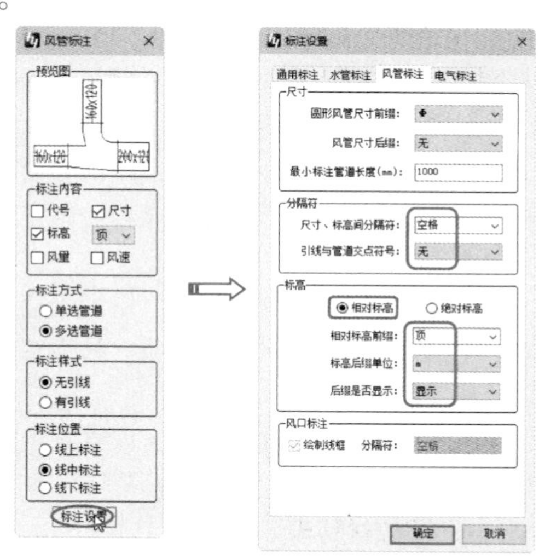

图 8-51　标注设置

风管进行标注，标注结果如图 8-52 所示。

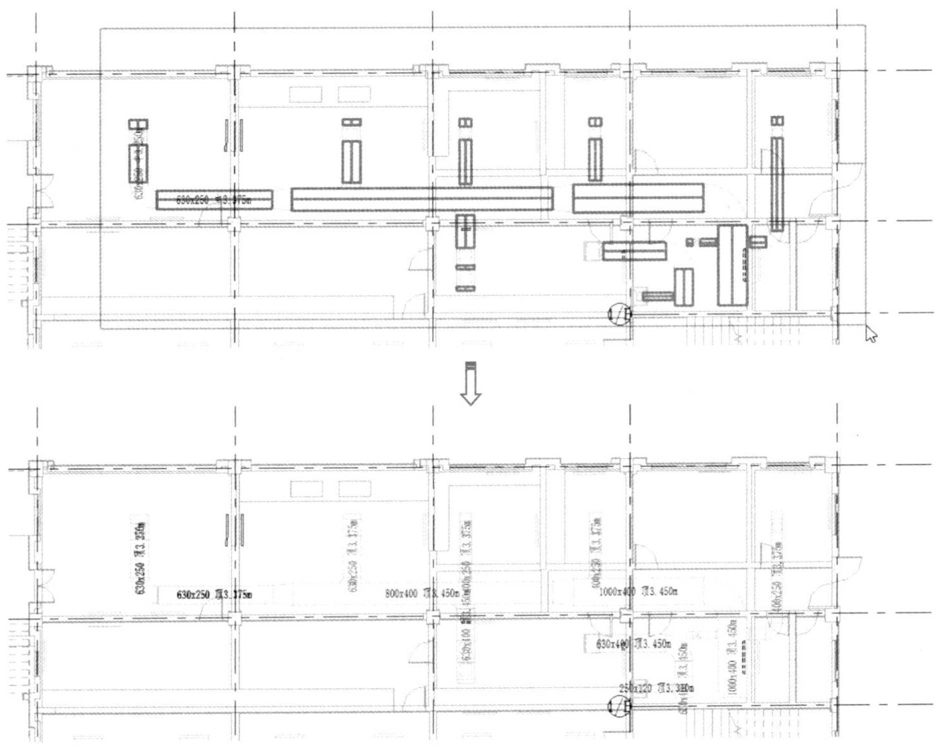

图 8-52　风管标注

07 单击【风口标注】按钮，弹出【风口标注】对话框。单击【标注设置】按钮再弹出【标注设置】对话框。在【风管标注】选项卡的【风口标注】选项组中取消【绘制线框】复选框的勾选，单击【确定】按钮完成标注的设置，如图 8-53 所示。

08 在【风口标注】对话框中勾选【风口名称】和【风量】复选框，然后在视图平面中框选一个风口进行标注，如图 8-54 所示。

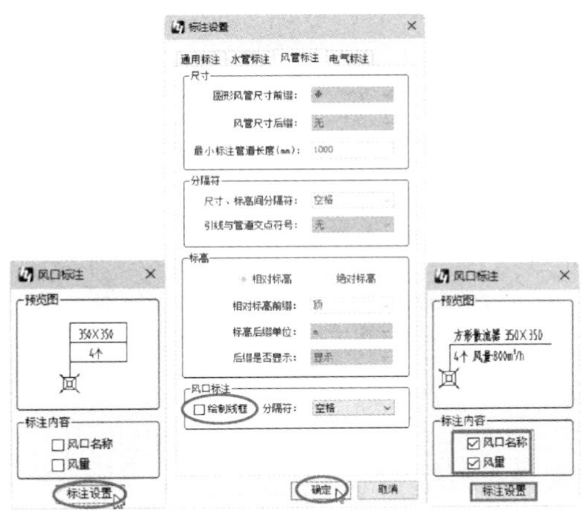

图 8-53　标注设置

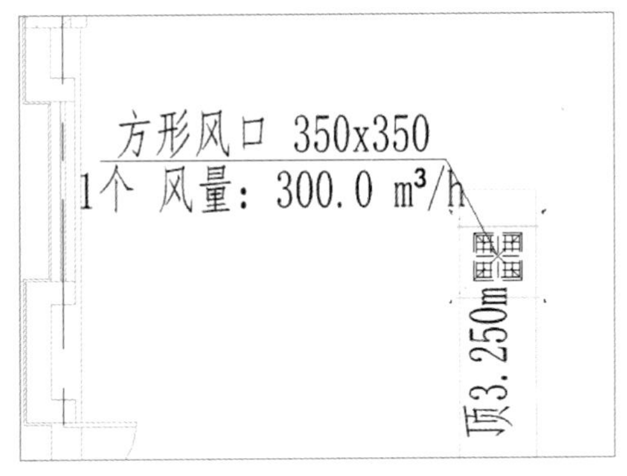

图 8-54　标注风口

09　框选其他风口进行标注，风口标注完成的结果如图 8-55 所示。

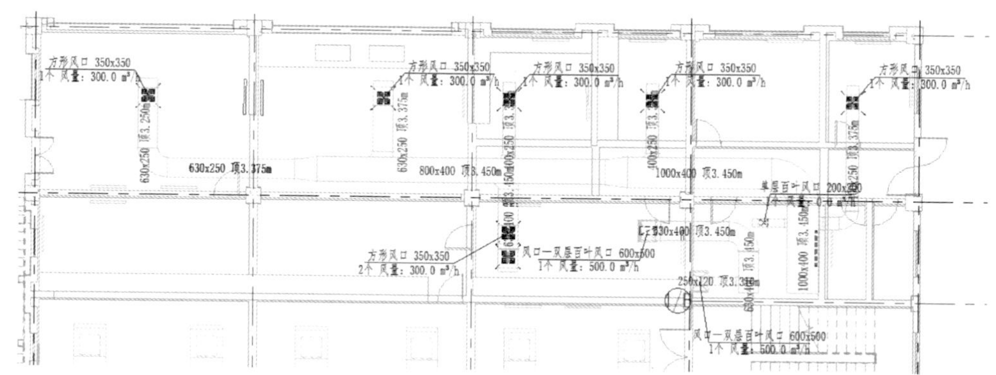

图 8-55　完成风口的标注

10　单击【设备标注】按钮，在弹出的【设备标注】对话框中选择【其他设备】单选按钮，输入标注内容为“FN－2.8kW”，取消【使用引线】复选框，然后选取一个小的风机进行标注，如图 8-56 所示。

11　同理，完成其余小风机的标注。

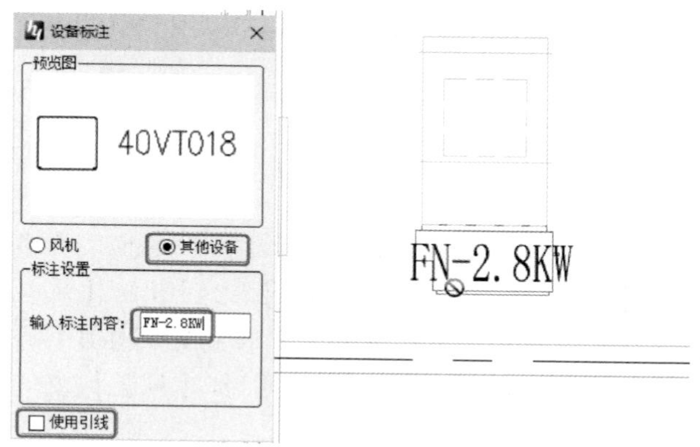

图 8-56　标注风机

12　大风机的标注内容为“FP-4.3kW”，标注完成的结果如图 8-57 所示。然后将视图平面中的“食堂大楼.rvt”链接模型进行隐藏。

图 8-57　标注大风机

13 切换视图到“04 空调水管”|“02 出图”|“楼层平面：出图-首层空调水管平面图”。在【专业标注】选项卡下的【一键标注】面板中单击【水系统一键标注】按钮，弹出【一键水系统标注】对话框。勾选【标高】复选框，其余选项保持默认设置，单击【确定】按钮，自动创建空调水管标注，如图 8-58 所示。

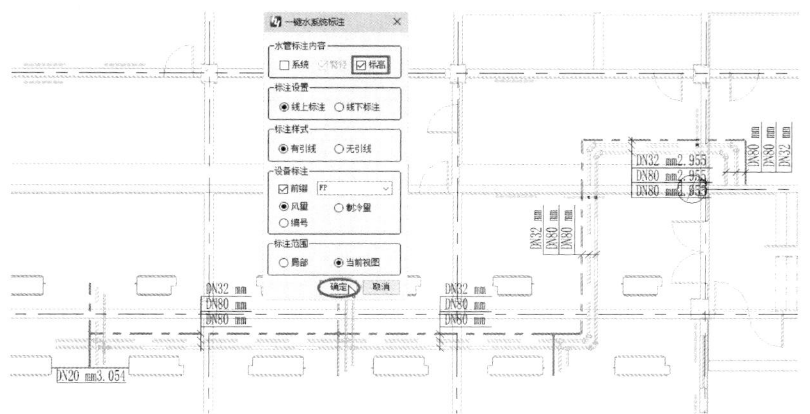

图 8-58　一键标注水系统

14 利用【出图\后处理】选项卡下【通用标注】面板中的【轴网标注】工具，对复制的轴网进行标注。

15 在项目浏览器“图纸”节点下右键单击【暖施-02-首层空调风管平面图】选项，然后选择快捷菜单中的【添加视图】命令，弹出【视图】对话框。在视图列表中选择【楼层平面：出图-首层空调水管平面图】视图选项，再单击【在图纸中添加视图】按钮，完成视图的添加，如图 8-59 所示。

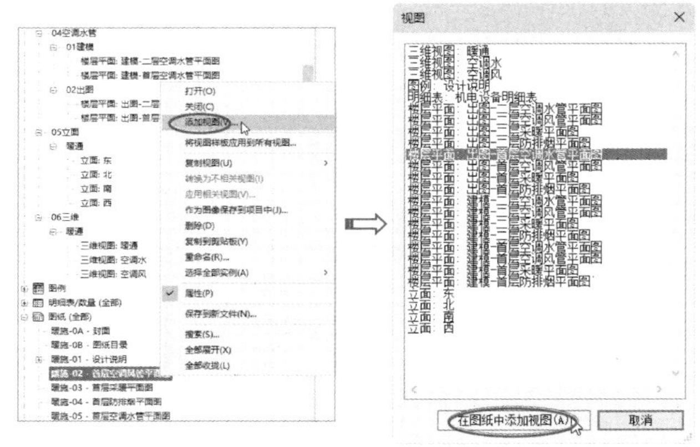

图 8-59　在图纸中添加视图

16 同理，再添加【楼层平面：出图-首层空调风管平面图】视图，如图 8-60 所示。添加此视图时，与前面添加的视图要重合（可用【移动】工具移动视图进行重合操作）。

17 在【出图\后处理】选项卡的【符号标注】面板中单击【图名标注】按钮**图名**，在弹出的【图名标注】对话框设置各选项后，单击【确定】按钮，将图标标注放置于两个视图的下方，如图 8-61 所示。

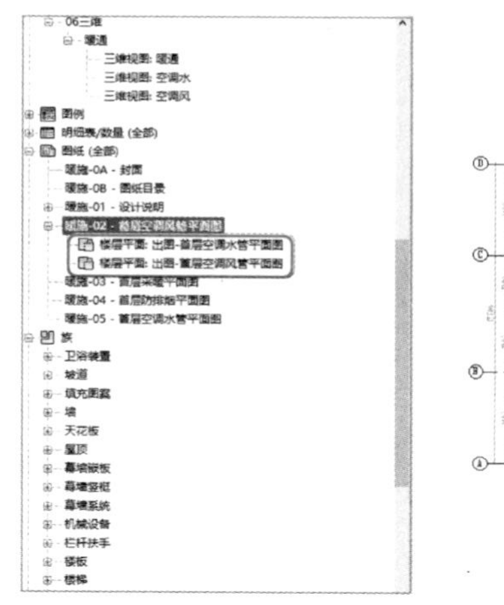

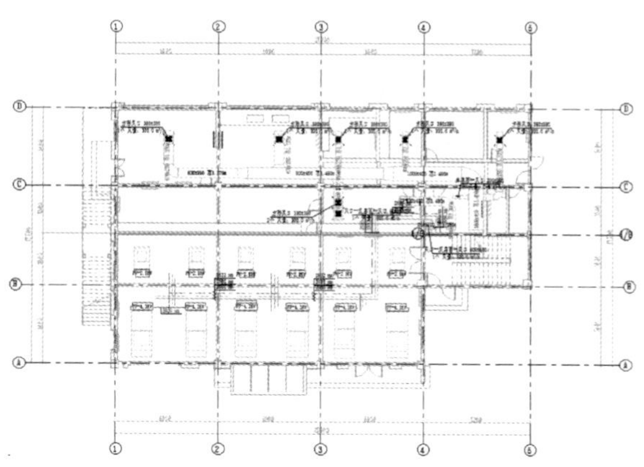

图 8-60 添加第二个视图

图 8-61 图名标注

18 最后插入图框和图纸导出操作（读者自行完成），创建完成的首层空调风管平面图，如图 8-62 所示。

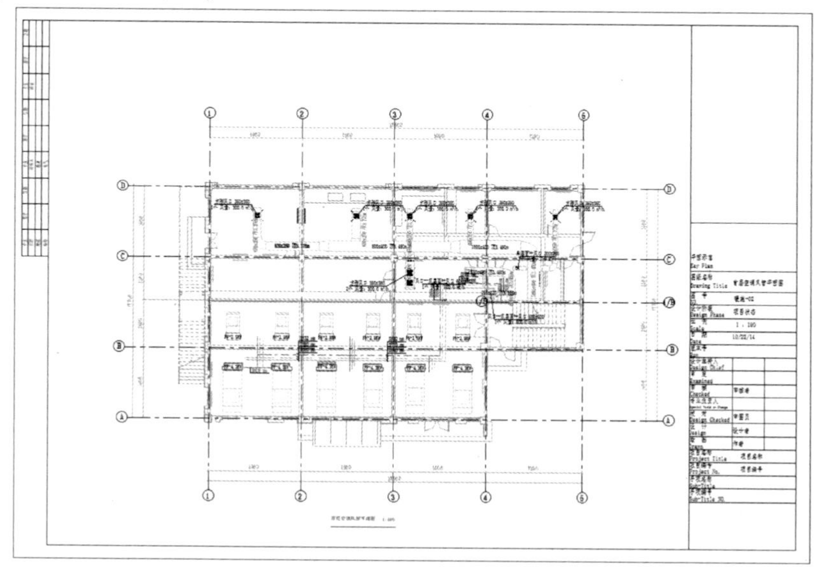

图 8-62 首层空调风管平面图